"十二五"普通高等教育本科国家级规划教材

普通高等教育"十一五"国家级规划教材

机械制造工程学

第 2 版

主　编　谭豫之　李　伟
副主编　刘景云　张俊雄
参　编　张　宾　张文强　张春龙
　　　　袁　挺　张　康　朱红梅
主　审　韩秋实　张德远

U0255537

机 械 工 业 出 版 社

本书围绕机械制造工程各主题，系统构筑机械制造基础知识体系结构，从金属切削基本规律的认识到工艺系统的构建以及典型零件加工，最后介绍了先进制造技术。全书共分 8 章，主要内容包括：金属切削加工的基础理论、加工方法与装备、机械加工精度、机械加工表面质量、机械加工工艺规程、机器装配工艺、工件的安装与机床夹具、先进制造技术简介。

本书可作为机械工程及自动化专业主干技术基础课程教材，也可作为机械工程类研究生辅助课程教材，还可供制造企业工程技术人员参考。

图书在版编目（CIP）数据

机械制造工程学/谭豫之，李伟主编. —2 版. —北京：机械工业出版社，2016.6（2025.1 重印）

"十二五"普通高等教育本科国家级规划教材　普通高等教育"十一五"国家级规划教材

ISBN 978-7-111-53527-0

Ⅰ.①机…　Ⅱ.①谭…②李…　Ⅲ.①机械制造工程-高等学校-教材　Ⅳ.①TH16

中国版本图书馆 CIP 数据核字（2016）第 103801 号

机械工业出版社（北京市百万庄大街 22 号　邮政编码 100037）
策划编辑：刘小慧　责任编辑：刘小慧　王勇哲　安桂芳　王保家
责任校对：陈延翔　封面设计：张　静
责任印制：单爱军
北京虎彩文化传播有限公司印刷
2025 年 1 月第 2 版第 9 次印刷
184mm×260mm · 23.75 印张 · 577 千字
标准书号：ISBN 978-7-111-53527-0
定价：69.80 元

电话服务　　　　　　　　　网络服务
客服电话：010-88361066　机 工 官 网：www.cmpbook.com
　　　　　010-88379833　机 工 官 博：weibo.com/cmp1952
　　　　　010-68326294　金 书 网：www.golden-book.com
封底无防伪标均为盗版　　　机工教育服务网：www.cmpedu.com

《机械制造工程学》自 2009 年 4 月出版以来，已经使用了 7 年，获得了使用该教材院校师生的好评，被评选为普通高等教育"十一五"国家级规划教材、"十二五"普通高等教育本科国家级规划教材，同时也是国家级精品课程的配套教材。随着制造技术的飞速发展及信息化和工业化的深度融合，特别是互联网技术的发展，正对传统制造业的发展方式带来颠覆性、革命性的影响，智能制造、网络制造、柔性制造已成为生产方式变革的必然方向。相应地，机械制造工程学的课程内容以及教育教学改革也要适应制造业的变化，教材也应进行必要的修订。

本次修订仍保持了第 1 版原有的内容和基本风格。以机械制造工艺为主线，从培养学生综合素质与应用能力出发，将机械设备、刀具、夹具、加工质量有机地结合起来，形成"低重心、宽结构、重素质、强实践"的教材结构体系。新版教材对原来的章节进行了整合，由原来的 9 章内容整合为 8 章内容，进一步优化了教学内容。全书贯穿了国家颁布的新标准，增加了 3D 打印技术、生物制造技术等现代先进制造技术的内容，以满足学生对制造工程的新理论、新技术学习的需要。

本书第 1 章为金属切削加工的基础理论，保留了第 1 版中第 1 章和第 2 章的基本内容，着重强调了刀具材料选用、切削用量选择的原则与方法；第 2 章为加工方法与装备，着重介绍了各种机床的结构特点与应用范围，强调了加工方法的工艺特点及选用原则；第 3 章和第 4 章重点介绍了影响零件加工质量的因素以及提高加工精度、表面质量的措施与方法；第 5 章为机械加工工艺规程，增加了典型零件先进制造工艺；第 6 章为机器装配工艺，着重强调了装配工艺与方法的选择；第 7 章为工件的安装与机床夹具；第 8 章为先进制造技术简介，介绍了常见的特种加工工艺方法以及3D打印、生物制造技术等新工艺新方法。

本书由中国农业大学谭豫之、李伟组织编写。第1章由谭豫之编写；第2章、第3章由刘景云编写；第4章由张春龙、朱红梅编写，第5章由张俊雄、张康编写，第6章由张俊雄、袁挺、张康编写；第7章由张宾、张康编写；第8章由张俊雄、张文强编写；绪论由李伟、谭豫之编写。

全书由谭豫之、李伟任主编，刘景云、张俊雄任副主编，由谭豫之负责统稿。

本书承蒙北京信息科技大学韩秋实教授、北京航空航天大学张德远教授担任主审。在审阅过程中，韩秋实教授、张德远教授提出了很多宝贵的建议和意见，在此表示衷心的感谢。

本书在编写过程中，得到了中国农业大学教务处的支持，并得到机械工业出版社的大力协助，在此谨向有关老师与同志表示诚挚的感谢。本书配套的CAI课件得到了中国第一汽车集团公司发动机分公司技术人员的大力支持，其中的大量图片与资料属于现场录制，在此向多年来支持机械工程生产实践的中国第一汽车集团公司表示真诚的感谢。

由于机械制造工程学是一门内涵丰富并不断发展的交叉学科，加之笔者资料与水平有限，书中难免有不足与错误之处，恳请读者批评指正。

编　者

第 1 版前言 PREFACE

机械制造工程学是研究机械加工系统的组成与功能的一门学科，是一门将传统制造技术与现代制造技术相联，并与实际生产技术紧密结合的应用技术，是面向机械工程学科各专业的一门重要的专业基础课。本书紧紧围绕课程内容从培养学生综合素质与应用能力出发，以机械制造工艺为主线，将机械设备、刀具、夹具、加工质量有机地结合在一起，形成"低重心、宽结构、重素质、强实践"的结构体系。

本书第1章为金属切削加工的基础知识，在本章中扩充了刀具新材料的内容；第2章为金属切削过程的基本规律；第3章为机床与刀具；第4章为机械加工精度；第5章为机械加工表面质量；第6章为机械加工工艺规程的制订，增加了典型零件先进制造工艺；第7章为机器装配工艺；第8章为工件的安装与夹具；第9章为特种加工与先进制造技术。

本书由中国农业大学李伟组织编写。第1、2章由谭豫之编写；第3章由刘景云编写；第4章由朱红梅编写；第5~7章由张康编写；第6章第七节及绪论由李伟编写；第8章由张宾编写；第9章由张俊雄编写。

全书由李伟、谭豫之担任主编，张康、刘景云担任副主编，由谭豫之统稿。

本书承蒙清华大学王先逵教授、吉林大学于骏一教授主审。在审阅过程中，王先逵教授、于骏一教授提出了很多宝贵的建议和意见，在此表示衷心的感谢。

本书是国家级精品课程、北京市精品课程"机械制造工程"立项项目，是普通高等教育"十一五"国家级规划教材。在编写过程中，得到了教育部、北京市教育局及中国农业大学教务处的支持，并得到机械工业出版社的大力协助，在此表示诚挚的感谢。在编写过程中，参阅了韩秋实教授主编的《机械制造技术基础》等大量的文献与资料，但限于篇幅，没能一一附列，在此向原作者表示歉意与感谢。本书配套的 CAI 课件得到了中国第一汽车集团公司发动机分公司技术人员的大力支持，其中的大量图片与资料属于现场录制，在此向多年来支持机械工程生产实践的中国第一汽车集团公司表示真诚的感谢。

由于机械制造工程学是一门内涵广阔并不断发展的交叉学科，加之笔者资料与水平有限，书中难免有不足与错误之处，恳请读者批评指正。

编 者

目录

CONTENTS

绪　　论

0.1　机械制造业的地位和作用

制造业是指对采掘的自然物质资源和工农生产的原材料进行加工和再加工，为国民经济其他部门提供生产资料，为全社会提供日用消费品的社会生产制造部门。制造业是国民经济的主体，是立国之本、兴国之器、强国之基。18 世纪中叶开启工业文明以来，世界强国的兴衰史和中华民族的奋斗史一再证明，没有强大的制造业，就没有国家和民族的强盛。打造具有国际竞争力的制造业，是我国提升综合国力、保障国家安全、建设世界强国的必由之路。

机械制造业是制造业最重要的组成之一。其主要任务是围绕各种工程材料的加工技术，研究其工艺并设计和制造各种工艺装备，也为新兴的产业群提供从未有过的技术装备。机械制造业是国民经济的支柱产业，是国家创造力、竞争力和综合国力的重要体现。可以说，机械制造业的发展水平，直接影响和制约了一个国家现代化发展的进程，影响着一个国家的综合生产实力及国家的强盛程度。

第二次世界大战以后，日本、德国高度重视制造业，因此，国力很快得以恢复，经济实力处于世界前列。为保持制造业的领先地位，日本制定了《制造基本技术振兴基本法》，2002 年发表《日本制造业白皮书》，明确提出了重新确立日本制造业优势的政策与战略。2013 年 6 月 14 日，日本内阁批准了《日本复兴战略》，制定了三项行动计划作为实现增长的具体措施，即日本产业复兴计划、培育战略市场计划、国际化战略。其中日本产业复兴计划的宗旨是让制造业复苏，并使其在全球竞争中胜出，培育高附加值的服务产业。

德国一直引领国际机械工业的火车头。1995 年提出《制造技术二〇〇〇年框架方案》，2013 年 4 月提出了以智能制造为主导的"工业 4.0"。工业 4.0 是利用数字化和网络技术，将更为强大的机器群连接起来，实现机器之间的信息共享、自相控制、自行优化和智能生产。工业 4.0 的基础是已经实现的前三次工业革命。第一次工业革命开始于 18 世纪后半叶，其主要标志是以蒸汽机的发明带来的机械化生产；第二次工业革命开始于 19 世纪后半叶，主要标志是以电力的发明带来的电气化和大规模流水线生产；第三次工业革命开始于 20 世纪后半叶，主要标志是通过信息技术和电气化的结合实现的自动化生产。第四次工业革命，其主要特征就是综合利用第一次、第二次工业革命创造的"物理系统"和第三次工业革命带来的日益完备的"信息系统"，通过两者的融合，实现智能化生产。

美国的"再工业化"。在经历了20世纪末经济衰退的打击之后，为振兴美国经济，在20世纪90年代初，美国政府把"先进制造技术"提到了重要日程上。美国在2011年6月正式启动"先进制造伙伴计划"，旨在加快抢占21世纪先进制造业制高点，全力实现"再工业化"，重振制造业。越来越多的美国企业正在考虑或已经将原先位于海外的生产基地搬回美国本土，越来越多的制造业产品正在摇身变为"美国制造"。

在20世纪七八十年代出现的经济全球化浪潮中，中国成为上一轮全球制造业变革的典型成功样本。在那场变革中，发达国家将制造业搬到发展中国家，从最初转移低端加工环节，到后来转移组装、研发等更高层级。发展中国家通过低廉的劳动力成本和土地价格吸引全世界的制造业。也就是这样，在一沓一沓的订单中，中国成为"世界工厂"。30多年过去了，中国制造业企业面临劳动力成本高，企业利润下滑，生存不易的困境。在全球一体化的现在，中国制造业的情境折射出全球制造业的重构——欧美等发达国家提出"再工业化"，他们或者打造全产业链，或者将部分加工环节回流本国，更多技术含量低的服装鞋帽等加工厂则撤离中国向缅甸、越南等国转移，因为那里有更廉价的劳动力和土地。而中国，除了向产业链上游转移，已别无选择。

2015年5月，国务院发布《中国制造2025》，确立了以"创新驱动、质量为先、绿色发展、结构优化、人才为本"为基本方针，立足国情，立足现实，围绕九项战略任务和重点，完善八方面战略支撑与保障，通过"三步走"，力争用十年时间迈入制造强国行列，新中国成立一百年时综合实力进入世界制造强国前列。其中九大任务包括：提高国家制造业创新能力、推进信息化与工业化深度融合、强化工业基础能力、加强质量品牌建设、全面推行绿色制造、大力推动重点领域突破发展、深入推进制造业结构调整、积极发展服务型制造和生产性服务业、提高制造业国际化发展水平；五项重点工程包括：制造业创新中心（工业技术研究基地）建设工程、智能制造工程、工业强基工程、绿色制造工程、高端装备创新工程；十大重点领域包括：新一代信息技术产业、高档数控机床和机器人、航空航天装备、海洋工程装备及高技术船舶、先进轨道交通装备、节能与新能源汽车、电力装备、农机装备、新材料、生物医药及高性能医疗器械。

国家经济的竞争归根结底是制造技术和制造能力的竞争，制造技术支持着制造业的健康发展，而先进制造技术可使一个国家的制造业乃至国民经济处于有竞争力的地位。21世纪是科学技术、综合国力竞争的时代，一个国家为了保持在国际竞争中的地位，必须首先大力发展好机械制造业及机械制造技术。

0.2 机械制造业的发展

纵观200多年制造业发展的历史，是科学技术不断进步、制造业不断发展创新的历史。18世纪以蒸汽机和工具机的发明为标志的英国工业革命，揭开了工业经济时代的序幕，开创了以机器占主导地位的制造业新纪元，造就了制造业企业雏形工场式生产。19世纪末20世纪初，交通与运载工具对轻高效发动机的要求是诱发内燃机发明的社会动因，而内燃机的发明及其宏大的市场需求继而引发了制造业的革命。人类社会对以汽车、武器弹药为代表的产品的大批量需求促进了标准化、自动化的发展，福特、斯隆开创的大批量流水线生产模式和泰勒创立的科学管理理论导致了制造技术的分工和制造系统的功能分解，从而使成本大幅度降低。第二次世界大战后，市场需求多样化、个性化高品质趋势推动了微电子技术、计算机技术、自动化技术的飞速发展，导致了制造技术向程序控制的方向发展，柔性制造单元、柔性生产线、计算机集成制造及精益生产等相继问世，制造技术由此进入了面向市场多样需求的柔性生产新阶段，引发了生产模式和管理技术的革命。1959 年提出的微型机械的设想最终依靠信息技术、生物医学工程、航空航天、国防及诸多民用产品的市场需求推动才得以成为现实，并将继续拥有灿烂的发展前景。以集成电路为代表的微电子技术的广泛应用有力推动了微电子制造工艺水平的提高和微电子制造装备业的快速发展。20 世纪末信息技术的发展促成传统制造技术与以计算机为核心的信息技术和现代管理技术三者的有机结合，形成了当代先进制造技术和现代制造业，基于信息物理系统的智能装备、智能工厂等智能制造正在引领制造方式变革。同时，新材料、新工艺以及新刀具材料的不断涌现，标志着机械制造业已经进入了一个划时代的发展阶段。

制造技术的发展总趋势是基于资源节约和环境保护基础上的数字网络化、智能集成化、高效精确化及极端制造化技术。机械制造业正沿着四个方向发展。

1）加工技术向高度信息化、自动化、智能化方向发展。信息技术、智能制造技术、数控技术、柔性制造系统、计算机集成制造系统、敏捷制造、虚拟制造技术以及网络制造技术等先进制造技术正在改造传统制造业并迅速向前发展。

2）加工技术向超精密、超高速发展。精密和超精密加工已在光电一体化设备、计算机、通信设备、航空航天等工业中得到广泛应用，超精密加工将从亚微米级向纳米级发展，并向分子级、原子级精度迈进。作为机械加工的重要发展方向，超高速切削应用将更为广泛，磨削速度已达到 5000 ~ 10000m/min。切削铝合金的速度已超过 1600m/min，预计可达 10000m/min，加工普通钢材也将达到 2500m/min。

3）机械制造工艺方法进一步完善与开拓。除了传统的切削和磨削技术仍在发展外，特种加工方法也在不断开拓新的工艺方法与新的技术，如涨断工艺、快速原型制造、三维（3D）打印、生物制造、射流加工、特种电加工等。

4）加工生产模式向绿色制造模式、智能制造模式发展。基于资源节约和环境友好的绿色可持续性制造，是一项战略性制造理念和制造模式；通过充分利用信息通信技术和网络空间虚拟系统——信息物理系统，将制造业向智能化转型，实现"智能生产"。两者的有机结合是今后制造业必然的发展方向。

近 20 年我国制造业持续发展，大大提高了我国制造业的综合竞争力。载人航天、载人深潜、大型飞机、北斗卫星导航、超级计算机、高铁装备、百万千瓦级发电装备、万米深海石油钻探设备等一批重大技术装备取得突破，形成了若干具有国际竞争力的优势产业和骨干企业，我国已具备了建设工业强国的基础和条件。

但我国仍处于工业化进程中，与先进国家相比还有较大差距。制造业大而不强，自主创新能力弱，关键核心技术与高端装备对外依存度高，以企业为主体的制造业创新体系不完善；产品档次不高，缺乏世界知名品牌；资源能源利用效率低，环境污染问题较为突出；产业结构不合理，高端装备制造业和生产性服务业发展滞后；信息化水平不高，与工业化融合深度不够；产业国际化程度不高，企业全球化经营能力不足。

0.2.1 自主创新⊖

在经历了几十年主要依赖国外先进技术、进口先进装备消化吸收求发展的历程之后，中国制造走自主创新、跨越发展之路是历史的必然选择。

1）大力推进以企业为主体、以市场为导向、产学研相结合的技术创新体系建设。提升企业创新能力是健全国家创新体系的中心环节。企业对知识和技术的吸收、掌握、转化和创新能力决定了企业的核心竞争力，也决定了中国制造在国际产业分工中的地位。产学研相结合是提高企业创新能力的有效形式，这种结合可体现在：制造企业与高校、研究单位的结合，制造企业与用户的结合，制造工艺创新与制造装备创新的结合，以及制造企业间的结合等诸方面。

2）高度重视创新方法和手段的培育。自主创新，方法先行。创新方法的突破是科技发展和科技进步的重要基础和保证，这是为世界科技史所一再证明了的。据统计，从1901年诺贝尔奖设立以来，有60%～70%是由于科学观念、思路、方法和手段上的创新而取得的。科学思维的创新是科学研究取得突破性、革命性进展的前提，是创新的灵魂；科学方法的创新是取得创新突破和实现的途径；技术装备的创新是科学研究、技术开发和实现发明创造必要的手段和保证。不仅要着力提升创新科学思维，培育创新精神和创新能力，而且要善于把创新科学思维转变成创新的技术，开发出具有自主核心知识产权的仪器与装备。

3）创造国际著名制造品牌。著名品牌是技术创新、经营管理创新、服务文化创新的集成，是企业及其制造产品的品质、信誉和价值的集中反映。中国不仅要建设世界一流的制造业，还应拥有世界一流的企业、世界一流的产品，而且要拥有一批世界著名的品牌。要着力推进从原始设备制造（OEM）向原始设计制造（ODM）、进而向自主世界著名品牌的转变，提升中国制造在全球制造产业链中的地位，提升中国产品在全球市场中的形象、声誉和价值。

0.2.2 绿色制造⊖

中国人均资源自然禀赋不足，高消耗将导致对资源的高依赖，将成为制约中国制造业发展的瓶颈，也会给国家的能源和资源安全带来严峻挑战。必须在制造业的发展中坚持贯彻"减量化、再利用、再循环、再制造"，大力发展绿色制造。20世纪90年代，国际上已经提出了绿色制造（Green Manufacturing，GM），又称清洁生产（Clean Production，CP）和面向环境的制造（Manufacturing For Environment，MFE）的概念。绿色制造指在保证产品的功能、质量、成本的前提下，综合考虑环境影响和资源效率的现代制造模式。它使产品从设计、制造、使用到报废整个产品生命周期中不产生环境污染或使环境污染最小化，符合环境保护要求；节约资源和能源，使资源利用率最高，能源消耗最低，并使企业经济效益和社会生态效益协调最优化。绿色制造体现了现代制造科学"大制造、全过程、学科大交叉"的特点。总的来说，绿色制造的内涵包括节约能源与资源、减少污染与废弃物、全生命周期循环三个方面，以及绿色设计、绿色生产、绿色使用、绿色回收等环节。

⊖ 摘自路甬祥《坚持科学发展，推进制造业的历史性跨越》。

1）节约能源与资源是绿色设计的重要目标。绿色制造要从产品设计做起，既要进行节能设计与回收性设计，又要大力开发应用绿色能源与绿色材料。绿色能源的技术创新主要体现在以风能、太阳能、生物质能等为代表的可再生能源和逐步发展氢能体系。绿色材料包括低耗能、少污染、易加工的材料，可回收再利用的材料，可再生材料，以及节能、自降解新材料等。

2）减小污染与废弃物要落实到生产、使用与回收等全过程。主要内容包括采用绿色工艺、绿色设备、绿色能源等。例如：采用消失模铸造、粉末冶金、快速原型成形等低污染的加工与成形工艺；应用绿色工艺装备，提高装备的能效，减少生产过程的废弃物，使工作环境符合环保标准；使用清洁的能源和原材料，依靠采用新技术和严格的科学管理，生产出清洁产品。

3）要在全生命周期中体现循环经济的理念。为此既要考虑制造过程的小循环，又要考虑产品生命周期的大循环。在制造过程中，通过生态工厂的设计规划与运行管理，使工厂从设备的布局到工艺过程的规划都符合生态环保要求；通过应用再制造、回收处理等技术，形成资源、能源的全生命周期闭环循环，减少报废固体废弃物，提高资源与能源的利用率。

4）要加速推进绿色制造的政策化、法律化、标准化、规范化进程。目前，国际组织和许多发达国家都纷纷推出绿色制造技术方面的标准、政策和法律，形成了当前国际市场的绿色贸易和技术壁垒，对绿色制造的发展有重要的引导和推动作用。从传统制造模式转变到绿色制造模式，需要全社会共同努力，尤其是通过法律法规的约束和规范，使企业管理者和经营者的观念从单纯的经济增长转变为可持续发展。

中国古代道家具有朴素的"天人合一、尊重自然"的哲学思想，许多伟大的工程之所以历经数千年而不朽，究其原因，乃是尊重自然规律的结果。其中一个杰出的代表是两千多年前李冰父子所筑的都江堰水利工程，它采用江中卵石垒成倾斜的堰滩，在鲤鱼嘴将山区倾泻下来的江水分流，冬春枯水时，导岷江水经深水河道，过宝瓶口灌溉成都平原的数百万亩良田，汛期丰水时，大水漫过堰滩从另一侧宽而浅的河道流入长江，使农田免遭洪涝之苦。其因势利导构思之巧妙，就地取材施工之便宜，水资源充分利用之合理，至今仍令中、外水利专家赞叹不已，可以说是大禹治水以来，采用疏导与防堵相辅相成、辩证统一的典范，亦是中国古代工程哲学思维成功的案例之一。在物质生产过程中，必须要考虑这一过程的环境影响及产品全生命周期的环境友好程度。必须要树立生态文明的现代工程意识。[⊖]

总之，制造业要努力采用和发展绿色制造技术和产品，以产品的全生命周期为目标，致力发展循环经济，运用绿色设计与制造技术，实施"产品全生命周期环保策略"，发展废旧产品的回收利用和再制造。同时，通过应用各种先进设计、先进材料、先进工艺和先进管理，实施绿色制造、绿色运行。

0.3　课程的研究对象和特点

机械制造工程学是研究机械加工系统的组成与功能的一门科学，是以机械制造过程中的工艺问题为研究对象的一门应用性制造技术学科。本课程从培养学生综合素质与应用能力出

⊖ 摘自徐匡迪《工程师要有哲学思维》。

发，以机械制造工艺为主线，将机械设备、刀具、夹具、加工质量有机地结合起来，全面系统地介绍金属切削原理、金属切削机床与刀具、机械制造工艺学与机床夹具设计及特种加工与先进制造技术等内容。本课程的特点：

1）注重现代制造技术与传统制造技术有机结合。在近年的实践教学中，我们明显感觉到制造企业的生产模式正在发生巨大变化，如生产纲领的概念、大批量定制的概念、自动化生产模式的概念已远远领先于教科书内容。如果教材中不系统地融入先进制造技术、设备及工艺内容，那么课堂教学内容将远远落后于现代化企业的生产模式与技术。随着现代加工技术的进展，工艺集成度很高的自动化生产线、大量的数控机床与设备、先进的工艺模式已在制造企业中大量展现，传统的机械加工工艺概念发生了极大的变化。这就要求课堂所学习的知识与生产实际不能脱节，所以将先进制造技术有机地引入课堂是新的教材体系设计中的重要特色之一。

2）突出工程实践。机械制造工程学是一门实践性强，与实际生产技术紧密结合的课程，其教材也应在注重基础理论的基础上，紧密与生产实际结合，找出生产中的工程实例加以分析，使课程更接近于工程背景。教材选用了中国第一汽车集团公司的生产工艺实例，引入涨断新工艺，使教材更突出工程实践性。

3）本课程包括习题、课程设计、实验、生产实习等多个教学环节，各教学环节之间应密切结合和有机联系，形成一个整体。

本课程实践性强、内容广泛且灵活多变。工艺既是构思和想法，又是实在的方法和手段，并落实在由工件、刀具、机床、夹具所构成的工艺系统中，所以它包含和涉及的范围很广，需要多门学科知识的支持，同时又和生产实际联系紧密。学生在学习过程中，需要对多门知识加以综合运用，通过研究切削加工机理和切削加工过程中的现象、毛坯通过什么样的工艺路线加工成合格零件、选择什么样的机床和切削刀具、工件的装夹方法、如何控制零件加工质量、合理机器的装配方法等诸多问题，掌握解决生产实际工艺问题的理论和方法。

1.1 金属切削基本知识

1.1.1 切削运动

要使刀具从工件毛坯上切除多余的金属，使其成为具有一定形状和尺寸的零件，刀具和工件之间必须要有一定的相对运动，这种相对运动称为切削运动。切削运动根据其功用不同，可分为主运动和进给运动。这两个运动的矢量和，称为合成切削运动。图 1-1 表示了切削运动及工件上形成的表面。待加工表面指工件上即将被切除的表面；过渡表面指工件上由切削刃正在切削的表面；已加工表面指工件上切削后形成的表面。

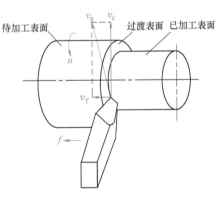

图 1-1 切削运动与工件表面

（1）主运动 主运动是使刀具和工件之间产生相对运动，以进行切削的最基本运动。主运动的速度最高、消耗的功率最大。在切削运动中，主运动只有一个。如图 1-1 所示，在外圆车削时，工件的旋转运动是主运动。

（2）进给运动 进给运动是不断地把待切金属投入切削过程，从而加工出全部表面的运动。在车削加工中，车刀的纵向或横向移动，即是进给运动。进给运动一般速度较低、消耗的功率较少，可以由一个或多个运动组成。它可以是间歇的，也可以是连续的。

（3）合成切削运动 如图 1-1 所示，合成切削运动是由主运动和进给运动合成的运动。刀具切削刃上选定点相对工件的瞬时合成运动方向称为合成切削运动方向，其速度称为合成切削速度。

1.1.2 切削用量

（1）切削速度 v_c 切削刃选定点相对于工件主运动的瞬时速度，单位为 m/s 或 m/min。计算时，应以最大的切削速度为准。车削外圆的计算公式如下

$$v_c = \pi d_w n / 1000 \tag{1-1}$$

式中　　d_w——工件待加工表面直径（mm）；

　　　　n——工件转速（r/s 或者 r/min）。

（2）进给量 f　工件或刀具每转一转时，两者沿进给方向的相对位移，单位为 mm/r，如图 1-2 所示。进给速度 v_f 是单位时间的进给量，单位为 mm/s 或 mm/min。即

$$v_f = fn \tag{1-2}$$

对多点切削刀具，如钻头、铣刀，还规定每一个刀齿的进给量 f_z（后一个刀齿相对于前一个刀齿的进给量），即

$$f = f_z z \tag{1-3}$$

式中　　z——刀齿数。

（3）背吃刀量（切削深度）a_p　工件上已加工表面和待加工表面间的垂直距离，单位为 mm，如图 1-2 所示。车削外圆时有

$$a_p = (d_w - d_m)/2 \tag{1-4}$$

式中　　d_w——待加工表面直径（mm）；

　　　　d_m——已加工表面直径（mm）。

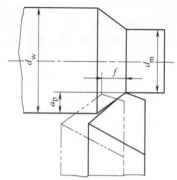

图 1-2　进给量与背吃刀量

1.1.3　刀具切削部分的基本定义

金属刀具的种类很多，但它们切削部分的几何形状与参数都有着共性，即不论刀具结构如何复杂，它们的切削部分总是近似地以外圆车刀的切削部分为基本形态。

1. 车刀的组成

车刀由刀柄和刀头组成，如图 1-3 所示。刀柄是刀具上的夹持部位，刀头则用于切削。切削部分的结构及其定义如下：

（1）前刀面 A_γ　刀具上切屑流过的刀面。

（2）后刀面 A_α　与工件上过渡表面相对的刀面。

（3）副后刀面 A_α'　与工件上已加工表面相对的刀面。

（4）主切削刃 S　前刀面与后刀面的交线。

（5）副切削刃 S'　前刀面与副后刀面的交线。

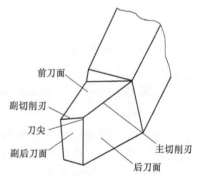

图 1-3　车刀切削部分结构要素

a)

b)

c)

图 1-4　刀尖形状

（6）刀尖　主切削刃与副切削刃的连接部分，它可以是曲线、直线或实际交点（见图1-4）。

2. 刀具角度的参考系

刀具必须具有一定的切削角度才能从工件上切除金属。刀具作为一个三维几何体，要确定其切削部分各表面和切削刃的空间位置，需要建立三维平面参考系。按构成参考系时所依据的切削运动的不同，参考系分成刀具标注角度参考系和刀具工作角度参考系。前者由主运动方向确定，后者由合成切削运动方向确定。

刀具标注角度参考系（又称刀具静止参考系）是刀具设计时标注、刃磨和测量的基准，用此定义的刀具角度称为刀具标注角度。

刀具工作角度参考系是确定刀具切削工作时角度的基准，用此定义的刀具角度称为刀具工作角度。

（1）正交平面参考系　如图1-5所示，正交平面参考系由以下三个平面组成：

1）基面 p_r。过切削刃上选定点垂直于主运动方向的平面。它平行或垂直于刀具在制造、刃磨及测量时适合于安装的平面或轴线。

2）切削平面 p_s。过切削刃上选定点与切削刃相切并垂直于基面的平面。

3）正交平面 p_o。过切削刃上选定点并同时垂直于切削平面与基面的平面。

（2）法平面参考系　如图1-5所示，法平面参考系由 p_r、p_s、p_n 三个平面组成。法平面 p_n 为过切削刃上选定点并垂直于切削刃的平面。

（3）假定工作平面参考系　如图1-6所示，假定工作平面参考系由 p_r、p_f、p_p 三个平面组成。

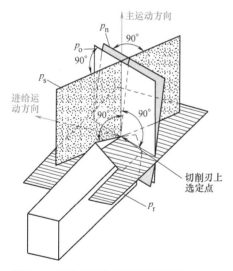

图1-5　正交平面与法平面参考系

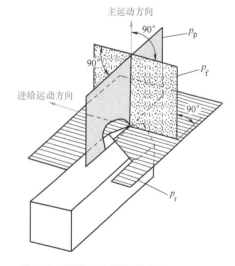

图1-6　假定工作平面参考系

1）假定工作平面 p_f。过切削刃上选定点平行于进给运动方向并垂直于基面 p_r 的平面。

2）背平面 p_p。过切削刃上选定点同时垂直于基面 p_r 和假定工作平面 p_f 的平面。

3. 刀具的标注角度

（1）在正交平面内标注的角度

1）前角 γ_o。在正交平面内度量的前刀面与基面之间的夹角。

2）后角 α_o。在正交平面内度量的后刀面与切削平面之间的夹角。

3）楔角 β_o。在正交平面内度量的前刀面与后刀面之间的夹角。由图1-7可知

$$\beta_o = 90° - (\gamma_o + \alpha_o) \tag{1-5}$$

（2）在切削平面内标注的角度 刃倾角 λ_s 是指在切削平面内度量的主切削刃与基面之间的夹角。

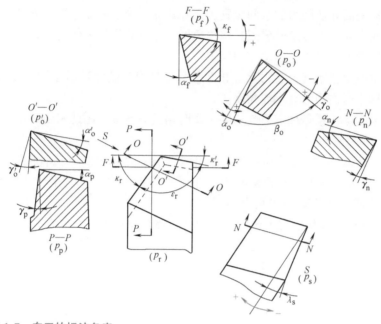

图1-7 车刀的标注角度

（3）在基面内标注的角度

1）主偏角 κ_r。主切削刃在基面上的投影与进给运动方向的夹角。

2）副偏角 κ_r'。副切削刃在基面上的投影与进给运动反方向的夹角。

3）刀尖角 ε_r。在基面内度量的主切削刃与副切削刃之间的夹角。由图1-7可知

$$\varepsilon_r = 180° - (\kappa_r + \kappa_r') \tag{1-6}$$

上述角度中，β_o 和 ε_r 是派生角度，由前、后刀面磨出的主切削刃只需四个基本角度即可确定它的空间位置，即为 γ_o、α_o、κ_r、λ_s。

对于副切削刃，可采用与上述相同的方法，在副切削刃的选定点上作参考系 $p_r' p_s' p_o'$。在过副切削刃作的正交平面 p_o' 内标出副前角 γ_o' 和副后角 α_o'。如果车刀的主、副切削刃在同一个公共前刀面上，则当主切削刃的四个基本角度 γ_o、α_o、κ_r、λ_s 以及副偏角 κ_r' 确定之后，副前角 γ_o' 和副刃倾角 λ_s' 随之而定，图样上也不用标注。这样，一把三个刀面两个切削刃的外圆车刀标注角度只有六个，即 γ_o、α_o、κ_r、λ_s 和 α_o'、κ_r'。

如图1-7所示，在法平面、假定工作平面参考系中，有法前角 γ_n、法后角 α_n、侧前角 γ_f、侧后角 α_f、背前角 γ_p、背后角 α_p。这些角度可以参照给正交平面参考系标注角度下定义的方法加以定义。

在法平面参考系中，只需标注 γ_n、α_n、κ_r 和 λ_s 四个角度即可确定主切削刃和前、后刀面的方位。在假定工作平面参考系中，只需标注 γ_f、α_f、γ_p、α_p 四个角度便可确定车刀的主切削刃和前、后刀面的方位。

4. 刀具的工作角度

刀具的工作角度是刀具在工作时的实际切削角度。由于车刀的标注角度是在进给量 $f = 0$

并假定刀杆轴线与纵向进给运动方向垂直以及刀尖与工件中心等高的条件下规定的角度,如果考虑合成运动和实际安装情况,则刀具的参考系将发生变化。在刀具工作角度参考系中所确定的角度称为工作角度。工作角度反映了刀具的实际工作状态。

在一般条件下,刀具的工作角度与标注角度相差无几,两者差别不予考虑,只有在角度变化值较大时才需要计算工作角度。

（1）进给运动对刀具角度的影响　图 1-8 所示为切断车刀加工时的情况。加工时,车刀做横向进给运动,切削刃相对工件的运动轨迹为一平面阿基米德螺旋线。此时,工作基面 p_{re} 和工作切削平面 p_{se} 相对于 p_{r} 和 p_{s} 转动一个 μ 角,从而引起刀具的前角和后角发生变化。其计算公式为

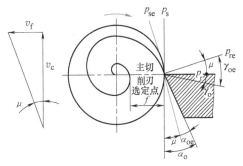

图 1-8　横向进给运动时的工作角度

$$\gamma_{\mathrm{oe}} = \gamma_{\mathrm{o}} + \mu \qquad (1\text{-}7)$$

$$\alpha_{\mathrm{oe}} = \alpha_{\mathrm{o}} - \mu \qquad (1\text{-}8)$$

$$\mu = \arctan \frac{v_{\mathrm{f}}}{v_{\mathrm{c}}} = \arctan \frac{f}{\pi d} \qquad (1\text{-}9)$$

式中　γ_{oe}、α_{oe}——工作前角和工作后角;

f——进给量（mm/r）;

d——工件切削点处表面直径（mm）;

μ——正交平面内 p_{re} 和 p_{r} 之间的夹角,即主运动方向与合成运动方向的夹角。

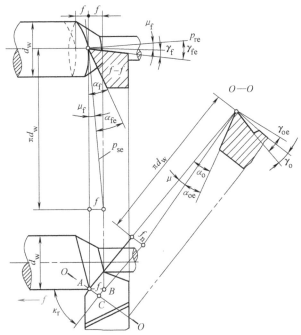

图 1-9　纵车外圆车刀的工作角度

由式（1-9）可知，当进给量 f 增大，则 μ 值增大；当瞬时直径 d 减小，μ 值也增大。因此，车削至接近工件中心时，μ 值增长很快，工作后角将由正变负，导致工件被挤断。

图 1-9 所示为纵车外圆车刀的工作角度。在考虑纵向进给运动时，切削刃相对于工件表面的运动轨迹为螺旋线。此时，基面 p_r 和切削平面 p_s 就会在空间偏转一个 μ 角，从而使刀具的工作前角 γ_{oe} 增大，工作后角 α_{oe} 减小。

在假定工作平面内的工作角度为

$$\gamma_{fe} = \gamma_f + \mu_f \tag{1-10}$$

$$\alpha_{fe} = \alpha_f - \mu_f \tag{1-11}$$

$$\tan\mu_f = \frac{f}{\pi d_w} \tag{1-12}$$

式中　γ_{fe}——假定工作平面工作前角；

$\quad\quad\alpha_{fe}$——假定工作平面工作后角；

$\quad\quad d_w$——工件待加工表面直径（mm）；

$\quad\quad\mu_f$——主运动方向与合成运动方向的夹角。

在正交平面内的工作角度为

$$\gamma_{oe} = \gamma_o + \mu \tag{1-13}$$

$$\alpha_{oe} = \alpha_o - \mu \tag{1-14}$$

$$\tan\mu = \frac{f\sin\kappa_r}{\pi d_w} \tag{1-15}$$

式中　μ——正交平面内 p_{se} 和 p_s 之间的夹角。

（2）刀具安装对刀具角度的影响　如图 1-10 所示，当刀尖安装高于或低于工件中心时，则此时的切削速度方向发生变化，引起基面和切削平面的位置改变。此时工作角度与标注角度的换算关系为

$$\gamma_{pe} = \gamma_p \pm \theta_p \tag{1-16}$$

$$\alpha_{pe} = \alpha_p \mp \theta_p \tag{1-17}$$

$$\tan\theta_p = \frac{h}{\sqrt{\left(\dfrac{d}{2}\right)^2 - h^2}} \tag{1-18}$$

式中　θ_p——背平面内 p_r 与 p_{re} 的夹角；

$\quad\quad h$——刀尖高于或低于工件中心的数值（mm）。

$\quad\quad d$——工件切削刃上选定点处直径（mm）。

1.1.4　切削层参数

切削层为刀具切削部分切过工件的一个单程所切除的工件材料层。切削层形状、尺寸直接影响着刀具承受的负荷。为简化计算，切削层形状、尺寸规定在刀具基面中度量。切削层的尺寸称为切削层参数。

现以外圆车削为例来说明切削层参数的定义。外圆车削时，工件转一转，主切削刃移动一个进给量 f 所切除的金属层称为切削层。如图 1-11 所示，当主、副切削刃为直线，且 $\lambda_s = 0°$ 时，切削层公称截面为平行四边形。

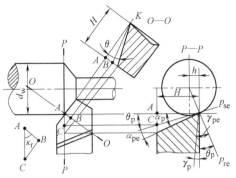
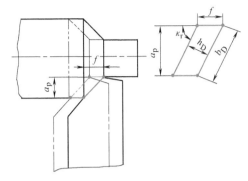

图 1-10 刀尖安装高低对工作角度的影响　　图 1-11 切削层参数

（1）切削层公称厚度 h_D　垂直于过渡表面度量的切削层尺寸称为切削层公称厚度。外圆纵车时

$$h_D = f\sin\kappa_r \tag{1-19}$$

由式（1-19）可知，f 或 κ_r 增大，则 h_D 变厚。

（2）切削层公称宽度 b_D　沿着过渡表面度量的切削层尺寸称为切削层公称宽度。外圆纵车时

$$b_D = a_p / \sin\kappa_r \tag{1-20}$$

由式（1-20）可知，a_p 减小或 κ_r 增大，则 b_D 变短。

图 1-12 所示为 κ_r 不同时 h_D、b_D 的变化。图 1-13 所示为曲线刃时切削层各点的切削层公称厚度。

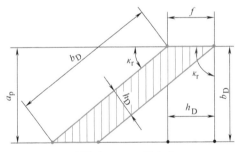
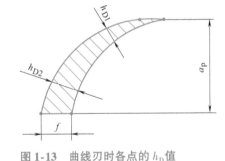

图 1-12　κ_r 不同时 h_D、b_D 的变化　　　　图 1-13　曲线刃时各点的 h_D 值

（3）切削层公称横截面积 A_D　切削层在基面内的面积，称为切削层公称横截面积。

$$A_D = h_D b_D = f a_p \tag{1-21}$$

1.2　金属切削过程

金属切削过程就是通过刀具把被切削金属层变为切屑的过程。在这一过程中，由于金属的剧烈变形和内外摩擦的作用，在切屑形成的同时，发生了一系列的物理现象，如积屑瘤、切削力、切削热、表面硬化和刀具的磨损等，这些物理现象对切削加工的质量、生产率和经济效益等都有直接的影响。研究这些现象及其变化规律，对于认识各种机械加工方法的工艺特点，保证加工质量，降低生产成本和提高生产率，都具有十分重要的意义。

1.2.1 切屑的形成过程及变形区的划分

金属材料受压其内部产生应力、应变，大约与受力方向成45°的斜面内，切应力随载荷增大而逐渐增大，当切应力达到材料的屈服强度时，金属即沿着45°方向产生剪切滑移，最终导致破坏。因此，金属的切削过程，实质上是工件切削层在刀具的挤压下，产生剪切滑移为主的塑性变形而形成切屑的过程。整个过程经历了"挤压、滑移、挤裂、切离"四个阶段。现以塑性材料为例说明切屑的形成及切削过程中的变形情况。

如图 1-14 所示，当刀具和工件开始接触的最初瞬间，切削刃和前刀面在接触点挤压工件，使工件内部产生应力和弹性变形。随着切削运动的继续，切削刃和前刀面对工件材料的挤压作用不断增加，使工件材料内部的应力和变形逐渐增大，当应力达到材料屈服强度 τ_s 时，被切削层的金属开始沿切应力最大的方向滑移，产生塑性变形。图 1-14 中的 OA 面就代表"始滑移面"。以被切削层中点 P 为例，当 P 到达点 1 位置时，由于 OA 面上的切应力达到材料的屈服强度，则点 1 在向前移动的同时也沿 OA 面滑移，其合成运动将使点 1 流动到点 2，$2'2$ 就是它的滑移量。随着滑移的产生，切应力将逐渐增加，也就是当 P 向1、2、3、4 各点移动时，它的切应力不断增大。当移动到点 4 的位置时，应力和变形都达到了最大值，遂与本体金属切离，从而形成切屑沿前刀面流出。OM 代表"终滑移面"，在 OA 到 OM 之间称为第一变形区，它是金属切削过程中主要的变形区，消耗大部分功率并产生大量的切削热，其变形的主要特征就是沿滑移面的剪切变形，以及随之产生的加工硬化。

实验证明，第一变形区的厚度随切削速度增大而变薄。在一般速度下，第一变形区的厚度仅为 0.02~0.2mm。因此，可用一个平面 OM 表示第一变形区（Ⅰ）。剪切面 OM 与切削速度方向的夹角称为剪切角 ϕ，如图 1-15 所示。

当切屑沿前刀面流出时，受到前刀面的挤压和摩擦，使切屑底层金属又一次产生塑性变形，也就是第二变形区（Ⅱ），使薄薄的一层金属流动缓慢，晶粒再度被拉长，沿着前刀面方向纤维化，切屑底边长度增加，切屑向外侧卷曲。第二变形区是切屑与前刀面的摩擦区，切屑底层与前刀面之间的强烈摩擦，对切削力、切削热、积屑瘤的形成与消失，以及对刀具的磨损等都有直接影响。

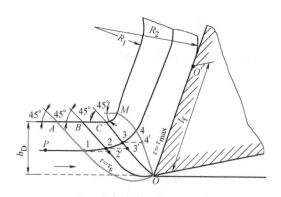

图 1-14　第一变形区金属的滑移

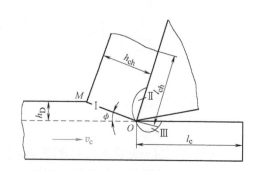

图 1-15　三个变形区、剪切角

已加工表面受到切削刃钝圆部分和后刀面的挤压与摩擦，产生变形与回弹，造成纤维化、加工硬化和残余应力。这部分称为第三变形区（Ⅲ）。第三变形区对已加工表面的质量和刀具的磨损都有很大的影响。

这三个变形区汇集在切削刃附近，切削层金属在此处与本体金属分离，大部分变为切屑，小部分留在已加工表面上。如图 1-16 所示，当切削层金属与本体金属分离时，分离点 O 与刃口圆弧最低点 K 之间的一薄层金属 Δh 并没有被切下来，仍然留在工件上，并在经受了刃口圆弧的挤压变形后流经刀具的后刀面，并产生弹性恢复，成为已加工表面。

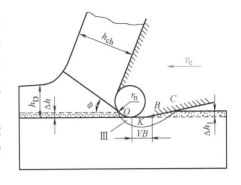

图 1-16　加工表面的形成和变形

1.2.2　变形系数

在切削过程中，被切金属层在刀具的推挤下被压缩，因此，切屑厚度 h_{ch} 通常要大于切削层的厚度 h_D，而切屑长度 l_{ch} 却小于切削长度 l_c，如图 1-15 所示。切屑厚度与切削层厚度之比称为厚度变形系数 ξ_h（切屑厚度压缩比 A_h）；切削长度与切屑长度之比称为长度变形系数 ξ_1，即

$$\text{厚度变形系数} \qquad \xi_h = \frac{h_{ch}}{h_D} \qquad\qquad (1-22)$$

$$\text{长度变形系数} \qquad \xi_1 = \frac{l_c}{l_{ch}} \qquad\qquad (1-23)$$

切削层变为切屑后，宽度变化很小，根据体积不变原理，有

$$\xi_h = \xi_1 = \xi > 1 \qquad\qquad (1-24)$$

变形系数直观地反映了切屑的变形程度，且容易测量。对于同一种工件材料，如果在不同的切削条件下进行切削，变形系数越大，则表明切削中的塑性变形越大，切削力和切削热相应增加，动力消耗上升，加工质量下降。因此，有效控制变形系数，有利于提高工件的加工质量。

1.2.3　切屑的类型

在切削加工中，由于工件材料不同，通常产生四种类型的切屑，如图 1-17 所示。

（1）带状切屑　带状切屑连续不断呈带状，内表面光滑，外表面呈毛茸状。采用较高的切削速度、较小的切削厚度和前角较大的刀具，切削塑性较好的金属材料时，易形成带状

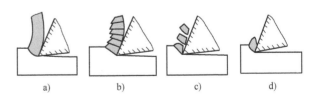

图 1-17　切屑类型

a) 带状切屑　b) 节状切屑　c) 单元切屑　d) 崩碎切屑

切屑。形成带状切屑时，切削力的波动小，切削过程比较平稳，已加工表面粗糙度值较小。但这种切屑容易缠绕在刀具或工件上，损伤已加工表面，或危害操作者安全，应采取适当的断屑措施。

（2）节状切屑　节状切屑的外表面呈锯齿状并带有裂纹，但底部仍然相连。采用较低

的切削速度、较大的切削厚度和前角较小的刀具，切削中等硬度的塑性材料时，易形成节状切屑。形成节状切屑时，金属的塑性变形和切削抗力较大，切削力的波动也比较大，切削过程不平稳，已加工表面也比较粗糙。

（3）单元切屑　切削塑性材料时，切削层金属在塑性变形过程中，剪切面上产生的切应力超过材料的强度极限，切屑沿剪切面完全断开，形成形状类似而又互相分离的屑块。采用极低的切削速度、大的切削厚度和前角较小的刀具，切削塑性较差的材料时，易形成单元切屑。形成单元切屑时，切削力波动很大，有振动，已加工表面粗糙，且有振纹。

（4）崩碎切屑　切削脆性材料时，由于材料的塑性小，抗拉强度低，切削层金属在产生弹性变形后，几乎不产生塑性变形而突然崩裂，形成形状极不规则的碎块。形成崩碎切屑时，切削力变化幅度小，但波动很大，伴有振动和冲击，使已加工表面凸凹不平。

切屑的形态是随着切削条件的改变而变化的。在生产中常通过改变加工条件，使之得到较为有利的切屑形态。如在形成节状切屑的情况下，若加大前角，提高切削速度，减小切削厚度，则可转化为带状切屑。

1.2.4　积屑瘤

在切削塑性金属材料时，经常在前刀面上靠刃口处黏接一小块很硬的金属楔块（见图1-18），这个金属楔块称为积屑瘤。

1. 积屑瘤的产生

切削塑性金属材料时，由于前刀面与切屑底层之间的挤压与摩擦作用，使靠近前刀面的切屑底层流动速度减慢，产生一层很薄的滞流层，使切屑的上层金属与滞流层之间产生相对滑移。上、下层之间的滑移阻力，称之为内摩擦力。在一定条件下，由于切削时所产生的温度和压力作用，使得刀具前刀面与切屑底部滞流层间的摩擦力（称外摩擦力）大于内摩擦力，此时滞流层的金属与切屑分离而黏接在前刀面上。随后形成的切屑，其底层则沿着被黏接的一层相对流动，又出现新的滞流层。当新旧滞流层之间的摩擦阻力大于切屑的上层金属与新滞流层之间的内摩擦力时，新的滞流层又产生黏接。这样一层一层地滞流、黏接，逐渐形成一个楔块，这就是积屑瘤。

在积屑瘤的生成过程中，它的高度不断增加，但由于切削过程中的冲击、振动、负荷不均匀及切削力的变化等原因，会出现整个或部分积屑瘤破裂、脱落及再生成的现象。因此，积屑瘤又是不稳定的存在。

2. 积屑瘤对切削过程的影响

由于滞流层的金属经过数次变形强化，所以积屑瘤的硬度很高，一般是工件材料硬度的2~3倍。图1-19所示为实验测出的切削区域各部分的硬度。

从图1-19看出，积屑瘤包围着切削刃，同时覆盖着一部分前刀面，使切屑与前刀面的接触摩擦位置后移，前刀面的磨损发生在离切削刃较远处，并且使工件与后刀面不接触，减轻甚至避免了后刀面的摩擦。也就是说，积屑瘤形成后，便可代替切削刃和前刀面进行切削，有保护切削刃、减轻前刀面及后刀面磨损的作用。但是，当积屑瘤破裂脱落时，切屑底部和工件表面带走的积屑瘤碎片，分别对前刀面和后刀面有机械擦伤作用；当积屑瘤从根部完全破裂时，将对刀具表面产生黏接磨损。由此可见，积屑瘤对刀具磨损有正、反两方面的影响，它是减轻还是加速刀具的磨损，取决于积屑瘤的稳定性。

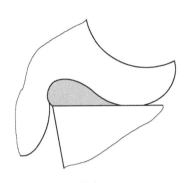

图 1-18 积屑瘤

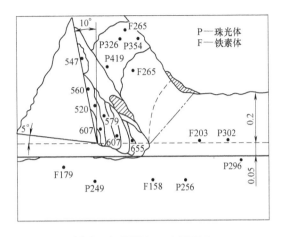

图 1-19 积屑瘤、切屑及加工表面硬度

积屑瘤生成后，刀具的前角增大，因而减少了切屑的变形，降低了切削力。

积屑瘤伸出切削刃之外，使切削层公称厚度发生变化。如图 1-19 所示，切削层公称厚度过切量等于积屑瘤的伸出量。切削层公称厚度的变化将影响工件的尺寸精度。同时由于积屑瘤的轮廓很不规则，使工件表面不平整，表面粗糙度值显著增加。在有积屑瘤生成的情况下，可以看到加工表面上沿着切削刃与工件的相对运动方向有深浅和宽窄不同的犁沟，这就是积屑瘤的切痕。此外，积屑瘤周期性的脱落与再生，也会导致切削力的大小发生变化，引起振动。脱落的积屑瘤碎片部分被切屑带走，部分黏附在工件已加工表面上，也使表面粗糙度值增加，并造成表面硬度不均匀。

由于积屑瘤轮廓不规则，且尖端不锋利，使刀具对工件的挤压作用增强，因此，已加工表面的残余应力和变形增加，表面质量降低。这对于背吃刀量和进给量均较小的精加工影响尤为显著。

从上面的分析可知，积屑瘤对切削过程的影响有其有利的一面，也有其不利的一面。粗加工时，可允许积屑瘤的产生，以增大实际前角，使切削轻快；而精加工时，则应尽量避免产生积屑瘤，以确保加工质量。

3. 控制积屑瘤产生的措施

在生产实践中常采用以下措施来抑制或消除积屑瘤。

(1) 避开容易产生积屑瘤的切削速度范围 当工件材料一定时，切削速度是影响积屑瘤的主要因素。如图 1-20 所示，当切削速度很低时(在 I 区内)，切削温度不高，切屑内部分子结合力大，内摩擦力大，切屑与前刀面的黏接现象不易发生；当速度增大时(在 II 区内)，切削温度升高，平均摩擦因数和外摩擦力增大，积屑瘤易于生成。在某一速度下使切削温度达到 300～400℃时，一般钢料的平均摩擦因数最大，积屑瘤的高度 H_b 最

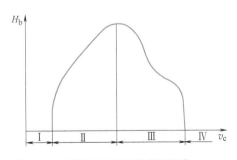

图 1-20 切削速度对积屑瘤的影响

大；当速度再增大时（在Ⅲ区内），切削温度很高，切屑底层金属变软，平均摩擦因数和外摩擦力减小，积屑瘤高度也随之减小。当切削温度高达500℃左右时（在Ⅳ区内），平均摩擦因数很小，滞流层随切屑流出，积屑瘤消失。因此，精加工时，采用低速或高速切削，可避免积屑瘤的产生。

（2）降低材料塑性　工件材料塑性越大，刀具与切屑之间的平均摩擦因数越大，越容易生成积屑瘤。可对工件材料进行正火或调质处理，提高其强度和硬度，降低塑性，抑制积屑瘤的产生。

（3）合理使用切削液　使用切削液可降低切削温度，减少摩擦，因此，可抑制积屑瘤的产生。

（4）增大刀具前角、提高刀具刃磨质量　刀具前角的增大，可以减少切屑变形和切削力，降低切削温度，因此，增大前角能抑制积屑瘤的产生。

1.3　切削力与切削功率

在切削过程中，切削力决定着切削热的产生，并影响刀具磨损和已加工表面质量。在生产中，切削力又是计算切削功率，设计和使用机床、刀具、夹具的必要依据。因此，研究切削力的变化规律和计算方法，对生产实际有重要意义。

1.3.1　切削力的来源、合力及其分力

切削力的来源有两个方面：一是切削层金属、切屑和工件表面层金属的弹性变形、塑性变形所产生的抗力；二是刀具与切屑、工件表面间的摩擦阻力，如图1-21所示。

以车削外圆为例（见图1-22）。为了便于测量和应用，将合力 F 分解为三个互相垂直的分力。

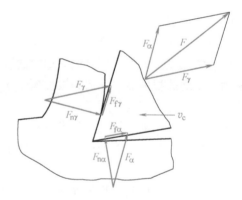

图1-21　作用在刀具上的力

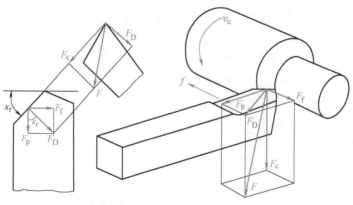

图1-22　车削合力及分力

（1）主切削力 F_c　切削合力在主运动方向上的分力，又称切向力。其垂直于基面，与切削速度方向一致，是计算机床主运动机构强度与刀杆、刀片强度以及设计机床、选择切削用量等的主要依据。

（2）背向力 F_p　切削合力在垂直于工作平面上的分力，又称径向力。作用在基面内，与进给方向垂直，其与主切削力的合力会使工件发生弯曲变形或引起振动，进而影响工件的加工精度和表面粗糙度。因此，在工艺系统刚度不足时，应设法减小 F_p。

（3）进给力 F_f　切削合力在进给方向上的分力，又称轴向力。其作用在进给机构上，是校验进给机构强度的主要依据。

合力与分力之间的关系为

$$F = \sqrt{F_c^2 + F_p^2 + F_f^2} \tag{1-25}$$

$$F_p = F_D \cos\kappa_r, \quad F_f = F_D \sin\kappa_r \tag{1-26}$$

一般情况下，F_c 最大，F_p 次之，F_f 最小。随着切削条件的不同，F_p 与 F_f 对 F_c 的比值在一定范围内变动，即

$$F_p = (0.15 \sim 0.7) F_c$$
$$F_f = (0.1 \sim 0.6) F_c$$

1.3.2　切削功率

切削功率应是各切削分力功率之和。由于 F_p 方向的运动速度为零，所以不做功。F_f 消耗的功率所占比例很小，为总功率的 $1\% \sim 5\%$，通常忽略不计。故切削功率 P_c（kW）为

$$P_c = F_c v_c \times 10^{-3} \tag{1-27}$$

式中　F_c——主切削力（N）；

v_c——切削速度（m/s）。

机床电动机所需功率 P_E 应满足

$$P_E \geqslant \frac{P_c}{\eta_m} \tag{1-28}$$

式中　η_m——机床传动效率，一般取 $\eta_m = 0.75 \sim 0.85$。

1.3.3　单位切削力

单位切削力是指单位面积上的主切削力，用 k_c（N/mm²）表示为

$$k_c = F_c / A_D \tag{1-29}$$

式中　A_D——切削层公称横截面积（mm²），$A_D = a_p f$；

F_c——主切削力（N）。

如果已知单位切削力 k_c，可利用下式计算主切削力，即

$$F_c = k_c A_D = k_c a_p f \tag{1-30}$$

1.3.4　切削力测量与经验公式

1. 切削力的经验公式

利用测力仪测出切削力，再将实验数据加以适当处理，得出计算切削力的经验公式，形

式如下

$$
\left.
\begin{aligned}
F_c &= C_{F_c} a_p^{x_{F_c}} f^{y_{F_c}} K_{F_c} \\
F_p &= C_{F_p} a_p^{x_{F_p}} f^{y_{F_p}} K_{F_p} \\
F_f &= C_{F_f} a_p^{x_{F_f}} f^{y_{F_f}} K_{F_f}
\end{aligned}
\right\}
\tag{1-31}
$$

式中　　　　　　　　C_{F_c}、C_{F_p}、C_{F_f}——与工件材料及切削条件有关的系数；

x_{F_c}、y_{F_c}、x_{F_p}、y_{F_p}、x_{F_f}、y_{F_f}——指数（见表 1-1）；

K_{F_c}、K_{F_p}、K_{F_f}——实际切削条件与所求得实验公式条件不符合时，各种因素对切削力的修正系数之积（见表 1-2 ～ 表 1-10）。

表 1-1　主切削力经验公式中的系数、指数值（车外圆）

工件材料	硬度 HBW （≤450）	经验公式中的系数、指数			单位切削力 k_c/（N/mm²） $f = 0.3\text{mm/r}$	单位切削功率 P_s/（kW/（mm³·min⁻¹）） $f = 0.3\text{mm/r}$
		C_{F_c}/N	x_{F_c}	y_{F_c}		
碳素结构钢 45 合金结构钢 40Cr、 40MnB、18CrMnTi （正火）	187 ～ 227	1640	1	0.84	1962	32.7×10^{-6}
工具钢 T10A、9CrSi、W18Cr4V （退火）	180 ～ 240	1720	1	0.84	2060	34.3×10^{-6}
灰铸铁 HT200 （退火）	170	930	1	0.84	1118	18.6×10^{-6}
铅黄铜 HPb59-1 （热轧）	78	650	1	0.84	750	
锡青铜 ZCuSn5Pb5Zn5 （铸造）	74	580	1	0.85	700	
铸铝合金 ZAlSi7Mg （铸造）	45	660	1	0.85	800	
硬铝合金 2A12 （淬火及时效）	107					

注：切削条件，切削钢用 YT15 刀片，切削铸铁、铜铝合金用 YG6 刀片；$v_c \approx 1.67\text{m/s}$；后刀面磨损量 $VB = 0$；$\gamma_o = 15°$、$\kappa_r = 75°$、$\lambda_s = 0°$、$r_\varepsilon = 0.2 \sim 0.25\text{mm}$。

2. 测力仪原理

测量切削力的仪器种类很多，有机械测力仪、油压测力仪和电测力仪。机械测力仪和油压测力仪比较稳定、耐用，而电测力仪的测量精度和灵敏度较高。电测力仪根据其使用的传感器不同，又分为电容式、电感式、压电式、电阻式和电磁式等。目前电阻式和压电式用得最多。

电阻式测力仪的工作原理：在测力仪的弹性元件上粘贴具有一定电阻值的电阻应变片（见图 1-23），然后将电阻应变片连接成电桥（见图 1-24）。设电桥各臂的电阻分别为 R_1、

R_2、R_3 和 R_4。如果 $R_1/R_2 = R_3/R_4$，则电桥平衡，即 B、D 两点间电位差为零，电流表中没有电流通过。在切削力的作用下，电阻应变片随着弹性元件发生弹性变形，从而改变它们的电阻。如图 1-24a 所示，电阻应变片 R_1 和 R_4 在张力作用下，其长度增大，截面积缩小，于是电阻增大；R_2 和 R_3 则受到压力的作用，其长度缩短，截面积加大，于是电阻减小，电桥的平衡条件受到破坏。B、D 两点间产生电位差，电流表中就有电流通过。可以通过放大将电流读数显示或记录下来。电流读数一般与切削力的大小成正比。经过标定，可以得到电流读数和切削力之间的关系曲线（即标定曲线）。测力时，只要知道电流读数，便能从标定曲线上查出切削力的数值。

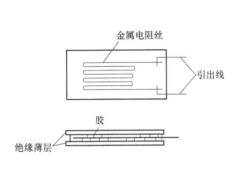

图 1-23　电阻应变片

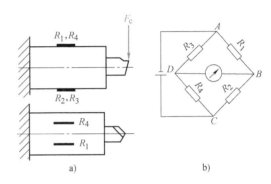

图 1-24　在弹性元件上电阻应变片组成的电桥

1.3.5　影响切削力的因素

影响切削力的因素很多，主要有工件材料、切削用量、刀具几何参数等。

1. 工件材料的影响

工件材料的强度、硬度越高，虽然切削变形减小，但由于屈服强度 τ_s 越高，产生的变形抗力越大，切削力也就越大；对于强度和硬度相近而塑性和韧性大的材料，切削时产生的塑性变形大，切屑与刀具间的摩擦增加，故切削力越大。

切削脆性材料时，形成崩碎切屑，塑性变形及前刀面的摩擦都很小，故产生的切削力小。例如，与 45 钢比较，加工 35 钢的切削力减少了 13%；加工调质钢和淬火钢产生的切削力要高于正火钢的切削力。不锈钢 Cr18Ni9Ti 的伸长率是 45 钢的 4 倍，加工时产生的切削力较 45 钢增大 25%。灰铸铁 HT200 与 45 钢的硬度较接近，但切削产生的切削力减少 40%。

2. 切削用量的影响

（1）背吃刀量和进给量　背吃刀量 a_p 或进给量 f 加大，均使切削力增大，但两者的影响程度不同。a_p 增大时，变形系数基本保持不变，切削力成正比增大；加大进给量 f 时，变形系数有所下降，所以切削力不成正比增大。当 a_p 增大 1 倍时，切削力 F_c 也相应增加 1 倍左右，但 f 增大 1 倍时，切削力 F_c 只增加 68% ~ 86%。因此，在切削加工中，如果从切削力和切削功率来考虑，加大进给量比加大背吃刀量有利。

表 1-1 列出的 k_c 值是在 $f = 0.3\mathrm{mm/r}$ 时得到的。如果进给量 $f \neq 0.3\mathrm{mm/r}$，则需乘以相应的修正系数。实验表明，y_{F_c} 的平均值约为 0.85，据此算出进给量对切削力的修正系数 K_{fF_c}，见表 1-2。

表 1-2　车刀进给量对切削力的修正系数值 K_{fF_c}（$\kappa_r = 75°$）

进给量 f /mm · r^{-1}	0.1	0.15	0.2	0.25	0.3	0.35	0.4	0.45	0.5	0.6
切削力修正系数 K_{fF_c}	1.18	1.11	1.06	1.03	1	0.98	0.96	0.94	0.93	0.9

（2）切削速度　加工塑性金属时，在中速和高速下，切削力一般随着 v_c 的增大而减小。这主要是因为 v_c 增大，使切削温度提高，材料摩擦因数 μ 下降，从而使变形系数减小。如图 1-25 所示，在低速范围内，由于存在着积屑瘤，所以切削速度对切削力的影响有着特殊的规律。

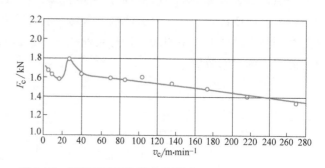

图 1-25　切削速度对切削力的影响

切削脆性金属（如灰铸铁）时，因其塑性变形很小，切屑和前刀面的摩擦也很小，所以 v_c 对切削力没有显著影响。

切削速度 v_c 对切削力的修正系数见表 1-3。

表 1-3　切削速度 v_c 对切削力的修正系数 K_{vF_c}

工件材料 ＼ v_c/m · min^{-1}	50	75	100	125	150	175	200	250	300	400	500	600	700	800
碳素结构钢 45 合金结构钢 40Cr	1.05	1.02	1	0.98	0.96	0.95	0.94							
合金工具钢 9CrSi 轴承钢 GCr15	1.15	1.04	1	0.98	0.96	0.95	0.94							
铸铝合金 ZAlSi7Mg	1.09	1.04	1	0.95	0.91	0.86	0.82	0.74	0.66	0.54	0.49	0.45	0.44	0.43

3. 刀具几何参数的影响

（1）前角　前角 γ_o 加大，使切屑变形减小，因此切削力下降。一般加工塑性较大的金属时，前角对切削力的影响比加工塑性较小的金属更显著。例如，车刀前角每加大 1°，加工 45 钢时 F_c 降低约 1%，加工纯铜时 F_c 降低 2% ～3%。车刀前角对切削力的修正系数见表 1-4。

表 1-4　车刀前角对切削力的修正系数

工件材料	修正系数 ＼ 前角	-10°	0°	5°	10°	15°	20°	25°	30°
45 钢	$K_{\gamma F_c}$	1.28	1.18		1.05	1	0.95	0.89	0.85
	$K_{\gamma F_p}$	1.41	1.23		1.08	1	0.94	0.79	0.73
	$K_{\gamma F_f}$	2.15	1.70		1.24	1	0.85	0.50	0.30
灰铸铁 HT200	$K_{\gamma F_c}$	1.37	1.21		1.05	1	0.95		0.84
	$K_{\gamma F_p}$	1.47	1.30		1.09	1	0.95		0.85
	$K_{\gamma F_f}$	2.44	1.83		1.22	1	0.73		0.37

（2）负倒棱　在锋利的切削刃上磨出负倒棱，可以提高刃区的强度，从而提高刀具使

用寿命，但使切削变形加大，切削力增加。负倒棱是通过它的宽度 b_r 与进给量的比值（b_r/f）来影响切削力的。车刀负倒棱宽度与进给量的比值对切削力的修正系数见表 1-5。

表 1-5　车刀负倒棱宽度与进给量的比值对切削力的修正系数

b_r/f	修　正　系　数					
	$K_{b_r F_c}$		$K_{b_r F_p}$		$K_{b_r F_f}$	
	钢	灰铸铁	钢	灰铸铁	钢	灰铸铁
0	1	1	1	1	1	1
0.5	1.05	1.20	1.20	1.20	1.50	1.60
1	1.10	1.30	1.30	1.30	1.80	2.00

注：切削 45 钢与灰铸铁 HT200 时，$\gamma_o = 15°$，$\kappa_r = 75°$，$\gamma_{o1} = -10° \sim -20°$。

（3）主偏角　主偏角 κ_r 对主切削力影响较小，主要影响切削力的作用方向，即影响 F_p 与 F_f 的比值。车刀主偏角对切削力的修正系数见表 1-6。κ_r 加大时，F_p/F_c 减小，F_f/F_c 加大。根据实验数据的统计，列出切削各种钢材和铸铁时的 F_p/F_c、F_f/F_c 比值见表 1-7。在已知 F_c 之后，可以用这个比值估算 F_p 和 F_f。

表 1-6　车刀主偏角对切削力的修正系数值

工件材料	修正系数	主偏角 κ_r				
		30°	45°	60°	75°	90°
45 钢	$K_{\kappa F_c}$	1.10	1.05	1	1	1.05
	$K_{\kappa F_p}$	2	1.60	1.25	1	0.85
	$K_{\kappa F_f}$	0.65	0.80	0.90	1	1.15
灰铸铁 HT200	$K_{\kappa F_c}$	1.10	1	1	1	1
	$K_{\kappa F_p}$	2.80	1.80	1.17	1	0.70
	$K_{\kappa F_f}$	0.60	0.85	0.95	1	1.45

表 1-7　切削各种钢材和铸铁时的 F_p/F_c、F_f/F_c 比值

工件材料	比　值	主偏角 κ_r		
		45°	75°	90°
钢	F_p/F_c	0.55 ~ 0.65	0.35 ~ 0.50	0.25 ~ 0.40
	F_f/F_c	0.25 ~ 0.40	0.35 ~ 0.50	0.40 ~ 0.55
铸铁	F_p/F_c	0.30 ~ 0.45	0.20 ~ 0.35	0.15 ~ 0.30
	F_f/F_c	0.10 ~ 0.20	0.15 ~ 0.30	0.20 ~ 0.35

（4）刃倾角　刃倾角对主切削力 F_c 的影响甚微；对 F_p 的影响较大。因为 λ_s 改变时，将改变合力方向，λ_s 减小时，F_p 增大，F_f 减小。刃倾角在 $10° \sim -45°$ 的范围内变化时，F_c 基本不变。车刀刃倾角对切削力的修正系数见表 1-8。

（5）刀尖圆弧半径　刀尖圆弧半径 r_ε 对 F_p、F_f 的影响较大，对 F_c 的影响较小。当 r_ε 增大时，平均主偏角减小，故 F_f 减小，F_p 增大。刀尖圆弧半径对切削力的修正系数见表 1-9。

表1-8　车刀刃倾角对切削力的修正系数

刀具结构	修正系数	刃倾角 λ_s						
		10°	5°	0°	−5°	−10°	−30°	−45°
焊接车刀 （平前刀面）	$K_{\lambda F_c}$	1	1	1	1	1	1	1
	$K_{\lambda F_p}$	0.8	0.9	1	1.1	1.2	1.7	2.0
	$K_{\lambda F_f}$	1.6	1.3	1	0.95	0.9	0.7	0.5
机夹车刀 （有卷屑槽）	$K_{\lambda F_c}$		1	1	1			
	$K_{\lambda F_p}$		0.85	1	1.15			
	$K_{\lambda F_f}$		0.85	1	1			

注：主偏角 κ_r 均为75°；工件材料为45钢。

表1-9　刀尖圆弧半径对切削力的修正系数

修正系数	刀尖圆弧半径 r_ε/mm					
	0.25	0.5	0.75	1	1.5	2
K_{rF_c}	1	1	1	1	1	1
K_{rF_p}	1	1.11	1.18	1.23	1.33	1.37
K_{rF_f}	1	0.9	0.85	0.81	0.75	0.73

4. 刀具磨损的影响

刀具后刀面磨损后形成后角等于零的棱面，棱面越大摩擦越大，使切削力增大。车刀后刀面磨损量对切削力的修正系数见表1-10。

表1-10　车刀后刀面磨损量对切削力的修正系数

工件材料	修正系数	后刀面磨损量 VB/mm						
		0	0.25	0.4	0.6	0.8	1.0	1.3
45钢	K_{VBF_c}	1	1.06	1.09	1.20	1.30	1.40	1.50
	K_{VBF_p}	1	1.06	1.12	1.20	1.30	1.50	2.00
	K_{VBF_f}	1	1.06	1.12	1.25	1.32	1.50	1.60
灰铸铁 HT200	K_{VBF_c}	1	1.13	1.15	1.17	1.19	1.25	1.34
	K_{VBF_p}	1	1.20	1.30	1.4	1.5	1.55	1.65
	K_{VBF_f}	1	1.10	1.20	1.3	1.35	1.45	2.3

5. 切削液的影响

以冷却作用为主的水溶液对切削力的影响较小，而润滑作用强的切削油能够显著地降低切削力。这是由于它可以减小摩擦力，甚至还能减小金属的塑性变形。例如，用极压乳化液比干切时的切削力降低10%~20%。

6. 刀具材料的影响

刀具材料不是影响切削力的主要因素，但由于不同的刀具材料之间的摩擦因数不同，因此对切削力也有一定的影响。

1.3.6　切削力计算例题

已知：工件材料：40Cr 热轧棒料，硬度为 212HBW；

　　　　刀具结构：机夹可转位车刀；

　　　　刀片材料及型号：YT15，TNMA150605；

　　　　刀具几何参数：$\gamma_o = 15°$，$\kappa_r = 90°$，$\lambda_s = -5°$，$b_r = 0.4\text{mm}$，

　　　　　　　　$\gamma_{o1} = -10°$（负倒棱的前角），$r_\varepsilon = 0.5\text{mm}$；

　　　　机床型号：CA6140 型车床；

　　　　切削用量：$a_p = 3\text{mm}$，$f = 0.4\text{mm/r}$，$v_c = 100\text{m/min}$。

试求：切削力 F_c、F_p、F_f 和切削功率 P_c。

解：查表 1-1 ~ 表 1-10 得下列数据：

$C_{F_c} = 1640\text{N}$，$x_{F_c} = 1$，$y_{F_c} = 0.84$，$K_{fF_c} = 0.96$，$K_{vF_c} = 1$，$K_{\gamma F_c} = 1$，$K_{b_r F_c} = 1.1$，

$K_{\kappa F_c} = 1.05$，$F_p/F_c = 0.3$，$F_f/F_c = 0.4$，$K_{rF_c} = 1$，$K_{\lambda F_c} = 1$，$K_{VBF_c} = 1.2$（取 $VB = 0.6\text{mm}$），

$k_c = 1962\text{N/mm}^2$。

1. 主切削力 F_c

若用单位切削力计算为

$$F_c = k_c \, a_p f K_{fF_c} K_{vF_c} K_{\gamma F_c} K_{b_r F_c} K_{\kappa F_c} K_{rF_c} K_{\lambda F_c} K_{VBF_c}$$
$$= 1962 \times 3 \times 0.4 \times 0.96 \times 1 \times 1 \times 1.1 \times 1.05 \times 1 \times 1 \times 1.2 \text{N} = 3133\text{N}$$

若用指数式计算为

$$F_c = C_{F_c} a_p^{x_{F_c}} f^{y_{F_c}} K_{F_c} = C_{F_c} a_p^{x_{F_c}} f^{y_{F_c}} K_{fF_c} K_{vF_c} K_{\gamma F_c} K_{b_r F_c} K_{\kappa F_c} K_{rF_c} K_{\lambda F_c} K_{VBF_c}$$
$$= 1640 \times 3 \times 0.4^{0.84} \times 0.96 \times 1 \times 1 \times 1.1 \times 1.05 \times 1 \times 1 \times 1.2 \text{N} = 3032\text{N}$$

由上述计算可知，两种计算公式，其计算结果略有不同。

2. 背向力 F_p 与进给力 F_f（估算法）

$$F_p = 0.3 F_c = 0.3 \times 3032\text{N} = 909.6\text{N}$$

$$F_f = 0.4 F_c = 0.4 \times 3032\text{N} = 1212.8\text{N}$$

3. 切削功率 P_c

$$P_c = F_c v_c \times 10^{-3} = 3032 \times \frac{100}{60} \times 10^{-3}\text{kW} = 5.05\text{kW}$$

机床消耗功率为

$$P_m = \frac{P_c}{\eta_m} = \frac{5.05}{0.8}\text{kW} = 6.3\text{kW}$$

取机床传动效率 $\eta_m = 0.8$，而 CA6140 车床电动机功率为 7.5kW，功率足够。

1.4　切削热与切削温度

在切削过程中，切削热和由它产生的切削温度，直接影响刀具的磨损和使用寿命，并影响工件的加工精度和表面质量。因此，研究切削热和切削温度的变化规律，对控制加工质量有重要意义。

1.4.1 切削热的产生与传出

切削热来源于切削层金属产生的弹性变形和塑性变形所做的功；同时，刀具前、后刀面与切屑和工件加工表面间消耗的摩擦功，也转化为热能。因此，三个变形区也是三个热源，其中变形热主要来源于第Ⅰ变形区，摩擦热主要来源于第Ⅱ、Ⅲ变形区（见图1-26）。略去进给运动所消耗的功，假定主运动所消耗的功全部转化为热能，则单位时间内产生的切削热为

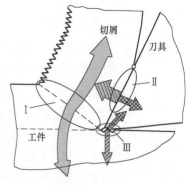

图 1-26 切削热的来源

$$Q = F_c v_c \tag{1-32}$$

式中　Q——每秒钟内产生的切削热（J/s）；

　　　F_c——主切削力（N）；

　　　v_c——切削速度（m/s）。

切削热由切屑、工件、刀具及周围的介质传导出去，热平衡式可写为

$$Q = Q_e + Q_t + Q_w + Q_m \tag{1-33}$$

式中　Q_e——单位时间内传给切屑的热量（J/s）；

　　　Q_t——单位时间内传给刀具的热量（J/s）；

　　　Q_w——单位时间内传给工件的热量（J/s）；

　　　Q_m——单位时间内传给周围介质的热量（J/s）。

车削时，50%～86%的热量由切屑带走，10%～40%的热量传入刀具，3%～9%的热量传入工件，1%的热量扩散到周围的介质。切削速度越高、切削层公称厚度越大，则由切屑带走的热量越多。所以高速切削时，切屑的温度很高，工件和刀具的温度较低，这有利于切削加工的顺利进行。钻削时，28%的热量由切屑带走，14.5%的热量传入钻头，52.5%的热量传入工件，5%的热量扩散到周围的介质。

切削热对切削加工十分不利，它传入工件，使工件温度升高，产生热变形，影响加工精度；传入刀具，使刀具温度升高，加剧刀具磨损。图1-27为某种切削条件下的温度分布情况。由图可知，切屑、刀具和工件的

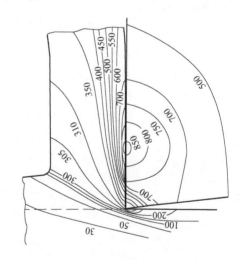

图 1-27 刀具、切屑和工件的温度分布
注：图中数值单位为℃。

温度不同。刀具前刀面的温度较高，其次是切屑底层，工件表面温度最低，且各点处温度不等。最高温度在前刀面上离切削刃一定距离处。

1.4.2 切削温度的测量方法

切削温度一般是指切屑与前刀面接触区域的平均温度。目前常用的测量切削温度的方法

是自然热电偶法。

自然热电偶法是利用工件和刀具材料化学成分的不同而组成热电偶的两极。当工件与刀具接触区的温度升高后，形成热电偶的热端，而工件的引出端和刀具的尾端保持室温，构成热电偶的冷端。这样在刀具与工件回路中便产生了温差电动势。利用电位计或毫伏表可将其数值记录下来。刀具—工件热电偶应事先进行标定，求出温度与毫伏值的标定曲线。根据切削过程中测到的电动势毫伏值，在标定曲线上可查出相对应的温度值。

图 1-28 是在车床上利用自然热电偶法测量切削温度的示意图。测量时应保持刀具和工件均与机床绝缘。用自然热电偶法测到的切削温度是切屑与前刀面接触区的平均温度。此法简便可靠，但每变换一种材料就要重新标定，而且无法测得切削区指定点的温度。为了克服这两个缺点，可采用人工热电偶法。人工热电偶法只能测到离前刀面一定距离处某点的温度，而不能直接测出前刀面上的温度。

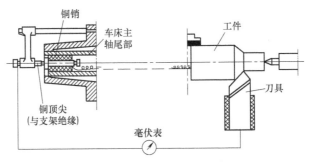

图 1-28　自然热电偶法测量切削温度示意图

1.4.3　影响切削温度的主要因素

切削温度的高低决定于单位时间内产生的热量与传散的热量两方面综合影响的结果。

1. 工件材料对切削温度的影响

工件材料的硬度和强度越高，切削时消耗的功越多，产生的切削热越多，切削温度越高。图 1-29 是切削三种不同热处理状态的 45 钢时，切削温度的变化情况，三者切削温度相差悬殊，与正火状态比较，调质状态增高 20% ～25%，淬火状态增高 40% ～45%。

工件材料的塑性越大，切削温度越高。脆性金属的抗拉强度和伸长率小，切削过程中变形小，切屑呈崩碎状与前刀面摩擦也小，故切削温度一般比切钢时低。

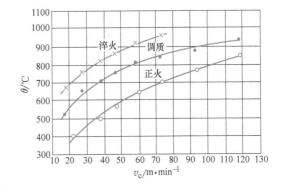

图 1-29　45 钢热处理状态对切削温度的影响
刀具：YT15，$\gamma_o = 15°$，
切削用量：$a_p = 3mm$，$f = 0.1mm/r$

2. 切削用量对切削温度的影响

在切削用量中，切削速度 v_c 对切削温度影响最大。其原因为：随 v_c 的增大，变形热与摩擦热增多。热传导需要一定的时间，在一个很短的时间内，切屑底层的切削热来不及向切屑和刀具内部传导，而积累在切屑底层，从而使切削温度显著升高。切削速度与切削温度的

实验公式为

$$\theta = C_{\theta v} v_{\mathrm{c}}^{x_\theta} \tag{1-34}$$

式中　θ——切削温度；

　　　$C_{\theta v}$——系数；

　　　x_θ——指数，见表 1-11。

进给量 f 对切削温度的影响次于 v_{c} 对切削温度的影响。随 f 的增加，一方面金属切除率增多，切削温度升高；另一方面单位切削力和单位切削功率减小，切除单位体积金属所产生的热量减少。此外，当 f 增大后，切屑变厚，由切屑带走的热量增多，故切削温度上升不显著。

进给量与切削温度的实验公式为

$$\theta = C_{\theta f} f^{y_\theta} \tag{1-35}$$

式中　$C_{\theta f}$——系数；

　　　y_θ——指数，见表 1-11。

背吃刀量 a_{p} 对切削温度的影响很小。因为 a_{p} 增大后，产生热量虽成比例增多，但因切削刃参加工作的长度也成正比例增长，改善了散热条件，所以切削温度升高得不明显。

背吃刀量与切削温度的实验公式为

$$\theta = C_{\theta a_{\mathrm{p}}} a_{\mathrm{p}}^{z_\theta} \tag{1-36}$$

式中　$C_{\theta a_{\mathrm{p}}}$——系数；

　　　z_θ——指数，见表 1-11。

切削温度对刀具磨损和刀具使用寿命有直接影响。由上述规律可知，为控制切削温度，提高刀具使用寿命，选用大的 a_{p} 和 f，比选用大的切削速度 v_{c} 有利。

通过实验获得切削温度的实验公式为

$$\theta = C_\theta v_{\mathrm{c}}^{x_\theta} f^{y_\theta} a_{\mathrm{p}}^{z_\theta} \tag{1-37}$$

其中，系数 C_θ 和指数 x_θ、y_θ、z_θ 见表 1-11。

表 1-11　切削温度公式中的系数和指数

工件材料	刀具材料	系　数	指　数		
		C_θ	x_θ	y_θ	z_θ
45 钢	W18Cr4V	140 ~ 170	0.35 ~ 0.45	0.2 ~ 0.3	0.08 ~ 0.1
灰铸铁	W18Cr4V	120	0.5	0.22	0.04
45 钢	YT15	160 ~ 320	0.26 ~ 0.41	0.14	0.04
钛合金	YG8	429	0.25	0.1	0.019

除上述影响因素外，还有刀具前角、主偏角及刀具磨损等影响切削热的产生与传散，即影响切削温度的高低。适当增大前角 γ_{o}，可减小金属的变形和前刀面上的摩擦，致使切削温度下降；但前角不宜过大，以免由于刀头容热体积的减小，使切削温度升高。减小主偏角 κ_{r}，可使主切削刃与工件的接触长度增加，刀头的散热条件得到改善，切削温度下降。刀具磨损后切削刃变钝，刃区前方的挤压作用增大，使切削区金属的变形增加；同时，磨损后的刀具与工件的摩擦增大，两者均使切削热增多，切削温度升高。

1.5 刀具的磨损与刀具使用寿命

金属切削过程中，刀具在切除金属的同时，其本身也逐渐被磨损。当磨损到一定程度时，刀具便失去切削能力。刀具磨损的快慢用使用寿命来衡量。刀具磨损过快，增加刀具消耗，影响加工质量，降低生产率，增加成本。分析刀具磨损机理对合理选择切削条件，正确使用刀具及确定刀具使用寿命具有重要意义。

1.5.1 刀具磨损方式

刀具的磨损形式可分为正常磨损和非正常磨损两大类。刀具正常磨损是指在刀具与工件或切屑的接触面上，刀具材料的微粒被切屑或工件带走的现象。若由于冲击、振动、热效应等原因致使刀具崩刃、卷刃、断裂、表层剥落而损坏，称为非正常磨损或刀具的破损。

刀具的正常磨损方式一般有以下几种：

(1) 前刀面磨损（月牙洼磨损） 在切削速度较高、切削层公称厚度较大的情况下加工塑性金属，切屑在前刀面上磨出一个月牙洼（见图 1-30b、c），月牙洼处是切削温度最高的地方。在磨损过程中，月牙洼逐渐加深加宽，当月牙洼扩展到使棱边变得很窄时，切削刃的强度大为削弱，极易导致崩刃。月牙洼磨损量以其深度 KT 表示。

(2) 后刀面磨损 切削脆性金属或以较小的切削层公称厚度和较低的切削速度切削塑性金属时，刀具前刀面上的压力和摩擦较小，温度较低，而后刀面与工件加工表面之间却存在着强烈的摩擦，因而刀具的磨损主要发生在后刀面上。在后刀面上邻近切削刃的地方很快被磨出后角为零的小棱面，这种磨损称为后刀面磨损（见图 1-30a）。

后刀面的磨损是不均匀的，由图 1-30a 可见，在刀尖部分（C 区）由于强度和散热条件较差，磨损剧烈，其最大值用 VC 表示。在切削刃靠近工件表面处（N 区），由于毛坯的硬皮或加工硬化等原因，磨损也较大，该区的磨损量用 VN 表示。在切削刃的中部（B 区），其磨损均匀，并以平均磨损值 VB 表示。

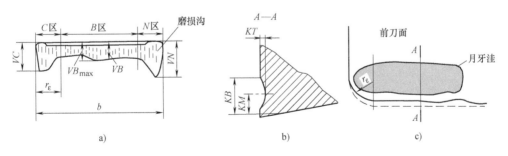

图 1-30 刀具磨损形式示意图

(3) 前、后刀面同时磨损 这是一种兼有上述两种情况的磨损形式。当切削塑性金属时，如果切削层公称厚度适中，则经常发生这种磨损。

1.5.2 刀具的磨损原因

与一般机械零件的磨损不同，刀具的磨损是在高温和高压下，机械的和热化学的作用的综合结果。

1. 磨料磨损

磨料磨损也称机械磨损。由于切屑或工件的摩擦面上有一些微小的硬质点，能在刀具表面刻划出沟纹，这就是磨料磨损。硬质点有碳化物或积屑瘤碎片。磨料磨损在各种切削速度下都存在，但对低速切削刀具（如拉刀、板牙等）磨料磨损是主要原因。高速钢刀具的硬度和耐磨性低于硬质合金，故磨料磨损所占比重较大。

2. 黏接磨损

黏接磨损也称冷焊磨损。切屑或工件的表面与刀具表面之间发生黏接现象，由于有相对运动，刀具上的微粒被对方带走而造成磨损。黏接磨损与切削温度有关，也与刀具及工件两者的化学成分有关（元素的亲和作用）。

黏接磨损一般在中等偏低的切削速度下比较严重。对高速钢刀具，正常工作的切削速度和硬质合金刀具在偏低的切削速度下黏接磨损所占比重较大。

3. 扩散磨损

扩散磨损是刀具材料和工件材料在高温下化学元素相互扩散而造成的磨损。在高温下（900~1000℃），刀具材料中的 Ti、W、Co 等元素会扩散到切屑或工件材料中去，而工件材料中的 Fe 元素也会扩散到刀具表层里，这样改变了硬质合金刀具的化学成分，使表层硬度变脆弱，从而加剧刀具磨损，如图 1-31 所示。

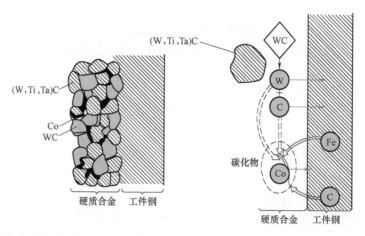

图 1-31　扩散磨损

扩散磨损主要决定于接触面之间的温度。K 类（YG 类）硬质合金的扩散温度为 850~900℃，P 类（YT 类）硬质合金的扩散温度为 900~1000℃。YT 类硬质合金中钛元素的扩散率远低于钴、钨，且 TiC 又不易分解，故在切钢时抗扩散磨损能力优于 YG 类合金。硬质合金中添加钽、铌后形成固溶体 C，也不容易扩散，从而提高刀具的耐磨性。

4. 氧化磨损

当切削温度达 700~800℃时，空气中的氧与硬质合金中的钴及碳化钨、碳化钛等发生氧化作用，产生较软的氧化物（如 CoO、WO_2、TiO_2）被切屑或工件摩擦掉而形成的磨损称为氧化磨损。氧化磨损与氧化膜的黏附强度有关。一般空气不易进入刀-屑接触区，氧化磨损最容易在主、副切削刃的工作边界处形成，这是造成"边界磨损"的原因之一。

综上所述，在不同的工件材料、刀具材料以及切削条件下，磨损的原因和强度是不同的。

图 1-32 所示为硬质合金刀具加工钢材时，在不同的切削速度（切削温度）下，各类磨损所占的比例。由图可见，切削温度对刀具磨损起决定性的影响。高温时主要出现扩散磨损和氧化磨损，中低温时，黏接磨损占主导地位，磨料磨损则在不同的切削温度下都存在。

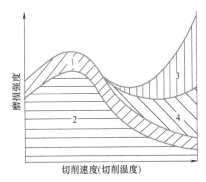

图 1-32　切削速度对刀具磨损强度的影响
1—磨料磨损　2—黏接磨损　3—扩散磨损
4—氧化磨损

1.5.3　刀具的磨损过程及磨钝标准

刀具磨损到一定程度就需要换刀或重磨。那么，刀具磨损到什么程度就不能使用了呢？这需要制定一个磨钝标准。为此，先研究刀具的磨损过程。

1. 刀具的磨损过程

刀具的磨损过程就是后刀面磨损量 VB 随时间 t 增长的变化过程，一般分为三个阶段，如图 1-33 所示。

（1）初期磨损阶段　这一阶段磨损较快。这是因为刀具在刃磨后，刀具表面粗糙度值较大，表层组织不耐磨所致。初期磨损量的大小与刀具刃磨质量有很大关系。

（2）正常磨损阶段　由于刀具表面高低不平之处已被磨去，压强减小，磨损缓慢，这一阶段磨损曲线基本上是一条直线，其斜率代表刀具正常工作时的磨损强度。磨损强度是比较刀具切削性能的重要指标之一。正常磨损阶段也是刀具的有效工作阶段。

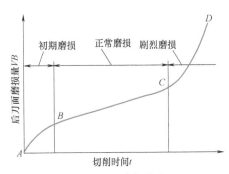

图 1-33　典型的刀具磨损曲线

（3）剧烈磨损阶段　刀具磨损量 VB 增长到一定程度时，切削力增大，切削温度升高，刀具磨损加剧。生产中为保证质量，减少刀具消耗，应在这阶段之前及时重磨或更换刀具。

观测前刀面磨损量 KT，其磨损曲线也有类似上述的三个磨损阶段。

2. 刀具的磨钝标准

刀具磨损到一定限度就不能再继续使用，这个磨损限度称为磨钝标准。国际标准 ISO 统一规定，刀具磨钝标准是指后刀面磨损带中间部分平均磨损量允许达到的最大值，以 VB_{max} 表示。因为刀具的后刀面上都有磨损，它对加工精度和切削力的影响比前刀面磨损显著，且易于测量，因此，在刀具管理中多按后刀面磨损尺寸来制定磨钝标准。

制定磨钝标准时主要根据刀具材料、工件材料和加工条件的具体情况而定。

在相同的加工条件下，刀具材料的强度较高时，磨钝标准可以取大值。工艺系统刚性较差时应规定较小的磨钝标准。在切削难加工材料时，一般应选用较小的磨钝标准；加工一般材料时，磨钝标准可以取大一些。加工精度及表面质量要求较高时，应取小值。加工大型工件，为避免中途换刀，一般采用较低的切削速度以延长刀具使用寿命，故可适当加大磨钝标准。在自动化生产中使用的精加工刀具，一般都根据工件的精度要求制定刀具的磨钝标准，在这种情况下，常以刀具的径向磨损量 NB（见图1-34）作为衡量标准。一般硬质合金车刀的磨钝标准 $VB = 0.1 \sim 1.2\mathrm{mm}$。详细情况可查阅国家标准 GB/T 16461—1996。

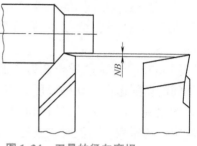

图1-34　刀具的径向磨损

1.5.4　刀具使用寿命的经验公式

1. 刀具使用寿命

刀具磨损值达到了规定的标准时应该重磨或更换刀片，在生产实际中，为了更方便、快速、准确地判断刀具的磨损情况，一般以刀具的使用寿命来间接地反映刀具的磨钝标准。

刀具使用寿命是个时间概念，是指新刃磨的刀具从开始切削一直到磨损量达到磨钝标准时的切削时间，用符号 T 表示，单位为 s（或 min）。

刀具使用寿命也有用达到磨钝标准前的切削路程 L_m 来定义的，即

$$L_\mathrm{m} = v_\mathrm{c} T$$

2. 切削用量与刀具使用寿命的关系

（1）切削速度与刀具使用寿命的关系　刀具使用寿命与切削速度的关系是用实验方法求得的。

$$v_\mathrm{c} = A/T^m \tag{1-38}$$

式中　A——系数；

　　　m——指数。

式（1-38）是20世纪初由美国工程师泰勒（F. W. Taylor）建立的，称之为泰勒公式。指数 m 表示切削速度对刀具使用寿命的影响程度，m 值大，表明切削速度对刀具使用寿命的影响小，即刀具的切削性能较好。对高速钢刀具，$m = 0.1 \sim 0.125$；对硬质合金刀具，$m = 0.1 \sim 0.4$；对陶瓷刀具，$m = 0.2 \sim 0.4$。

（2）进给量、背吃刀量与刀具使用寿命的关系　用实验方法可求得 $f\text{-}T$ 和 $a_\mathrm{p}\text{-}T$ 关系式为

$$f = B/T^n \tag{1-39}$$
$$a_\mathrm{p} = C/T^p \tag{1-40}$$

式中　B、C——系数；

　　　n、p——指数。

综合上述三式，可得切削用量与刀具使用寿命的关系式为

$$T = \frac{C_\mathrm{T}}{v_\mathrm{c}^{1/m} f^{1/n} a_\mathrm{p}^{1/p}} \tag{1-41}$$

或

$$v_\mathrm{c} = \frac{C_\mathrm{v}}{T^m f^{y_\mathrm{v}} a_\mathrm{p}^{x_\mathrm{v}}} \tag{1-42}$$

式中　C_T、C_v——与工件材料、刀具材料和其他切削条件有关的系数；

　　　x_v、y_v——指数 $x_\mathrm{v} = m/p$，$y_\mathrm{v} = m/n$。

对于不同的工件材料和刀具材料，在不同的切削条件下，式（1-42）中的系数和指数，可在有关资料中查出。此式即为一定刀具使用寿命下切削速度的预报方程。

例如，用硬质合金外圆车刀切削 $\sigma_b = 0.75\text{GPa}$ 的碳钢时，当 $f > 0.75\text{mm/r}$，经验公式为

$$T = \frac{C_T}{v_c^5 f^{2.25} a_p^{0.75}} \tag{1-43}$$

由式（1-43）可知，切削速度对 T 的影响最大，其次是进给量，背吃刀量影响最小。所以在优选切削用量以提高生产率时，首先应尽量选大的 a_p，然后根据加工条件和加工要求选允许最大的 f，最后根据 T 选取合理的 v_c。

3. 刀具合理使用寿命的选择

刀具磨损到磨钝标准后即需要重磨和换刀。在自动线、多刀切削及大批量生产中，一般都要求定时换刀。究竟切削时间应当多长，即刀具使用寿命取多少才算合理？一般有两种方法：一是根据单件工序工时最短的原则来确定刀具的使用寿命，即最大生产率使用寿命（T_p）；二是根据工序成本最低的原则来制订刀具的使用寿命，即经济使用寿命（T_c）。根据上述原则可分别推导出，刀具最大生产率使用寿命和刀具经济使用寿命公式为

$$T_p = \left(\frac{1-m}{m}\right) t_{ct} \tag{1-44}$$

$$T_c = \frac{1-m}{m}\left(t_{ct} + \frac{C_t}{M}\right) \tag{1-45}$$

式中　m——指数；

t_{ct}——刀具磨钝后，换刀一次所需要时间；

C_t——刀具成本；

M——该工序单位时间的机床折旧费及所分担的全厂开支。

由上式可知，$T_c > T_p$，当需完成紧急任务或生产中出现不平衡环节时，则可采用最大生产率使用寿命，一般情况下采用经济使用寿命，并按经验数据或查表法确定。例如，硬质合金焊接车刀的使用寿命大约为 60min，高速钢钻头为 80～120min，硬质合金面铣刀为 90～180min，齿轮刀具为 200～300min。对于装刀、调刀较为复杂的多刀机床、组合机床的刀具使用寿命应定得高些；对于价格昂贵的现代化机床，如数控机床、加工中心，刀具使用寿命应定得低些，全厂开支大时也应如此。

1.6　切削条件的合理选择

在切削加工中，切削条件选择得是否合理，对提高生产率、改善加工质量、降低切削成本等都有着直接影响。切削条件涉及以下几个方面：刀具材料和刀具几何角度，切削用量及切削液等。而工件材料的切削加工性是合理选择切削条件的主要依据。

1.6.1　常用刀具材料

刀具切削性能的优劣，取决于构成切削部分的材料、几何形状和刀具结构。刀具材料性能的优劣直接影响加工表面的质量、切削效率以及刀具的使用寿命。了解常用刀具材料的性能，并能正确选择和合理使用，是解决机械加工工艺问题的关键之一。

在切削过程中，刀具在高温下要承受剧烈的摩擦、切削力以及冲击和振动，因此，刀具材料应具备以下基本性能：

(1) 高的硬度 刀具材料的硬度必须高于工件材料的硬度，常温硬度须在60HRC以上。

(2) 高的耐磨性 刀具材料应有好的抵抗磨损的能力。其耐磨性取决于材料的力学性能、化学成分和组织结构。

(3) 足够的强度和韧性 以便承受切削力、抵抗冲击及振动，防止刀具脆性断裂。强度用抗弯强度表示，韧性用冲击韧度表示。

(4) 高的耐热性 在高温下保持较高的硬度、耐磨性、强度和韧性的能力。用温度或高温硬度表示。

(5) 良好的导热性和工艺性 热导率越大，越有利于提高刀具使用寿命；线膨胀系数小，则可减小热变形；为了便于制造，须有较好的可加工性，即切削加工性、可磨削性、热处理等。

应当指出，上述性能中有些是相互矛盾的。通常，刀具材料的硬度越高，其耐磨性越好，但其韧性和抗冲击的能力越差。在实际应用中，应根据加工对象的特点和加工条件，选择最合适的刀具材料。

1. 高速钢

高速钢属于高碳、高合金型的工具钢，其碳元素的质量分数一般为0.7%~1.6%，W、Mo、Cr、V、Co等合金元素的质量分数之和为10%~40%，其中Cr元素的质量分数固定在4%左右。高速钢自诞生以来，作为机械加工中切削刀具的最基础材料一直被广泛应用，目前，仍占据着刀具市场的主导地位。高速钢的抗弯强度较好，常温硬度为62~66HRC，耐热性可达600℃，可以制造刃形复杂的刀具，如钻头、成形车刀、拉刀和齿轮刀具等。

高速钢按基本化学成分，可分为钨系、钼系、钨钼系。按切削性能分，则有通用型高速钢和高性能高速钢。按表面涂层分，分为涂层高速钢和无涂层高速钢。按制造方法分，则有熔炼高速钢和粉末冶金高速钢。

(1) 通用型高速钢 通用型高速钢的工艺性好，切削性能可满足一般工程材料的常规加工，通常加工硬度≤280HBW的工件，切削速度一般为25~40m/min，常用牌号见表1-12。具有百年历史的W18Cr4V属于钨系高速钢，具有低的过热敏感性，可热塑变温度范围宽，抗氧化脱碳能力强，工艺性能良好；缺点是导热性、热塑性较差，韧性低，目前，处于被淘汰之列。自20世纪40年代W6Mo5Cr4V2诞生以来，以其碳化物颗粒细小、分布均匀性好、强度及韧性好的特点，成为近年最具国际化的高速钢牌号，应用也最广。但其过热敏感性较高，氧化脱碳倾向大，可加工性稍差。W9Mo3Cr4V钢是我国"六五"期间自行研发的钨钼系高速钢，冶金质量与工艺性能兼具W18Cr4V和W6Mo5Cr4V2的优点，1988年纳入国标，国内应用广泛。

表1-12 常用高速钢牌号对照表

国别及标准	中国 GB/T	美国 ASTM	德国 DIN	日本 JIS
标准代号	GB/T 9943—2008	ASTM 600—1992	DIN 17350—1980	JISG 4403—2000
主要牌号	W18Cr4V	T1	S18—0—1	SKH2
	W6Mo5Cr4V2	M2	S6—5—2	SKH52
	W2Mo9Cr4V2	M7	S400	SKH50
	W9Mo3Cr4V			

（2）高性能高速钢　调整高速钢的化学成分和添加其他合金元素，使其力学性能和切削性能有显著提高，这就是高性能高速钢。高性能高速钢一般泛指材料的热处理硬度、抗回火软化能力、耐磨性等显著高于通用型高速钢的钢种，此类高速钢主要用于高温合金、钛合金、不锈钢等难加工材料的切削加工。高性能高速钢按合金化特点，可分为无钴含铝、含钴、高钒、含钴高钒等几类，常用牌号及特性见表 1-13。

表 1-13　常用高性能高速钢牌号及特性

类　别	主要牌号	成分特点及特性	适合的刀具
无钴含铝	W6Mo5Cr4V2Al（M2Al）	含碳量高，平衡碳差值小，碳饱和度高，易混晶，淬火范围窄。硬度 65～69HRC	立铣刀、铰刀、车刀、片状铣刀、拉刀
	W9Mo3Cr4VAl（W9Al）		
	W6Mo5Cr4V5SiNbAl（B201）		
含钴	W2Mo9Cr4VCo8（M42）	热硬性高，抗回火软化能力强，工艺性较好，综合性能较好。硬度 66～70HRC	滚刀、剃齿刀、各种拉刀
	W6Mo5Cr4V2Co5（M36）		
高钒	W6Mo5Cr4V3（M3）	含碳量高，耐磨性好，可磨削性差。硬度 65～67HRC	丝锥、铰刀、滚刀、插齿刀、轮槽铣刀、钻头
	W6Mo5Cr4V4（M4）		
	W12Cr4V4Mo（EV4）		
含钴高钒	W12Cr4V5Co5（T15）	含碳量较高，硬度高，耐磨性好，韧性差。硬度 66～70HRC	高强度车刀、各种齿轮刀具、精密铣刀
	W12Mo3Cr4V3Co5Si（Co5Si）		

钴高速钢的典型钢种是 W2Mo9Cr4VCo8（M42），该钢是在通用型高速钢 M7 基础上添加 8% 的 Co 变化而来的，既保留了钼系高速钢韧性较好的特征，又显著提高了切削性能。它的特点是综合性能好，硬度高（70HRC），高温硬度在同类钢中居于前列，可磨削性好，适合于切削高温合金；不足之处是脆性较大，刀具易崩刃。

铝高速钢是我国独创的新型高速钢，典型牌号是 W6Mo5Cr4V2Al，具有良好的综合性能。其高温硬度、抗弯强度、冲击韧度均与 W2Mo9Cr4VCo8 相当，价格低廉。但其可磨削性差，热处理工艺要求较严格。

高钒高速钢是将钢中的钒的质量分数增加至 3%～5%，典型牌号有 W6Mo5Cr4V3，由于碳化钒量的增加，从而提高了钢的耐磨性，一般用于切削高强度钢。但其刃磨性能比普通高速钢差。

（3）涂层高速钢　对刀具进行涂层处理是提高刀具性能的重要途径之一。随着涂层工艺的日渐成熟，刀具涂层技术取得了飞速发展，涂层刀具已经成为现代刀具的重要标志。高速钢刀具的表面涂层有两种类型。其一是硬涂层刀具，即采用 PVD（物理气相沉积法）技术，在真空、工艺处理温度 500℃ 的环境条件下，在刀具表面涂覆 TiN、TiC、TiCN、TiAlN 等硬膜（2～5μm），以提高刀具性能。经过涂层后的刀具，基体是强度、韧性较好的高速钢，表层是高硬度（表面硬度可达 2200HV）、高耐磨的材料。与无涂层的高速钢相比，其与被加工材料之间的摩擦因数小，刀具的耐磨性大大提高。同样切削条件下，切削力可降低 5%～10%，使用寿命提高 3～7 倍，切削效率提高 30%。目前，已在形状复杂的钻头、丝锥、成形铣刀及齿轮刀具上广泛应用。其二是软涂层刀具，即采用 PVD 技术，在高速钢刀具表面涂覆 MoS_2、WS_2 等硫化物软膜。软涂层刀具可以减少摩擦，降低切削力和切削温度，主要应用于高强度铝合金、钛合金和一些稀有贵重金属的切削加工。

（4）粉末冶金高速钢 粉末冶金高速钢是将高频感应炉熔炼出的钢液，用高压氩气或纯氮喷射雾化，再急冷得到细小均匀结晶粉末，或用高压水喷雾化形成粉末，在真空状态下密闭烧结后，经过高温高压压制成致密的钢坯，然后锻轧成高速钢材料。粉末冶金高速钢无碳化物偏析，晶粒细（$2 \sim 5\mu m$），因此抗弯强度和韧性高，高温硬度高，耐磨性好，并且其刃磨工艺性好。与普通熔炼高速钢相比，粉末冶金高速钢的强度、韧性可以提高 2 倍左右，耐磨性提高 20% ~ 30% 。因此，适合制造大尺寸刀具、精密刀具、复杂刀具以及间断切削条件下易崩刃的刀具，如插齿刀、滚刀、铣刀以及高压动载荷下使用的刀具等，也可用于制造切削难加工材料的刀具。由于其价格昂贵，目前应用较少。

2. 硬质合金

硬质合金是由金属碳化物粉末和金属黏结剂经粉末冶金方法制成的。硬质合金是当今最主要的刀具材料之一。绝大部分车刀、面铣刀和部分立铣刀、深孔钻、铰刀等均已采用硬质合金制造。由于硬质合金制造工艺性差，它用于复杂刀具尚受到很大限制。

硬质合金的硬度为 89 ~ 94HRA，相当于 71 ~ 76HRC，耐磨性好，耐热性可达 800 ~ 1000℃。因此，硬质合金比高速钢的切削速度高 4 ~ 10 倍，刀具使用寿命可提高几十倍。但其抗弯强度低，韧性差，不能承受冲击和振动。

（1）普通硬质合金 根据 GB/T 18376.1—2008，常用的硬质合金可为分六类。切削工具用硬质合金牌号由类别代码、分组号、细分号（需要时使用）组成。

1）P 类硬质合金。以 WC、TiC 为基，以 Co（或 Ni + Mo，Ni + Co）作黏结剂的合金，常用牌号有 P01、P10、P20、P30、P40 等，牌号中的分组号越大，则 TiC 的含量越少，Co 的含量越多，其耐磨性越低而韧性越高。因此，P01 适合精加工，P10、P20 适合半精加工，P30、P40 适合粗加工。P 类硬质合金有较高的耐热性，较好的抗黏结、抗氧化能力，主要用于切削长切屑的各种钢件，但不适宜切削含 Ti 元素的不锈钢。因为两者的 Ti 元素之间的亲和作用，会加剧刀具磨损。

2）M 类硬质合金。以 WC 为基，以 Co 作黏结剂并添加少量的 TiC（TaC、NbC）的合金，常用牌号有 M10、M20、M30、M40。牌号中的分组号越大，其耐磨性越低而韧性越高。精加工可用 M10，半精加工可用 M20，粗加工可用 M30。这类硬质合金是在 P 类中添加 TiC（TaC、NbC）而成，加入适量 TiC（TaC、NbC）后，可提高抗弯强度和韧性，同时也提高了耐热性和高温硬度。由于它能用来切削钢材或铸铁，故又称通用硬质合金。

3）K 类硬质合金。以 WC 为基，以 Co 作黏结剂，或添加少量 TaC、NbC 的合金，常用牌号有 K01、K10、K20、K30、K40 等，K 类硬质合金与钢的黏结温度较低，其抗弯强度与韧性比 P 类高，主要用于切削短切屑可锻铸铁、冷硬铸铁、灰铸铁等。牌号中的分组号越大，合金中钴的含量越高，韧性也越好。通常，钴含量多的 K30、K40 适于粗加工，钴含量少的 K01 适用于精加工。

4）N 类硬质合金。以 WC 为基，以 Co 作黏结剂，或添加少量 TaC、NbC 或 CrC 的合金，常用牌号有 N01、N10、N20、N30 等，N 类硬质合金主要用于铝、镁等有色金属以及塑料、木材等非金属材料的加工。牌号中的分组号越大，其耐磨性越低而韧性越高，因此 N30 适于粗加工，N01 适用于精加工。

5）S 类硬质合金。以 WC 为基，以 Co 作黏结剂，或添加少量 TaC、NbC 或 TiC 的合金，常用牌号有 S01、S10、S20、S30 等，S 类硬质合金耐热性较好，主要用于切削耐热钢、含镍、钴、钛的优质合金材料等。牌号中的分组号越大，其耐磨性越低而韧性越高，精加工可用 S01，粗加工可用 S30。

6）H 类硬质合金。以 WC 为基，以 Co 作黏结剂，或添加少量 TaC、NbC 或 TiC 的合金，常用牌号有 H01、H10、H20、H30 等，H 类硬质合金有较高的耐磨性，在较低切削速度下，主要用于淬硬钢、冷硬铸铁等硬切削材料的加工。牌号中的分组号越大，其耐磨性越低而韧性越高。因此，H30 适于粗加工，H10、H20 适合半精加工，H01 适用于精加工。

硬质合金牌号的选择，主要根据工件材料和切削加工的类型。常用的硬质合金牌号及用途见表 1-14。硬质合金含钴量越高，其强度也越高，但高温硬度、耐磨性和抗热变形的能力却越低。碳化钛含量越高，则耐磨性、高温硬度和抗热变形的能力越高，但强度却越低；碳化钽的含量越高，硬质合金的高温硬度、抗热变形能力以及抗月牙洼磨损的能力越高。

表 1-14　普通硬质合金牌号及用途

牌号	应用范围		性能提高方向	
	工件材料	适应的加工条件	切削性能	合金性能
P01	钢、铸钢	高切削速度，小切屑截面，无振动条件下的精车、精镗		
P10	钢、铸钢	高切削速度，中、小切屑截面条件下的车削、仿形车削、车螺纹和铣削		
P20	钢、铸钢、长切屑可锻铸铁	中切削速度、中切屑截面条件下的车削、仿形车削和铣削、小切屑截面的刨削	↑ 切削速度 ↓　↑ 进给量 ↓	↑ 耐磨性 ↓　↑ 韧性 ↓
P30	钢、铸钢、长切屑可锻铸铁	中、低切削速度，中、大切屑截面条件下的车削、铣削、刨削、切槽和不利条件下[①]的半精加工和粗加工		
P40	钢、含砂眼和气孔的铸钢件	低切削速度、大切削角、大切屑截面以及不利条件下[①]的车削、刨削、切槽和自动机床上的低速粗加工		
M01	不锈钢、铁素体钢、铸钢	高切削速度，小载荷，无振动条件下的精车、精镗		
M10	不锈钢、铸钢、锰钢、合金钢、合金铸铁、可锻铸铁	中、高切削速度，中、小切屑截面条件下的车削	↑ 切削速度 ↓　↑ 进给量 ↓	↑ 耐磨性 ↓　↑ 韧性 ↓
M20	不锈钢、铸钢、锰钢、合金钢、合金铸铁、可锻铸铁	中切削速度，中切屑截面条件下的车削、铣削		
M30	不锈钢、铸钢、锰钢、合金钢、合金铸铁、可锻铸铁	中、高切削速度，中、大切屑截面条件下的车削、铣削、刨削		
M40	不锈钢、铸钢、锰钢、合金钢、合金铸铁、可锻铸铁	车削、切断、强力铣削加工		

（续）

牌号	应用范围		性能提高方向	
	工件材料	适应的加工条件	切削性能	合金性能
K01	铸铁、冷硬铸铁、短切屑的可锻铸铁	车削、精车、铣削、镗削、刮削	↑切削速度— →进给量↓	↑耐磨性— →韧性↓
K10	布氏硬度高于220HBW的铸铁、短切屑的可锻铸件	车削、铣削、镗削、刮削、拉削		
K20	布氏硬度低于220HBW的灰铸铁、短切屑的可锻铸铁	中切削速度下、轻载荷粗加工、半精加工的车削、铣削、镗削等		
K30	铸铁、短切屑的可锻铸铁	不利条件下①可能采用大切削角的车削、铣削、刨削、切槽加工，对刀片的韧性有一定的要求		
K40	铸铁、短切屑的可锻铸铁	不利条件下①的粗加工，采用较低的切削速度，大的进给量		
N01	有色金属、塑料、木材、玻璃	高切削速度下，有色金属铝、铜、镁，塑料，木材等非金属材料的精加工	↑切削速度— →进给量↓	↑耐磨性— →韧性↓
N10	有色金属、塑料、木材、玻璃	较高切削速度下，有色金属铝、铜、镁，塑料，木材等非金属材料的精加工或半精加工		
N20	有色金属、塑料	中切削速度下，有色金属铝、铜、镁、塑料等的半精加工或粗加工		
N30	有色金属、塑料	中切削速度下，有色金属铝、铜、镁、塑料等的粗加工		
S01	耐热和优质合金：含镍、钴、钛的各类合金材料	中切削速度下，耐热钢和钛合金的精加工	↑切削速度— →进给量↓	↑耐磨性— →韧性↓
S10	耐热和优质合金：含镍、钴、钛的各类合金材料	低切削速度下，耐热钢和钛合金的半精加工或粗加工		
S20	耐热和优质合金：含镍、钴、钛的各类合金材料	较低切削速度下，耐热钢和钛合金的半精加工或粗加工		
S30	耐热和优质合金：含镍、钴、钛的各类合金材料	较低切削速度下，耐热钢和钛合金的断续切削，半精加工或粗加工		
H01	淬硬钢、冷硬铸铁	低切削速度下，淬硬钢、冷硬铸铁的连续轻载精加工	↑切削速度— →进给量↓	↑耐磨性— →韧性↓
H10	淬硬钢、冷硬铸铁	低切削速度下，淬硬钢、冷硬铸铁的连续轻载精加工、半精加工		
H20	淬硬钢、冷硬铸铁	较低切削速度下，淬硬钢、冷硬铸铁的连续轻载半精加工、粗加工		
H30	淬硬钢、冷硬铸铁	较低切削速度下，淬硬钢、冷硬铸铁的半精加工、粗加工		

① 不利条件系指原材料或铸造、锻造的零件表面硬度不匀，加工时的切削深度不匀，间断切削以及振动等情况。

（2）超细晶粒硬质合金　超细晶粒硬质合金是通过添加 Cr_2O_3 使晶粒细化到小于 $0.5 \sim 1.0 \mu m$ 的硬质合金。其耐磨性有较大改善，使用寿命提高 $1 \sim 2$ 倍。超细晶粒硬质合金的抗弯强度可达 4.3GPa，已达到并超过普通高速钢的抗弯强度，足以替代高速钢制造钻头、立铣刀、丝锥等整体硬质合金刀具，进行高效切削。超细晶粒硬质合金改变了 P 类硬质合金只适用于加工钢材、K 类硬质合金只适用于加工铸铁等脆性材料的限制，用 WC 基的超细晶粒 K 类硬质合金同样可以加工各种钢材。正是由于超细晶粒硬质合金的高强度、高韧性以及良好的耐磨性，它更多被用于加工冷硬铸铁、淬硬钢、不锈钢、高温合金等难加工材料。

（3）涂层硬质合金　涂层硬质合金刀具是以韧性较好的硬质合金刀片为基体，利用多种涂层技术在刀具表面涂覆上一层或多层高硬度、耐磨性好的金属或非金属化合物薄膜（厚度为 $5 \sim 10 \mu m$）而成。涂层刀具结合了基体的高强度、高韧性和涂层材料的高硬度、高耐磨性的优点，降低了刀具与工件之间的摩擦因数，提高了刀具的耐磨性而不降低基体的韧性。因此，涂层硬质合金具有高硬度和良好的耐磨性，延长了刀具的使用寿命。

硬质合金常用的涂层方法主要有化学气相沉积法（CVD）和物理气相沉积法（PVD）两类，应用最多的是化学气相沉积法。这两种方法的突出问题是涂层和基体间的结合强度低，涂层容易脱落。近年来，又发展了等离子辅助化学气相沉积法（PACVD）、中温化学气相沉积法（MTCVD）等新的涂层方法。PACVD 法利用等离子来促进化学反应，可把涂覆温度降至 600℃ 以下，使硬质合金基体与涂层材料之间不会产生扩散、相变或交换反应，可保持刀片原有的强韧性。这种方法对涂覆金刚石和立方氮化硼超硬涂层特别有效。MTCVD 涂层机理与 CVD 涂层机理相同，只是前者涂层温度比后者低一些，MTCVD 涂层温度一般为 $700 \sim 900℃$。MTCVD 涂层更致密，具有更高的耐磨性、抗热振性能和较高的韧性。

常用的涂层材料有 TiC、TiN、TiAlN、Al_2O_3 等。涂层结构也已从单一涂层、多层涂层以及多元复合涂层发展到多元复合薄膜纳米涂层。近年来，金刚石、立方氮化硼等新型涂层材料在立铣刀、硬质合金钻头、可转位刀片等刀具上得到了广泛应用，特别是在加工非黑色金属和纤维材料中取得了良好的效益，刀具使用寿命比未涂层的硬质合金刀具提高数十倍，生产率提高 20 倍以上。

3. 超硬刀具材料

（1）陶瓷　陶瓷刀具材料有很高的硬度和耐磨性，耐热性可达 1200℃ 以上，常温硬度达 $91 \sim 95HRA$，在 1200℃ 时，硬度仍能达到 80HRA。陶瓷刀具化学稳定性好，与金属的亲和力较小，即使在熔化温度与钢也互不作用，具有良好的抗黏接、抗扩散、抗氧化磨损能力。陶瓷刀具的应用前景十分广阔。

陶瓷刀具的材质主要是基于氧化铝或氮化硅的基体。复合氧化铝陶瓷是在 Al_2O_3 基体中添加高硬度、难熔碳化物（如 TiC），并加入一些其他金属（如镍、钼）进行热压而成的一种陶瓷。该种陶瓷硬度适中，其抗弯强度为 800MPa 以上，多用于灰铸铁的半精加工和精加工。但是以氧化铝为基体的陶瓷抗热冲击性能比较差，因而切削时不宜使用切削液。复合氮化硅陶瓷是在 Si_3N_4 基体中添加 TiC 等化合物和金属 Co 进行热压而成，其切削性能均优于氧化铝陶瓷。以氮化硅为基体的陶瓷一般具有良好的韧性，适合冷硬铸铁、高温合金和淬硬钢的粗精加工、高速切削。在铸铁的车、铣加工时，1524m/min 的切削速度可以得到最经济的刀具使用寿命。复合氮化硅陶瓷是一种极其有发展前途的刀具材料。

陶瓷刀具的最大弱点是抗弯强度低、韧性差、热导率低，当温度发生显著变化时，容易产生裂纹，导致刀片破损。新型的陶瓷刀具的开发，较好地解决了这一难题。赛隆（Sialon）刀具是英国 LucasAyalon 公司研制成功的一种单相陶瓷刀具，以 Si_3N_4 为硬质相，Al_2O_3 为耐磨相，并添加少量助烧剂 Y_2O_3，经热压烧结而成，有很高的强度和韧性（抗弯强度可达 1200MPa，硬度达 1800HV）。Sialon 陶瓷刀具的抗氧化能力、化学稳定性、抗蠕变能力更高，耐热温度高达 1300℃以上，具有较好的抗塑性变形能力。Sialon 陶瓷刀具适用于高速切削、强力切削、断续切削，已成功应用于铸铁、镍基合金、钛基合金和硅铝合金的高速加工，由于它和钢的化学亲和力大，Sialon 陶瓷刀具不适合加工钢。晶须增韧陶瓷也是近年来开发的新型陶瓷刀具，是在 Al_2O_3 或 Si_3N_4 基体中添加一定量的 SiCW 晶须或 TiCW 晶须而成。晶须具有一定的纤维结构，提高了陶瓷材料的抗断裂强度，故可有效地用于断续切削及粗车、铣削和钻孔等工序中，适用于加工镍基合金、高硬度铸铁和淬硬钢等材料。此外，涂层氮化硅陶瓷、金属陶瓷以及纳米金属陶瓷等新型陶瓷刀具的研究均取得了较好的成果。

（2）金刚石　金刚石分天然和人造两种。天然金刚石的质量好，但价格昂贵；人造金刚石是在高温高压条件下，由石墨转化而成，是碳的同素异构体。聚晶金刚石（PCD）是由经过筛选的人造金刚石微晶体在高温（1400℃）、高压（6GPa）下烧结而成。聚晶金刚石具有其他材料无与伦比的优越性能：

1）聚晶金刚石有极高的硬度和耐磨性，其硬度高达 10000HV，比硬质合金的硬度（1300～1800HV）高几倍，耐磨性是硬质合金的 60～80 倍。

2）聚晶金刚石的摩擦因数低，约为硬质合金的 1/2。低的摩擦因数不仅使变形和切削力降低，而且使切削时不产生积屑瘤，因而降低了加工表面的表面粗糙度值。

3）聚晶金刚石刀具的切削刃钝圆半径很小，可进行超精密微量切削，尺寸精度可达 1μm，表面粗糙度 Ra 值可达 0.02～0.06μm。

4）聚晶金刚石的热导率很高，为硬质合金的 2～7 倍，而热膨胀率仅为硬质合金的 1/11，因此，在切削过程中切削热很容易散出，故刀具切削热变形小，尺寸精度稳定，切削精度高。

聚晶金刚石刀具既能胜任陶瓷、硬质合金等高硬度非金属材料的切削加工，又可切削其他有色金属及其合金，使用寿命极高，特别是高速条件下加工高硬度的有色金属及其合金以及非金属材料时，更加显示其优越性。由于金刚石与铁元素有很强的亲和力，因此，聚晶金刚石刀具不适合切削铁族材料。另外，它的热稳定性差，当切削温度达到 800℃时即碳化（形成 CO_2）而失去其硬度。

（3）立方氮化硼（CBN）　立方氮化硼是用六方氮化硼（俗称白石墨）为原料，利用超高温高压技术，继人造金刚石之后人工合成的无机超硬材料。立方氮化硼的硬度仅次于人造金刚石，其晶粒硬度可达 8000～9000HV，耐磨性好、热稳定性高，可耐 1300～1500℃的高温。但立方氮化硼刀具的强度及韧性较差，一般只用于精加工。

聚晶立方氮化硼（PCBN）是立方氮化硼的烧结体，有两种类型，一种是不添加黏结剂烧结直接由立方氮化硼原子间的黏结而成，另一种是由黏结剂黏结烧结而成。黏结剂有金属黏结剂和陶瓷黏结剂两种。聚晶立方氮化硼具有比金刚石更好的化学惰性，在 1000℃以下时，不发生氧化反应；与铁族材料的亲和力小，在 1300℃时也不起化学反应。因此，聚晶立方氮化硼刀具多用于加工淬硬钢、冷硬铸铁以及高锰钢、高温合金等难加工材料。当精车淬硬零件时，其加工精度与表面质量足以代替磨削。如用 PCBN 刀具加工材质是 20CrMnTi，渗碳淬火（58～63HRC）的变速箱齿轮拨叉槽，采用 $v_c = 150$mm/min，$f = 0.1$mm/r，$a_p =$

0.2～0.3mm，实现了以车代磨，刀具切削行程达到 9580m。但是，聚晶立方氮化硼刀具加工低硬度工件时，切削性能较差，其刀具寿命还不如硬质合金高。因此，不适合加工塑性大的钢铁金属和镍基合金，也不适合加工铝合金及铜合金。

1.6.2　切削液

合理选择与使用切削液是提高金属切削效率的有效途径之一。

1. 切削液的作用

（1）冷却作用　切削液能够降低切削温度，从而可以提高刀具使用寿命和加工质量。切削液冷却性能的好坏，取决于它的热导率、比热容、汽化热、流量与流速等。一般水溶液的冷却作用较好，油类最差。

（2）润滑作用　金属切削时切屑、工件和刀具间的摩擦可分为干摩擦、流体润滑摩擦和边界润滑摩擦三类。当形成流体润滑摩擦时，才能有较好的润滑效果。金属切削过程大部分属于边界润滑摩擦。所谓边界润滑摩擦，是指流体油膜由于受较高载荷而遭受部分破坏，是金属表面局部接触的摩擦方式。切削液的润滑性能与切削液的渗透性、形成润滑膜的能力及润滑膜的强度有着密切关系。若加入油性添加剂，如动物油、植物油，可加快切削液渗透到金属切削区的速度，从而减少摩擦。若在切削液中添加一些极压添加剂，如含有 S、P、Cl 等的有机化合物，这些化合物高温时与金属表面起化学反应，生成化学吸附膜，可防止在极压润滑状态下刀具、工件、切屑之间的接触面的直接接触，从而减小摩擦，达到润滑的目的。

（3）清洗与防锈作用　切削液可以清除切屑，防止划伤已加工表面和机床导轨面。清洗性能取决于切削液的流动性和压力。在切削液中加入防锈添加剂后，能在金属表面形成保护膜，起到防锈作用。

2. 切削液的种类及选用

切削液的种类和选用见表 1-15。

表 1-15　切削液的种类和选用

序号	名称	组成	主要用途
1	水溶液	以硝酸钠、碳酸钠等溶于水的溶液，用 100～200 倍的水稀释而成	磨削
2	乳化液	1）少量矿物油，主要为表面活性剂的乳化油，用 40～80 倍的水稀释而成，冷却和清洗性能好	车削、钻孔
		2）以矿物油为主，少量表面活性剂的乳化油，用 10～20 倍的水稀释而成，冷却和清洗性能好	车削、攻螺纹
		3）在乳化液中加入极压添加剂	高速车削、钻削
3	切削油	1）矿物油（L-AN15 或 L-AN32 全损耗系统用油）单独使用	滚齿、插齿
		2）矿物油加植物油或动物油形成混合油，润滑性能好	精密螺纹车削
		3）矿物油或混合油中加入极压添加剂形成极压油	高速滚齿、插齿、车螺纹
4	其他	液态的 CO_2	主要用于冷却
		二硫化钼＋硬脂酸＋石蜡做成蜡笔，涂于刀具表面	攻螺纹

切削液应根据工件材料、刀具材料、加工方法和加工要求进行选用。对硬质合金刀具，一般不用切削液，若要使用，必须连续、充分地供应，否则会因骤冷骤热，导致刀片产生裂纹。切削铸铁一般也不用切削液。切削铜、铝合金和有色金属时，一般不用含硫的切削液，

以免腐蚀工件表面。

1.6.3 刀具合理几何参数的选择

刀具角度对切削过程有重要的影响。合理选择刀具角度，可以有效地提高刀具的使用寿命，减小切削力和切削功率，改善已加工表面质量，提高生产率。在保证加工质量的前提下，能使刀具使用寿命最高的几何参数一般称为刀具的合理几何参数。

1. 前角的功用及选择

（1）前角的功用 增大前角能减小切屑变形和摩擦，降低切削力、切削温度，减小刀具磨损、抑制积屑瘤和鳞刺的生成，改善加工表面质量。但是前角也不能选得过大，前角过大会削弱切削刃强度和散热能力，反而使刀具磨损加剧，刀具使用寿命下降。因此，前角应有一个合理参考数值。

（2）前角的选择原则

1）工件材料的强度、硬度低，塑性大，前角数值应取大些，可减小切屑变形，降低切削温度。加工脆性材料时，应选取较小的前角，因变形小，刀-屑接触面小。

2）刀具材料的强度和韧性越好，应选用较大的前角。如高速钢刀具可采用较大前角。

3）粗切时为增强切削刃强度，前角取小值。工艺系统刚性差时，应取大值。

硬质合金车刀前角的推荐值见表1-16。

表1-16　硬质合金车刀前角及后角的推荐值

被加工材料		前 角/(°)	后 角/(°)
钢、铝合金、镁合金、黄铜		25	8~15
灰铸铁（<220HBW）		15	8~12
碳钢及合金钢（$\sigma_b = 0.78~1.18$GPa）、可锻铸铁、青铜		10	8~12
灰铸铁（>220HBW）、黄铜（脆性的）、高锰钢		0~5	8~12
冷硬铸铁、淬硬钢		-10	8
高硅铸铁		-6~-8	8
不锈钢		20~25	10~12
高温合金	变形	5~8	14~18
	铸造	5~10	5~10
钛合金		5	10~15

2. 后角的功用及选择

（1）后角的功用 增大后角能减少后刀面与过渡表面间的摩擦，还可以减小切削刃圆弧半径，使刃口锋利。但后角过大会减弱切削刃的强度和散热能力。

（2）后角的选择原则 后角主要根据切削层公称厚度 h_D 选取。

1）粗切时，进给量大，切削层公称厚度大，可取小值；精切时，进给量小，切削层公称厚度小，应取大值，可延长刀具使用寿命和提高已加工表面质量。

2）当工艺系统刚性较差或使用有尺寸精度要求的刀具时，取较小的后角。

3）工件材料的强度、硬度越大，后角应取小值。

硬质合金车刀后角的推荐值见表1-16。

3. 斜角切削与刃倾角的选择

(1) 斜角切削　当刀具的刃倾角 $\lambda_s = 0°$ 时，主切削刃与切削速度方向垂直，称为直角切削。若刀具的刃倾角 $\lambda_s \neq 0°$，其主切削刃与切削速度方向不垂直，称为斜角切削。斜角切削是应用比较普遍的一种切削方式。

斜角切削的速度分解如图 1-35 所示，切削刃上某点的切削速度 v_c，可分解为垂直于切削刃的分速度 v_n 和平行于切削刃的分速度 v_T，即

$$v_n = v_c \cos\lambda_s, \quad v_T = v_c \sin\lambda_s$$

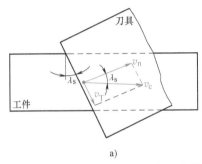
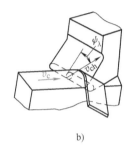

图 1-35　斜角切削的速度分解及流屑角

由于有 v_T，使切屑流出方向发生变化。切屑流出方向在前刀面上与切削刃的法向剖面之间的夹角，称为流屑角 ψ_λ，如图 1-35b 所示。实验证明，流屑角 ψ_λ 近似等于刃倾角，即 $\psi_\lambda \approx \lambda_s$。

斜角切削时，由于切屑流出方向发生变化，使实际前角 γ_{oe} 大于法向剖面前角 γ_n，因而改善了切削条件。实际前角的近似计算公式为

$$\sin\gamma_{oe} = \sin^2\lambda_s + \cos^2\lambda_s \sin\gamma_n \tag{1-46}$$

(2) 刃倾角的功用

1) 影响切屑流出方向，如图 1-36 所示。

2) 影响切削刃的锋利性。因实际前角较大，可进行薄切削。

3) 影响切削刃强度。如图 1-37 所示，负刃倾角可使刀尖避免冲击。

4) 影响背向力 F_p 与进给力 F_f 的比值。λ_s 为负值时，F_p 力增大，F_f 力减小，易振动。

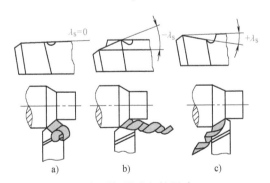

图 1-36　刃倾角对切屑流向的影响

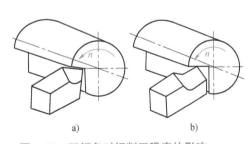

图 1-37　刃倾角对切削刃强度的影响

(3) 刃倾角的选择原则　选择刃倾角时主要根据切削条件和系统刚性而定。精切 $\lambda_s = 0° \sim +5°$；粗切 $\lambda_s = 0° \sim -5°$。工艺系统刚性不足时，取正值刃倾角。

4. 主偏角和副偏角的功用及选择

（1）主偏角和副偏角的功用　主偏角主要影响切削层截面的形状和几何参数，影响背向力 F_p 与进给力 F_f 的比值以及刀具的使用寿命，并和副偏角一起影响已加工表面粗糙度。如图1-38所示，在相同切削用量的条件下，主偏角越小，则背向力 F_p 越大，切削刃的工作长度越长。

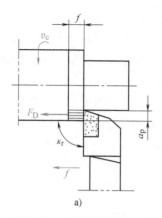

图1-38　主偏角对背向力的影响

副偏角的主要作用是减少副切削刃与工件已加工表面的摩擦，减少切削振动。副偏角的大小影响工件表面残留面积的大小，进而影响已加工表面的表面粗糙度值。如图1-39所示，副偏角越小，则工件表面的残留面积越小，表面粗糙度 Ra 值越小。

（2）主偏角和副偏角的选择原则

1）在加工工艺系统刚性不足的情况下，为了减少背向力 F_p，应选用较大的主偏角。如车削细长轴时，一般取 $\kappa_r = 90°$，以降低背向力 F_p，减少振动。

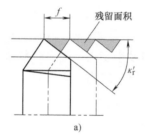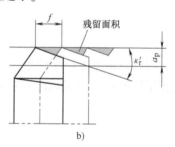

图1-39　副偏角对表面粗糙度值的影响

2）粗加工时，一般选用较大的主偏角（$\kappa_r = 60° \sim 75°$），以利于减少振动，延长刀具的使用寿命。

3）加工强度、硬度高的材料，如冷硬铸铁和淬硬钢时，如系统刚性较好，则选用较小的主偏角（$\kappa_r = 10° \sim 30°$），以增加切削刃的工作长度，减轻单位长度切削刃上的负荷，改善刀头散热条件，延长刀具的使用寿命。

4）在不影响摩擦和不产生振动的条件下，选取较小的副偏角。外圆车刀的副偏角一般为 $5° \sim 15°$。

1.6.4　切削用量的选择

1. 选择切削用量的原则

正确选用切削用量，对提高生产率、保证必要的经济性和切削加工质量，均具有重要意义。切削用量与刀具使用寿命的关系为

$$T = \frac{C_T}{v_c^{1/m} f^{1/n} a_p^{1/p}} \tag{1-47}$$

根据实验结果，$1/m > 1/n > 1/p$。这说明在 v_c、f、a_p 三者之中，切削速度对刀具使用

寿命的影响最大，进给量次之，背吃刀量影响最小。

另外，生产率可用单位时间内的金属切除量 Q_z 表示。

$$Q_z = v_c f a_p \tag{1-48}$$

由此可见，除提高切削速度外，也可以通过增大进给量 f 及加大背吃刀量 a_p 来达到提高生产率的目的。当然同时还应保证刀具的使用寿命 T_c（或 T_p）。

根据以上分析可知，选择切削用量的原则应当是：在机床、工件、刀具强度和工艺系统刚性允许的条件下，首先选择尽可能大的背吃刀量 a_p，其次根据加工条件和要求选用所允许的最大进给量 f，最后再根据刀具的使用寿命要求选择或计算合理的切削速度。

2. 切削用量的选择方法

（1）背吃刀量的选择　背吃刀量根据加工余量来确定。切削加工一般分为粗加工、半精加工和精加工。粗加工（$Ra80 \sim 20\mu m$）时，应尽量用一次进给切除全部余量，若机床功率为中等时，$a_p = 8 \sim 10mm$。半精加工（$Ra10 \sim 5\mu m$）时，$a_p = 0.5 \sim 2mm$。精加工（$Ra2.5 \sim 1.25\mu m$）时，$a_p = 0.1 \sim 0.4mm$。当加工余量太大，或工艺系统刚性不足，或断续切削时，粗加工也不能一次选用过大的背吃刀量，应分几次进给，不过第一次进给的背吃刀量应取大些。

（2）进给量的选择　粗加工时，应在机床进给机构的强度、车刀刀杆强度和刚度、刀片强度以及装夹刚度等允许的条件下，尽可能选取大的进给量，因为这时对工件表面粗糙度要求不高。精加工时最大进给量主要受表面粗糙度的限制，实际生产中，主要用查表法或根据经验确定。进给量的参考数值见表 1-17 和表 1-18。

表 1-17　硬质合金车刀粗车外圆时进给量的参考数值

车刀刀杆尺寸 $B \times H$/mm	工件直径 d_w/mm	背吃刀量 a_p/mm				
		≤3	>3~5	>5~8	>8~12	12 以上
		进给量 f/mm·r^{-1}				
16×25	20	0.3~0.4	—	—	—	—
	40	0.4~0.5	0.3~0.4	—	—	—
	60	0.5~0.7	0.4~0.6	0.3~0.5	—	—
	100	0.6~0.9	0.5~0.7	0.5~0.6	0.4~0.5	—
	400	0.8~1.2	0.7~1.0	0.6~0.8	0.5~0.6	—
20×30 25×25	20	0.3~0.4	—	—	—	—
	40	0.4~0.5	0.3~0.4	—	—	—
	60	0.6~0.7	0.5~0.7	0.4~0.6	—	—
	100	0.8~1.0	0.7~0.9	0.5~0.7	0.4~0.7	—
	600	1.2~1.4	1.0~1.2	0.8~1.0	0.6~0.9	0.4~0.6
25×40	60	0.6~0.9	0.5~0.8	0.4~0.7	—	—
	100	0.8~1.2	0.7~1.1	0.6~0.9	0.5~0.8	—
	1000	1.2~1.5	1.1~1.5	0.9~1.2	0.8~1.0	0.7~0.8
30×45	500	1.1~1.4	1.1~1.4	1.0~1.2	0.8~1.2	0.7~1.1
40×60	2500	1.3~2.0	1.3~1.8	1.2~1.6	1.1~1.5	1.0~1.5

表 1-18　高速车削时按表面粗糙度选择进给量的参考数值

刀具	表面粗糙度 Ra 值/μm	工件材料	κ_r'	切削速度 v_c /m·s^{-1}(m·min^{-1})	刀尖圆弧半径 r_ε/mm		
					0.5	1.0	2.0
					进给量 f/mm·r^{-1}		
$\kappa_r' > 0°$的车刀	>10 ~ 20	中碳钢 灰铸铁	5°	不限制	—	1.00 ~ 1.10	1.30 ~ 1.50
			10°			0.80 ~ 0.90	1.00 ~ 1.10
			15°			0.70 ~ 0.80	0.90 ~ 1.00
	>5 ~ 10	中碳钢 灰铸铁	5°	不限制		0.55 ~ 0.70	0.70 ~ 0.85
			10° ~ 15°			0.45 ~ 0.60	0.60 ~ 0.70
	>2.5 ~ 5	中碳钢	5°	<0.833(<50)	0.22 ~ 0.30	0.25 ~ 0.35	0.30 ~ 0.45
				0.833 ~ 1.67(50 ~ 100)	0.23 ~ 0.35	0.35 ~ 0.40	0.40 ~ 0.55
				>1.67(>100)	0.35 ~ 0.40	0.40 ~ 0.50	0.50 ~ 0.60
			10° ~ 15°	<0.833(<50)	0.18 ~ 0.25	0.25 ~ 0.30	0.30 ~ 0.45
				0.833 ~ 1.67(50 ~ 100)	0.25 ~ 0.30	0.30 ~ 0.35	0.35 ~ 0.55
				>1.67(>100)	0.30 ~ 0.35	0.35 ~ 0.40	0.50 ~ 0.55
		灰铸铁	5°	不限制		0.30 ~ 0.50	0.45 ~ 0.65
			10° ~ 15°			0.25 ~ 0.40	0.50 ~ 0.55
	>1.25 ~ 2.5	中碳钢	≥5°	0.5 ~ 0.833(30 ~ 50)	—	0.11 ~ 0.15	0.14 ~ 0.22
				0.833 ~ 1.333(50 ~ 80)		0.14 ~ 0.20	0.17 ~ 0.25
				1.333 ~ 1.67(80 ~ 100)		0.16 ~ 0.25	0.23 ~ 0.35
				1.67 ~ 2.167(100 ~ 130)	—	0.20 ~ 0.30	0.25 ~ 0.39
				>2.167(>130)		0.25 ~ 0.30	0.35 ~ 0.39
		灰铸铁	≥5°	不限制	—	0.15 ~ 0.25	0.20 ~ 0.35
	>0.63 ~ 1.25	中碳钢	≥5°	1.67 ~ 1.833(100 ~ 110)	—	0.12 ~ 0.18	0.14 ~ 0.17
				1.833 ~ 2.167(110 ~ 130)		0.13 ~ 0.18	0.17 ~ 0.23
				>2.167(>130)		0.17 ~ 0.20	0.21 ~ 0.27
$\kappa_r' = 0°$的车刀	>5 ~ 20	中碳钢 灰铸铁	0°	不限制	5.0 以下		
	>2.5 ~ 5	中碳钢	0°	≥0.833(≥50)	5.0 以下		
		灰铸铁		不限制			
	>0.63 ~ 2.5	中碳钢	0°	≥1.67(≥100)	4.0 ~ 5.0		
	>1.25 ~ 2.5	灰铸铁	0°	不限制	5.0		

（3）切削速度的确定　根据已选定的背吃刀量 a_p、进给量 f 和刀具的使用寿命 T，可按式（1-42）计算切削速度 v_c，然后再算出机床主轴转速。实际生产中，同样采用查表法或根据经验确定。切削速度的参考数值见表 1-19。

表 1-19　硬质合金外圆车刀切削速度的参考数值

工件材料	热处理状态	$a_p = 0.3 \sim 2mm$ $f = 0.08 \sim 0.3mm/r$	$a_p = 2 \sim 6mm$ $f = 0.3 \sim 0.6mm/r$	$a_p = 6 \sim 10mm$ $f = 0.6 \sim 1mm/r$
		$v_c / m \cdot s^{-1} (m \cdot min^{-1})$		
低碳钢 易切钢	热轧	2.33 ~ 3.0 (140 ~ 180)	1.667 ~ 2.0 (100 ~ 120)	1.167 ~ 1.5 (70 ~ 90)
中碳钢	热轧	2.17 ~ 2.667 (130 ~ 160)	1.5 ~ 1.83 (90 ~ 110)	1 ~ 1.33 (60 ~ 80)
	调质	1.667 ~ 2.17 (100 ~ 130)	1.167 ~ 1.5 (70 ~ 90)	0.833 ~ 1.167 (50 ~ 70)
合金结构钢	热轧	1.667 ~ 2.17 (100 ~ 130)	1.167 ~ 1.5 (70 ~ 90)	0.833 ~ 1.167 (50 ~ 70)
	调质	1.333 ~ 1.83 (80 ~ 110)	0.833 ~ 1.167 (50 ~ 70)	0.667 ~ 1 (40 ~ 60)
工具钢	退火	1.5 ~ 2.0 (90 ~ 180)	1 ~ 1.333 (60 ~ 80)	0.833 ~ 1.167 (50 ~ 70)
不锈钢		1.167 ~ 1.333 (70 ~ 80)	1 ~ 1.167 (60 ~ 70)	0.833 ~ 1 (50 ~ 60)
灰铸铁	<190HBW	1.5 ~ 2.0 (90 ~ 120)	1 ~ 1.333 (60 ~ 80)	0.833 ~ 1.167 (50 ~ 70)
	190 ~ 225HBW	1.333 ~ 1.83 (80 ~ 110)	0.833 ~ 1.167 (50 ~ 70)	0.67 ~ 1 (40 ~ 60)
高锰钢 ($w_{Mn} = 13\%$)			1.167 ~ 0.333 (10 ~ 20)	
铜及铜合金		3.33 ~ 4.167 (200 ~ 250)	2.0 ~ 3.0 (120 ~ 180)	1.5 ~ 2 (90 ~ 120)
铝及铝合金		5.0 ~ 10.0 (300 ~ 600)	3.33 ~ 6.67 (200 ~ 400)	2.5 ~ 5 (150 ~ 300)
铸铝合金 ($w_{Si} = 7\% \sim 13\%$)		1.667 ~ 3.0 (100 ~ 180)	1.333 ~ 2.5 (80 ~ 150)	1 ~ 1.67 (60 ~ 100)

注：切削钢及灰铸铁时刀具使用寿命为 3600 ~ 5400s（60 ~ 90min）。

3. 选择切削用量的例题

已知：工件材料：45 钢正火，$\sigma_b = 0.598GPa$，锻件；

　　　　工件尺寸及要求：如图 1-40 所示；

　　　　机床：CA6140 型车床；

　　　　刀具：机夹外圆车刀，刀片 P30，刀杆尺寸 16mm × 25mm，几何角度 $\gamma_o = 15°$，

　　　　　　$\kappa_r = 75°$，$\lambda_s = -6°$，$r_\varepsilon = 0.5mm$，四边形刀片。

试选：车削外圆的切削用量。

选择方法和步骤：根据工件尺寸精度和表面粗糙度要求，分粗车—半精车两道工序。

（1）粗车

1）确定背吃刀量：根据工艺，半精车单边余量为 1mm，现单边总余量为 4mm，粗车工序尽量一刀切掉，取 $a_p = 3mm$。

2）选择进给量：根据表 1-17，$f = 0.5 \sim 0.7mm/r$，取 $f = 0.6mm/r$（需与机床相符）。

3）确定切削速度：根据表 1-19，45 钢正火接近热轧，刀具使用寿命为 60min，$v_c = 90 \sim 110m/min$，取 $v_c = 90m/min$。

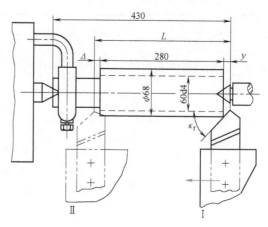

图 1-40　工件尺寸图

确定机床转速：$n = \dfrac{1000v_c}{\pi d_w} = \dfrac{1000 \times 90}{\pi \times 68}r/min \approx 421.5r/min$。

根据机床标牌，取 $n = 400r/min$。

实际切削速度：$v_c = \dfrac{\pi d_w n}{1000} = \dfrac{\pi \times 68 \times 400}{1000}m/min \approx 85.4m/min$。

4）校验机床功率：根据表 1-1，单位切削功率 $P_s = 32.7 \times 10^{-6} kW \cdot (mm^3 \cdot min^{-1})^{-1}$。

由表 1-2 知，当 $f = 0.6mm/r$ 时，$K_{fF_c} = 0.9$，故切削功率为

$$P_c = 1000 P_s v_c a_p f K_{fF_c}$$
$$= 1000 \times 32.7 \times 10^{-6} \times 85.4 \times 3 \times 0.6 \times 0.9 kW$$
$$= 4.5kW$$

机床消耗功率为 $\dfrac{P_c}{\eta_m} = \dfrac{4.5}{0.8}kW = 5.625kW < P_E$

机床功率 $P_E = 7.5kW$，故功率足够。

5）计算切削工时 t_m 为

$$t_m = \dfrac{L + \Delta + y}{nf} = \dfrac{280 + 2 + 2}{400 \times 0.6}min \approx 1.2min$$

这里取 $\Delta = y = 2mm$。

（2）半精车

1）确定背吃刀量：$a_p = 1mm$。

2）确定进给量：根据表面粗糙度要求及刀具 $\kappa_r' = 15°$，$r_\varepsilon = 0.5mm$，查表 1-18（$f = 0.25 \sim 0.3mm/r$），取 $f = 0.3mm/r$。

3）确定切削速度：根据表 1-19（$v_c = 130 \sim 160m/min$），取 $v_c = 150m/min$。

确定机床主轴转速：$n = \dfrac{1000v_c}{\pi d} = \dfrac{1000 \times 150}{\pi \times (68 - 6)}r/min \approx 770r/min$。

根据机床标牌，取 $n = 710\text{r/min}$。

实际切削速度：$v_c = \dfrac{\pi dn}{1000} = \dfrac{\pi \times 62 \times 710}{1000}\text{m/min} \approx 138\text{m/min}$。

4）计算切削工时：$t_m = \dfrac{L + \Delta + y}{nf} = \dfrac{280 + 2 + 2}{710 \times 0.3}\text{min} \approx 1.3\text{min}$。

1.6.5 工件材料的切削加工性

材料的切削加工性是指对某种材料进行切削加工的难易程度。材料的切削加工性不仅是一种重要的工艺性能，而且又是对材料多种性能的综合评价。良好的切削加工性，一般包括：

1）在相同的切削条件下刀具有较高的使用寿命，或在一定的刀具使用寿命下，能够采用较高的切削速度。

2）在相同的切削条件下，切削力或切削功率小，切削温度低。

3）容易获得良好的表面加工质量。

4）容易控制切屑的形状或容易断屑。

1. 衡量切削加工性的指标

切削加工性的指标可以用刀具使用寿命、一定寿命的切削速度、切削力、切削温度、已加工表面质量以及断屑的难易程度等衡量。目前多采用在一定的刀具使用寿命下允许的切削速度 v_T 作为指标。v_T 越高，表示材料的切削加工性越好。通常取 $T = 60\text{min}$，则 v_T 写作 v_{60}。有些材料也可取 $T = 30\text{min}$、20min 和 10min，则分别写作 v_{30}、v_{20}、v_{10}。

某种材料切削加工性的好坏，是相对另一种材料而言的。因此，切削加工性是具有相对性的。一般以切削正火状态 45 钢的 v_{60} 作为基准，其他材料与其比较，用相对加工性指标 K_r 表示为

$$K_r = v_{60} / (v_{60})_j \tag{1-49}$$

式中　v_{60}——某种材料其刀具使用寿命为 60min 时的切削速度；

　　$(v_{60})_j$——切削 45 钢，刀具使用寿命为 60min 时的切削速度。

常用材料的相对加工性 K_r 分为 8 级，见表 1-20。若 $K_r > 1$，该材料比 45 钢容易切削；若 $K_r < 1$，该材料比 45 钢难切削。

表 1-20　相对切削加工性及其分级

加工性等级	工件材料分类		相对切削加工性 K_r	代表性材料
1	很容易切削的材料	一般有色金属	> 3.0	铜铅合金、铝镁合金、铝青铜
2	容易切削的材料	易切钢	2.5 ~ 3.0	退火 15Cr、自动机钢
3		较易切钢	1.6 ~ 2.5	正火 30 钢
4	普通材料	一般钢、铸铁	1.0 ~ 1.6	45 钢、灰铸铁、结构钢
5		稍难切削的材料	0.65 ~ 1.0	调质 2Cr13、85 钢
6	难切削的材料	较难切削的材料	0.5 ~ 0.65	调质 45Cr、调质 65Mn
7		难切削的材料	0.15 ~ 0.5	1Cr18Ni9Ti、调质 50CrV、某些钛合金
8		很难切削的材料	< 0.15	铸造镍基高温合金、某些钛合金

2. 影响材料切削加工性的主要因素

影响材料切削加工性的主要因素有材料的物理力学性能、化学成分和金相组织等。

材料的强度、硬度越高，切削抗力越大，切削温度也越高，刀具的磨损越快，因而切削加工性差；强度相同，塑性和韧性大的材料，切削变形和切削力大，切削温度高，而且断屑困难，切削加工性差；导热性好的材料，切削加工性也好。

材料的化学成分对切削加工性也有较大的影响。例如：增加钢中的含碳量，其强度、硬度提高，塑性和韧性下降；低碳钢的塑性和韧性大，切削时的变形大，不易获得高质量的加工表面；高碳钢的强度和硬度高，切削困难；中碳钢的强度、硬度、塑性和韧性介于高、低碳钢之间，有较好的切削加工性。合金元素锰、硅、镍、铬等都能提高钢材的硬度和强度，镍还能提高钢的韧性，降低导热性，因此，合金元素都会降低钢的切削加工性。在硬度相同的条件下，碳素钢比合金钢具有更好的切削加工性。灰铸铁的切削加工性与石墨的含量、形状和大小密切相关，石墨的含量越多、尺寸越小，切削加工性越好。碳、硅、铝、铜和镍都是促进石墨化的元素，因而能改善铸铁的切削加工性；锰、磷、硫、铬和钒等是阻碍石墨化的元素，因而能降低铸铁的切削加工性。

材料的金相组织也是影响切削加工性的重要因素。例如：钢中的珠光体有较好的切削加工性，而铁素体和渗碳体则较差；托氏体和索氏体组织在精加工时虽能获得质量较好的加工表面，但切削速度必须适当降低；奥氏体和马氏体的切削加工性很差。对于灰铸铁，则铁素体基体要比珠光体基体具有更好的切削加工性。

3. 难加工材料的切削加工性

（1）高锰钢的切削加工性　高锰钢加工硬化严重，塑性变形会使奥氏体组织变为细晶粒的马氏体组织，硬度急剧增加，造成切削困难。高锰钢热导率低，仅为45钢的1/4，切削温度高，刀具易磨损；高锰钢韧性大，约为45钢的8倍，其伸长率也大，变形严重，导致切削力增加，并且不易断屑。

（2）不锈钢的切削加工性　奥氏体不锈钢中的铬、镍含量较大，铬能提高不锈钢的强度及韧性，但使加工硬化严重，易粘刀。不锈钢切屑与前刀面接触长度较短，刀尖附近应力较大，经计算刀尖所受的应力为切削碳钢的1.3倍，造成刀尖易产生塑性变形或崩刀。奥氏体不锈钢导热性差，切削温度高。另外，锯齿形切屑并不因速度增高而有所改变，所以切削波动大，易产生振动，使刀具破损。断屑问题也是不锈钢车削中的突出问题。

车削不锈钢时，多采用韧性好的YG类硬质合金刀片，选择较大的前角和小的主偏角，较低的切削速度，较大的进给量和背吃刀量。

4. 改善材料切削加工性的基本方法

材料的切削加工性对保证零件加工质量和提高切削生产率都有很大的影响，选择工件材料时必须给予充分考虑，在保证零件使用要求的前提下，尽可能选用好加工的材料。同时，应根据加工材料的性能要求，选择与之匹配的刀具材料，以提高刀具的使用寿命。材料的切削加工性可通过以下途径进行改善。

（1）在材料中适当添加化学元素　在钢材中添加适量的硫、铅等元素，能够破坏铁素体的连续性，降低材料的塑性，使切削轻快，切屑容易折断，大大地改善材料的切削加工性。在铸铁中加入合金元素铝、铜等能分解出石墨元素，有利于切削。

（2）采用适当的热处理方法　例如：正火处理可以提高低碳钢的硬度，降低其塑性，

以减少切削时的塑性变形，改善加工表面质量；球
化退火可使高碳钢中的片状或网状渗碳体转化为球
状，降低钢的硬度；对于铸铁，可采用退火来消除
白口组织和硬皮，降低表层硬度，改善其切削加
工性。

（3）采用新的切削加工技术　采用加热切削、低
温切削、振动切削等新的加工方法，可以有效地解决
一些难加工材料的切削问题。例如，对耐热合金、淬
硬钢和不锈钢等材料进行加热切削，通过切削区中工
件温度增高，降低材料的剪切强度，减小接触面间的
摩擦因数，可减小切削力，有利于切削。图 1-41 所示
为切削不锈钢时，切削温度与切削力的变化曲线。加
热切削能减小冲击振动，使切削平稳，从而提高刀具
的使用寿命。

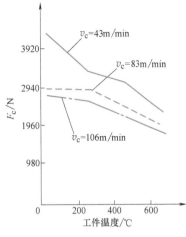

图 1-41　切削不锈钢时切削温度与
切削力的关系

练习题

1. 何谓积屑瘤？积屑瘤在切削加工中有何利弊？如何控制积屑瘤的形成？

2. 试说明背吃刀量 a_p 和进给量 f 对切削温度的影响，并与 a_p 和 f 对切削力的影响相比较，两者有何不同？

3. 切削液的主要作用是什么？切削加工中常用的切削液有哪几类？如何选用？

4. 选择切削用量的原则是什么？为什么说选择切削用量的次序是先选 a_p，再选 f，最后选 v_c？

5. 试述正交平面、法平面、假定工作平面和背平面的定义，并分析它们的异同点和用途。

6. 刀具磨损有几种形式？各在什么条件下产生的？

7. 何谓工件材料切削加工性？改善工件材料切削加工性的措施有哪些？

8. 试画出图 1-42 所示切断刀的正交平面参考系的标注角度 γ_o、α_o、κ_r、κ_r'、λ_s（要求标出假定主运动方向 v_c、假定进给运动方向 f、基面 p_r 和切削平面 p_s）。

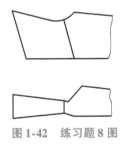

图 1-42　练习题 8 图

9. 图 1-43 所示为车端面，试标出背吃刀量 a_p、进给量 f、公称厚度 h_D、公称宽度 b_D。又若 $a_p = 5mm$，$f = 0.3mm/r$，$\kappa_r = 45°$，试求切削面积 A_D。

练习题

10. 在图 1-44 中，镗孔时工件内孔直径为 50mm，镗刀的几何角度为 $\gamma_o = 10°$，$\lambda_s = 0°$，$\alpha_o = 8°$，$\kappa_r = 75°$。若镗刀在安装时刀尖比工件中心高 $h = 1\text{mm}$，试检验镗刀的工作后角 α_{oe}。

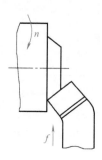

图 1-43　练习题 9 图

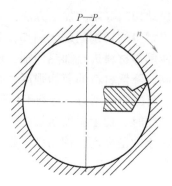

图 1-44　练习题 10 图

第2章

加工方法与装备

2.1　金属切削机床基本知识

金属切削机床是用切削的方法将金属毛坯加工成机器零件的机器，是制造机器的机器，因此又称为"工作母机"或"工具机"，简称机床。机床的基本功能是为被切削的工件和使用的刀具提供必要的运动、动力和相对位置。

金属切削机床是机械制造工业的基础设备，是加工机器零件的主要设备，担负着机器制造总量 40% ~ 60% 的工作任务。因此，一个国家机床工业的水平、机床的拥有量和现代化程度，是衡量这个国家工业生产能力和发展水平的主要标志之一，在国民经济中占据着极其重要的地位。

2.1.1　机床的分类和型号

金属切削机床的品种和规格繁多，为了便于区别、使用和管理，须对机床加以分类和编制型号。2008 年颁布的国家标准 GB/T 15375—2008《金属切削机床　型号编制方法》，对此进行了专门的规定。

1. 机床的分类

机床主要是按加工性质和所用刀具进行分类的。根据我国制定的机床型号编制方法，目前将机床分为 11 类：车床、钻床、镗床、磨床、齿轮加工机床、螺纹加工机床、铣床、刨插床、拉床、锯床及其他机床。在每一类机床中，又按工艺范围、布局形式和结构性能等不同，分为若干组，每一组又分为若干系（系列）。

在上述基本分类方法的基础上，还可根据机床的其他特征进一步加以区分。

同类型机床，按照它们的万能性程度，可分为：

(1) 通用机床　它的加工范围较广，通用性较大，可用于加工各种零件的不同工序，但机床结构比较复杂，主要适用于单件小批生产，如卧式车床、万能升降台铣床等。

(2) 专门化机床　它的加工范围较窄，专门用于加工某一类或某几类零件的某一道或某几道特定工序，如精密丝杠车床、凸轮轴车床、曲轴车床等。

(3) 专用机床　它的加工范围最窄，只能用于加工某一种零件的某一道特定工序。例如，加工车床床身导轨的专用龙门磨床，加工机床主轴箱体孔的专用镗床。它的生产率较高，自动化程度也较高，适用于大批量生产。组合机床也属于专用机床。

按照机床的工作精度，可分为普通精度机床、精密机床和高精度机床。

按照自动化程度，机床可分为手动机床、机动机床、半自动机床和自动机床。

按照质量和尺寸，机床可分为仪表机床、中型机床（一般机床）、大型机床（质量大于10t）、重型机床（质量大于30t）和超重型机床（质量大于100t）。

按照机床主要工作部件的数目，还可分为单轴的、多轴的或单刀的、多刀的机床。

通常机床是按照加工性质进行分类的，再根据某些特点进一步描述。例如，多轴自动车床，就是以车床为基本类型，再加上"多轴""自动"等特征，以区别于其他种类车床。

随着机床的发展，分类方法也将不断发展。现代机床正在向数控化方向发展，功能也不断增加，除了数控加工功能，还增加了自动换刀、自动装卸工件等功能。因此，也可按机床具有的数控功能分为普通机床、一般数控机床、加工中心、柔性制造单元等。

2. 机床型号的编制方法

机床型号是机床产品的代号，用以表明机床的类型、性能和结构特点及主要技术参数等。GB/T 15375—2008《金属切削机床　型号编制方法》规定，我国的机床型号由汉语拼音字母和数字按一定的规律组合而成，它适用于各类通用机床和专用机床，但不含组合机床。

通用机床型号由基本部分和辅助部分组成，中间用"/"隔开，读作"之"。基本部分需统一管理，辅助部分是否纳入型号由生产厂家自定。型号的构成如下：

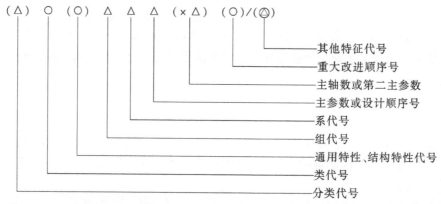

注：1. 有"（）"的代号或数字，当无内容时，则不表示。若有内容则不带括号。

2. 有"○"符号的，为大写的汉语拼音字母。

3. 有"△"符号的，为阿拉伯数字。

4. 有"◎"符号的，为大写的汉语拼音字母，或阿拉伯数字，或两者兼有之。

（1）机床类别代号　机床的类代号，用大写的汉语拼音字母表示。必要时，每类可分为若干分类，分类代号用阿拉伯数字表示，作为型号的首位。例如，磨床分为 M、2M、3M三个分类。机床类别代号见表2-1。

表2-1　机床类别代号

类别	车床	钻床	镗床	磨床			齿轮加工机床	螺纹加工机床	铣床	刨插床	拉床	锯床	其他机床
代号	C	Z	T	M	2M	3M	Y	S	X	B	L	G	Q
读音	车	钻	镗	磨	二磨	三磨	牙	丝	铣	刨	拉	割	其

（2）机床特性代号　机床特性代号也用大写的汉语拼音字母表示。

1）通用特性代号　当某类型机床除有普通型外，还有某种通用特性时，则在类代号之后加通用特性代号予以区分。通用特性代号见表2-2。如果某类型机床仅有某种通用特性，而无普通型，则通用特性不予表示。

2）结构特性代号。对主参数相同而结构、性能不同的机床，在型号中加结构特性代号予以区分。它排在类代号之后；当型号中有通用特性代号时，应排在通用特性代号之后。结构特性代号是由生产厂家自行确定的，在不同型号中的意义可以不一样。例如，CA6140型卧式车床型号中的"A"，可理解为这种车床在结构上有别于C6140。

表2-2　通用特性代号

通用特性	高精度	精密	自动	半自动	数控	加工中心（自动换刀）	仿形	轻型	加重型	柔性加工单元	数显	高速
代号	G	M	Z	B	K	H	F	Q	C	R	X	S
读音	高	密	自	半	控	换	仿	轻	重	柔	显	速

有关机床组别、系别、主参数或设计顺序号等代号，可参阅有关教材或手册。

根据通用机床型号的编制方法，举例如下：

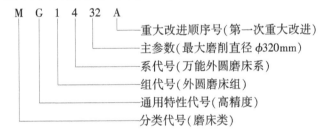

2.1.2　机床的技术性能

机床的技术性能是根据用户使用的要求提出和设计的。为了正确选择和合理使用机床，应了解机床的技术性能。机床的技术性能一般包括下列内容：

1. 机床的工艺范围

工艺范围是指机床适应不同生产要求的能力，包括在机床上能完成的工序种类、可加工零件的类型、材料和毛坯种类以及尺寸范围等。根据工艺范围的宽窄，有通用机床、专门化机床和专用机床三大类。

在单件小批生产中，多数使用通用机床，这是由于它具有广泛的工艺范围。例如，卧式万能升降台铣床，不仅能铣平面、台阶面、沟槽、特形面、直齿和斜齿圆柱齿轮的齿廓面，而且能铣螺旋槽、平面凸轮的轮廓面。

专门化机床和专用机床是为某一类零件和特定零件的特定工序设计的，因此工艺范围不要求宽。

数控机床，尤其是加工中心，加工精度和自动化程度都很高，在一次安装后可以对多个表面进行多工序加工，因此具有较大的加工工艺范围。目前加工中心一般都具有多种加工能力，如铣镗加工中心上可以进行铣平面、铣沟槽、钻孔、镗孔、扩孔、攻螺纹等多种加工。

55

2. 机床的主要技术参数

机床的主要技术参数包括有尺寸参数、运动参数和动力参数等。

尺寸参数反映机床的加工范围，包括主参数、第二主参数和与被加工零件有关的其他尺寸参数。例如，摇臂钻床的主参数是最大钻孔直径；其他尺寸参数有摇臂钻床主轴行程、主轴端面到底座工作面的最大距离等；标准化工具或夹具的安装尺寸，如摇臂钻床的主轴圆锥孔尺寸。

运动参数是指机床执行件的运动速度。例如，主轴最高与最低转速、刀架最大与最小进给速度等。

动力参数多指机床电动机的功率，有些机床还给出主轴允许的最大转矩等其他内容。机床说明书中均有机床的主要技术参数，也称技术性能或技术规格，供选择和使用机床时参考。

3. 加工精度和表面粗糙度

工件的精度和表面粗糙度是由机床、刀具、夹具、切削条件和操作者的水平等因素综合决定的。国家制定的机床精度标准中所规定的各种通用机床的加工精度和表面粗糙度，是指在正常工艺条件下所能达到的经济精度。机床的加工精度主要由机床本身的精度保证，它们是几何精度、传动精度和机床的动态精度等。这些都直接影响机床执行件的相对运动关系，使表面成形运动产生误差，从而影响加工精度。

机床应该在一定的期限内保持其合格的精度，称为机床的精度保持性。精度保持性不好的机床，不仅会降低设备利用率，而且会增加机床维修的工作量。

4. 生产率和自动化程度

生产率是反映机械加工经济效益的一个重要指标，在保证机床的加工精度的前提下，应尽可能提高生产率，其主要方法是减少切削时间和辅助时间。要缩短切削时间，可以加大切削用量和采用多刀切削，但必须相应增大机床的功率和提高机床的刚度和抗振性。缩短辅助时间，可以采用空行程快速移动、不停车测量工件、利用切削时间装卸工件等多种方法。

机床的自动化有助于提高生产率，同时还可以改善劳动条件以及减少操作者技术水平对加工质量的影响，使加工质量保持稳定。特别是大批大量生产的机床和精度要求高的机床，提高其自动化程度更为重要。最大限度地提高机床的自动化程度是现代化机床的重要发展趋势之一。

5. 人机关系

机床的操作应当方便省力，使用安全可靠。操纵机床的动作应符合人的生理习惯，不易发生误操作和故障，减小工人的劳动强度，保证工人和机床的安全。

2.1.3　机床的运动分析

在切削加工过程中，为了得到具有一定几何形状、一定精度和表面质量的工件，就要使刀具和工件按一定的规律完成一系列运动，这些运动按其功用可分为表面成形运动和辅助运动两大类。

1. 表面成形运动

（1）工件表面的形成方法　虽然零件的种类繁多、形状也各不相同，但它们都是由平面、圆柱面、圆锥面、球面及机械中常见的螺旋面和渐开线表面等各种成形表面所组成的，如图 2-1 所示。这些表面可以在各种金属切削机床上通过切削加工的方法获得。

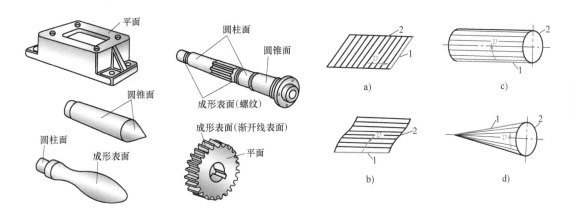

图 2-1　机器零件上常见的各种表面

图 2-2　组成工件轮廓的几种表面

a) 平面　b) 直线成形表面　c) 圆柱面　d) 圆锥面
1—母线　2—导线

任何表面都可以看作是一条母线沿着另一条导线运动的轨迹。如平面是一条直线沿另一条直线运动得到的；圆柱面则是一条直线沿一个与之垂直的圆运动形成的，如图 2-2 所示。

母线和导线统称为发生线。发生线是由刀具的切削刃与工件间的相对运动得到的。有了两条发生线及所需的相对运动，就可以得到任意的零件表面。刀具和工件间的相对运动则是由机床提供的。

发生线的形成方法有成形法、展成法、轨迹法和相切法四种。

（2）表面成形运动分析　机床在加工过程中，为了获得所需的工件表面形状，必须使刀具和工件完成一定的运动，这种运动称为表面成形运动，简称成形运动。它是机床最基本的运动。对于不同类型的机床和不同的被加工表面，成形运动的形式和数目也不同。图 2-3 给出了常见的几种工件表面的加工方法及加工时的成形运动。

图 2-3a 所示是用车刀车削外圆柱面。形成母线与导线的方法，均为轨迹法。工件的旋转运动 B_1 产生圆母线，刀具的纵向直线运动 A_2 产生直线导线，运动 B_1 和 A_2 是两个相互独立的表面成形运动。一般把相互独立的直线运动和旋转运动称为简单成形运动。

图 2-3b 所示是用螺纹车刀车削螺纹。螺纹车刀是成形刀具，其形状相当于螺纹沟槽的截面，是利用成形法形成三角形的母线。因此形成螺旋面只需一个运动，即车刀相对于工件做螺旋运动。这个螺旋运动可分解为等速旋转运动 B_{11} 和等速直线运动 A_{12}。为了得到一定导程的螺旋线，等速旋转运动和等速直线运动必须严格保持有规律的相对关系，即工件每转一转，刀具的移动量应为一个导程，这样的运动称为复合表面成形运动。

图 2-3c 所示是用齿轮滚刀加工齿轮。产生渐开线的方法为展成法，它需要一个复合的展成运动。这个复合运动可分解为刀具的旋转运动 B_{11} 和工件的旋转 B_{12}，以形成渐开线母线。此外，还需一个简单的直线运动 A_2，以得到整个渐开线齿面。

2. 辅助运动

机床上除表面成形运动以外的所有运动都是辅助运动。其作用是实现机床的各种辅助动作，主要包括下列几种：

58

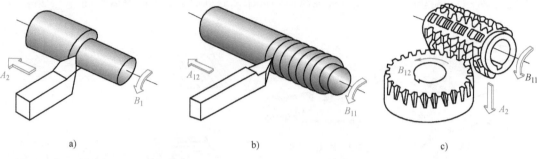

a)　　　　　　　　　　　b)　　　　　　　　　　　c)

图 2-3　常见表面的加工方法及成形运动

（1）切入运动　为获得一定的加工尺寸，使刀具切入工件的运动。

（2）分度运动　当加工若干个完全相同的均匀分布表面时，使表面成形运动得以周期地连续进行的运动。如在卧式铣床上用成形铣刀加工齿轮，当铣削完一个齿槽后，工件相对刀具转动一个齿的角度，这个转动就是分度运动。

（3）调位运动　使刀具和工件处于正确的相对位置的运动。如摇臂钻在钻孔时，使钻头对准被加工孔的中心位置的运动即为调位运动。

（4）空行程及操纵、控制运动　包括为提高生产率的快速引进和退回运动，机床的起动、停止、变速、换向及工件的夹紧、松开，自动测量和自动补偿等。

3. 机床的传动链

为了实现加工过程中机床的各种运动，机床必须具备执行件、动力源和传动装置三个基本部分。

（1）执行件　执行件是执行机床运动的部件，如主轴、刀架、工作台等，其任务是带动工件或刀具完成所要求的运动，并保证其运动轨迹的准确性。

（2）动力源　动力源是为执行件提供动力的装置，如交流异步电动机、直流电动机、数控机床中的交流或直流调速电动机和伺服电动机等。可以几个运动共用一个动力源，也可以每个运动单独使用一个动力源。

（3）传动装置　传动装置是把动力源的动力和运动传给执行件的装置。传动装置同时还能完成变速、变向、改变运动形式等功能。传动装置把动力源和执行件或把有关的执行件连接起来，构成传动联系。构成某一个传动联系的一系列传动件，称为传动链。一台机床可以有多条传动链。根据传动链的性质，传动链可分为外联系传动链和内联系传动链两种。

1）外联系传动链。外联系传动链是联系动力源与执行件之间的传动链，使执行件获得一定的速度和动力，但不要求动力源和执行件之间有严格的传动比关系。例如，在卧式车床上车削外圆柱表面时，工件旋转速度与刀具移动速度之间不要求严格的传动比关系，因此，传动刀具和工件的两条传动链均为外联系传动链。外联系传动链只影响被加工零件的表面质量和生产率，但不影响被加工零件表面形状的性质。

2）内联系传动链。内联系传动链是联系构成复合运动的各个分运动执行件的传动链。因此，传动链所联系的执行件之间的相对运动有严格的要求。例如，在卧式车床上车削螺纹时，主轴转一转时，车刀必须严格移动一个导程。内联系传动链影响被加工零件表面形状的性质。为了保证严格的传动比，在内联系传动链中不能有传动比不确定或瞬时传动比变化的传动机构，如带传动、链传动和摩擦传动等。

4. 传动原理图

为了便于研究机床的传动联系，常用一些简单的符号来表示传动原理和传动路线，这就是传动原理图。传动机构通常分成两大类：一类为固定传动比的机构，简称"定比机构"，如定比齿轮副、丝杠螺母副以及蜗杆副等；另一类为可变换传动比的机构，简称"换置机构"，如变速箱、交换齿轮和数控机床中的数控系统等。图 2-4 所示为传动原理图常用的部分符号。

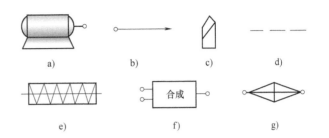

图 2-4　传动原理图常用的部分符号

a) 电动机　b) 主轴　c) 车刀　d) 传动比不变的传动机构
e) 滚刀　f) 合成机构　g) 传动比可变的换置机构

下面举例说明传动原理图的画法和所表示的内容。图 2-5 所示为卧式车床的传动原理图。在车削螺纹时，车床有两个主要传动链。一条是外联系传动链，从电动机—1—2—u_v—3—4—主轴，也称主运动传动链。该传动链将电动机的动力和运动传给主轴，传动链中 u_v 为主轴变速和换向机构。另一条是内联系传动链，从主轴—4—5—u_f—6—7—丝杠—刀具，得到刀具和工件间的螺旋运动。u_f 是一个传动比可以调整的换置机构，调整 i_f 可得到不同导程的螺纹。在车削外圆或端面时，主轴和刀具间无严格的比例关系，两者的运动是两个独立的简单成形运动。因此，除了从电动机到主轴的主传动链外，另一条为电动机—1—2—u_v—3—5—u_f—6—7—丝杠—刀具，此时是一条外联系传动链。

图 2-6 所示为数控车床的传动原理图，它采用电联系代替机械联系。通过脉冲发生器 P 和快调换置机构（数控系统）将主轴和刀架联系起来，机械结构大为简化。

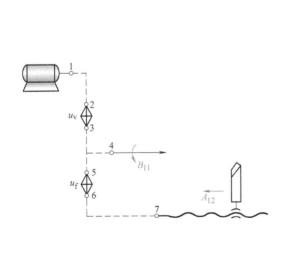

图 2-5　卧式车床的传动原理图

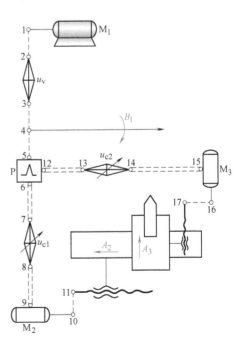

图 2-6　数控车床的传动原理图

车螺纹时，脉冲发生器 P 经一对齿轮 4—5 与主轴相连，主轴每转一转，脉冲发生器 P 发出脉冲，经 6—7 至快调换置机构 u_{c1}，再经插补计算后输出进给脉冲，由伺服系统 8—9 控制伺服电动机 M_2，M_2 经机械传动装置 10—11 或直接传动滚珠丝杠，使刀架做纵向直线运动 A_2，并保证主轴每转一转时，刀架纵向移动一个工件螺纹导程。改变 u_{c1} 可改变输出进给脉冲频率，以满足车削不同导程螺纹的需要。由于螺纹需经多刀车削才能完成，为保证刀具每次在工件上同一点切入，由脉冲发生器 P 的"同步脉冲"确定刀具的切入起始点。切入时，脉冲发生器 P 发出"同步脉冲"经 12—13 至快调换置机构 u_{c2}、伺服系统 14—15，控制电动机 M_3，经机械传动装置驱动刀具切入。

车削圆柱面或端面时，主轴的转动 B_1 和刀具的移动 A_2 或 A_3 是三个独立的简单成形运动，u_{c1}、u_{c2} 用以调整进给速度的大小。

5. 传动系统图

传动系统图是表示机床运动传动关系的综合简图，是传动原理图的具体体现。在图中用简单的符号代表各种传动元件（GB/T 4460—2013《机械制图　机构运动简图用图形符号》），并按照运动传递的先后顺序，以展开图的形式来表达。图中，通常须注明齿轮及蜗轮的齿数、蜗杆线数、带轮直径、丝杠的螺距和线数、电动机的功率和转速、传动轴的编号等。传动系统图只表示传动关系，不表示各元件的实际尺寸和空间位置。

2. 1. 4　机床的精度和检验

机床的加工精度是衡量机床性能的一项重要指标。它决定了被加工工件在尺寸、形状和相互位置等方面所达到的准确程度。影响机床加工精度的因素有：机床、刀具、夹具、工艺方案、工艺参数以及操作技术水平等，其中机床本身的精度是一个重要的因素。例如，在车床上车削圆柱面，其圆柱度主要决定于车床主轴与刀架的运动精度，以及刀架运动轨迹相对于主轴轴线的位置精度。

1. 机床的精度

机床的精度包括几何精度、传动精度、运动精度和定位精度。加工要求不同，对精度的要求就不同。各类机床精度验收标准已由国家颁布实施。标准中包含检验项目、检验方法和公差数值。

几何精度是指机床空载时，在不运动或低速运动时部件间相互位置精度和部件的运动精度。它规定了机床主要基础零件工作面的几何形状公差和主要零部件之间相对位置公差，以及这些零部件的运动轨迹之间相对位置公差。例如，主轴轴向窜动和径向圆跳动，使车削的工件产生平面度误差和圆度误差。又如主轴中心线相对滑座移动方向的平行度或垂直度，其对工件加工精度的影响：垂直平面内平行度误差使车出的圆柱面变成回转双曲面；水平面内的平行度误差使工件变成圆锥面；垂直度误差则使工件端面产生平面度误差。几何精度主要决定于机床制造和装配质量。

传动精度是指机床传动链各末端执行件之间相对运动的精度。内联系传动链的传动精度有较高要求，如卧式车床的车螺纹进给传动链、滚齿机滚刀主轴和工件主轴之间的内联系传动链，要求传动链两末端执行件的传动联系保持严格的传动比关系。

运动精度是指机床的主要零部件在工作状态时的几何位置精度。例如，主轴或工作台的几何位置由于油膜的动压效应和滑动面的几何误差而引起变化。这对精度要求高的磨床、坐标镗床是很重要的。

定位精度是指机床主要部件在运动终点的实际位置精度，如坐标镗床的主轴和工作台之间沿坐标轴的相对位移精度。对数控机床的每一步定位都有一定的定位精度要求，在闭环数控机床上，装有位置检测装置。

以上精度是在空载条件下检测的，称为静态精度。机床是在受载荷的状态下工作的，静态精度只是在一定程度上反映出机床的加工精度，但在切削力作用下，静态精度高的机床可能产生较大的变形和振动。因此，要求机床及其主要零部件有一定抵抗外载荷的能力。

机床的动态精度是指机床在重力、夹紧力、切削力、各种激振力和温升的作用下，主要零部件的几何精度。影响动态精度的主要因素有机床的弹性变形、振动和热变形。动态精度的检验没有统一标准，制造厂以加工工件的精度和表面粗糙度作为间接的综合评价指标。

2. 机床的检验

机床的检验一般包括：

1）空载试验。检验机床各机构在空载条件下运动是否平稳正常。

2）负载试验。检验机床在额定功率和短时间超负荷情况下，机床是否正常平稳。

3）机床精度检验。

4）机床基本参数和尺寸规格检查。

现以车床为例来说明机床的检验。根据 GB/T 4020—1997《卧式车床　精度检验》标准规定，精度检验项目共分二类 18 项。

第一类——车床的几何精度检验。在车床不工作的情况下，对车床工作精度有直接影响的零部件本身及其相互位置做精度检测。如床鞍移动在垂直平面内或水平面内的直线度、主轴孔中心线的径向圆跳动、床鞍移动对主轴中心线的平行度等 15 项检验项目。

第二类——车床的工作精度检验。工作精度是指车床加工工件的综合精度。由于车床的各种误差最后必然反映到被加工工件的精度上，因此，车床的工作精度是通过试件的加工精度来检验的。检验的是精车螺纹的螺距精度、精车外圆的圆度或圆柱度以及精车端面的平面度三项。

2.2　车削

用车刀在车床或车削中心等机床上的加工称为车削。车削加工是机械加工中应用最多的加工方法之一，广泛用于各种回转体零件的加工。

2.2.1　车削的工作原理及其运动

车床刀具和工件的主要运动有：

1. 表面成形运动

（1）工件的旋转运动　这是车床的主运动，其转速较高，是消耗机床功率的主要部分。

（2）刀具的移动　这是车床的进给运动。刀具可做平行于工件旋转轴线的纵向进给运动，用于车削工件圆柱表面；也可做垂直于工件旋转轴线的横向进给运动，用于车削工件端面；还可做与工件旋转轴线倾斜一定角度的斜向进给运动，用于车削工件圆锥表面，或做曲线进给运动，以车削成形回转表面。车床进给量 f 常以主轴每转刀具的移动量表示，单位为

mm/r。

车削螺纹时，则只有一个复合的主运动，即螺旋运动。它可分解为主轴的旋转和刀具的移动。

2. 辅助运动

为了将毛坯加工到所需尺寸，车床还应有切入运动，有的还有刀架纵、横向的机动快速移动。重型车床还有尾座的机动快速移动。

2.2.2 车床的工艺特点和组成部件

1. 车削加工的工艺特点

(1) 加工范围广泛，适应性强　车床的工艺范围很广，能车削内外圆柱面、圆锥面、回转体成形面、环形槽、端面和各种螺纹，还可以进行钻孔、扩孔、攻螺纹和滚花等，如图2-7 所示。在车床上加装一些附件和夹具，还可进行镗削、磨削、研磨及抛光等。车床还可适用于加工不同材质的零件。

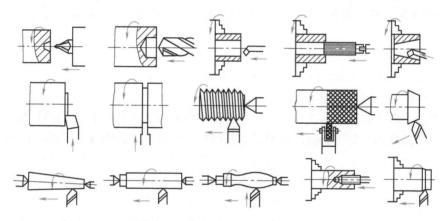

图 2-7　车床加工的典型零件

(2) 切削过程平稳，生产率高　车削加工时，工件的旋转主运动一般来说不受惯性力的限制，加工过程中工件与车刀始终接触，基本上无冲击，切削过程平稳，切削力变化小，因此可采用很高的切削速度。此外，车刀刀杆的伸出长度可以很短且刀杆尺寸又可足够大，故可选用很大的背吃刀量和进给量。由于车削加工可选较大的切削用量，故生产率很高。

(3) 加工精度高　车削加工尺寸公差等级通常可达 IT10 ~ IT7，精细车可达 IT6 ~ IT5；表面粗糙度 Ra 值达 $6.3 ~ 0.8\mu m$，精细车 Ra 值可达 $0.4 ~ 0.2\mu m$。车削容易保证轴、套、盘等类零件的各表面间的位置精度。

(4) 刀具简单，成本低　车削所用的刀具结构简单，制造、刃磨和安装都较方便，容易满足加工对刀具几何形状的要求。车床附件较全，可满足一般零件的装夹，生产准备时间短，生产成本较低。

车床的通用性较大，但结构较复杂且自动化程度低，加工过程辅助时间较多，适用于单件、小批量生产及修理车间等。

2. CA6140 车床组成部件

卧式车床是各类机床中使用最为广泛的一种通用机床，而 CA6140 型卧式车床的结构具有典型的卧式车床布局。图 2-8 为 CA6140 型卧式车床外观图。

（1）主轴箱　主轴箱 1 固定在床身 4 的左上部，箱内装有主轴部件及其变速和传动机构等。主轴前端可安装卡盘、花盘等夹具，用以装夹工件。主轴箱的功能是支承主轴并将动力经变速机构和传动机构传至主轴，使主轴带动工件按一定的转速旋转，实现主运动。

（2）刀架　刀架 2 安装在床身 4 上的刀架导轨上，刀架部件由床鞍、中滑板、小滑板和方刀架组成，可带着夹持在其上的车刀移动，实现纵向、横向和斜向进给运动。

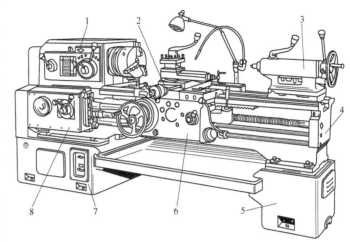

图 2-8　CA6140 型卧式车床
1—主轴箱　2—刀架　3—尾座　4—床身　5—右床腿　6—溜板箱
7—左床腿　8—进给箱

（3）尾座　尾座 3 安装在床身 4 的尾座导轨上，可沿此导轨调整纵向位置。它的功能是用后顶尖支承工件，也可安装钻头、铰刀及中心钻等孔加工工具进行孔加工。

（4）进给箱　进给箱 8 固定在床身 4 的左侧前端，箱内装有进给运动变换机构，用来改变机床进给量或所加工螺纹的导程，可按加工需要实现加工螺纹（经过丝杠）和一般机动进给（经过光杠）的转换。

（5）溜板箱　溜板箱 6 与刀架 2 的床鞍相连。在光杠或丝杠的传动下，溜板箱可带动刀架做纵向移动；在溜板箱固定不动时，通过光杠传动，可使刀架做横向移动。溜板箱的右下侧装有快速电动机，专供刀架做纵、横向快速移动用。

（6）床身　床身 4 固定在左、右床腿 7 和 5 上。床身 4 是支承车床上各主要部件并使之在工作时保持准确的相对位置或运动轨迹的支承件。

2.2.3　车床的传动系统及主要结构

图 2-9 为 CA6140 型卧式车床的传动系统图，它表明了机床的全部运动联系。传动系统包括主运动传动链和进给运动传动链。

1. 主运动传动链

主运动传动链的功能是将动力源的运动传给机床主轴，使主轴带动工件实现主运动，并可使主轴实现变速和换向。

（1）传动路线　主运动传动链的两末端件为电动机和主轴。运动由电动机经 V 带轮传动副 $\phi130/\phi230$ 传至主轴箱中的轴 I。在轴 I 上装有双向多片式摩擦离合器 M_1，其作用是使主轴 VI 实现正转、反转或停止。M_1 处于中间位置时，空套在 I 轴上的齿轮 56、51 和 50 均不转动，此时主轴 VI 停止。当压紧离合器 M_1 左部摩擦片时，轴 I 的运动经离合器 M_1 及齿轮副 56/38 或 51/43 传给轴 II。此时主轴 VI 正转。当 M_1 向右端压紧时，轴 I 的运动经 M_1 及齿轮副 50/34、34/30 传至轴 II。由于此时 I、II 轴之间多一个中间齿轮 34，所以轴 II 的

转向与 M_1 左位时的转动方向相反，即主轴Ⅵ反转。轴Ⅱ的运动可分别通过三对齿轮副 39/41、30/50 或 22/58 传至轴Ⅲ。

运动由轴Ⅲ传至主轴Ⅵ有两种传动路线：

1）高速传动路线。将主轴Ⅵ上的滑移齿轮 50 移至左端位置，使其与轴Ⅲ的齿轮 63 啮合，于是轴Ⅲ的运动就直接经齿轮副 63/50 传至主轴Ⅵ，使主轴获得高速传动（450 ~ 1400r/min）。

2）低速传动路线。将主轴Ⅵ上的滑移齿轮 50 移至右端位置，使齿式离合器 M_2 啮合，于是轴Ⅲ的运动就经齿轮副 50/50 或 20/80 传至轴Ⅳ，再经齿轮副 51/50 或 20/80 传给轴Ⅴ，而后经齿轮副 26/58 及离合器 M_2 传至主轴Ⅵ，使主轴获得低速传动（10 ~ 500r/min）。

上述的传动路线可用传动路线表达式表示为

$$
\begin{pmatrix} 主电动机 \\ 7.5\mathrm{kW} \\ 1450\mathrm{r/min} \end{pmatrix} - \frac{\phi130}{\phi230} - \mathrm{I} - \left\{ \begin{matrix} \begin{matrix} M_1(左) \\ (正转) \end{matrix} - \left\{ \begin{matrix} \frac{56}{38} \\ \frac{51}{43} \end{matrix} \right\} \\ \begin{matrix} M_1(右) \\ (反转) \end{matrix} - \frac{50}{34} - \mathrm{Ⅶ} - \frac{34}{30} \end{matrix} \right\} - \mathrm{Ⅱ} - \left\{ \begin{matrix} \frac{39}{41} \\ \frac{30}{50} \\ \frac{22}{58} \end{matrix} \right\} -
$$

$$
\mathrm{Ⅲ} - \left\{ \begin{matrix} \frac{63}{50} \\ \left\{ \begin{matrix} \frac{20}{80} \\ \frac{50}{50} \end{matrix} \right\} - \mathrm{Ⅳ} - \left\{ \begin{matrix} \frac{20}{80} \\ \frac{51}{50} \end{matrix} \right\} - \mathrm{V} - \frac{26}{58} - M_2(右) \end{matrix} \right\} - \mathrm{Ⅵ}(主轴)
$$

（2）主轴转速级数和转速值　从传动路线表达式和传动系统图中可以看出，主轴正转时，利用滑移齿轮轴向位置的不同组合，理论上共可得 $2 \times 3 \times (1 + 2 \times 2) = 30$ 种传动主轴的路线，但进一步分析计算可知，从轴Ⅲ到轴Ⅴ的四种传动比分别为

$$i_1 = \frac{20}{80} \times \frac{20}{80} = \frac{1}{16} \qquad i_2 = \frac{50}{50} \times \frac{20}{80} = \frac{1}{4}$$

$$i_3 = \frac{20}{80} \times \frac{51}{50} \approx \frac{1}{4} \qquad i_4 = \frac{50}{50} \times \frac{51}{50} \approx 1$$

其中，i_2 与 i_3 基本相同，实际上只有三种不同的传动比。因此，主轴实际能得到的转速级数为 $2 \times 3 \times (1 + 2 \times 2 - 1) = 24$ 级。同理，主轴反转的级数则为 $3 \times (1 + 2 \times 2 - 1) = 12$ 级。

主轴各级转速值可根据传动时所经过的传动件的运动参数，列出运动平衡式进行计算。例如，主轴最高、最低转速为

$$n_{\max} = 1450 \times \frac{130}{230} \times 0.98 \times \frac{56}{38} \times \frac{39}{41} \times \frac{63}{50} \mathrm{r/min} \approx 1400 \mathrm{r/min}$$

$$n_{\min} = 1450 \times \frac{130}{230} \times 0.98 \times \frac{51}{43} \times \frac{22}{58} \times \frac{20}{80} \times \frac{20}{80} \times \frac{26}{58} \mathrm{r/min} \approx 10 \mathrm{r/min}$$

式中，0.98 为 $1 - \varepsilon$，ε 为 V 带传动的滑动系数，ε 取 0.02。

经计算可知主轴正转的 24 级转速值为 10 ~ 1400r/min，主轴反转的 12 级转速值为 14 ~ 1580r/min。主轴转速之间通常是按等比级数进行排列的，对 CA6140 型车床来说，它的公比

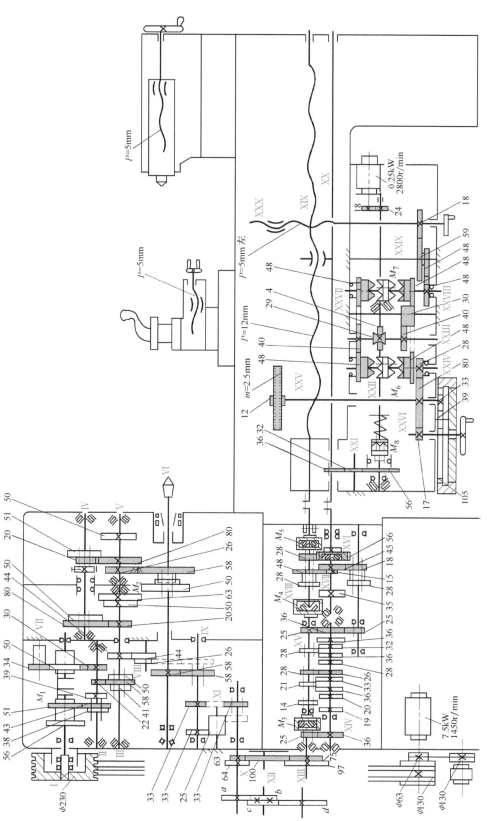

图 2-9 CA6140 型卧式车床的传动系统图

数为 1.25。

主轴反转通常不用于切削，主要用于切螺纹时的退刀，为了避免"乱扣"，一般不断开主轴与刀架间的传动链。为了节省退刀时间，主轴反转速度较高，且级数少。

2. 进给运动传动链

进给运动传动链是实现刀架纵向、横向运动及变速和换向的传动链。在进给传动链中，有两种不同性质的传动路线：一条路线经丝杠带动溜板箱，使刀架纵向移动，这是螺纹进给传动链，是内联系传动链；另一条路线经光杠和溜板箱，使刀架做纵向或横向机动进给，这是外联系传动链。由于刀架的进给量及螺纹的导程均是以主轴每转过一转时刀架的移动量来表示的，所以分析进给传动链时，把主轴和刀架作为该链的两末端件。进给运动的动力源也是主电动机。

进给运动传动链的传动路线：运动从主轴Ⅵ开始，经轴Ⅸ与轴Ⅹ间的换向机构、轴Ⅹ与轴ⅩⅢ间的交换齿轮，传入进给箱。从进给箱传出的运动，或者经过丝杠ⅩⅨ带动溜板箱纵向移动，进行螺纹加工；或者经光杠ⅩⅩ和溜板箱内的一系列传动机构，带动刀架做纵向或横向的机动进给运动。

（1）螺纹进给传动链　CA6140 型车床能车削米制、模数制、英制、径节制四种标准的常用螺纹，还能车削大导程、非标准和较精密的螺纹。这些螺纹可以是右旋的，也可是左旋的。下面仅以车削米制螺纹为例来说明螺纹进给传动链。

车削米制螺纹时，进给箱中的齿式离合器 M_3 和 M_4 脱开，M_5 接合。运动由主轴Ⅵ经齿轮副 $\frac{58}{58}$、换向机构 $\frac{33}{33}$（车左螺纹时经 $\frac{33}{25} \times \frac{25}{33}$）、交换齿轮 $\frac{63}{100} \times \frac{100}{75}$ 传入进给箱轴ⅩⅢ，由移换机构齿轮副 $\frac{25}{36}$ 传到轴ⅩⅣ，由轴ⅩⅣ经滑移变速机构中的八对齿轮副之一传至轴ⅩⅤ，然后经齿轮副 $\frac{25}{36} \times \frac{36}{25}$ 传至轴ⅩⅥ，轴ⅩⅥ的运动再经轴ⅩⅥ与ⅩⅧ间的两组滑移变速机构传至轴ⅩⅧ，最后经由 M_5 传至丝杠ⅩⅨ，当溜板箱中的开合螺母与丝杠相啮合时，就可带动刀架车削米制螺纹。

车削米制螺纹的传动路线表达式为

$$主轴Ⅵ - \frac{58}{58} - Ⅸ - \left\{ \begin{array}{c} \frac{33}{33} \\ \frac{33}{25} - Ⅺ - \frac{25}{33} \end{array} \right\} - Ⅹ - \frac{63}{100} \times \frac{100}{75} - ⅩⅢ -$$

$$\frac{25}{36} - ⅩⅣ - i_{基} - ⅩⅤ - \frac{25}{36} \times \frac{36}{25} - ⅩⅥ - i_{倍} - ⅩⅧ - M_5 - ⅩⅨ - 刀架$$

$i_{基}$ 为轴ⅩⅣ和ⅩⅤ间的变速机构可变传动比，共八种

$$i_{基1} = \frac{26}{28} = \frac{6.5}{7}, \ i_{基2} = \frac{28}{28} = \frac{7}{7}, \ i_{基3} = \frac{32}{28} = \frac{8}{7}, \ i_{基4} = \frac{36}{28} = \frac{9}{7}$$

$$i_{基5} = \frac{19}{14} = \frac{9.5}{7}, \ i_{基6} = \frac{20}{14} = \frac{10}{7}, \ i_{基7} = \frac{33}{21} = \frac{11}{7}, \ i_{基8} = \frac{36}{21} = \frac{12}{7}$$

这些传动副的传动比值基本为等差数列排列。改变 $i_{基}$ 值，就能车削出按等差数列排列的导程值。这样的变速机构称为基本螺距机构，是进给箱的基本变速组，简称基组。其中

6.5 及 9.5 是为了车削其他螺纹使用的。

$i_倍$ 是轴 XVI 与 XVIII 间的变速机构可变传动比，共四种

$$i_{倍1} = \frac{28}{35} \times \frac{35}{28} = 1，\quad i_{倍2} = \frac{18}{45} \times \frac{35}{28} = \frac{1}{2}，\quad i_{倍3} = \frac{28}{35} \times \frac{15}{48} = \frac{1}{4}，\quad i_{倍4} = \frac{18}{45} \times \frac{15}{48} = \frac{1}{8}$$

以上四种传动比成倍数关系排列，改变 $i_倍$ 值就可将基本组的传动比成倍地增大（或缩小），从而扩大机床所能车削螺纹的螺距种数。这样的变速机构称为增倍机构，是进给箱的增倍变速组，简称增倍组。

车削米制螺纹的运动平衡式为

$$P_h = nP = 1_{主轴} i P_丝$$

$$P_h = nP = 1 \times \frac{58}{58} \times \frac{33}{33} \times \frac{63}{100} \times \frac{100}{75} \times \frac{25}{36} \times i_基 \times \frac{25}{36} \times \frac{36}{25} \times i_倍 \times 12\text{mm}$$

式中　i——从主轴到丝杠间的总传动比；

　　$P_丝$——机床丝杠导程（mm），对 CA6140 型车床，$P_丝 = 12\text{mm}$；

　　P_h——被加工螺纹导程（mm）；

　　P——被加工螺纹螺距（mm）；

　　n——被加工螺纹线数。

将上式化简后可得

$$P_h = nP = 7\text{mm} \times i_基 i_倍$$

经上述路线，选用不同的 $i_基$ 及 $i_倍$，可加工 20 种标准导程的米制螺纹，导程为 1~12mm。

同理，选用相应的传动路线，对应可加工 22 种每英寸（1in = 25.4mm）牙数为 2~24 的标准英制螺纹，11 种模数为 0.25~3mm 的标准模数螺纹及 24 种每英寸齿数为 7~96 的标准径节螺纹。

（2）纵向和横向进给传动链　车削内、外圆柱面及端面等进给运动时，可使用机动进给。进给运动传动链的功能是使刀架实现纵向或横向移动及变速和换向。进给运动的动力源也是主电动机。

机动进给是由光杠 XX 经溜板箱传动的。从主轴 VI 至进给箱轴 XVIII 的传动路线与车削螺纹时的传动路线相同。此后，将进给箱中的齿式离合器 M_5 脱开，切断进给箱与丝杠的联系，并使轴 XVIII 的齿轮 28 与光杠 XX 左端齿轮 56 啮合，运动传至光杠 XX，再由光杠经溜板箱中的传动机构，分别传至齿轮齿条机构和横向进给丝杠 XXX，使刀架做纵向或横向机动进给运动。

机床的纵向进给量是由四种不同的传动路线得到的，CA6140 型卧式车床共有 64 级纵向进给量，变换范围为 0.028~6.33mm/r。机床的横向进给量也有 64 级，且是纵向进给量的一半，变换范围为 0.014~3.16mm/r。由于横向进给经常用于切槽或切断，容易产生振动，切削条件差，故选用较小的进给量。

3. 车床的主要结构

（1）主轴箱　主轴箱的功用是支承并传动主轴，使其实现起动、停止、变速和换向。因此，主轴箱中通常包含有主轴及其轴承，传动机构，起动、停止以及换向装置，制动装

置，操纵机构和润滑装置等。

1）主轴组件。图 2-10 所示为 CA6140 型卧式车床的主轴组件，该主轴是一个空心阶梯轴，其内孔可通过长棒料或穿入铁棒卸下顶尖，也可用于通过气动、电动及液压夹紧装置的机构。主轴前端的莫氏 6 号锥孔用于安装前顶尖或心轴。

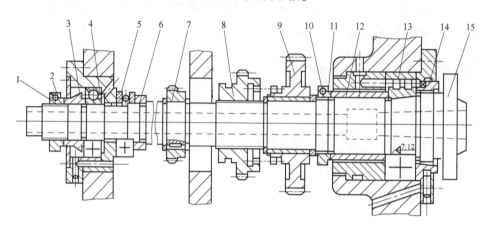

图 2-10　CA6140 型卧式车床的主轴组件

1、11、14—螺母　2、10—锁紧螺钉　3、6、12—轴套　4、5、13—轴承

7、8、9—齿轮　15—主轴

主轴安装在两支承上，前支承是 5 级精度的双列圆柱滚子轴承 13，用于承受径向力。这种轴承刚性好、精度高、尺寸小且承载能力大。轴承内环和主轴之间通过 7:12 锥度相配合。当内环与主轴在轴向相对移动时，内环可产生弹性膨胀或收缩，以调整轴承的径向间隙。调整时，松开螺母 14，拧动螺母 11，推动轴套 12、轴承 13 内圈向右移动。调整后，用锁紧螺钉 10 锁紧螺母 11。

后支承有两个滚动轴承，一个是 5 级精度的角接触球轴承 4，大口向外安装，用于承受径向力和由后向前的轴向力。另一个是 5 级精度的推力球轴承 5，用于承受由前向后的轴向力。与前支承轴承调整方法相同，后支承轴承的间隙调整和预紧可以用主轴尾端的螺母 1、轴套 3 和 6 调整，用锁紧螺钉 2 锁紧。

主轴前、后支承的润滑，都是由润滑油泵供油的。润滑油通过进油孔对轴承进行充分的润滑，并带走轴承运转所产生的热量。为避免漏油，前、后支承采用油沟式密封。主轴旋转时，由于离心力的作用，油液就沿着朝箱内方向的斜面，被甩到轴承端盖的接油槽内，经回油孔流回主轴箱。

主轴的径向圆跳动及轴向窜动公差都是 0.01mm。当主轴的跳动量（或窜动量）超过允许值时，一般情况下，只需适当地调整前支承的间隙，就可使主轴的跳动量调整到允许值以内。如果径向圆跳动仍达不到要求，再调整后轴承。

主轴上装有三个齿轮。右端的斜齿圆柱齿轮 9 空套在主轴 15 上。中间的齿轮 8 可以在主轴的花键上滑移，它是内齿离合器。左端的齿轮 7 固定在主轴上，用于进给传动链。

2）变速操纵机构。图 2-11 所示为 CA6140 型车床主轴箱中的一种变速操纵机构。轴 Ⅱ 上的双联滑移齿轮和轴 Ⅲ 上的三联滑移齿轮是共用一个手柄操纵的。手柄装在主轴箱的前壁上，通过链传动使轴 4 转动，轴 4 上装有圆盘凸轮 3 和曲柄 2。凸轮 3 上有一条封闭的曲线槽，由两段不同半径的圆弧和直线构成。凸轮有六个不同的变速位置。杠杆5上端的滚子在曲线槽中处于曲线的大半径圆弧段1、2、3位置时，杠杆5带动拨叉6将轴Ⅱ的双联滑移齿轮拨至左边；处于位置4、5、6时，则将双联滑移齿轮拨至右端位置。轴4转动时带动曲柄2转动，曲柄2带动拨叉1拨动轴Ⅲ上的三联滑移齿轮，使它们处于左、中、右三种不同的位置。依次转动手柄至各个变速位置，就可使两个滑移齿轮的轴向位置有六种不同的组合，从而使轴Ⅲ获得六种不同的转速。滑移齿轮移至规定位置后，应能可靠定位。此操纵机构采用钢球定位装置。

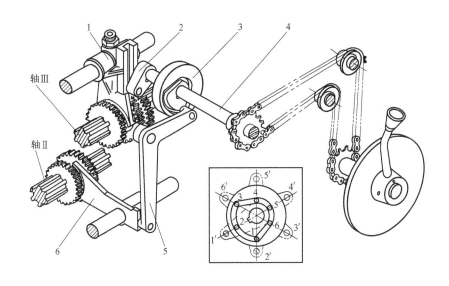

图2-11　变速操纵机构
1、6—拨叉　2—曲柄　3—凸轮　4—轴　5—杠杆

（2）溜板箱　溜板箱的功用是将丝杠或光杠传来的旋转运动转变为直线运动以带动刀架进给，同时控制刀架运动的接通、断开和换向，机床过载时能控制刀架自动停止进给以及手动操纵刀架移动或实现刀架的快速移动等。

1）纵向、横向机动进给及快速移动操纵机构。纵向、横向机动进给及快速移动是由一个四向操纵手柄集中操纵，如图2-12所示。当需要纵向移动时，向左或向右扳动手柄1，由于轴14轴向固定，不能轴向移动，故只能绕销A摆动。手柄1通过下部的槽口拨动轴3轴向移动，通过杠杆7及推杆8使圆柱凸轮9转动。圆柱凸轮9的曲线槽使拨叉10移动，推动轴XXIV上的双向牙嵌离合器M_6向相应的方向啮合。这样，进给运动便可从光杠传给轴XXV，使刀架做纵向机动进给。如按下手柄1上端的快速移动按钮，快速电动机起动，刀架就可做快速移动；松开快速移动按钮，则又转为工作进给。如果向前或向后扳动手柄1，可通过轴14使圆柱凸轮13转动，圆柱凸轮13的曲线槽使杠杆12摆动，并拨动拨叉11移动，使轴XXVIII上的双向牙嵌离合器M_7向相应的方向啮合。这时，如光杠转动或快速电动机起动，就可使横刀架实现向前或向后的横向机动进给或快速移动。手柄1处于中间时，离合器M_6和M_7均脱开，机动进给和快速移动均被断开。

2）超越离合器及安全离合器。超越离合器的结构原理如图2-13所示。它由空套齿轮

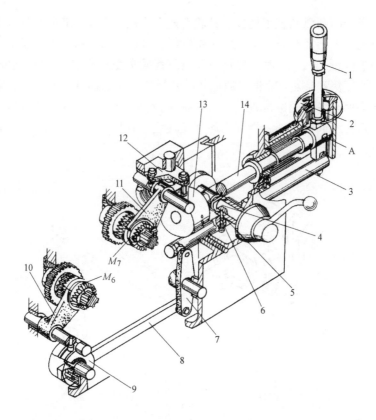

图 2-12　溜板箱操纵机构

1—手柄　2—盖　3、14—轴　4—手柄轴　5、6—销　7、12—杠杆
8—推杆　9、13—圆柱凸轮　10、11—拨叉

1、星轮 2、滚柱 3、顶销 4 和弹簧 5 组成。当空套齿轮 1 为主动并逆时针方向转动时，三个滚柱 3 分别在弹簧 5 的弹力及滚柱 3 与空套齿轮 1 的内表面之间的摩擦力作用下，楔紧在空套齿轮 1 和星轮 2 之间，空套齿轮 1 通过滚柱 3 带动星轮 2 转动，实现进给运动传递。

　　快速移动时，快速电动机带动轴 XXII 逆时针方向快速旋转，由于星轮 2 的转速比空套齿轮 1 的转速高，滚柱 3 压缩弹簧 5，退出楔缝，星轮与空套齿轮脱开，由进给箱传来的运动不能传给轴 XXII。快速电动机停止转动后，超越离合器在弹簧和顶销作用下自动接合，恢复正常工作进给运动。

　　CA6140 型卧式车床采用的安全离合器，如图 2-13 所示。安全离合器由端面带螺旋形齿爪的左、右两半部分组成，其左半部用键装在超越离合器的星轮上，且空套在轴 XXII 上，右半部与轴 XXII 用花键连接。

　　通常安全离合器在弹簧的弹力作用下，使其左、右两半部分相互接合，将运动传至光杠，实现机动进给运动。相应的切削载荷由弹簧的弹力来平衡。当刀架上的载荷增加时，安全离合器传递的转矩也加大，因而作用在螺旋齿上的轴向力也将增加，当轴向力超过规定值以后，弹簧的弹力不能再保持离合器左、右两部分接合，从而产生打滑现象，使传动链断开，保护进给传动链，使传动元件不致因过载而损坏。当过载现象消失以后，由于弹簧的弹力作用，使安全离合器恢复接合，传动链重新正常工作。

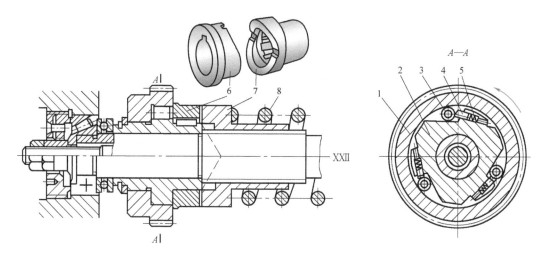

图 2-13　超越离合器及安全离合器

1—空套齿轮　2—星轮　3—滚柱　4—顶销　5、8—弹簧　6、7—安全离合器

2.2.4　车床类型

车床的种类很多，按其用途和结构不同分，除了前面介绍的卧式车床外，还有立式车床、落地车床、转塔车床、回轮车床、单轴和多轴自动车床、仿形车床和多刀车床、数控车床和车削中心、各种专门车床，如铲齿车床、凸轮轴车床、曲轴车床及轧辊车床等。

1. 立式车床

立式车床用于加工径向尺寸大，而轴向尺寸短，且形状复杂的大型或重型零件。这种车床主轴垂直布置，安装工件的圆形工作台直径大，台面呈水平布置，因此，装夹和校正笨重的零件比较方便。它又分为单柱式和双柱式两种，如图 2-14a、b 所示。前者加工直径较小，而后者加工直径较大。

图 2-14a 为单柱式立式车床，它有一个箱形立柱与底座固定连接成为一个整体，工作台 2 安装在底座 1 的圆环形导轨上，工件由工作台 2 带动绕垂直主轴旋转以完成主运动。垂直刀架 4 安装在横梁水平导轨 5 上，刀架可沿其做横向进给及沿刀架滑鞍的导轨做垂直进给。垂直刀架 4 还可偏转一定角度，使刀架做斜向进给。侧刀架 7 安装在立柱 3 的垂直导轨上，可垂直和水平做进给运动。中小型立式车床的垂直刀架通常带有转塔刀架，以安装几把刀具轮流使用。进给运动可由单独的电动机驱动，能做快速移动。

2. 数控车床

数控车床可以加工各种轴类、套筒类和盘类零件上的回转表面。加工尺寸公差等级可达 IT6～IT5，表面粗糙度 Ra 值为 1.6μm 以下。数控车床与普通车床相比，具有加工灵活、通用性强、自动化程度高、能适应产品品种和规格频繁变化的特点，特别适合于加工形状复杂或高精度的轴类、盘类及曲面零件，在新产品的开发和多品种、小批量、自动化生产中被广泛应用。

数控车床按功能可分为经济型、全功能型数控车床及车削中心。经济型数控车床一般是在卧式车床的基础上进行改进设计，采用步进电动机驱动的开环伺服系统。车床结构简单、价格低廉，且没有刀尖圆弧半径自动补偿和恒线速度切削等功能。全功能型数控车床就是通

72

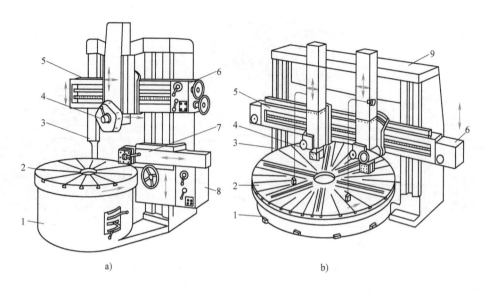

a)　　　　　　　　　　　　　　b)

图 2-14　立式车床

a）单柱式立式车床　b）双柱式立式车床

1—底座　2—工作台　3—立柱　4—垂直刀架　5—横梁水平导轨　6—垂直刀架进给箱

7—侧刀架　8—侧刀架进给箱　9—顶梁

常所说的"数控车床"，它带有高分辨率的显示器以及各种显示、图形仿真、刀具补偿等功能，还有通信或网络接口。其采用闭环或半闭环控制的伺服系统，可以进行多个坐标轴的控制，具有高刚度、高精度和高效率等特点。图 2-15 所示为全功能型数控车床。

图 2-16 所示为 CK6136 型卧式数控车床的传动系统图。该传动系统主要由主运动传动，纵向、横向进给运动传动和刀架转位传动等组成。

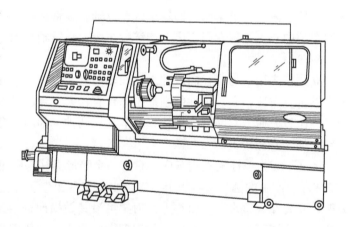

图 2-15　全功能型数控车床

3. 车削中心

车削中心是一机多用的多工序加工机床，它是数控车床在扩大工艺范围方面的发展。不少回转体零件上常有钻孔、铣削等工序，如钻油孔、钻横向孔、铣键槽、铣扁、铣油槽、钻孔、攻螺纹等。这些工序若能在一次装夹下完成，则能降低成本、缩短加工周期、保证位置精度，特别是对于重型机床，因其加工的重型工件吊装不易，这就更能显示出车削中心的优点。

2.2.5　车刀

车刀是金属切削加工中应用最为广泛的刀具之一。它直接参与车削加工过程。车刀由刀

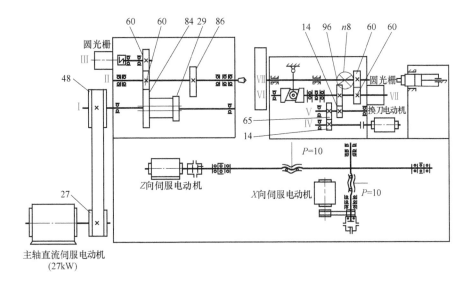

图 2-16　CK6136 型卧式数控车床的传动系统图

体和切削部分组成。按使用要求不同，可以有不同的结构和不同的材料。

1. 车刀的分类

车刀的种类很多，归纳起来有如下几种。按用途可分为外圆车刀、内孔车刀、端面车刀、切断刀、螺纹车刀及成形车刀等，如图 2-17 所示。按切削部分的材料可分为高速钢车刀、硬质合金车刀、陶瓷车刀和金刚石车刀等。按结构可分为整体式车刀、焊接式车刀、机夹重磨式车刀和机夹可转位式车刀，如图 2-18 所示。

2. 常用车刀的结构和应用

目前，在车削加工所使用的刀具中，焊接式车刀和机械夹固式（机夹式）硬质合金车刀应用非常广泛。

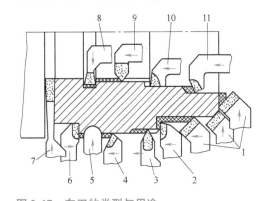

图 2-17　车刀的类型与用途

1—45°弯头车刀　2—90°外圆车刀　3—外螺纹车刀
4—75°外圆车刀　5—成形车刀　6—90°左外圆车刀
7—切断刀　8—内孔切槽刀　9—内螺纹车刀
10—95°内孔车刀　11— 75°内孔车刀

整体式结构仅用于高速钢车刀，用整体高速钢制造，刃口可磨得较锋利，适用于小型车床或加工有色金属。焊接式车刀的结构简单、紧凑、刚性好，而且灵活性较大，可以根据加工条件和加工要求选择几何参数。机械夹固式硬质合金车刀则在自动机床、数控机床和机械加工自动生产线上应用较为普遍，机夹式车刀能有效减少由于换刀造成的停机时间，提高生产率。在通用机床上，机夹式车刀也有很大的优越性，是当前车刀的发展方向。

（1）焊接式硬质合金车刀　这种车刀是将一定形状的硬质合金刀片用黄铜、纯铜或其他焊料，焊接在普通结构钢刀杆的刀槽内制成，如图 2-18b 所示。

焊接式硬质合金车刀以其结构简单、紧凑，刚性好、抗振性能好，使用灵活，制造方便的优点得到了广泛的应用。但也存在一定缺点：由于硬质合金刀片和刀杆材料的线膨胀系数

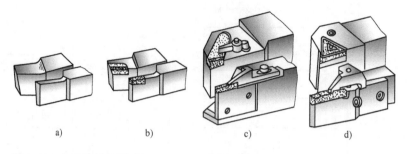

图 2-18　车刀的结构形式

a）整体式车刀　b）焊接式车刀　c）机夹重磨式车刀　d）机夹可转位式车刀

和导热性能不同，刀片在焊接和刃磨时，产生较大内应力，极易引起裂纹，导致车刀工作时刀片产生崩刃现象；刀杆随刀片的用尽而报废，刀片也不能充分回收利用，造成刀具材料的浪费；另外，用在重型车床上的车刀，其尺寸较大，质量大，焊接时不方便，刃磨也较困难。

（2）机夹式硬质合金车刀

1）机夹重磨式车刀。机夹重磨式车刀是采用普通刀片，用机械夹固的方法夹持在刀杆上使用的车刀，如图 2-18c 所示。车刀磨损后卸下，经过刃磨后装上可继续使用。这类车刀有如下特点：

① 刀片不经过高温焊接，避免了因焊接而引起的刀片硬度下降、产生裂纹等缺陷，提高了刀具使用寿命。

② 因刀具使用寿命长，换刀次数减少，提高了生产率。

③ 刀杆可以多次重复使用，节省了制造刀杆的钢材，提高了刀片的利用率；刀片使用到允许的最小尺寸限度后，可以装在小一号的刀杆上继续使用，最后由刀片制造厂回收，提高了经济效益，降低了刀具成本。

④ 刀片重磨后，尺寸会逐渐缩小，为了恢复刀片的工作位置，往往在车刀的结构上设有刀片的调整机构，增加刀片的重磨次数。

⑤ 压紧刀片所用的压板端部，可以镶上硬质合金，起断屑器作用，并且调整压板可以改变压板端部至切削刃间的距离，扩大断屑范围。

⑥ 刀具重磨时的高温作用仍有可能产生裂纹。

2）机夹可转位式车刀。机夹可转位式车刀又称机夹不重磨式车刀，它是采用机械夹固方法，将可转位刀片夹紧、固定在刀杆上的一种车刀，如图 2-18d 所示。机夹可转位式车刀是一种高效率的新型刀具，它除了具有机夹可重磨式车刀的优点外，还具有如下特点：

① 它不但可以避免因焊接而引起的缺陷，而且由于不需重磨，还可以避免重磨对刀片造成的缺陷。所以在相同的切削条件下，刀具寿命大为加长。

② 刀片上的一个切削刃用钝后，可将刀片转位换成另一个新切削刃继续使用，不会改变切削与工件的相对位置，从而保证加工尺寸，减少调刀时间，适合于在专用机床和自动线上使用。

③ 由于刀片不需重磨，有利于涂层、陶瓷等新型刀片的推广使用。

④ 刀杆使用寿命长，刀片和刀杆可以标准化，有利于刀具的集中生产、计划供应，提

高了经济效益。

2.3 钻削、镗削、拉削

钻削、镗削及拉削加工主要用来进行孔的加工。它们是用相应的机床在工件实体材料上钻孔，或把已有的小孔扩大，并达到一定的技术要求的方法。

2.3.1 钻削加工

钻削加工是用钻头或扩孔钻等在工件上加工孔的方法。用钻头在实体材料上钻孔的方法称为钻孔，用扩孔钻扩大已有孔的方法称为扩孔。

1. 钻床的工作原理及其运动

钻床主要用来加工外形较复杂，没有对称回转轴线的工件上的孔，如箱体、机架等零件上的各种孔。在钻床上加工时，工件不动，刀具旋转做主运动，并沿轴向移动完成进给运动。

2. 钻削的工艺特点

（1）钻削的特点

1）钻削加工是半封闭式的切削加工，切削过程中排屑和冷却均比较困难，加工深孔时尤其突出。这将直接影响钻削过程的顺利进行和钻头使用寿命。

2）麻花钻的几何角度和横刃的存在，钻削时会产生较大的轴向力，并影响其定心。麻花钻的直径受孔径限制，在加工较深的孔时刚性差、导向性不好，且外缘处切削速度最高，因而易于磨损。

3）麻花钻的制造刃磨质量将影响加工质量，若两主切削刃不对称，则径向力的作用会使钻头引偏。

因此，钻削加工精度低，一般尺寸公差等级为 IT13 ~ IT11，表面粗糙度 Ra 值为 $100 ~ 25 \mu m$。

（2）钻床的加工方法 钻床一般用于加工直径不大、精度要求较低的孔。在钻床上除了可完成钻孔外，还可进行扩孔、铰孔、攻螺纹、锪锥面及平面等工作。钻床的加工方法如图 2-19 所示。

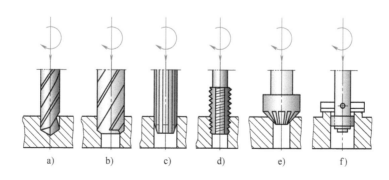

图 2-19 钻床的加工方法

a）钻孔 b）扩孔 c）铰孔 d）攻螺纹 e）锪锥面 f）锪平面

3. 钻床类型

钻床的主要类型有台式钻床、立式钻床、摇臂钻床、深孔钻床、数控钻床及其他钻床等。

（1）台式钻床 台式钻床简称"台钻"，钻孔直径一般小于 ϕ12mm，最小可到零点几毫米的孔。因加工孔径小，故台钻主轴转速很高，最高可达每分钟几万转。台钻结构简单，小巧灵活，使用方便，适合于加工小孔。但其自动化程度低，通常是手动进给，劳动强度大，在大批量生产中不使用这种机床。台式钻床如图2-20所示。

（2）立式钻床 图2-21为立式钻床的外形图。它由主轴箱1、进给箱2、主轴3、工作台4、立柱6、底座5等部件组成。主运动是由电动机经主轴箱驱动主轴旋转，同时又做轴向进给运动。进给箱和工作台可沿着立柱的导轨调整上下位置，以适应加工不同高度的工件。

在立式钻床上当加工完一个孔后再加工另一个孔时，需要移动工件，使刀具与另一个孔对准，这对大而重的工件操

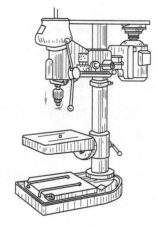

图 2-20 台式钻床

作很不方便。因此，立式钻床适用于在单件、小批生产中加工中小型工件。钻孔直径小于 ϕ50mm。

（3）摇臂钻床 图2-22为摇臂钻床的外形图。主轴箱4可沿摇臂3的导轨做横向移动调整位置，摇臂可沿立柱2的圆柱面上下移动调整位置，并可绕立柱轴线回转。因此使主轴5找到待加工孔的中心非常方便，而不必移动工件。为使钻削时机床有足够的刚性，并使主轴位置不变，摇臂回转及主轴箱横向移动可用快速锁紧机构锁住。摇臂钻床广泛地应用于单件和中小批生产中加工大中型零件。钻孔直径范围为 ϕ25 ~ ϕ125mm。

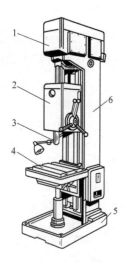

图 2-21 立式钻床
1—主轴箱 2—进给箱 3—主轴
4—工作台 5—底座 6—立柱

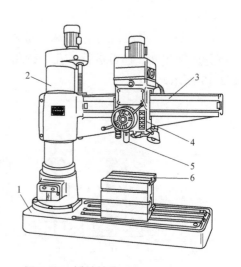

图 2-22 摇臂钻床
1—底座 2—立柱 3—摇臂 4—主轴箱
5—主轴 6—工作台

（4）数控立式钻床　数控立式钻床是在普通立式钻床的基础上发展起来的，可以完成钻孔、扩孔、铰孔、锪端面、钻沉孔和攻螺纹等工序，适用于孔距精度要求较高的中小批零件的加工。数控系统较多采用点位控制的经济型数控系统，主轴的变速、换刀与普通立式钻床相似。图 2-23 所示是 ZK5140C 型数控立式钻床。该机床配备经济型数控系统、三坐标二轴联动、点位控制，三轴分别采用步进电动机驱动。

ZK5140C 型数控立式钻床的主运动由主轴箱 7 上的主电动机 8 带动主轴箱内的摩擦离合器以及若干对齿轮副传动主轴 5 实现。主轴有 12 级转速，并由转速调整手柄 6 调整。工作台 4 的纵向（X 轴）和横向（Y 轴）进给运动由各自的步进电动机通过一对同步带轮和滚珠丝杠螺母副实现，13 是纵向滚珠丝杠，2 为横向滚珠丝杠，两轴可联动。主轴箱的垂直进给由步进电动机 9 经装在主轴箱内的两对齿轮副和一对蜗杆副驱动主轴

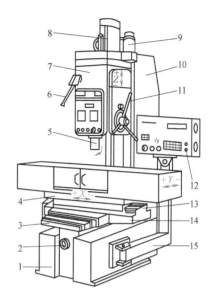

图 2-23　数控立式钻床
1—底座　2—横向滚珠丝杠　3—罩　4—工作台
5—主轴　6—转速调整手柄　7—主轴箱　8—主电动机
9—步进电动机　10—立柱　11—进给转动手柄
12—数控箱操纵面板　13—纵向滚珠丝杠
14—滑座　15—支架

套筒上的齿条获得。主轴垂直进给也可由进给转动手柄 11 来实现。主轴箱 7 可沿立柱 10 的导轨升降，以调整高度位置。主轴箱调整好位置后，用锁紧螺栓锁紧。

数控机床的程序输入、编辑等按键以及工作方式、起动、停止等按键，都在支架 15 上的数控箱操纵面板 12 上。

4. 钻削刀具

常用的钻削加工刀具有麻花钻、扩孔钻和铰刀等。

（1）麻花钻　麻花钻头即标准麻花钻，是钻孔的常用刀具，一般由高速钢制成。麻花钻的结构如图 2-24 所示。

1）尾部。它用于装夹钻头和传递动力。直径 φ12mm 以下多用直柄，φ12mm 以上用莫氏锥柄。锥柄后端做出扁尾，用于传递转矩和使用斜铁将钻头从钻套中取出。

2）颈部。它是柄部与工作部分的连接部分，可供磨削外径时砂轮退刀用。当柄部与工作部分采用不同材料制造时，颈部就是两部分的对焊处。钻头标志也打印在此处。

3）工作部分。它包括导向部分和切削部分。导向部分即钻头上的螺旋部分，它起导向排屑作用，也是切削的后备部分。螺旋槽是流入切削液、排出切屑的通道，其前端部分是前刀面。钻体有钻心，用于连接两刃瓣。钻心为前小后大的正锥，锥度为 1.4 ~ 1.8mm/100mm。外圆柱上两条螺旋形棱面称为刃带，由它们控制孔的廓形，保持钻头进给方向。导向部分有微小的倒锥度为 0.03 ~ 0.12mm/100mm。切削部分是具有切削刃的部分，由两个前刀面、两个后刀面和两个副后刀面组成。其中前刀面为螺旋槽面，后刀面随刃磨法不同可为圆锥面或其他表面，副后刀面即刃带棱面，可近似认为是圆柱面。前、后刀面相交形成主切

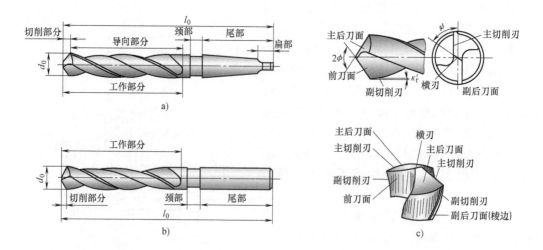

图 2-24　麻花钻的结构

a）锥柄麻花钻　b）直柄麻花钻　c）麻花钻切削部分

削刃，两后刀面在钻心处相交形成的切削刃为横刃，前刀面与刃带相交的棱边称为副切削刃。标准参数麻花钻的主切削刃呈直线，横刃近似为直线，副切削刃是一条螺旋线，如图2-24c 所示。

麻花钻的几何参数主要有螺旋角 β、前角 γ_o、后角 α_o、锋角 2ϕ 和横刃斜角 ψ。

标准高速钢麻花钻可通过修磨横刃、前刀面、切削刃、棱边及分屑槽来达到不同的钻型，可改善对不同材料，如钢、铝合金、有机玻璃等的钻孔质量，并能满足薄板、斜面、扩孔等多种情况的加工要求，切削性能显著提高。钻削时，进给抗力、转矩下降，刀具使用寿命提高，生产率、加工精度都得到显著提高。

（2）扩孔钻　扩孔所用的刀具为扩孔钻。扩孔常用作铰孔前的预加工，也可作为加工要求不高的孔的最终加工。扩孔的尺寸公差等级可达 IT10～IT9，表面粗糙度 Ra 值为 6.3～3.2μm。因为扩孔钻的结构刚性好，有 3～4 个切削刃，无端部横刃，加工余量较小（一般取孔径的 1/8 左右），切削时进给抗力小，切削过程较平稳，可以采用较大的切削速度和进给量，所以扩孔的加工质量和生产率均比钻孔高。扩孔还能修正孔轴线的歪斜。但当孔径大于 ϕ100mm 时，多采用镗孔。

扩孔钻的结构形式有高速钢整体式，其中直柄的适用于直径 ϕ3～ϕ20mm，锥柄的适用于直径 ϕ7.5～ϕ50mm，如图 2-25a 所示；套式镶齿（见图 2-25b）及套式硬质合金可转位式（见图 2-25c），适用于直径 ϕ25～ϕ100mm 等。

（3）铰刀　铰削是对经过钻削后未淬硬的孔进行精加工的一种常用方法，在生产中应用很广泛，适宜于单件小批生产的小孔和锥度孔的加工，也适宜于大批量生产中不宜拉削的孔（如锥孔）的加工。钻—扩—铰工艺常常是中等尺寸、公差等级为 IT7 孔的典型加工方案。

铰刀的刀齿数多，可达 4～12 个齿，排屑槽更浅，刚性大，导向性好，加工余量小。铰后孔的尺寸公差等级可达 IT9～IT7，表面粗糙度 Ra 值可达 1.6～0.4μm。常见铰刀结构如图 2-26 所示。

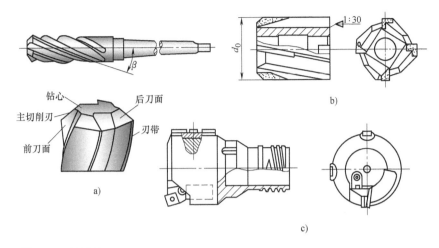

图 2-25　扩孔钻

a）整体锥柄式扩孔钻　b）套式镶齿扩孔钻　c）套式硬质合金可转位式扩孔钻

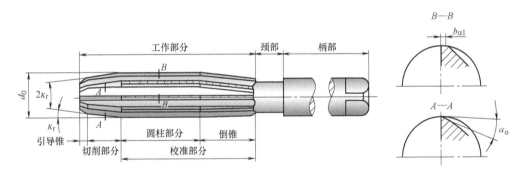

图 2-26　铰刀结构

铰刀可分为手用铰刀和机用铰刀两大类，如图 2-27 所示。

机用铰刀由机床引导切削方向，导向性好，故工作部分尺寸短。有直柄（$d = 1 \sim 20mm$）、锥柄（$d = 10 \sim 32mm$）及套式（$d > 20mm$）三种。机用铰刀切削部分的材料常用高速钢，也可采用镶硬质合金刀片。

手用铰刀的柄部为圆柱形，端部制成方头，工作时用铰杠通过方头转动铰刀。为减小进给抗力和便于导向，其工作部分较长，无圆柱校准部分，切削锥和倒锥都较小。手用铰刀的加工范围一般为 $\phi1 \sim \phi50mm$，形式有直槽式和螺旋槽式两种，用碳素工具钢制成。锥度铰刀用于铰制锥孔，由于铰削余量大，锥度铰刀常分粗铰刀和精铰刀，一般做成两把或三把一套。

铰刀有 H7、H8 和 H9 三个精度等级，分别用于不同精度孔的加工。

2.3.2　镗削加工

镗削加工是用镗刀在镗床上加工直径较大的孔、内成形面以及有一系列位置精度要求的孔系的一种加工方法。

80

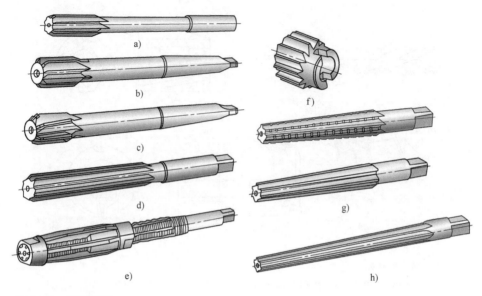

图 2-27　铰刀类型

a) 直柄机用铰刀　b) 锥柄机用铰刀　c) 硬质合金锥柄机用铰刀　d) 手用铰刀

e) 可调手用铰刀　f) 套式机用铰刀　g) 直柄莫氏圆锥铰刀　h) 手用 1:50 锥度铰刀

1. 镗床的运动

镗削加工时，工件装夹在工作台上，镗刀安装在镗杆上并做旋转的主运动，进给运动由镗杆的轴向移动或工作台的移动来实现。

2. 镗削的工艺特点

1）镗削适宜加工机座、箱体、支架等外形复杂的大型零件上孔径较大、尺寸精度较高、有位置精度要求的孔和孔系。

2）镗削加工灵活性大，适应性强。在镗床上除可加工孔和孔系外，配备一些基本附件后，还可以车外圆、车端面、车螺纹、铣平面等。加工尺寸可大也可小，对于不同的生产类型和精度要求的孔都可以用这种加工方法，如图 2-28 所示。

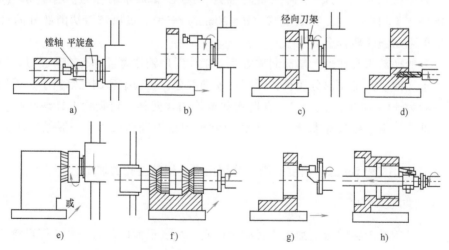

图 2-28　卧式镗床的主要加工方法

3）镗削加工能获得较高的精度和较小的表面粗糙度值。一般尺寸公差等级为 IT8 ~ IT7，Ra 值为 $1.6 ~ 0.8\mu m$。镗孔的一个很大特点是能够修正上道工序造成的轴线歪曲、偏斜等缺陷。

4）镗床和镗刀调整复杂，操作技术要求高，在不使用镗模的情况下，生产率低。在大批量生产中，可使用镗模来提高生产率。

3. 镗床类型

镗床的主要类型有：卧式镗床、坐标镗床、金刚镗床。此外还有立式镗床、深孔镗床、落地镗床及落地铣镗床等。

（1）卧式镗床　对于一些较大的箱体类零件，如机床主轴箱、变速箱等，这类零件需要加工多个尺寸不同的孔，而孔本身精度要求高，在孔的轴线之间有严格的同轴度、垂直度、平行度及孔间距精度的要求。如果在钻床上加工就很难保证精度。根据工件的精度要求，可在卧式镗床或坐标镗床上加工。

图 2-29 所示为卧式镗床的外形图。它由床身 8、主轴箱 1、前立柱 2、后支承 9、后立柱 10、下滑座 7、上滑座 6 和工作台 5 等部件组成。加工时，刀具装在镗杆 3 上或平旋盘 4 上，由主轴箱 1 可以获得各种转速和进给量。主轴箱 1 可沿前立柱 2 的导轨上下移动。在工作台 5 上安装工件，工件与工作台一起随下滑座 7 或上滑座 6 做纵向或横向移动。工作台 5 还可绕上滑座 6 的圆导轨在水平面内调整一定的角度位置，以便加工互相成一定角度的孔或平面。装在镗杆上的镗刀可随镗杆做轴向移动，实现轴向进给或调整刀具的轴向位置。当镗杆伸出较长时，用后支承 9 来支承它的左端，以增加刚性。当刀具装在平旋盘 4 的径向刀架上时，径向刀架可带着刀具做径向进给运动，可车削端面。

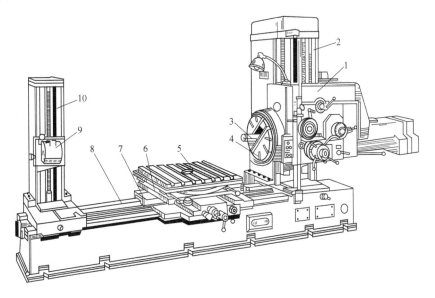

图 2-29　卧式镗床
1—主轴箱　2—前立柱　3—镗杆（镗轴）　4—平旋盘　5—工作台
6—上滑座　7—下滑座　8—床身　9—后支承　10—后立柱

（2）坐标镗床　坐标镗床具有测量坐标位置的精密测量装置，它的主要零部件的制造精度和装配精度都很高，有良好的刚性和抗振性。它是一种高精度级机床，主要用于镗削精密的孔（IT5 或更高）和位置精度要求很高的孔系（定位精度达 0.002 ~ 0.01mm），如钻模、镗模的精密孔。

坐标镗床除镗孔、钻孔、扩孔、铰孔、精铣平面和沟槽外，还可以进行孔距和直线尺寸的精密测量以及精密刻线、划线等。坐标镗床主要用于工具车间单件生产，近年来也有用到生产车间加工孔距要求较高的零件，如飞机、汽车和机床等行业加工某些箱体零件的轴承孔。

根据坐标镗床的布局和形式的不同可分为立式单柱、立式双柱和卧式等类型。图 2-30 所示为立式单柱坐标镗床。

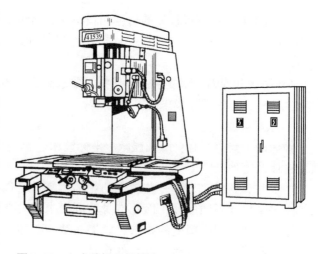

图 2-30　立式单柱坐标镗床

4. 镗刀

镗刀是在车床、镗床、自动机床以及组合机床上使用的孔加工刀具。镗刀种类很多，按切削刃数量可分为单刃镗刀和双刃镗刀。

图 2-31a 所示为镗通孔的单刃镗刀；图 2-31b 所示为镗不通孔的单刃镗刀。图 2-32 所示为单刃微调镗刀。微调镗刀多用于坐标镗床、数控机床上加工箱体类零件的轴承孔。松开紧固螺母，旋转有精密刻度的精调螺母，将镗刀调到所需直径后再拧紧紧固螺母即可镗孔。单刃镗刀的结构简单，制造容易，调整方便，能纠正被镗孔轴线的偏斜。

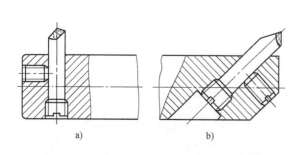

图 2-31　单刃镗刀

a）镗通孔的单刃镗刀　b）镗不通孔的单刃镗刀

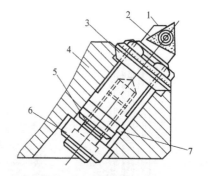

图 2-32　单刃微调镗刀

1—镗刀头　2—刀片　3—调整螺母　4—镗刀杆
5—紧固螺母　6—垫圈　7—导向键

常用的双刃镗刀有固定式镗刀和浮动式镗刀。固定式镗刀主要用于粗镗或半精镗直径大于 $\phi40mm$ 的孔。如图 2-33 所示，镗刀块由高速钢制成整体式，也可由硬质合金制成焊接式或可转位式。工作时，镗刀块通过楔块或在两个方向上倾斜的螺钉夹紧在镗刀杆上。安装后，镗刀块相对镗杆的位置误差会造成孔径扩大，所以，镗刀块与镗杆上的方孔的配合要求较高，方孔对镗杆轴线的垂直度与对称度误差应小于 0.01mm。

精镗大多采用浮动式镗刀。图 2-34 所示为常用的浮动式镗刀，通过调节两切削刃的径向位置来保证所需的孔径尺寸。该镗刀以间隙配合装入镗杆的方孔中，无须夹紧，靠切削时作用于两侧切削刃上的背向力来自动平衡其切削位置，因而能自动补偿由刀具安装误差和镗杆径向圆跳动所产生的加工误差。由于镗刀在镗杆中是浮动的，因此无法纠正孔的直线度误差和相互位置误差。

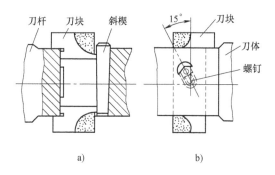
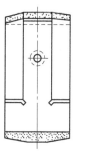
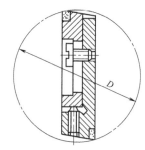

图 2-33　固定式镗刀

图 2-34　浮动式镗刀

2.3.3　拉削加工

拉削加工就是利用各种不同的拉刀，在相应的拉床上切削出各种内、外几何表面的一种加工方法，是一种高效率的加工方法。

1. 拉床的运动

拉削时，拉刀与工件间的相对运动为主运动，一般为直线运动。拉削时拉刀使被加工表面在一次进给中成形，所以拉床的运动简单，只有主运动，而没有进给运动。拉削过程的进给量是由相邻两刀齿的齿高差（齿升量）来完成的。

2. 拉削的工艺特点

（1）生产率高　拉削时，由于拉刀同时工作的刀齿数多、切削刃长，且拉刀的刀齿分粗切齿、精切齿和校准齿，在一次工作行程中就能够完成工件的粗、精加工及修光，机动时间短，因此，拉削的生产率很高。

（2）加工精度高，表面质量好　拉刀为定尺寸刀具，具有校准齿进行校准、修光工作，拉床采用液压系统，传动平稳；拉削速度低，一般为 2~8m/min，不会产生积屑瘤，因此拉削加工质量好。尺寸公差等级可达 IT8~IT7，表面粗糙度 Ra 值可达 0.8~0.4μm。

（3）加工范围广　拉削不仅可广泛用于各种截面形状的内、外表面的加工，还可以拉削一些形状复杂的成形表面，如图 2-35 所示。拉削的孔径一般为 φ8~φ125mm，孔的深径比一般不超过 5。但不能加工台阶孔和不通孔。

（4）刀具成本高　拉刀结构复

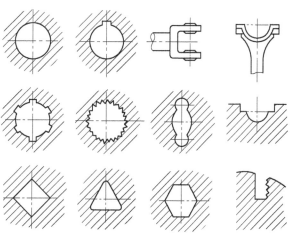

图 2-35　拉削的典型表面形状

杂，制造成本高，且加工每一种表面都需要专用拉刀，所以，拉削加工适用于大批大量生产。

3. 拉床

拉床是用拉刀进行加工的机床。拉削时，拉刀做平稳的低速直线运动，所以拉刀承受的切削力很大。拉床的主运动通常由液压系统驱动。

拉床按用途可分为内表面拉床和外表面拉床两类；按机床的布局形式可分为卧式拉床和立式拉床两类。拉床的主参数是额定拉力。

4. 拉刀

拉削加工方法应用广泛，拉刀的种类也很多。按加工工件表面的不同，可分为内拉刀和外拉刀两类。内拉刀是用于加工工件内表面的，常见的有圆孔拉刀、键槽拉刀及花键拉刀等；外拉刀是用于加工工件外表面的，如平面拉刀、成形表面拉刀及齿轮拉刀等。

（1）拉刀的特点　拉刀是一类加工内、外表面的多齿高效刀具，它依靠刀齿尺寸或廓形变化切除加工余量，以达到要求的形状尺寸和表面粗糙度。

1）切削刃与被加工表面的横截面形状相同。

2）切削刃的高度逐齿递增，其递增量即为齿升量。

3）拉刀的最后几个齿为修光齿，其形状、尺寸与被加工表面的最后尺寸形状完全一致。

（2）拉刀结构　以图 2-36 所示的圆孔拉刀为例，拉刀的组成及各部分的作用如下：

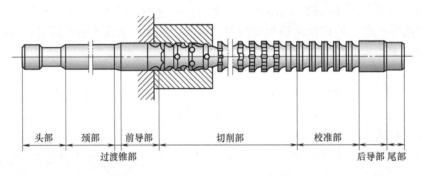

图 2-36　圆孔拉刀的组成

1）头部。头部是拉刀与机床的连接部分，用以夹持拉刀，传递动力。

2）颈部。颈部是头部和过渡锥部之间的连接部分，此处可以打标记。

3）过渡锥部。过渡锥部是颈部与前导部之间的锥度部分，起对准中心的作用，使拉刀易于进入工件孔。

4）前导部。前导部引导拉刀的切削齿正确地进入工件孔，可防止刀具进入工件孔后发生歪斜，同时还可以检查预加工孔尺寸是否太小。

5）切削部。切削部刀齿担负着拉刀的切削工作，切除工件上全部拉削余量。它由粗切齿、过渡齿和精切齿组成。

6）校准部。校准部由 4～8 个刀齿组成，用以校正孔径，修光孔壁，还可以做精切齿的后备齿。

7）后导部。后导部用以保证拉刀最后的正确位置，防止拉刀即将离开工件时，工件下垂而损坏已加工表面。

8）尾部。当拉刀又长又重时，尾部用于承托拉刀，防止拉刀下垂，一般拉刀则不需要。

（3）拉削方式　拉削方式是指用拉刀把加工余量从工件表面切下来的方式。它决定每个刀齿切下的切削层的截面形状，即所谓拉削图形。拉削方式选择得恰当与否，直接影响刀齿负荷的分配、拉刀的长度、拉削力的大小、拉刀的磨损和寿命及加工表面的质量和生产率。

拉削方式可分为分层式拉削、分块式拉削和综合式拉削三大类。

1）分层式拉削。分层式拉削包括成形式和渐成式两种。

① 成形式拉削。其各刀齿的廓形与被加工表面的最终形状一样。它们一层层地切去加工余量，最后由拉刀的最后一个切削齿和校准齿切出工件的最终尺寸和表面，如图2-37所示。采用这种拉削方式能达到较小的表面粗糙度值。但由于每个刀齿的切削层宽而薄，单位切削力大，且需要较多的刀齿才能把余量全部切除，因此，按成形式设计的拉刀较长，刀具成本高，生产率低，并且不适于加工带硬皮的工件。

② 渐成式拉削。按渐成式设计的拉刀，各刀齿可制成简单的直线或圆弧，它们一般与

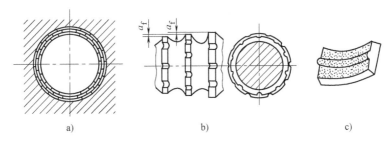

图2-37　成形式拉削图形

a）拉削齿形　b）切削齿形　c）切屑

被加工表面的最终形状不同，被加工表面的最终形状和尺寸是由各刀齿切出的表面连接而成的，如图2-38所示。这种拉刀制造比较方便，但它不仅具有成形式的同样缺点，而且加工出的工件表面质量较差。

2）分块式拉削。拉刀的切削部分是由若干齿组组成。每个齿组中有2～5个刀齿，它们的直径相同，共同切下加工余量中的一层金属，每个刀齿仅切去一层中的一部分。如图2-39所示为三个刀齿列为一组的分块式拉刀刀齿的结构与拉削图形。前

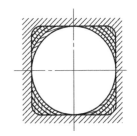

图2-38　渐成式拉削图形

两个刀齿1、2无齿升量，在切削刃上磨出交错分布的大圆弧分屑槽，切削刃也呈交错分布，最后一个刀齿3呈圆环形，不磨出大圆弧分屑槽，但为了避免第三个刀齿切下整圈金属，其直径应较同组其他刀齿直径略小。

3）综合式拉削。综合式拉削集中了成形式与分块式的优点，即粗切齿制成轮切式结构，精切齿则采用同廓式结构，这样既缩短了拉刀长度，提高了生产率，又能获得较好的工件表面质量。我国生产的圆孔拉刀多采用这种结构。图2-40所示为综合轮切式拉刀刀齿的结构与拉削图形。拉刀上粗切齿4与过渡齿5采用轮切式刀齿结构，各齿均有较大的齿升

量；过渡齿齿升量逐渐减小；精切齿 6 采用同廓式刀齿结构，其齿升量较小；校准齿 7 无齿升量。

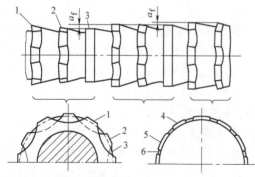

图 2-39　分块式拉削图形
1、2、3—第一、第二、第三齿　4、5、6—被
第一、第二、第三齿切下的金属层

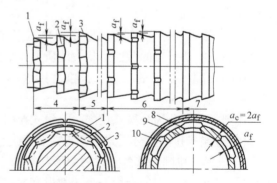

图 2-40　综合式拉削图形
1、2、3—第一、第二、第三齿　4—粗切齿　5—过
渡齿　6—精切齿　7—校准齿　8、9、10—被
第一、第二、第三齿切下的金属层

2.4　铣削

用铣刀在铣床或加工中心等机床上的加工称为铣削。铣削是一种应用广泛的切削加工方法。

2.4.1　铣床的工作原理及其运动

铣床是用铣刀进行铣削加工的机床。铣床的主运动是铣刀的旋转运动，进给运动则是工件的直线运动。由于它的切削速度较高，又是多刃连续切削，所以它的生产率较高。

2.4.2　铣削的工艺特点

（1）工艺范围广　通过合理地选用铣刀和铣床附件，铣削不仅可以加工平面、沟槽、成形面、台阶、螺旋形表面等，还可以进行切断和刻度加工，如图 2-41 所示。

（2）生产率高　由于铣刀是多刃刀具，各个刀齿连续依次进行切削，没有空程损失，且铣削的主运动是铣刀的旋转运动，有利于进行高速切削，切削速度可达 200 ~ 400m/min，因此，铣削生产率较高。

（3）刀齿散热条件较好　由于是每个刀齿依次进行的间断切削，故在切离工件的一段时间内，刀齿可以得到冷却，有利于减小铣刀的磨损，延长使用寿命。

（4）容易产生振动　铣削过程是多刀齿的不连续切削，刀齿的切削厚度和切削力时刻都在变化，容易引起振动，对加工质量有一定的影响。

（5）加工质量中等　铣削的加工精度，粗铣尺寸公差等级可达 IT13 ~ IT11，Ra 值为 12.5μm，精铣后尺寸公差等级为 IT8 ~ IT7，Ra 值为 6.3 ~ 1.6μm。

2.4.3　铣削方式

采用合适的铣削方式可减少振动，使铣削过程平稳，并可提高工件表面质量、铣刀寿命

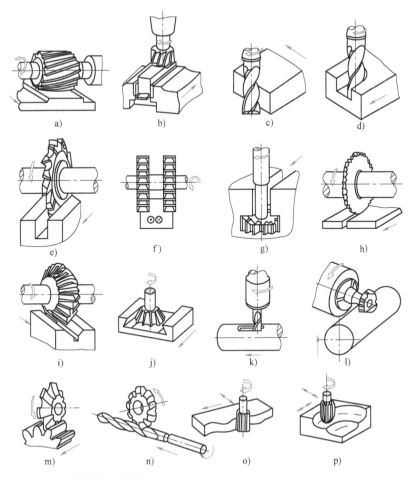

图 2-41 铣削加工应用

以及铣削生产率。

1. 端铣和周铣

用排列在铣刀端面上的刀齿进行的铣削称为端铣；用排列在铣刀圆柱面上的刀齿进行的铣削称为周铣，如图 2-42 所示。

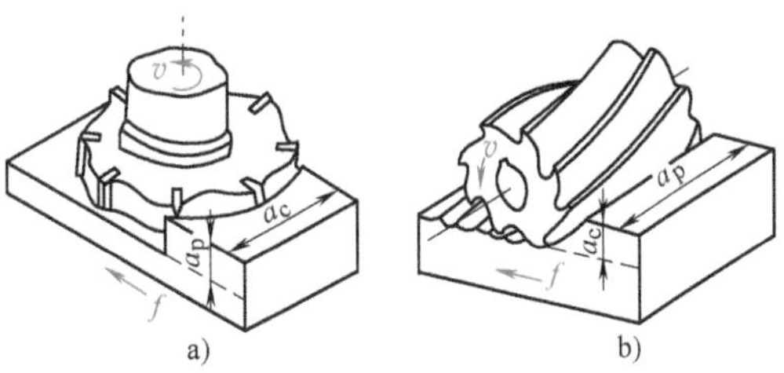

端铣的生产率和加工表面质量都比周铣高。目前平面铣削中，大多采用端铣。但周铣可以加工成形表面和组合表面。

2. 逆铣和顺铣

圆周铣削有逆铣和顺铣两种方式，如图 2-43 所示。

（1）逆铣　铣削时，铣刀切入工件时的

图 2-42　端铣与周铣
a）端铣　b）周铣

切削速度方向和工件的进给方向相反，这种铣削方式称为逆铣，如图 2-43a 所示。

逆铣时，刀齿的切削厚度从零逐渐增大至最大值。刀齿在开始切入时，由于切削刃圆角半径的影响，刀齿在工件表面上打滑，产生挤压和摩擦，滑行一定程度后刀齿才能切下一层金属层。因此，刀齿容易磨损，工件表面产生严重的冷硬层。下一个刀齿又在前一个刀齿所产生的冷硬层上重复滑行、挤压和摩擦的过程，加剧了刀齿磨损，增大了工件表面粗糙度值。此外，垂直铣削分力有时向上易引起振动。

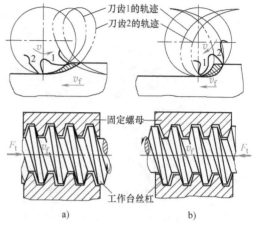

逆铣时，纵向铣削分力与纵向进给方向相反，使丝杠与螺母间传动面始终贴紧，故工作台不会发生窜动现象，铣削过程较平稳。

（2）顺铣　铣削时，铣刀切出工件时的切削速度方向与工件的进给方向相同，这种铣削方式称为顺铣，如图2-43b所示。

顺铣时，刀齿的切削厚度从最大逐渐递减至零，没有逆铣时的刀齿滑行现象，刀具寿命比逆铣时提高2~3倍，工件表面粗糙度

图2-43　逆铣与顺铣
a）逆铣　b）顺铣
1、2—刀齿

值也可以降低，尤其在铣削难加工材料时效果更明显。当工件表面带有硬皮时，不采用顺铣。

从图2-43b中可看出，顺铣时刀齿在不同位置时作用在其上的切削力也是不等的。在任一瞬时垂直分力始终将工件压向工作台，避免了上下振动。纵向分力在不同瞬时尽管大小不等，但是方向始终与进给方向相同，如果在丝杠与螺母传动副中存在间隙，当纵向分力逐渐增大并超过工作台摩擦力时，会使工作台带动丝杠向左窜动，造成工作台振动和进给不均匀，严重时会造成铣刀崩刃。因此，如采用顺铣，必须要求铣床工作台进给丝杠螺母副有消除侧向间隙机构。顺铣适用于精加工。

2.4.4　铣床类型

铣床的类型很多，主要类型有卧式铣床、立式铣床、床身式铣床、龙门铣床、工具铣床等，还有仿形铣床、仪表铣床、悬臂铣床和各种专门化铣床。

1. 卧式升降台铣床

卧式升降台铣床简称卧式铣床。该铣床的主轴是水平布置的，所以习惯上称为"卧铣"。图2-44是卧式升降台铣床的外观图。它由床身1、横梁2及悬梁支架6、刀杆3、升降台7、滑座5、工作台4以及底座8等主要部件组成。床身1固定在底座8上，用来安装和支承机床的各个部件。在铣削加工时，将工件安装在工作台4上，将铣刀装在刀杆3上。由铣刀的旋转做主运动，工件的移动做进给运动。升降台7安装在床身的导轨上，可做竖直方向运动；升降台7上面的水平导轨上装有滑座5，滑座5带着工作台4和工件可做横向移动；工作台4装在滑座5的导轨上，可做纵向移动。这样，固定在工作台上的工件，通过工作台、滑座和升降台，可以在相互垂直的三个方向实现任一方向的调整或进给。

卧式铣床主要用于铣削平面和成形表面。

万能卧式铣床与一般卧式铣床的区别是：在工作台4和滑座5之间增加了一层转台，转台可相对于滑座绕垂直轴线在±45°范围内转动。工作台可沿调整转角的方向在转台上部的导轨上进给，以便加工出不同角度的螺旋槽表面。

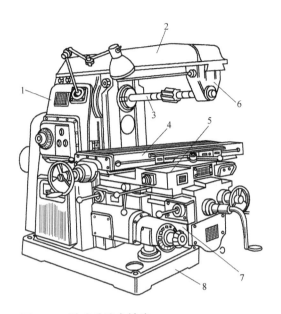

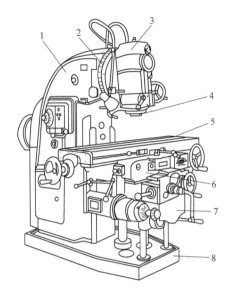

图 2-44　卧式升降台铣床

1—床身　2—横梁　3—刀杆　4—工作台　5—滑座
6—悬梁支架　7—升降台　8—底座

图 2-45　立式升降台铣床

1—床身　2—回转盘　3—铣头　4—主轴
5—工作台　6—滑座　7—升降台　8—底座

2. 立式升降台铣床

立式升降台铣床简称立式铣床，如图 2-45 所示。立式铣床与卧式铣床的主要区别是主轴是竖直安装的，用立铣头代替卧式铣床的水平主轴、悬梁、刀杆及其支承部分。在立式铣床上可以加工平面、斜面、沟槽、台阶、齿轮、凸轮和封闭轮廓表面。立式铣床与卧式铣床均适用于单件及成批生产。

3. 床身式铣床

床身式铣床的工作台不做升降运动，故又称为工作台不升降铣床。机床的垂直运动由安装在立柱上的主轴箱完成。这样做可提高机床的刚度，以便采用较大的切削用量。这类机床用以加工中等尺寸的零件。

这类铣床的工作台有圆形和矩形两种。图 2-46 为双轴圆形工作台铣床，主要用于加工工件上的平面。主轴箱的两个主轴分别装有粗铣和半精铣的面铣刀，工件装夹在圆工作台上的夹具内，并随圆工作台做回转进给运动。一般使用时，在圆工作台上同时装几套夹具，装卸工件时不需停止工作台，因而可实现连续加工。因此这种机床生产率较高，适用于成批或大量生产。

4. 龙门铣床

龙门铣床的外形有一个龙门式的框架，在它的横梁和立柱上安装着铣削头。龙门铣床一般有 3 ~ 4 个铣削头，每个铣削头都是一个独立的主运动部件，铣刀旋转为主运动，加工时，工作台带动工件做纵向进给运动，铣削头可沿各自的轴线做轴向移动，实现进给运动，如图 2-47 所示。

龙门铣床主要用于加工各类大型工件的平面、沟槽等。在龙门铣床上可用多把铣刀同时加工几个表面，所以，龙门铣床生产率很高，在成批和大量生产中得到广泛应用。

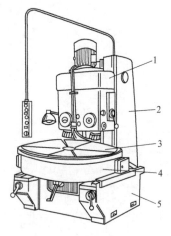

图 2-46 圆工作台铣床
1—主轴箱 2—立柱 3—圆工作台
4—滑座 5—床身

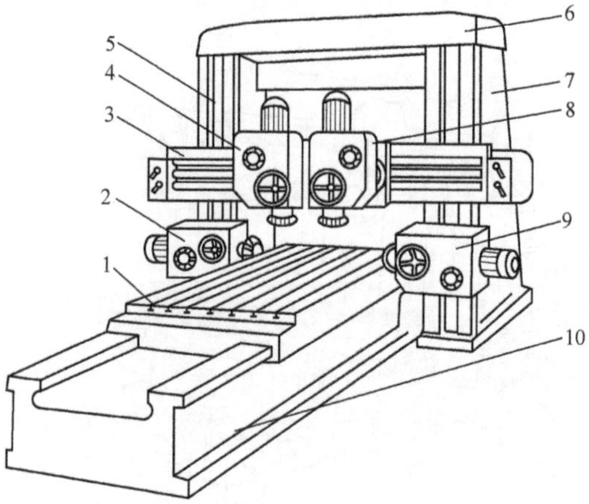

图 2-47 龙门铣床
1—工作台 2、9—水平铣头 3—横梁 4、8—垂直
铣头 5、7—立柱 6—顶梁 10—床身

5. 数控铣床及加工中心

数控铣床是一种用途十分广泛的机床，且以三坐标立式数控铣床为多。数控铣床在数控系统的控制下可实现 X、Y、Z 三坐标联动，因此主要用于复杂形状表面的加工，如凸轮、样板、模具以及弧形槽等平面曲线和空间曲面，也可进行平面铣削或按坐标加工孔。对于有些功能较强的数控铣床，配置一些附件，可实现四坐标或五坐标的联动，则可加工像螺旋槽、叶片等较复杂型面的零件。

数控铣床通常分为立式数控铣床、卧式数控铣床和立卧两用数控铣床三类。图 2-48 所示的 XKA5750 数控铣床即为立卧两用数控铣床。该机床是半闭环控制，三坐标联动，配置数控转台后，可实现四坐标加工。

加工中心是带有刀库和自动换刀装置的数控机床。适用于零件形状比较复杂、加工内容较多、精度要求较高、产品更换频繁的中小批量生产。

由于加工中心中增加了自动换刀装置，使工件在一次装夹后，可以连续对工件自动进行钻孔、扩孔、铰孔、镗孔、攻螺纹、铣削等加工，减少了工件的装夹、测量和机床调整等时间，缩短了生产周期，提高了生产率。此外，加工中心排除加工过程中人为干扰因素，使加工质量更加稳定。

加工中心按其功用可分为铣镗加工中心、车削加工中心、钻削加工中心、磨削加工中心、电火花加工中心等。一般铣镗类加工中心简称加工中心。图 2-49 所示为 JCS-018A 型立式加工中心。

2.4.5 铣刀

铣刀是一种应用很广泛的多齿旋转刀具。由于铣刀刀齿轮流间断地参加工作，工作的切削刃长度大，且无空行程，使用的切削速度较高，因此，生产率高，加工表面粗糙度值小。铣刀按用途可分为以下三类：

1. 加工平面的铣刀

图 2-50a 所示为加工平面的整体式及镶齿式圆柱铣刀，一般都是用高速钢制成整体的。

这种铣刀允许的切削速度低，刀具安装后的刚性差，容易产生振动，所以铣削宽度和铣削深度受到限制，生产率低；刀齿上无修光刃，加工表面粗糙度值大，主要用于卧式铣床上加工宽度小于铣刀长度的狭长平面。

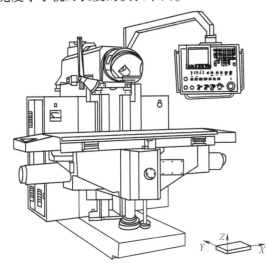 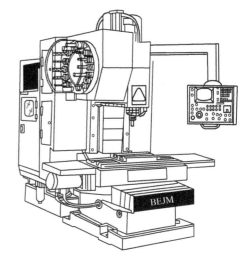

图 2-48　立卧两用数控铣床　　　　图 2-49　立式加工中心

图 2-50b 所示为铣平面的整体式、焊接式硬质合金刀片及机夹式可转位硬质合金刀片面铣刀。按刀齿材料可分为高速钢和硬质合金两大类，多制成套式镶齿结构。其主要用在立式铣床或卧式铣床上加工台阶面和平面，特别适合较大平面的加工。这种刀具安装后的刚性好，采用可转位硬质合金刀片，允许的切削速度高，所以生产率高；刀片上有过渡刃，散热条件好，刀具寿命长；刀齿上有修光刃，所以加工表面粗糙度值小。

2. 加工沟槽的铣刀

加工沟槽的铣刀种类很多，常见的有如图 2-50c ~ g 中所示的立铣刀，直齿或错齿的两面、三面刃铣刀，键槽铣刀，单角、双角的角度铣刀，T 形槽及燕尾槽铣刀等。这些刀具圆柱面上或圆锥面上的切削刃为主切削刃，端面上的切削刃为副切削刃；用钝后可重磨主、后刀面。加工沟槽的铣刀已标准化，由工具厂生产。

3. 成形铣刀

成形铣刀用在铣床上加工成形表面。图 2-50h 所示为凸圆弧铣刀及用于数控铣床或加工中心的空间曲面或模具型腔的球头铣刀。

2.5　磨削

所有以磨料磨具如砂轮、砂带、磨石、研磨剂等为工具进行切削加工的机床都属于磨削类机床。凡是在磨床上用磨料磨具对工件进行切削的加工方法统称为磨削加工。

2.5.1　磨削运动、过程及工艺特点

1. 磨削运动
图 2-51 所示为外圆、内圆及平面磨削时的磨削运动。

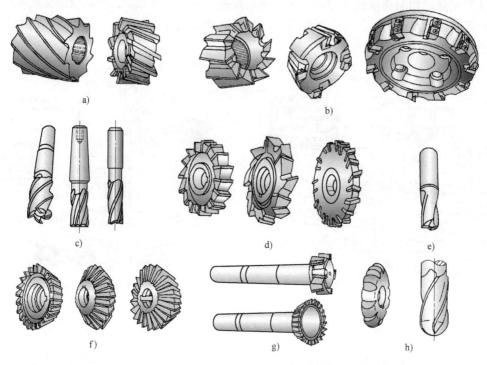

图 2-50 铣刀类型

a）圆柱铣刀 b）面铣刀 c）立铣刀 d）两面、三面刃铣刀

e）键槽铣刀 f）角度铣刀 g）槽铣刀 h）成形铣刀

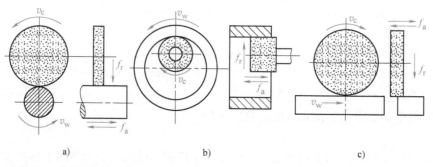

图 2-51 磨削运动

a）外圆磨削 b）内圆磨削 c）平面磨削

（1）**主运动** 砂轮的旋转运动是主运动，砂轮旋转的线速度为磨削速度 v_c，单位为 m/s。

（2）**径向进给运动** 它是指砂轮径向切入工件的运动，也称切入运动。在外圆、内圆和平面磨削时，为得到所需的工件尺寸，在加工时砂轮还得沿径向做切入运动，其大小用工作台或工件每单行程或双行程时，砂轮沿径向的切入深度 f_r 表示，也称为磨削深度，单位为 mm。

（3）**轴向进给运动** 它是指工件相对于砂轮的轴向进给运动，其大小用轴向进给量 f_a 表示，指工件每转一转沿砂轮轴线方向的移动量，单位为 mm/r。

（4）工件进给运动　它是指工件的旋转或直线运动。

在外圆、内圆磨削时，为工件圆周进给运动，进给速度为工件被加工表面的切线速度 v_w，单位为 m/min。

在平面磨削时，为工件纵向进给运动，即工作台的往复运动，用运动速度 v_w 表示，单位为 m/min。

2. 磨削过程

如图 2-52a 所示，砂轮上的磨料是形状很不规则的多面体，不同粒度号磨粒的顶尖角在 90°~120°之间，并且尖端均带有若干微米的尖端圆角半径 r_B。磨粒尖端在砂轮上的分布无论在方向、高低、间距方面，在砂轮的轴向与径向方面都是随机分布的。其形貌取决于磨粒的粒度号、砂轮的组织号以及砂轮的修整情况。经修整后的砂轮，磨粒前角可达 $-80°$~$-85°$。因此，磨削过程有其自己的特点。

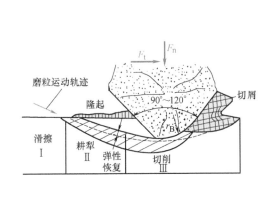

图 2-52　磨削的过程

a）磨粒切入过程　b）磨削过程中的隆起现象

磨削时，如图 2-52a 所示，其切削厚度由零开始逐渐增大。由于磨粒具有很大负前角和较大尖端圆角半径 r_B，当磨粒开始切入工件时，只能在工件表面上进行滑擦，这时切削表面产生弹性变形，这一阶段称为滑擦阶段。当磨粒继续切入工件，磨粒作用在工件上的法向力增大到一定值时，工件表面产生塑性变形，使磨粒前方受挤压的金属向两边塑性流动，在工件表面上耕犁出沟槽，而沟槽的两侧微微隆起，如图 2-52b 所示。这一阶段称为刻划阶段，也称耕犁阶段。当磨料继续切入工件，其切削厚度增大到一定数值后，磨粒前方的金属在磨粒的挤压作用下，发生滑移而成为切屑，这一阶段则为切削阶段。

由于各个磨粒形状、分布和高低各不相同，其切削过程也有差异。其中一些凸出和比较锋利的磨粒，切入工件较深，经过滑擦、耕犁和切削三个阶段，形成非常微细的切屑。由于磨削温度很高而使磨屑飞出时氧化形成火花。比较钝的、凸出高度较小的磨粒，切不下切屑，只是起刻划作用，在工件表面上挤压出微细的沟槽。更钝的、隐藏在其他磨粒下面的磨粒只稍微滑擦着工件表面起抛光作用。因此，磨削过程是包含切削、刻划和抛光作用的综合复杂过程。

3. 磨削工艺特点

磨粒的硬度很高，就像一把锋利的尖刀，切削时起着刀具的作用，在砂轮高速旋转时，其表面上无数锋利的磨粒如同多刃刀具，将工件上一层薄薄的金属切除，而形成光洁精确的加工表面。砂轮磨粒具有多刃性和微刃性以及在磨削过程中的自锐作用，不断地使新的磨粒参加切削，因此，磨削加工容易得到高的加工精度和好的表面质量。磨削加工具有如下特点：

（1）具有很高的加工精度　磨削加工能使零件尺寸公差等级达 IT6～IT5 或更高，而且能得到很小的表面粗糙度值，如普通磨削 *Ra* 值为 0.8～0.2μm，精密磨削 *Ra* 值为 0.025～0.012μm，镜面磨削 *Ra* 值为 0.005μm。

（2）具有很高的磨削速度　在磨削时，砂轮的转速很高，普通磨削可达 30～35m/s，高速磨削可达 45～60m/s，甚至更高。

（3）具有很高的磨削温度　由于磨削速度高，砂轮与工件的接触面积大，所以在磨削区内因摩擦产生大量的热，故磨削温度很高，一般可达 800～1000℃。因此，在磨削时要充分供给切削液，将热量带走，否则易烧伤工件。

（4）具有很小的切削余量　磨削常常作为精加工工序，因此，加工余量比其他切削加工要小得多。

（5）能磨削硬度很高的材料　可磨削淬硬钢、硬质合金以及其他硬度很高的材料。

（6）砂轮有自锐作用　砂轮在磨损而变钝后，砂轮切削能力下降，而此时作用于磨粒上的力不断增大。当此力超过磨粒强度极限时，磨粒会破碎产生新的较锋利的棱角，代替旧的圆钝磨粒进行磨削；或当此力超过砂轮结合剂的黏结力时，圆钝的磨粒就会从砂轮表面脱落，露出一层新鲜锋利的磨粒，继续进行磨削。砂轮的这种自行推陈出新，以保持自身锋锐的性能，称为自锐性。砂轮本身虽有自锐性，但是切屑和碎磨粒会把砂轮堵塞而失去切削能力；磨粒随机脱落的不均匀性，会使砂轮失去外形精度。为了恢复砂轮的切削能力和外形精度，在磨削一定时间后，需对砂轮进行修整。

2.5.2　磨床类型

磨床的种类很多，主要类型有外圆磨床、内圆磨床、平面磨床、无心磨床、工具磨床、各种刀具刃磨床和专门化磨床，以及珩磨机、研磨机、超精密加工机床及数控磨床等。

1. 外圆磨床

（1）外圆磨床的组成　外圆磨床是应用最普遍的一种磨床。图 2-53 所示为 M1432A 型万能外圆磨床。

在床身 1 上的纵向导轨上装有工作台 8，台面上装有头架 2 和尾座 5，用以夹持不同长度的工件。头架带动工件旋转。工作台由液压传动沿床身导轨往复运动，使工件实现纵向运动。工作台由上下两层组成，上工作台可相对于下工作台在水平面内偏转一定角度，一般不大于 ±10°，以便磨削锥度不大的长圆锥面。砂轮架 4 由砂轮主轴及其传动装置组成，安装在横向导轨上，手摇手轮 7 可使其做横向运动，也可利用液压机构实现周期的横向进给运动或快进、快退。砂轮架还可在滑鞍 6 上转一定角度以磨削角度较大的短圆锥面。当需要磨削内圆时，只需将内圆磨头 3 放下即可。

（2）外圆磨削方法　外圆磨床主要用于磨削外圆柱面、圆锥面、台阶端面及特殊形状

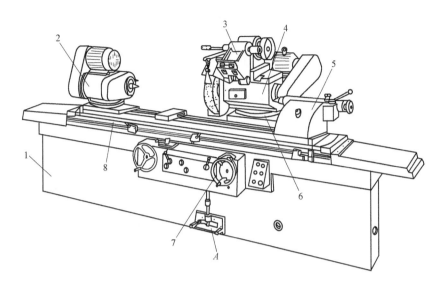

图 2-53　M1432A 型万能外圆磨床

1—床身　2—头架　3—内圆磨头　4—砂轮架　5—尾座　6—滑鞍　7—手轮　8—工作台

的外表面，如图 2-54 所示。这种磨削方式按照不同的进给方向可分为下列三种形式：

1）纵磨法。磨削外圆柱面采用纵向磨削法，将工件支承在两顶尖之间并绕顶尖旋转，两顶尖固定不动，这样避免了回转顶尖旋转带来的误差，故可保证较高的磨削精度，如图 2-54a所示。

磨削长圆锥面仍采用纵向磨削法，只是将上工作台相对于下工作台调整所需要的一定角度，这时工件的回转中心线与工作台纵向进给方向不平行，即可磨削锥度不大的外圆锥面，如图 2-54b 所示。

磨削时工件旋转实现圆周进给，并随工作台一起做直线往复运动，每一纵向行程或往复行程终了时，砂轮按规定的背吃刀量做一次横向进给运动，当磨削到接近最终尺寸时，则停

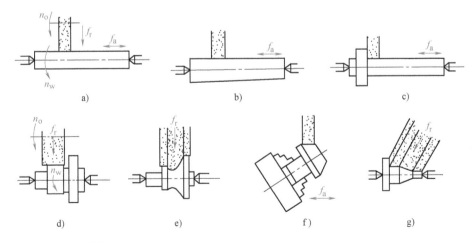

图 2-54　外圆磨削方法

a）纵磨法磨外圆　b）纵磨法磨锥面　c）纵磨法磨外圆靠端面　d）横磨法磨外圆
e）横磨法磨成形面　f）磨锥面　g）斜向横磨磨成形面

止横向进给，工作台继续做几次往复运动，一直磨削到无火花出现为止，以消除工件的弹性变形，保证工件尺寸的稳定。

2）横磨法。磨削刚度较好的短圆柱面、短圆锥面等（见图2-54d、e、g）常采用横向磨削法，也称切入磨削法。将砂轮架调整到所需的一定角度，工件不做往复运动，砂轮做连续的横向切入进给运动，砂轮宽度大于磨削表面长度。

横磨法的特点是砂轮宽，磨削效率高，但散热条件差，易产生烧伤；又因砂轮与工件没有轴向的相对移动，故无法消除磨粒在工件表面上重复形成的划痕，表面粗糙度值较大。横磨法一般用于磨削较短的外圆表面及阶梯轴的轴颈。

3）综合磨法。当磨削工件的表面长度大于砂轮宽度，且磨削余量又较大时，可先采用横磨法，此时工件不做往复运动，仅砂轮做连续的横向切入进给运动。当余量较小时，再采用纵磨法，直到磨削到加工尺寸。采用综合磨法既能保证工件加工精度，又能提高生产率，适合刚度较好的长圆柱或锥度较小的长圆锥表面磨削。

2. 内圆磨床

内圆磨床的外形如图2-55所示，主要结构有床身1、头架2、砂轮修整器3、砂轮4、砂轮架5、工作台6、横向手轮7、纵向手轮8。

内圆磨床主要是用来磨削工件内孔的，也可磨削与内孔相垂直的端面。具体的磨削方法有纵磨法磨内孔（见图2-56a）、横磨法磨内孔（见图2-56b）、利用端磨头磨平面（见图2-56c）和利用周磨头磨平面（见图2-56d）。

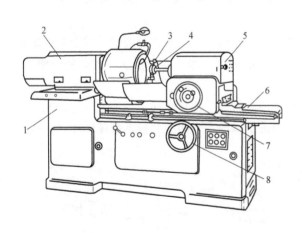

图2-55 内圆磨床

1—床身 2—头架 3—砂轮修整器 4—砂轮 5—砂轮架 6—工作台 7—横向手轮 8—纵向手轮

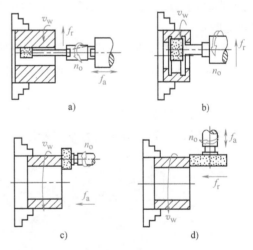

图2-56 内圆磨削方法

a）纵磨法磨内孔 b）横磨法磨内孔
c）端磨头磨平面 d）周磨头磨平面

3. 平面磨床

平面磨床用于磨削各种工件的平面，其磨削方法如图2-57所示。

由于砂轮的工作面不同，通常有两种磨削方法：一种是利用砂轮周边进行磨削，磨床主轴为水平布置，称为卧轴式；另一种是利用砂轮端面进行磨削，磨床主轴为垂直布置，称为立轴式。平面磨床工作台的形状有矩形和圆形两种。因此，根据工作台的形状和磨床主轴布置方式的不同，可把普通平面磨床分为以下四种：

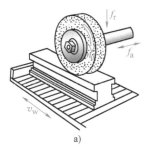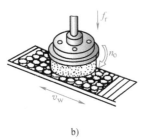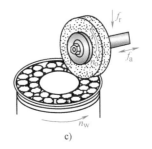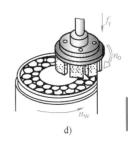

a)   b)   c)   d)

图 2-57 平面磨削方法

a) 卧轴矩台平面磨床周边磨削   b) 立轴矩台平面磨床端面磨削

c) 卧轴圆台平面磨床周边磨削   d) 立轴圆台平面磨床端面磨削

（1）卧轴矩台平面磨床   机床的主运动为砂轮的旋转运动 n_o，工作台做纵向往复运动 v_w，砂轮做横向进给运动 f_a 和周期垂直切入运动 f_r，如图 2-57a 所示。

（2）立轴矩台平面磨床   砂轮做旋转主运动 n_o，矩形工作台做纵向往复运动 v_w，砂轮做周期垂直切入运动 f_r，如图 2-57b 所示。

（3）卧轴圆台平面磨床   砂轮做旋转主运动 n_o，圆工作台旋转做圆周进给运动 n_w，砂轮做连续的轴向进给运动 f_a 和周期垂直切入运动 f_r，如图 2-57c 所示。

（4）立轴圆台平面磨床   砂轮做旋转主运动 n_o，圆工作台旋转做圆周进给运动 n_w，砂轮做周期垂直切入运动 f_r，如图 2-57d 所示。

对以上四种平面磨床的特点，进行分析比较结果如下：

（1）砂轮周边磨削和砂轮端面磨削   砂轮周边磨削时，砂轮与工件接触面积小，磨削热量较小，加工表面质量较高，但是生产率较低，故常用于精磨和磨削较薄的工件。砂轮端面磨削，由于主轴是立式的，刚性较好，可使用较大的磨削用量，生产率较高，但砂轮与工件接触面积较大，磨削热量大，加工表面质量较低，故常用于粗磨。

（2）矩台平面磨床与圆台平面磨床   圆台平面磨床采用连续磨削方式，没有工作台的换向时间损失，所以生产率较高。但是，圆台平面磨床只适于磨削小零件和大直径的环形零件端面，不适于磨削长零件。矩台平面磨床能方便地磨削各种零件，加工范围很广。

（3）应用范围   目前应用范围较广的是卧轴矩台平面磨床和立轴圆台平面磨床。卧轴矩台平面磨床如图 2-58 所示。

4. 无心外圆磨床

（1）工作原理   无心外圆磨床磨削时，工件不用顶尖或卡盘夹持，而是直接放在磨削砂轮和导轮之间，用托板支承着，并由导轮带动工件旋转。磨削时的定位基准是工件本身的外圆表面，如图 2-59 所示。

磨削时砂轮和导轮的旋转方向是相同的。磨削砂轮的线速度很高，而导轮的线速度较低。导轮是用摩擦因数较大的树脂或橡胶作黏结剂制成的刚玉砂轮，靠导轮与工件间的摩擦力带动工件旋转，实现圆周进给运动。因此，工件线速度与导轮线速度大致相等。磨削砂轮与工件之间的相对速度即为磨削速度。

为了提高磨削工件的圆度，工件的中心必须高于磨削砂轮和导轮的中心连线，如图 2-59a 所示。这样，就可使工件在多次转动中逐步被磨圆。但高出的距离 h 不能太大，否则

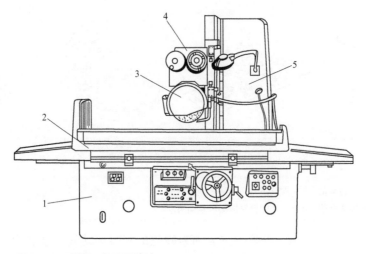

图 2-58　卧轴矩台平面磨床
1—床身　2—工件台　3—砂轮架　4—滑座　5—立柱

将影响加工表面质量，一般取 $h = (0.15 \sim 0.25)d$，d 为工件直径。

（2）磨削方式　无心外圆磨床有纵向磨削法和横向磨削法两种磨削方式。

1）纵向磨削法。工件从机床前面放到托板上，推到磨削区后，工件一边旋转一边自行做轴向移动，直到从机床后端出去即磨削完毕。接着将另一个工件推入磨削区，一件接一件地连续加工。工件轴向移动是由于导轮的中心线在竖直平面内向前倾斜了 α 角所引起的，如图 2-59b 所示。α 角的大小直接影响工件纵向进给速度，角度越大，则速度越大，生产率越高，但表面粗糙度值增大。因此，应合理选择 α 角，通常 $\alpha = 1° \sim 6°$，粗磨时取 $\alpha = 3° \sim 4°$，精磨时取 $\alpha = 1.5° \sim 1°$。为了保证导轮与工件之间仍然是直线接触，导轮表面必须修成双曲线回转面。

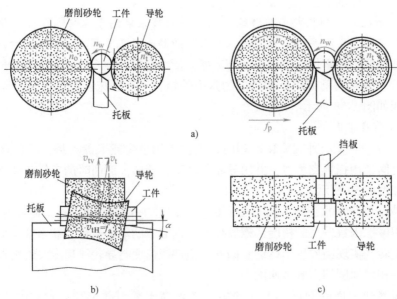

图 2-59　无心外圆磨床磨削示意图

托板的支承面要有较高的硬度。为使工件始终贴向导轮，支承面应为一斜面，其斜角为30°～45°。

2）横向磨削法。切入磨削时，将工件放在托板和导轮之间，磨削砂轮做横向切入运动，而工件不需要纵向进给运动。这时导轮的轴线只需倾斜很小的角度，约为30′，使导轮对工件产生微小的推力，将工件靠向定位挡板，如图2-59c所示，使工件得到可靠的轴向定位。这种方法适用于磨削带凸台的阶梯轴及成形回转表面。

（3）特点及应用 图2-60为无心外圆磨床外观简图。其由床身6、砂轮架2、砂轮修整器3、导轮修整器4、导轮架5和托板1等部件组成。

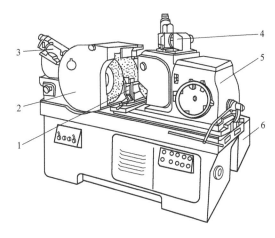

图2-60 无心外圆磨床
1—托板 2—砂轮架 3—砂轮修整器
4—导轮修整器 5—导轮架 6—床身

在无心外圆磨床上磨削工件不需钻中心孔，装夹工件省时省力，且可以连续磨削，所以生产率很高。磨削出来的工件尺寸精度和几何精度都比较高，表面粗糙度值也比较小，但不能保证位置精度。无心磨床在成批、大量生产中普遍应用，适用于磨削细长轴、无中心孔短轴、销子类和套类工件，特别是磨削刚性很差的细长轴、细长管时，由于导轮抵住工件，使工件不易弯曲变形，从而保证了较高的磨削精度和生产率。由于无心外圆磨床调整费时，生产批量较小时不宜采用。当工件表面周向不连续或与其他表面的同轴度要求较高时，也不宜采用无心磨床加工。

5. 立式数控坐标磨床

数控坐标磨床又称连续轨迹磨床，主要用于经淬硬和硬质合金的各种复杂模具的型面、具有高精度坐标孔距要求的孔系以及各种凸凹的曲面和任意曲线组成的平面等的磨削加工。

数控坐标磨床的数控系统可控制三至六轴，联动轴数有二轴、二轴半、三轴等。图2-61所示为立式数控坐标磨床外形图。

工作台运动为X、Y轴，如配置数控回转台则有A轴。主轴上下往复运动为Z轴，由液压或气压驱动。Z轴可以是数控控制轴，也可只装数显装置。主轴回转由C轴控制。主轴箱装在W轴滑板上。磨头装在主轴端的U轴滑板上，由U轴控制移动产生偏心，以实现径向运动。主轴回转加上U轴移动使磨头做偏心距可变的行星运动。当数控系统有C轴联动功能时，C轴可自动控制转动，使U轴与平面轮廓法线平行，如图2-62a所示。U轴可控制砂轮轴线与轮廓在法线上的距离，以实现进给。C轴功能有对称控制的特点，当X、Y轴联动按程序轨迹运动时，只要砂轮磨削边与主轴轴线重合，就可用同一数控加工程序来磨削凸、凹模，磨出的轮廓就是所需的编程轨迹，而不必考虑砂轮半径补偿，也容易保证凸、凹模的配

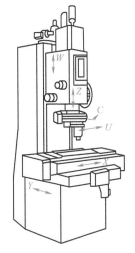

图2-61 立式数控坐标磨床

合精度和间隙均匀，如图 2-62b 所示。当只用 X、Y 轴联动做轮廓加工时，必须锁定 C 轴和 U 轴，这时平面插补则需砂轮半径补偿，通过改变补偿量可实现进刀。

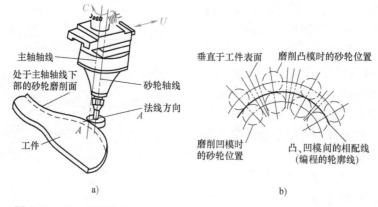

图 2-62　凸、凹模的加工

a）C 轴、U 轴及轮廓法线方向　b）C 轴的对称控制

数控坐标磨床采用高精度直线型光栅作为位置检测装置，分辨力比一般数控机床高。X、Y 轴分辨力为 $1\mu m$ 或 $0.5\mu m$，Z、W 轴为 $1\mu m$，U 轴为 $0.1\mu m$，C 轴为 $0.001°$ 或 $0.0001°$。数控坐标磨床定位精度也较高，直线（X、Y 轴）为任意 300mm 内 $0.8\mu m$，全行程 $2\mu m$；转角为 $\pm 0.002°$。轮廓加工精度可达 $3 \sim 5\mu m$，磨孔圆度误差为 $2\mu m$。

2.5.3　砂轮的特性与选择

砂轮是由一定比例的磨粒和结合剂经压制和烧结而成的。因此，砂轮是由磨料、结合剂和气孔所组成。它的特性由磨料、粒度、结合剂、硬度、组织、形状和尺寸等因素决定。

1. 磨料

用作砂轮的磨料应具有很高的硬度、适当的强度和韧性，以及高温下稳定的物理、化学性能。磨料分天然磨料和人造磨料两大类。天然磨料有金刚砂、天然刚玉、金刚石等。天然金刚石价格昂贵，其他天然磨料杂质较多，性质随产地而异，质地较不均匀，故主要用人造磨料来制造砂轮。

目前常用的磨料可分为刚玉类、碳化硅类及高硬磨料类三类。按照国家标准 GB/T 2476—1994 和 GB/T 23536—2009 规定，常用磨料主要性能及其应用见表 2-3。

表 2-3　常用磨料主要性能及其应用

名称		代号	主要成分（质量分数）	颜色	力学性能	反应性	热稳定性	应用范围
刚玉类	棕刚玉	A	Al_2O_3 95% TiO_2 2% ~3%	褐色	韧性大 硬度大	稳定	2100℃ 熔融	碳钢、合金钢、铸铁
	白刚玉	WA	Al_2O_3 >99%	白色				淬火钢、高速钢
碳化硅类	黑碳化硅	C	SiC >95%	黑色		与铁 有反应	>1500℃ 氧化	铸铁、黄铜、非金属材料
	绿碳化硅	GC	SiC >99%	绿色				硬质合金等
高硬磨料类	立方氮化硼	CBN	立方氮化硼	黑色	高硬度 高强度	高温时 与水碱 有反应	<1300℃ 稳定	硬质合金、高速钢
	人造金刚石	RVD MBD	碳结晶体	乳白色			>700℃ 石墨化	硬质合金、宝石

2. 粒度

粒度是指磨料颗粒尺寸的大小。粒度分为粗磨粒和微粉两类。对于颗粒尺寸大于 $63\mu m$ 的磨料，称为粗磨粒，用筛分法分级。按照国家标准 GB/T 2481.1—1998 规定，粗磨粒标示为 F4 ~ F220 共 26 级。对于颗粒尺寸小于 $63\mu m$ 的磨料，称为微粉，用沉降法进行分级检验。按照国家标准 GB/T 2481.2—2009 规定，微粉标示为 F230 ~ F1200 共 11 级。粒度号越大，颗粒尺寸越小。

每一粒度号的磨料不是单一尺寸的粒群，而是若干粒群的集合。国家标准中将各粒度号磨料分成五个粒度群：最粗粒、粗粒、基本粒、混合粒和细粒。某一粒度号的磨粒粒度组成就是测量计算各粒群所占的质量分数。例如，F20 磨粒，全部磨粒应通过最粗筛（筛孔 1.7mm）；全部磨粒可通过粗粒筛（筛孔 1.18mm），但该筛筛上物不能多于 20%；筛孔 1.0mm 的筛上物至少应为 45%。对于涂附磨具用磨料，其粒度组成应符合 GB/T 9258.1—2000 的规定。

粒度的选择原则：粗磨时以提高生产率为目标，应选用粗磨料；精磨时以减小表面粗糙度值为目标，应选用较细的磨料；当工件材料塑性大或磨削接触面积大时，为避免磨削温度过高使工件表面烧伤，应选用粗磨料；工件材料较软时，为避免砂轮气孔堵塞，也应选用粗磨料；反之则选用细磨料。常用磨料粒度及适用范围见表 2-4。

表 2-4　常用磨料粒度及适用范围

粒 度 标 示	适 用 范 围
F4 ~ F14	荒磨、重负荷磨钢锭、磨皮革、磨地板、喷涂除锈等
F16 ~ F30	粗磨钢锭、打毛刺、切断钢坯、粗磨平面、磨大理石及耐火材料
F36 ~ F60	平磨、外圆磨、无心磨、内圆磨、工具磨等粗磨工序
F70 ~ F100	平磨、外圆磨、无心磨、内圆磨、工具磨等半精磨工序，工具刃磨、齿轮磨削
F120 ~ F220	刀具刃磨、粗磨、粗研磨、粗珩磨、螺纹磨等
F230 ~ F360	精磨、珩磨、精磨螺纹、仪器仪表零件及齿轮精磨等
F400 ~ F1200	超精密加工、镜面磨削、精细研磨、抛光等

3. 砂轮的硬度

砂轮的硬度是指砂轮工作时，磨料在磨削力作用下，从砂轮上脱落的难易程度，也反映出磨粒与结合剂的黏固程度。砂轮硬则表示磨粒难以脱落，砂轮软则表示易脱落。一般情况下，精磨时选用较硬的砂轮，以保证精度和表面质量；磨削硬度较大的金属，选用软砂轮，反之则选用硬砂轮。GB/T 2484—2006 规定：砂轮硬度共有 7 个等级，用英文字母标记，从 "A" 到 "Y"，由软至硬，见表 2-5。

表 2-5　砂轮的硬度等级及代号

等级	极软				很软			软			中级			硬			很硬	极硬
代号	A	B	C	D	E	F	G	H	J	K	L	M	N	P	Q	R	S	T	Y

4. 结合剂

结合剂是用来黏结磨料的物质，其性能决定着砂轮的强度、抗冲击性、耐热性以及耐腐蚀能力。根据国家标准 GB/T 2484—2006 规定，结合剂共有七个种类，常用结合剂的性能及应用范围见表 2-6。

表 2-6　常用结合剂的性能及应用范围

名　称	代　号	性　能	适　用　范　围
陶瓷	V	强度高,耐热、耐油、耐腐蚀性好,气孔率大,易保持轮廓,脆性大,弹性差	适用于通用砂轮,也用于成形磨削、超精磨、珩磨等磨具
树脂	B	强度高,弹性好,耐冲击性好,耐热性差,气孔率小、易磨损	用于细粒度精磨砂轮,也可制成薄片砂轮,用于切口、开槽
橡胶	R	强度与弹性均高于 V 和 B,气孔率小、耐热性差	多用于切断、开槽、抛光用砂轮以及无心磨床的导轮。速度可达 65m/s

5. 组织

组织是指组成砂轮的磨粒、结合剂、气孔三部分体积的比例关系。砂轮组织的等级划分是以磨粒所占的砂轮体积分数来分级的,也称为磨粒率,共分 15 级,组织号（0~14）越小,砂轮越致密。根据国家标准 GB/T 2484—2006 规定,砂轮的组织号及应用范围见表 2-7。

表 2-7　砂轮的组织号及应用范围

组织号	0	1	2	3	4	5	6	7	8	9	10	11	12	13	14
磨粒率(%)	62	60	58	56	54	52	50	48	46	44	42	40	38	36	34
疏密程度	紧密				中等				疏松						
应用范围	重负荷、成形、精密磨削,间断及自由磨削,或加工硬脆材料				一般的外圆、内圆、无心磨及工具磨、淬火钢工件及刀具刃磨等				粗磨及磨削韧性大、硬度低的工件,适合磨削薄壁、细长工件,或砂轮与工件接触面大以及平面磨削等						

砂轮组织号大,组织松,砂轮不易被磨屑堵塞,切削液和空气能带入磨削区域,可降低磨削区域的温度,减少工件因发热引起的变形和烧伤,故适用于粗磨、平面磨、内圆磨等磨削接触面积较大的工序,以及磨削热敏感性较强的材料、软金属和薄壁工件;砂轮组织号小,组织紧密,气孔百分率小,使砂轮变硬,容易被磨屑堵塞,磨削效率低,但可承受较大磨削压力,砂轮廓形可保持持久,故适用于重压力下磨削,如手工磨削以及精密、成形磨削。

2.5.4　先进磨削方法

近几十年来,磨削加工技术有了很大发展,出现了低表面粗糙度值磨削、高速磨削、砂带磨削及缓进给磨削等先进磨削方法。

1. 低表面粗糙度值磨削

低表面粗糙度值磨削也称镜面磨削,其磨削的原理与普通磨削相同,但对机床的要求高,主轴回转误差要求小于 $1\mu m$,工作台进给速度在小于 10mm/min 时无爬行且往复速度差不大于 10%。采用细颗粒砂轮,粒度一般为 F240~F280,并经精细修整,使磨粒形成等高的微小切削刃。

通过合理选择切削用量,采用较低的砂轮速度,可取 10~20m/s,很小的工件进给速度,可取 0.005~0.025mm/s,并在磨削后期进行若干次光磨措施,磨削后的表面不但表面粗糙度 R 值小,可小于 $0.4\mu m$,而且尺寸精度和形状精度也较高。生产率较手工研磨和超精加工要高，因此可代替研磨加工。

2. 高速磨削

普通磨削时，砂轮线速度通常为 35 ~ 50m/s。砂轮线速度大于 50m/s 的磨削称为高速磨削。目前，试验速度已达 200 ~ 250m/s，80 ~ 125m/s 已用于生产。我国已生产出 50 ~ 60m/s 的高速外圆磨床、凸轮磨床和轴承磨床等。

在一定的单位时间磨除量下，当砂轮线速度提高时，磨粒的当量切削厚度变薄，这就使得磨粒的负荷减轻，砂轮寿命提高；磨削表面粗糙度值减小；法向磨削力减小，工件精度可提高。如果砂轮磨粒切削厚度保持一定，则在提高砂轮线速度时，单位时间磨除量可以增加，生产率可提高 30% ~ 100%，砂轮寿命也可提高 0.7 ~ 1 倍。

高速磨削时必须采取相应措施，砂轮主轴转速必须随砂轮线速度的提高而相应提高，砂轮传动系统功率必须足够，机床刚性必须足够，并注意减小振动。砂轮强度必须足够，保证在高速旋转下不会破裂；除应经过静平衡试验外，最好采用砂轮动平衡装置；砂轮必须有适当的防护罩，必须具有良好的冷却条件，有效的排屑装置，并注意防止切削液的飞溅。

3. 缓进给磨削

缓进给磨削又称深切缓进给强力磨削。它是以较大的磨削深度（可达 30mm）和很低的工作台进给速度（3 ~ 300mm/min）磨削工件，经一次或数次磨削即可磨到所要求的尺寸形状精度，适于磨削高强度、高韧性材料，如耐热合金、不锈钢、高速钢等的型面、沟槽。可以代替车削或铣削，加工精度达 2 ~ 5μm，表面粗糙度 Ra 值为 0.1 ~ 0.4μm。

由于砂轮与工件接触弧面大，同时参加切削的磨粒数大为增加，且节省了工作台频繁往返所花费的制动、换向以及越程时间，生产率比普通磨削高 3 ~ 5 倍；在缓进给磨削时，砂轮不撞入工件，避免了在普通平面磨削时工作台以较快速度不断往复运动，而使砂轮无数次接触工件锐边致使砂轮轮廓容易改变，因此能较长时间保持砂轮的轮廓精度。

此外，缓进给磨削的磨削力很大，磨削温度很高，工件表面容易烧伤，为此必须采取相应措施：采用大量的切削液来冷却，切削液的压力要高达 0.8 ~ 1.2MPa，流量达 80 ~ 200L/min；采用软的、粒度号小、组织号大或大气孔的砂轮，可减少同时参加切削的磨粒数，以保证磨损的磨粒及时脱落。大气孔砂轮提供了充分的容屑空间，也有利于将切削液注入磨削区；磨床应具有足够的刚性和较大的电动机功率，工作台低速运动无爬行。

4. 砂带磨削

用高速运动的砂带作为磨削工具，磨削各种表面的方法称为砂带磨削。砂带又称软砂轮，由基体、结合剂和磨粒组成。每颗磨粒在高压静电场的作用下直立在基体上，并以均匀的间隔排列。制造砂带的磨料多为氧化铝、碳化硅或氧化锆，也可采用金刚石和立方氮化硼。基体的材料是布或纸，结合剂可用动物胶或合成树脂胶。其磨削原理如图 2-63 所示，图 2-64 为砂带磨削的几种方式。

砂带上的磨粒颗颗锋利，切削量大；砂带宽，磨削面积大，生产率比铣削高 10 倍，比用砂轮磨削高 5 ~ 20 倍；它能保证恒速工作，不需修整，磨粒锋利，发热少，砂带散热条件好，能保证高精度和小的表面粗糙度

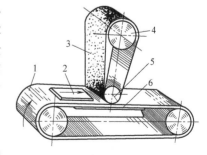

图 2-63　砂带磨削原理示意图

1—传送带　2—工件　3—砂带　4—张紧轮　5—接触轮　6—支承板

值；砂带柔软，能贴住成形表面进行磨削，因此适于磨削各种复杂的型面；砂带磨床结构简单，操作安全。但砂带消耗较快，且不能加工小直径孔、不通孔，也不能加工阶梯外圆和齿轮等。

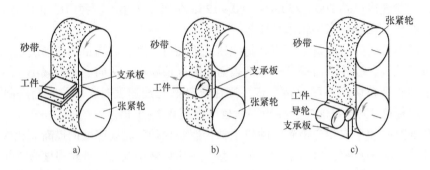

图 2-64　砂带磨削方式

a) 磨平面　b) 磨外圆　c) 无心磨外圆

2.6　齿轮加工

齿形零件是现代机器设备和仪器仪表中的重要零件。由于齿形零件具有传动比准确、传递动力大、传动效率高、结构紧凑、可靠耐用等特点，因此，齿形零件传动在现代工业中得到了极为广泛的应用。

2.6.1　齿坯的精度要求及其加工

1. 齿轮类型

常见的齿形类零件有圆柱齿轮、锥齿轮、蜗轮，以及由圆柱齿轮演化来的花键等，如图 2-65 所示。

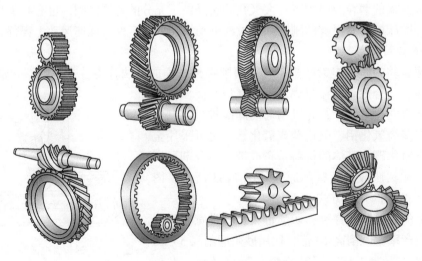

图 2-65　常见的齿轮类型

圆柱齿轮常用的有直齿和斜齿渐开线齿轮两种，其齿形的法向截面曲线为渐开线。渐开线齿形传动的最大优点是不论在渐开线上的任何点啮合，其瞬时传动比恒定不变。渐开线直齿和斜齿圆柱齿轮在结构上的区别在于其齿形线的形状不同；直齿圆柱齿轮的齿形线为直线，并平行于齿轮的轴线，而斜齿圆柱齿轮的齿形线为螺旋线，并与齿轮的轴线有一定的夹角。

锥齿轮主要用于要改变传动方向的场合，如相互垂直方向的运动传动。锥齿轮与圆柱齿轮不同，锥齿轮在其齿线的全长上，齿轮的模数是均匀连续变化的。锥齿轮为渐开线齿轮，其齿形有直齿、斜齿和弧齿等几种。

蜗轮常用于垂直方向运动的传递。为保证蜗轮与蜗杆能正确啮合，蜗轮的齿形在结构上做了相应的变化，是一条能包络蜗杆的圆弧线。

花键主要用于运动传递中传动元件的连接，具有传递动力大、可靠性高的优点。花键的齿形线均为直齿。花键的齿形曲线种类较多，常用的有矩形花键、渐开线花键及三角形花键等。

2. 齿轮的技术要求

（1）圆柱齿轮传动的精度要求　根据齿轮使用条件，对各种齿轮提出不同的精度要求，可归纳为以下四项：

1）传递运动的准确性。要求齿轮在一转范围内，最大转角误差限制在一定范围内，以保证齿轮能准确地传递运动，传动比恒定。

2）传动的平稳性。要求齿轮传动瞬时传动比的变化量在一定限度内，以保证低噪声、低冲击和较小振动。

3）载荷分布的均匀性。要求齿轮啮合时齿面接触良好，以免引起应力集中，造成局部磨损加剧，影响齿轮的使用寿命。

4）传动侧隙。要求齿轮啮合时，非工作齿面间应留有一定间隙。侧隙的存在对储藏润滑油、补偿齿轮传动受力后的弹性变形、热膨胀以及齿轮传动装置制造误差和装配误差等都是必要的。否则，齿轮在传动过程中可能卡死或烧伤。

对齿轮传动的上述四项要求，因齿轮的用途和工作条件不同而有所侧重。

（2）精度等级　国家标准 GB/T 10095.1—2008《圆柱齿轮　精度制　第 1 部分：轮齿同侧齿面偏差的定义和允许值》中规定了 13 个精度等级。一般将 3 ~ 5 级视为高精度齿轮，6 ~ 8 级为中等精度齿轮，9 ~ 12 级为低精度齿轮，0 ~ 2 级是为了发展前景而规定的。

3. 齿坯的精度要求及其加工方法

齿轮毛坯的材料主要有棒料、锻件和铸件。棒料用于小尺寸、结构简单且对强度要求不高的齿轮。当齿轮要求强度高、耐磨和耐冲击时，多用锻件。当齿轮直径大于 $\phi400$ ~ $\phi600$mm 时，常用铸造方法铸造齿坯。

为了减少机械加工量，对大尺寸、低精度齿轮，可以直接铸出轮齿；对小尺寸、形状复杂的齿轮，可采用精密铸造、压力铸造、精密锻造、粉末冶金、热轧和冷挤等新工艺，制造出具有轮齿的齿坯，以提高劳动生产率，节约原材料。

2.6.2　齿形加工方法

齿轮齿形的加工，按其成形原理的不同可以分为成形法和展成法两种。

1. 齿轮铣刀铣齿

用与齿轮齿槽形状完全相符的成形刀具加工出齿轮齿形的方法称为成形法加工。成形法加工可以在铣床上用成形铣刀进行加工，也可以在刨床上用成形刨刀进行加工，在拉床上用拉刀也能加工出齿轮。

使用齿轮铣刀铣削齿形一般在普通铣床上进行，如图2-66所示。铣削时工件安装在分度头上，铣刀旋转对工件进行切削加工，工作台做直线进给运动，加工完一个齿槽后将工件分度转过一个齿，再加工另一个齿，依次加工出所有齿槽。铣削斜齿轮必须在万能铣床上进行。铣削时工作台偏转一个角度，使其等于齿轮的螺旋角 β，工件在随工作台

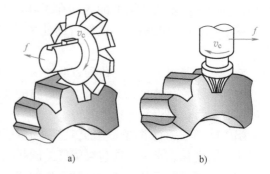

图2-66 直齿圆柱齿轮的成形铣削
a）盘状齿轮铣刀铣削 b）指形齿轮铣刀铣削

进给的同时，由分度头带动做附加旋转运动形成螺旋运动。

常用的成形法齿轮加工刀具有盘状齿轮铣刀和指形齿轮铣刀，后者适用于模数大于8mm的齿轮加工。采用成形法加工齿轮时，齿轮的齿廓形状精度由齿轮铣刀切削刃的形状保证。标准的渐开线齿轮的齿廓形状是由该齿轮的模数和齿数决定的，则要求每一模数和齿数对应一把齿轮铣刀，这是不经济的。实际生产中，对同一模数的齿轮铣刀按其加工的齿数分成8组或15组，每一组内不同齿数的齿轮都用同一把齿轮铣刀加工，分组见表2-8。此外，在每种刀号中的齿轮铣刀刀齿形状是按该组中最小齿数进行设计的，所以加工该范围内其他齿数的齿轮时，会有一定的齿形误差。

表2-8 盘状齿轮铣刀刀号及加工齿数范围

刀 号	1	2	3	4	5	6	7	8
加工齿数范围	12～13	14～16	17～20	21～25	26～34	35～54	55～134	≥135

成形法铣齿一般用于直齿、斜齿及人字齿圆柱齿轮的单件小批量生产，加工精度为9～12级，表面粗糙度 Ra 值为6.3～3.2μm，成本较低，生产率也低。

2. 滚齿机滚齿

滚齿过程是用齿轮滚刀与工件模拟一对交错轴螺旋齿轮副的啮合传动过程。齿轮滚刀本质上是一个斜齿圆柱齿轮，由于其螺旋角很大，近似于90°，齿数只有一个或几个，因而可视为一个蜗杆，称为滚刀的基本蜗杆。用刀具材料来制造此蜗杆，并制出多条容屑槽，加工出前角、后角，以形成切削刃，就构成一把齿轮滚刀。

滚齿过程如图2-67所示。从机床运动的角度出发，工件渐开线齿面是由一个复合成形运动和一个简单成形运动的组合所形成。复合运动可分解为刀具的旋转运动 B_{11} 和工件的旋转 B_{12}，以形成渐开线母线，B_{11} 和 B_{12} 之间应有严格的速比关系，即当滚刀转过一转时，工件相应地转过 k/z 转（k 为滚刀的头数，z 为工件齿数）。从切削加工的角度考虑，滚刀的回转 B_{11} 为主运动，用 n_o 表示；工件的回转 B_{12} 为圆周进给运动，即展成运动，用 n_w 表示；简单成形运动为滚刀的直线移动 A_2，是为了沿齿宽方向切出完整的齿槽，称为垂直进给运动，用进给量 f 表示。

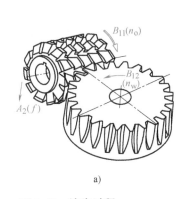
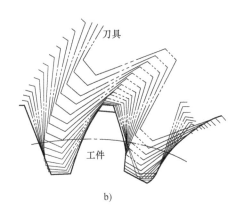

a)   b)

图 2-67 滚齿过程

a）滚齿运动 b）齿廓展成过程

滚齿是齿形加工中生产率较高、应用最广的一种加工方法。滚齿加工通用性好，既可加工圆柱齿轮，又可加工蜗轮；既可加工渐开线齿形，又可加工圆弧、摆线等齿形；既可加工小模数、小直径齿轮，又可加工大模数、大直径齿轮。但滚齿不能加工内齿轮和多联齿轮。

滚齿可直接加工 8～9 级精度的齿轮，也可进行 7 级精度以上齿轮的粗加工和半精加工，表面粗糙度 Ra 值为 3.2～1.6μm。滚齿可以获得较高的运动精度，但因滚齿时齿面是由滚刀的刀齿包络而成，参加切削的刀齿数有限，故齿面的表面粗糙度较差。

3. 插齿机插齿

插齿的加工过程是模拟一对直齿圆柱齿轮的啮合过程，如图 2-68a 所示。插齿刀所模拟的那个齿轮称为铲形齿轮。铲形齿轮用刀具材料来制造，并使它形成必要的切削参数，就变成了一把插齿刀。插齿时，刀具沿工件轴向做高速往复直线运动，形成切削加工的主运动，同时还与工件做无间隙的啮合运动，从而在工件上加工出全部轮齿齿廓。在加工过程中，刀具每往复运动一次仅切出工件齿槽的很小一部分。工件齿槽的齿形曲线是由插齿刀切削刃多次切削的包络线形成的，如图 2-68b 所示。

插齿应用范围广，它能加工外啮合齿轮、内齿轮、扇形齿轮、齿条、斜齿轮等。加工斜齿轮需用螺旋导轨，不如滚齿来得方便。插齿适合于加工模数较小、齿宽较小、工作平稳性要求较高而运动精度要求不太高的齿轮。

插齿与滚齿相比，在加工质量、生产率和应用范围等方面都有其特点。

（1）插齿的齿形精度比滚齿高 在制造插齿刀时，可通过高精度磨齿机获得精确的渐开线齿形。

（2）插齿齿面表面粗糙度值比滚齿小 在插齿过程中包络齿面的切削刃数较滚齿多，插齿圆周进给量通常较小，因而插齿后齿面表面粗糙度值较小。

（3）插齿的运动精度比滚齿差 滚齿时，一般是滚刀的一周多一点的刀齿参加切削，工件上所有齿槽都是由这些刀齿切出的，因而被切齿轮的齿距偏差小；而插齿时，插齿刀上的各刀齿顺次切削工件各齿槽，因而插齿刀上的齿距累积误差将直接传给被切齿轮。

（4）插齿的齿向误差比滚齿大 插齿的齿向误差主要决定于插齿机主轴回转轴线与工作台回转轴线的平行度误差。由于插齿刀往复运动频率高，主轴与套筒间的磨损大，因而插齿的齿向误差通常比滚齿大。

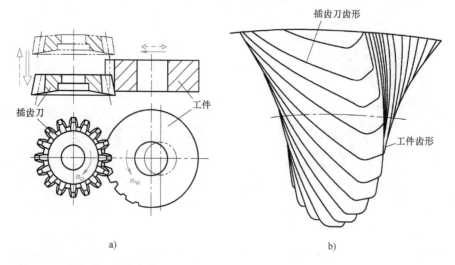

a)

b)

图 2-68　插齿原理及齿廓的形成

a) 插齿原理　b) 齿廓的形成

（5）插齿生产率比滚齿低　切制模数较大的齿轮时，插齿速度要受插齿刀主轴往复运动惯性和机床刚性的制约，切削过程又有空程时间损失，故生产率比滚齿加工低。插齿特别适于加工小模数、多齿、齿宽窄的齿轮。

4. 齿轮的精加工

对于 6 级精度以上的齿轮或淬火后的硬齿面加工，一般要在滚齿或插齿后进行热处理，再进行齿轮的精加工。常用齿轮的精加工方法有剃齿、珩齿和磨齿等。

（1）剃齿　剃齿是软齿面精加工最常用的加工方法之一。剃齿是根据一对轴线交叉的斜齿轮啮合时，沿齿向有相对滑动而建立的一种加工方法。剃齿刀实质上是一个在齿面上沿渐开线方向开了很多小槽，以形成切削刃的高精度斜齿轮，如图 2-69a 所示。

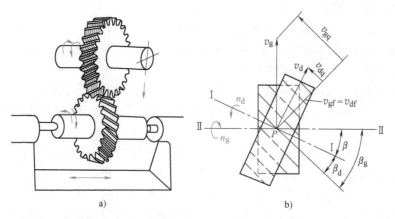

a)

b)

图 2-69　剃齿刀及剃齿工作原理

a) 剃齿刀　b) 剃齿工作原理

剃齿刀与工件间有一夹角，称为轴交角 β，$\beta = \beta_g \pm \beta_d$，$\beta_g$、$\beta_d$ 分别为工件和刀具的分度圆螺旋角。工件与刀具螺旋方向相同时为" $+$ "，相反时为" $-$ "。图 2-69b 为一把右旋剃齿刀剃削一左旋齿轮的情况，$\beta = \beta_g - \beta_d$。剃齿时剃齿刀做高速回转并带动工件一起回转。在啮合点 P，剃齿刀圆周速度为 v_d，工件的圆周速度为 v_g，它们都可以分解为垂直螺旋线齿面的法向分量（v_{df} 和 v_{gf}）和沿螺旋面的切向分量（v_{dq} 和 v_{gq}）。因啮合点的法向分量必须相等，即 $v_{df} = v_{gf}$，而两个切向分量却不相等，因而产生相对滑动。因为剃齿刀齿面上开有小槽，就产生了切削作用，相对滑动速度就是切削速度 v_{qx}。

$$v_{qx} = \frac{v_d}{\cos\beta_g}\sin\beta$$

由此可见，剃齿的切削速度 v_{qx} 与轴交角 β 有关，β 角越大，切削速度越高。当 $\beta = 0°$ 时，切削速度为零，即没有切削速度。因此，剃齿最基本的条件是剃齿刀与工件轴线间必须构成轴交角。

剃齿时剃齿刀和齿轮是无侧隙双面啮合，剃齿刀刀齿的两侧面都能进行切削。当工件旋向不同或剃齿刀正反转时，刀齿两侧切削刃的切削角度是不同的。为了使齿轮的两侧都能获得较好的剃削质量，剃齿刀在剃齿过程中应交替地进行正反转动。

剃齿对齿轮的切向误差的修正能力差，因此，在工序安排上应采用滚齿作为剃齿的前道工序。剃齿对齿轮的齿形误差和齿距误差有较强的修正能力，因而有利于提高齿轮的齿形精度。剃齿加工效率高，成本要比磨齿低，能加工 5～7 级精度齿轮，表面粗糙度 Ra 值为 $0.8 ～ 0.4\mu m$，主要用于非淬硬齿形的精加工及淬火前的精加工。

（2）珩齿　珩齿是对热处理后的齿轮进行精整加工的方法。珩齿的运动关系和所用的机床与剃齿类似，不同的是珩齿所用刀具为珩轮，它是用金刚砂磨料加入环氧树脂等材料作为结合剂浇注或热压而成的塑料齿轮，如图 2-70a 所示。切削是在珩轮与齿轮的"自由啮合"过程中，靠齿面间的压力和相对滑动来进行的，如图 2-70b 所示。

珩齿能加工 6～7 级精度齿轮，表面粗糙度 Ra 值可达 $0.4\mu m$，多用于经过剃齿和高频感应淬火后齿轮的精加工。

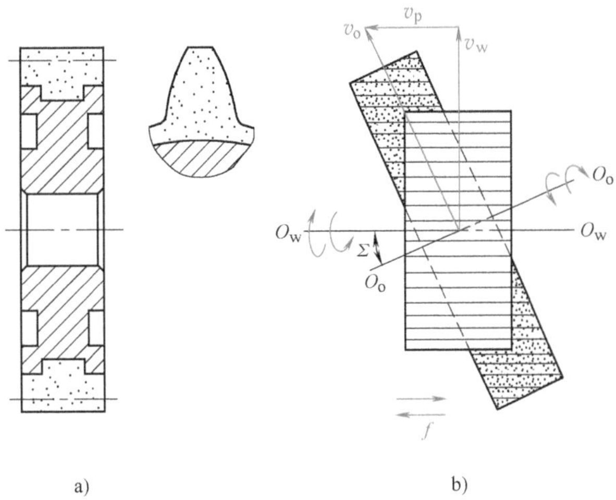

图 2-70　珩齿轮及珩齿工作原理
a）珩齿轮　b）珩齿工作原理

（3）磨齿　磨齿加工主要用于高精度齿轮或淬硬轮齿的精加工，精度可达 6 级以上。一般先由滚齿机或插齿机切出轮齿后再磨齿，也可由磨齿机直接在齿坯上磨出轮齿，但只限于模数较小的齿轮。

按齿廓的成形方法，磨齿也有成形法和展成法两大类。成形法磨齿机床应用较少，多数以展成法磨齿。成形法精度可达 6～5 级，展成法精度可达 5～4 级。

1）成形砂轮磨齿机的原理及运动。成形砂轮的截面被修整成与工件齿间的齿廓形状相同。图 2-71 为磨削外啮合和内啮合齿轮的工作原理图。砂轮截面形状按专用样板进行修整。专用样板可按砂轮截面形状放大若干倍，通过缩放机构来控制修整砂轮的金刚石笔运动，这样有利于提高砂轮截面形状的精度。

　　磨齿时，砂轮高速旋转并沿工件轴线做往复运动。磨完一个齿后，进行分度，接着磨下一个齿。砂轮对工件的径向切入运动，由工件与砂轮的相对径向移动来完成。

　　2）展成法磨齿的原理和运动。按展成法原理工作的磨齿机，又可分为连续磨齿和分度磨齿两大类。

　　① 连续磨齿。连续磨削的磨齿机，其工作原理与滚齿机相似。如图 2-72a 所示，砂轮为蜗杆状，称为蜗杆砂轮磨齿机。蜗杆形砂轮相当

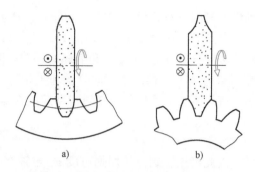

图 2-71　成形砂轮磨齿的工作原理
a）磨削内啮合齿轮　b）磨削外啮合齿轮

于滚刀，砂轮与工件间靠展成运动形成渐开线。工件做轴向直线往复运动，以磨削出整个齿。砂轮的转速很高，不宜全部采用机械传动方式构成展成传动链。常见方法有两种：一种用两个同步电动机分别驱动砂轮主轴和工件主轴，用交换齿轮换置；另一种用数控方法，即在砂轮主轴上装有脉冲发生器，发出的脉冲经数控系统调制后，伺服系统控制伺服电动机驱动工件主轴，在工件主轴上装反馈信号发生器。

　　连续磨削的磨齿机生产率最高，但修整砂轮费时，常用于大批量生产。被加工齿轮的精

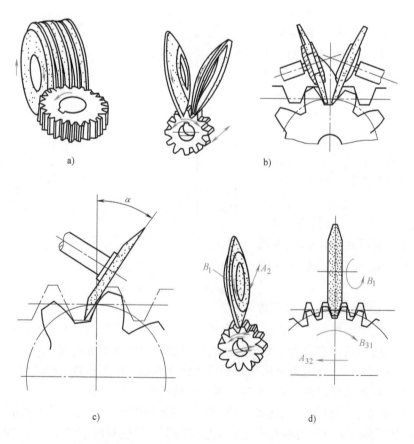

图 2-72　展成法磨齿的工作原理

度主要取决于机床砂轮主轴和工件主轴之间的展成运动传动链和蜗杆砂轮的修磨精度。

② 分度磨齿。这类机床使用的砂轮形状有碟形砂轮、大平面砂轮和锥形砂轮三种，如图 2-72b、c、d 所示。它们的工作都是利用齿轮和齿条啮合的原理，以砂轮代替齿条来磨齿。砂轮截面的形状按照齿条的直线齿廓修整，修整方便。加工时，被切齿轮在假想的齿条上做无间隙的啮合滚动，即工件转过一个齿的同时，其轴线移动一个齿距，便可完成一个或两个齿面的磨削。磨削中需多次分度，方能磨完全部齿面。

图 2-72b 表示用两个碟形砂轮代替齿条一个齿的两个侧面；图 2-72c 表示用大平面砂轮的端面代替齿条的一个齿侧面；图 2-72d 表示用锥形砂轮的侧面代替齿条的一个齿。但实际上，砂轮比齿条的一个齿略窄。一个方向滚动时，磨削一个齿面；另一个方向滚动时，齿轮略做水平移动，以磨削另一个齿面。

2.6.3　齿轮加工机床

齿形加工是指利用专用切削刀具在工件毛坯表面加工出具有多个相同曲线型面的一种加工方法。用于成形齿形表面的机械设备，称之为齿轮加工机床。

齿轮加工机床种类繁多，大致可以分为圆柱齿轮加工机床和锥齿轮加工机床两大类。圆柱齿轮加工机床常用的有滚齿机、插齿机、磨齿机等；锥齿轮加工机床常用的有刨齿机、铣齿机、拉齿机等。

1. 滚齿机

（1）加工直齿圆柱齿轮的传动原理　用滚刀加工直齿圆柱齿轮必须具备两个运动：形成渐开线齿廓的展成运动和形成直线齿形（导线）的运动。要完成这两个成形运动，机床必须具有三条运动传动链。图 2-73 所示为滚切直齿圆柱齿轮的传动原理图。

1）主运动传动链。这是一条外联系传动链，它的作用是向成形运动提供运动和动力。根据机床运动分析的概念，任何一个成形运动不论是简单的还是复合的，均需要一条外联系传动链与运动源相联系。展成运动的外联系传动链：电动机—1—2—u_v—3—4—滚刀。这条传动链产生切削运动，消耗大量的功率，其传递的运动称为主

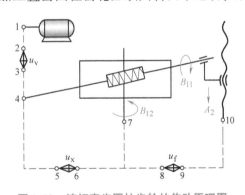

图 2-73　滚切直齿圆柱齿轮的传动原理图

运动，该传动链称为主运动传动链。其传动链中的换置机构 u_v 用于调整主运动速度的高低，应当根据工艺条件确定滚刀转速来调整其传动比。

2）展成运动传动链。渐开线齿廓是由展成法形成的，由滚刀的旋转运动 B_{11} 和工件的旋转运动 B_{12} 组成复合运动。因此，联系滚刀主轴和工作台的传动链：刀具—4—5—u_x—6—7—工件，为展成运动传动链，由它保证工件和刀具之间严格的运动关系。其中换置机构 u_x 用来适应工件齿数和滚刀头数的变化。显然这是一条内联系传动链，不仅要求传动比准确，而且要求滚刀和工件两者旋转方向必须符合一对交错轴螺旋齿轮啮合时的相对运动方向。当滚刀旋转方向一定时，工件的旋转方向由滚刀的螺旋方向确定。

3）垂直进给运动传动链。滚刀的垂直进给运动是由滚刀刀架沿立柱导轨移动实现的，

以保证滚刀在齿轮全齿宽上切出齿形。为了使刀架得到该运动，用垂直进给传动链：工件—7—8—u_f—9—10—丝杠，将工作台和刀架联系起来。传动链中的换置机构 u_f 用于调整垂直进给量的大小和进给方向，以适应不同加工表面粗糙度的要求。由于刀架的垂直进给运动是简单运动，所以，这条传动链是外联系传动链。通常以工作台（工件）每转一转，刀架的位移量来表示垂直进给量的大小。

（2）加工斜齿圆柱齿轮的传动原理　斜齿圆柱齿轮和直齿圆柱齿轮一样，其端面均为渐开线。与滚切直齿圆柱齿轮一样，滚切斜齿圆柱齿轮同样需要两个成形运动，即形成渐开线齿廓的展成运动和形成齿形线的运动。但斜齿圆柱齿轮的齿形线是一条螺旋线，这个运动与加工螺纹形成螺旋线的运动有相同之处，即是一个复合运动，它由工件的旋转和刀具沿工件轴向移动复合而成，当工件旋转一转时刀具应沿工件轴向移动一个导程的距离。因此，当滚刀在沿工件轴线移动时，要求工件在展成运动 B_{12} 的基础上再产生一个附加运动 B_{22}，以形成螺旋齿形线。图 2-74 所示为滚切斜齿圆柱齿轮的传动原理图，其中展成运动传动链、垂直进给运动传动链、主运动传动链与直齿圆柱齿轮的传动原理相同，只是在刀架与工件之间增加了一条附加运动传动链：刀架—12—13—u_y—14—15—合成机构—6—7—u_x—8—9—工件，以保证形成螺旋齿形线。其中换置机构 u_y 用于适应工件螺旋线导程 L 和螺旋方向的变化。这条内联系传动链习惯上称为差动链。附加运动的方向，决定于滚刀刀齿的旋向和齿轮轮齿的旋向。传递附加运动的传动链称为附加运动传动链。

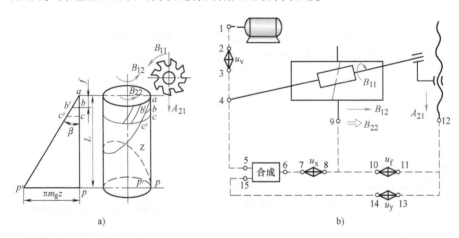

图 2-74　滚切斜齿圆柱齿轮的传动原理图

滚齿机既可加工直齿圆柱齿轮，又可加工斜齿圆柱齿轮。当加工直齿轮时，就将差动传动链断开（换置元件——交换齿轮取下），并把合成机构固定成一个如同联轴器的整体。

（3）滚刀的安装　滚齿时，应使滚刀在切削点处的螺旋方向与被加工齿轮齿槽方向一致。因此，需使滚刀保证正确的安装角 δ。加工直齿轮时，$\delta = \omega$（ω 为滚刀的螺旋升角），如图 2-75 所示。加工斜齿轮时，滚刀安装角 δ 不仅与滚刀的螺旋方向及螺旋升角 ω 有关，而且与被加工齿轮的螺旋方向与螺旋角 β 有关。当滚刀与齿轮的螺旋线方向相同时，滚刀的安装角 $\delta = \beta - \omega$。图 2-76a 表示滚刀和齿轮均为右旋的情况。当滚刀与齿轮的螺旋线方向相反时，滚刀的安装角 $\delta = \beta + \omega$。图 2-76b 表示滚刀为右旋、齿轮为左旋的情况。

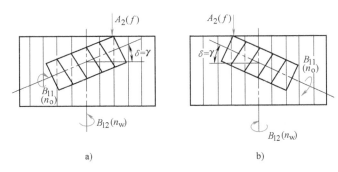

图 2-75　滚切直齿圆柱齿轮的传动原理图

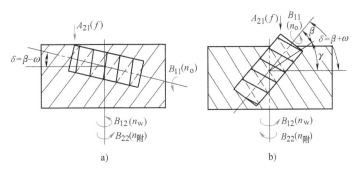

图 2-76　滚切斜齿圆柱齿轮的传动原理图

（4）滚齿机结构　Y3150E 型滚齿机主要用于滚切直齿及斜齿圆柱齿轮，也可以滚切花键轴或用手动径向进给法滚切蜗轮。

图 2-77 是 Y3150E 型滚齿机的外形图。刀架 3 可沿立柱 2 上的导轨做上下直线运动，还可绕自身水平轴线转动，以调整刀具安装角度。滚刀装在滚刀主轴 4 上，做旋转运动。后立柱 6 可以连同工作台 7 一起做水平方向移动，以适应不同直径的工件及在用径向进给法切削蜗轮时做进给运动。工件装在工件心轴 5 上，随工作台 7 一起旋转。

Y3150E 型滚齿机可加工齿轮的最大直径为 500mm，最大加工宽度为 250mm，最大加工模数为 8mm。

图 2-77　Y3150E 型滚齿机外形图
1—床身　2—立柱　3—刀架　4—滚刀主轴
5—工件心轴　6—后立柱　7—工作台

2. 插齿机

（1）插齿的传动原理　用插齿刀加工直齿圆柱齿轮必须具备以下运动：

1）主运动。插齿刀沿工件轴线所做的直线往复运动，是一个简单运动，用以形成轮齿齿面。插斜齿时，用斜齿插刀。插刀主轴是在一个专用的螺旋导轨上移动。这样，上下往复移动时，插刀获得一个附加运动。

2）展成运动。插齿刀和工件应保持一对圆柱齿轮的啮合运动关系，这是一个复合运动。展成运动可被分解成两部分：插齿刀的旋转运动和工件的旋转运动。

3）圆周进给运动。插齿刀的转动为圆周进给运动。插齿刀转动的快慢决定了工件转动的快慢，同时也决定了插齿刀每一次切削的进给量。圆周进给运动以插齿刀上下往复一次时插齿刀在节圆上所转过的弧长来表示。

4）径向切入运动。插齿刚开始时，插齿刀相对于工件做径向切入运动，直到全齿深为止。然后工件转过一圈，全部轮齿加工完毕。加工完后插齿刀与工件分离。有时，为了提高加工精度，径向切入可分为几次进行。每次进给后，工件需转过一圈。

5）让刀运动。插齿刀向下的直线运动为工作行程，向上为空行程。空行程时不切削。为了减少切削刃的磨损，机床上还需有让刀运动，使空行程时刀具在径向退离工件。

图 2-78 所示为插齿机的传动原理图。其中，电动机 M—1—2—u_v—3—4—5—曲柄偏心盘 A—插齿刀，为主运动传动链，u_v 为换置机构，用于改变插齿刀每分钟往复行程数；曲柄偏心盘 A—5—4—6—u_f—7—8—9—插齿刀主轴套上蜗杆蜗轮副 B—插齿刀，为圆周进给运动传动链，u_f 为调节插齿刀圆周进给量的换置机构；插齿刀—蜗杆蜗轮副 B—9—8—10—u_x—11—12—蜗杆蜗轮副 C—工件，为展成运动传动链，u_x 为调节插齿刀与工件之间传动比的换置机构。

切入运动及让刀运动并不影响加工表面的形成，所以在传动原理图中没有表示出来。

（2）插齿机结构　Y54 型插齿机主要用于加工内、外啮合的圆柱齿轮，尤其适用于加工在滚齿机上不能加工的多联齿轮、内齿轮和齿条。

图 2-79 是 Y54 型插齿机的外形图。刀架 5 可沿横梁 4 上的导轨做直线径向切入运动。插齿刀 7 装在主轴 6 上，除沿工件轴线做上下往复运动外，还做圆周进给运动。工件 3 装在工作台 2 中的工件心轴上，随工作台 2 一起旋转，同时在插齿刀向上运动时，工作台 2 做让刀运动，使刀具在径向退离工件。

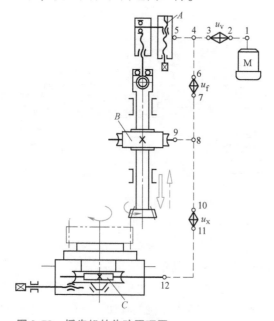

图 2-78　插齿机的传动原理图

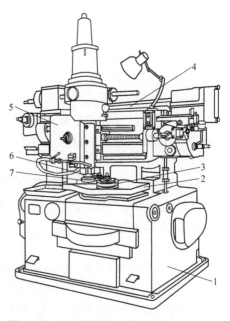

图 2-79　Y54 型插齿机外形图
1—床身　2—工作台　3—工件　4—横梁
5—刀架　6—主轴　7—插齿刀

Y54 型插齿机可加工齿轮的最大直径为 500mm，最大加工宽度为 105mm，最大加工模数为 6mm。

3. 数控滚齿机

（1）数控滚齿机的性能特点

1）数控滚齿机的各个传动环节都是独立驱动的，完全排除了传动齿轮和行程挡块的调整，加工时通过人机对话的方式用键盘输入编程或调用存储程序，只要把所要求的加工方式、工件和刀具参数、切削用量等输入即可。其调整时间仅为普通滚齿机的 10% ~ 30%。

2）高度自动化和柔性化，工艺范围宽。通过编程几乎可以完成任意加工循环方式，如垂直进给滚齿、切向进给加工蜗轮，如图 2-80a、b 所示。图 2-80c 所示为在一次工作循环中完成双联齿轮上两个齿圈的加工。不仅能加工直齿和斜齿圆柱齿轮，还能加工带微锥的直齿和斜齿锥齿轮以及带圆弧的直齿和斜齿鼓形齿轮。此外，还可以在主轴上安装两把相应的滚刀，在工件的一次安装中，自动按选定的不同切削用量，可以加工出模数、齿数、螺旋角和螺旋方向以及齿宽都不同的双联齿轮的大小齿圈。

3）数控滚齿机的所有内联系传动，都由电子元器件完成，代替了普通滚齿机的机械传动，机床的传动链大为缩短，简化了结构，增强了机床刚性，有利于采用大切削用量滚齿。同时，通过优化滚齿切入切出时的切削速度和进给量，加大回程速度，减少了滚齿时的基本时间。在数控滚齿机上加工比在普通滚齿机上加工，其基本时间要减少 30%。

4）由于传动链缩短而提高了传动精度。数控滚齿机的加工精度可达 6 ~ 4 级，甚至更高。此外，可设置传感器监测，自动补偿中心距和刀具直径的变化，保持了加工尺寸精度的稳定性。

5）完善的操作程序和提示功能，保证机床的宜人性，操作简单可靠，且便于多机床管理。

6）数控滚齿机的控制系统多采用模块式多微机控制，硬件和软件结构已标准化，与市场产品兼容，便于维修和扩展功能。

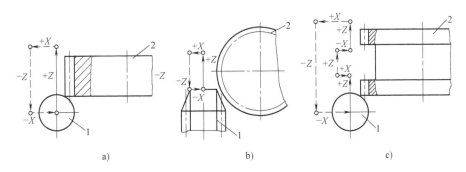

a)　　　　　　　　　　b)　　　　　　　　　　c)

图 2-80　数控滚齿机循环方式

1—刀具　2—工件　--→快速移动　——→工作进给

（2）数控滚齿机的主要组成部分　滚齿机按工件主轴在空间的位置分为立式和卧式两类，而立式滚齿机应用较多。

在立式数控滚齿机中，有工作台固定、立柱和刀架移动的，也有立柱和刀架固定、工作台移动的。图 2-81 所示为一工作台固定、立柱和刀架移动的六坐标数控滚齿机外形图。图中 1 为径向滑座（也称立柱），可沿 X 轴方向移动；2 为轴向滑座，可沿 Z 轴方向移动；3 为切向滑座，可沿 Y 轴方向移动；4 为滚刀架，可绕 A 轴转动；5 为工作台，可绕 C 轴转动；B 为滚刀旋转轴。

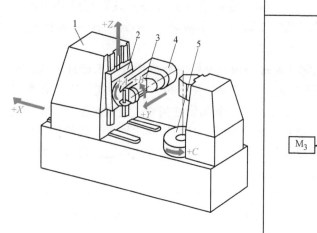

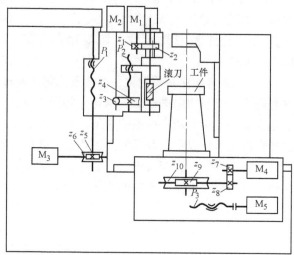

图 2-81 数控滚齿机外形图
1—径向滑座 2—轴向滑座 3—切向滑座 4—滚刀架 5—工作台

图 2-82 数控滚齿机传动系统图

（3）传动系统 图 2-82 所示为一立柱和刀架固定、工作台移动的数控滚齿机传动系统。

1）主运动。主运动为滚刀的转动。由伺服电动机 M_1 经齿轮副 z_1/z_2 传动滚刀。

2）展成运动。展成运动为滚刀和工件的转动。由伺服电动机 M_4 经齿轮副 z_7/z_8 和蜗杆蜗轮副 z_9/z_{10} 传动工件。伺服电动机 M_1 和 M_4 在数控系统的软件控制下，按控制指令运动，严格保证滚刀和工件间的相对运动关系，即滚刀转一转时，工件转 k/z 转。

3）轴向进给运动。轴向进给运动为滚刀沿工件轴向的移动，由伺服电动机 M_3 经蜗杆蜗轮副 z_5/z_6 传动刀架移动。调整伺服电动机 M_3 的转速，可改变轴向进给量大小。

4）切向进给运动。切向进给运动为滚刀沿工件圆周切向的移动。当使用锥度蜗轮滚刀或变齿厚蜗轮滚刀加工蜗轮时，常采用切向进给。切向进给量以工件转一转时，滚刀切向移动的距离计算。切向进给由伺服电动机 M_2 经蜗杆蜗轮副 z_3/z_4 使滚刀切向移动。调整伺服电动机 M_2 的转速即可得到要求的切向进给量。

5）径向进给运动。径向进给运动为工件向滚刀方向做径向移动。由伺服电动机 M_5 经丝杠驱动工作台移动。改变伺服电动机 M_5 的转速可得到要求的径向进给量。径向进给常用于加工蜗轮、特殊齿轮及补偿运动。

4. 磨齿机

双片碟形砂轮磨齿机工作原理如图 2-83 所示。图 2-83a 是采用两个碟形砂轮的工作棱边形成假想齿条的两个齿侧面。在磨削过程中，砂轮高速旋转形成磨削加工的主运动，工件则严格地按照与固定齿条相啮合的关系做展成运动，使工件被砂轮磨出渐开线齿面。其中被磨齿轮的展成运动是由滚圆盘的钢带机构实现的，如图 2-83b 所示。

横向滑板 11 可沿横向导轨往复移动，上面装有工件 2 和心轴 3，后端通过分度机构 4 和滚圆盘 6 连接，两条钢带 5 和 9，一端固定在滚圆盘 6 上，另一端固定在支架 7 上，并沿水平方向拉紧，当横向滑板 11 由曲柄盘 10 带动做往复直线运动时，滚圆盘则带动工件沿假想齿条节线做纯滚动，实现展成运动。纵向滑板 8 沿床身导轨做往复直线运动，可磨出整个齿的宽度。工件在完成一个或两个齿面的磨削后，继续滚动至脱离砂轮为止。然后由分度机构进行分齿，再进行下一个齿槽的磨削，直至磨完工件上所有的齿槽。

这种加工方法由于滚圆盘能够制造得很精确，且传动链短，传动误差小，所以，展成运动精度高，被加工齿轮的精度可高达 4 级。但是，砂轮的刚性差，磨削用量小，生产率较低。

117

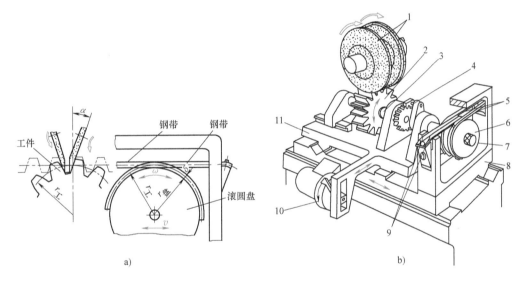

图 2-83　双片碟形砂轮磨齿机工作原理图

1—砂轮　2—工件　3—心轴　4—分度机构　5、9—钢带　6—滚圆盘
7—支架　8—纵向滑板　10—曲柄盘　11—横向滑板

目前，在大中批量生产中，广泛采用蜗杆砂轮磨齿法。图 2-84 是瑞士莱斯豪尔公司生产的 RZ300E 型蜗杆砂轮磨齿机的电子传动装置示意图。磨齿机主轴 S 由电动机 M 及一对齿轮传动，反馈发生器 WSG1 与主轴 S 连接。主轴每转一转，反馈发生器发出一定数量的脉冲，并连续测定蜗杆砂轮的角坐标，这些脉冲用来控制工件传动装置的指令信号。工件主轴 W 则由一快速反应直流伺服电动机 SM 通过一对高精度齿轮带动，并与反馈发生器 WSG2 连接。伺服电动机的转速由调节器 R 和功率放大器 V 控制。

来自反馈器 WSG1 的脉冲，在调节器 R 内被输入端 E 输入的齿数相除，得出脉冲数与反馈发生器 WSG2 的脉冲连续地进行比较。当这两组脉冲序列出现差异时，即由放大器 V 与伺服电动机 SM 校正。因此，蜗杆砂轮与工件任何时候都能保持同步，并能相应地调节工件的转速，自动补偿主电动机转速波动的影响。

在磨削斜齿圆柱齿轮时，蜗杆砂轮与工件的附加运动是由电子差速方式来实现的，脉冲盘 I 测定工件轴向进给的移动量，当工件滑座每走 1mm 行程时，给出一定数量的脉冲。将来自脉冲盘 I 的脉冲由电子差动器 D 变换并传递给调节器 R，从而使伺服电动机经齿轮带动工件主轴 W 产生必要的附加运动。在磨削直齿圆柱齿轮时，整个系统不工作。

2.6.4 常用齿轮加工刀具

加工直齿或斜齿渐开线齿轮的展成刀具有齿轮滚刀、插齿刀、剃齿刀；加工直齿锥齿轮和圆弧齿锥齿轮的展成刀具有成对展成刨刀、成对铣刀、弧齿锥齿轮刀盘；加工非渐开线齿形的展成齿轮刀具有矩形花键滚刀、矩形花键插齿刀等。

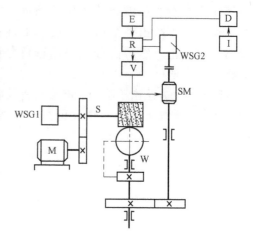

图 2-84　蜗杆砂轮磨齿机的电子传动装置示意图

1. 齿轮滚刀

齿轮滚刀是用于加工渐开线外啮合直齿齿轮和斜齿齿轮最常用的刀具。

（1）齿轮滚刀的基本蜗杆　齿轮滚刀可做成单头，也可做成多头，它们各相当于一个或多个齿、螺旋角很大的而且牙齿又很长的斜齿圆柱齿轮。由于齿很长可以绕本身轴线转几圈，因而形成了蜗杆形状，如图 2-85 所示。为了使这个蜗杆能起切削作用，需要在蜗杆轴线方向开出多条容屑槽，这些容屑槽把蜗杆螺纹分割成很多段，每一段为一个刀齿，每个刀齿有一个前刀面 1。前刀面 1 与螺纹面的交线为切削刃。这些切削刃无后角仍无法加工齿轮。为了使刀齿有后角，还需要通过铲齿方法铲削顶后刀面和两个侧后刀面，使其缩在蜗杆 8 的螺纹面以内。5 为顶后刀面，6、7 为侧后刀面，它们都缩在基本蜗杆的螺纹面以内，但滚刀的顶刃 2 和侧刃 3、4 必须落在这个相当于斜齿圆柱齿轮的螺纹面上，这个蜗杆 8 称为滚刀的基本蜗杆。基本蜗杆为右旋的称为右旋滚刀，基本蜗杆为左旋的称为左旋滚刀。

基本蜗杆螺旋面为渐开螺旋面的蜗杆称为渐开线蜗杆，用这种蜗杆经开槽铲齿形成的滚刀称为渐开线滚刀。从理论上讲，渐开线滚刀才能加工出渐开线齿形。但这种滚刀制造困难，生产中几乎不用它，而是用阿基米德基本蜗杆或法向直廓基本蜗杆经开槽铲齿制成的阿基米德滚刀或法向直廓滚刀。由于阿基米德基本蜗杆或法向直廓基本蜗杆螺旋面的形成原理与渐开线基本蜗杆螺旋面的形成原理不同，因此螺旋面形状不同，用它们制成的滚刀加工出来的齿轮会产生齿形误差；但是当滚刀分圆柱螺纹升角 λ 很小时，加工误差很小，同模数、同压力角的阿基米德滚刀加工出的齿轮齿形误差小于法向直廓滚刀，故生产中加工齿轮都是用阿基米德滚刀。

（2）齿轮滚刀的结构及参数　齿轮滚刀的结构分为两大类，中小模数（$m \leqslant 10\text{mm}$）的滚刀一般都做成整体结构。图 2-86 所示为用得最多的整体高速钢滚刀。整体硬质合金滚刀由于制造困难，韧性较差和价格昂贵，所以只制成模数较小的滚刀，用于加工仪表齿轮。对于模数较大的滚刀，为了节省刀具材料，一般多做成镶齿结构。精加工滚刀一般做成单头。为了提高生产率，粗加工滚刀也可做成多头。工具厂生产的滚刀为单头。为了减小安装角，右旋滚刀应加工右旋齿轮，左旋滚刀应加工左旋齿轮。齿轮滚刀的容屑槽形式一般做成直，以便滚刀的制造和重磨。滚刀的顶刃前角一般做成0°，也有做成正前角的。

标准齿轮滚刀的直径有两种系列：Ⅰ型直径较大，用于制造 AA 级精密滚刀，这种滚刀可以加工7级精度的齿轮；Ⅱ型直径较小，适用于制造 A、B、C 级精度的滚刀，分别用于加工8、9、10级精度的齿轮。齿轮滚刀的模数应等于被加工齿轮的模数。

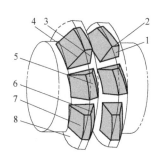

图 2-85　滚刀的基本蜗杆和切削要素
1—前刀面　2—顶刃　3、4—侧刃　5—顶后
刀面　6、7—侧后刀面　8—蜗杆

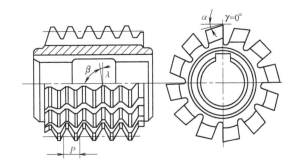

图 2-86　整体齿轮滚刀

齿轮滚刀的主要参数有外径、头数、齿形、螺旋升角及旋向。

2. 插齿刀

插齿刀的形状很像齿轮，直齿插齿刀像直齿齿轮，斜齿插齿刀像斜齿齿轮。作为一种刀具，它必须有一定的前角和后角。将插齿刀的前刀面磨成一个锥面，锥顶在插齿刀的中心线上，从而形成正前角。为了使齿顶和齿侧都有后角，且重磨后仍可使用，将插齿刀制成一个"变位齿轮"，而且在垂直于插齿刀轴线的截面内的变位系数各不相同，从而保证了插齿刀刃磨后齿形不变。

直齿插齿刀有如图 2-87 所示的三种结构形式，图 2-87a 所示为盘形直齿插齿刀，用于加工直齿齿轮和大直径内齿轮；图 2-87b 所示为碗形直齿插齿刀，它和盘形直齿插齿刀的区别在于刀体沉孔较深，便于容纳紧固螺母，避免在加工双联齿轮的小齿轮时螺母碰到工件；图 2-87c 所示为锥柄直齿插齿刀，主要用于加工内齿轮。

插齿刀的精度等级根据被加工齿轮的工作平稳性精度来选用，AA 级用于加工6级精度的齿轮，A 级和 B 级分别用于加工7级和8级精度的齿轮，所选插齿刀的模数、压力角应等于被加工齿轮的模数和压力角。

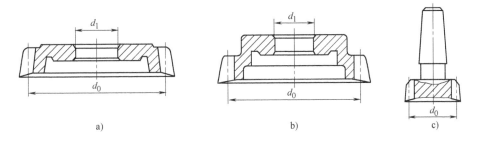

图 2-87　直齿插齿刀类型
a）盘形直齿插齿刀　b）碗形直齿插齿刀　c）锥柄直齿插齿刀

120

练习题

1. 某机床主传动系统如图 2-88 所示, 试写出主运动传动链的传动路线表达式和图示齿轮啮合位置时的运动平衡式 (计算出主轴转速, 已知 V 带传动的滑动系数 ε 取 0.02)。

2. 试证明 CA6140 车床的机动进给量 $f_横 \approx 0.5 f_纵$。

3. 车圆柱面和车螺纹时, 各需要几个独立运动?

4. 钻头横刃切削条件是什么? 为什么在切削时会产生很大的轴向力?

5. 拉削加工有什么特点?

6. 拉削方式 (拉削图形) 有几种? 各有什么优缺点?

7. 铣削有哪些主要特点? 可采用什么措施改进铣刀和铣削特性?

8. 什么是顺铣和逆铣? 顺铣有哪些特点? 其对机床进给机构有哪些要求?

9. 砂轮的特性由哪些因素决定?

10. 什么是砂轮硬度? 如何选择砂轮硬度?

11. 简述磨料粒度的表示方法?

12. 滚刀常用的基本蜗杆造型有几种? 其制造方法是什么?

13. 齿轮常用加工方法有哪些? 试分析滚齿机的切削运动。

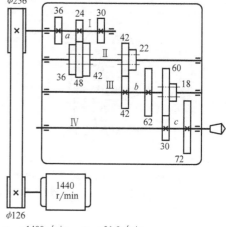

$n_{max}=1400\text{r/min} \qquad n_{min}=31.5\text{r/min}$

图 2-88　练习题 1 图

3.1 概述

机械产品的制造质量包括零件的制造质量和产品的装配质量两个方面。其中零件的制造质量将直接影响产品的性能、效率、寿命及可靠性等质量指标，它是保证产品制造质量的基础。零件的机械加工质量，包括机械加工精度和表面质量两个方面。本章主要讨论影响机械加工精度的因素及控制措施。

3.1.1 加工精度与加工误差的概念

1. 加工精度

加工精度是指零件加工后的实际几何参数（尺寸、形状和相互位置）与理想几何参数的接近程度；实际值越接近理想值，加工精度就越高。零件的加工精度包括尺寸精度、形状精度和位置精度。

尺寸精度：机械加工后零件的直径、长度和表面间距离等尺寸的实际值与理想值的接近程度。

形状精度：机械加工后零件的实际形状与理想形状的接近程度。

位置精度：机械加工后零件的实际位置与理想位置的接近程度。

2. 加工误差

加工误差是指零件加工后的实际几何参数（尺寸、形状和相互位置）对理想几何参数的偏离量。保证和提高加工精度的问题，实际上就是控制和减少加工误差的问题。

加工过程中有很多因素影响加工精度。实际生产中不可能把零件做得与理想零件完全一致，总会产生大小不同的偏差。从保证产品的使用性能分析，也没有必要把每个零件都加工得绝对精确，而只要求它在某一规定的范围内变动，这个允许变动的范围，就是公差。制造者的任务就是要使加工误差小于图样上规定的公差。

3. 误差敏感方向

工艺系统原始误差方向不同，对加工精度的影响程度也不同。对加工精度影响最大的方向，称为误差的敏感方向。一般为已加工表面过切削点的法线方向。例如，车削外圆柱面时，加工误差敏感方向为过刀尖的外圆的直径方向。

4. 经济加工精度

由于在加工过程中有很多因素影响加工精度，所以同一种加工方法在不同的工作条件下所能达到的精度是不同的。任何一种加工方法，只要精心操作，细心调整，并选用合适的切削参数进行加工，都能使加工精度得到较大的提高。但这样会降低生产率，增加加工成本（由图 3-1 所示的实验曲线可知，加工误差 δ 与加工成本 S 成反比关系）。所以，某种加工方法的经济加工精度是指在正常生产条件下，即采用符合质量标准的设备、工艺装备和标准技术等级的工人，不延长加工时间等，所能保证的加工精度。每一种加工方法的经济加工精度并不是固定不变的，它将随着工艺技术的发展，设备及工艺装备的改进，以及生产管理水平的不断提高而逐渐提高。并且，某种加工方法的经济加工精度不应理解为某一个确定值，而应理解为一个范围，如图 3-1 中的 AB 段，在这个范围内都可以说是经济的。

3.1.2 获得加工精度的方法

1. 获得尺寸精度的方法

（1）试切法　通过试切出一小段→测量→调刀→再试切，反复进行，直至达到规定的尺寸再进行加工的一种加工方法称为试切法。图 3-2 所示是一个车削的试切法例子。试切法的生产率低，加工精度取决于工人的技术水平，故常用于单件小批生产。

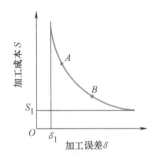

图 3-1　经济加工精度

（2）调整法　先调整好刀具的位置，然后以不变的位置加工一批零件的方法称为调整法。图 3-3 是用对刀块和塞尺调整铣刀位置的方法。调整法加工生产率较高，精度较稳定，常用于批量、大量生产。

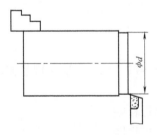

图 3-2　试切法车外圆

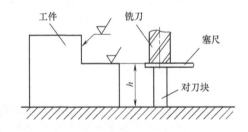

图 3-3　调整法铣平面

（3）定尺寸刀具法　通过刀具的尺寸来保证加工表面的尺寸与精度，这种方法称为定尺寸刀具法。如用钻头、铰刀、拉刀来加工孔均属于定尺寸刀具法。这种方法操作简便，生产率较高，加工精度也较稳定。

（4）自动控制法　自动控制法是通过自动测量和数字控制装置，在达到尺寸精度时自动停止加工的一种尺寸控制方法。这种方法加工质量稳定，生产率高，是机械制造业的发展方向。

2. 获得形状精度的方法

（1）运动轨迹法　利用机床运动使刀尖与工件的相对运动轨迹符合被加工表面形状的方法。例如，利用车床的主轴回转和刀架的直线进给运动车削内、外圆柱面。

（2）成形法　利用成形刀具对工件进行加工的方法。例如，用齿轮铣刀铣削齿轮。用这种方法获得的工件形状精度的高低，主要取决于成形刀具切削刃的廓形精度。

（3）仿形法　刀具按照仿形装置进给对工件进行加工的方法。例如，在仿形车床上利用靠模和仿形刀架加工阶梯轴。

（4）展成法　利用工件和刀具做展成运动对工件进行加工的方法。例如，滚齿、插齿加工。

3. 获得位置精度的方法

（1）一次安装获得法　工件在同一次安装中，加工具有相互位置要求的各个表面，从而保证其相互位置精度的方法。

（2）多次安装获得法　工件表面的位置精度由加工表面与定位基准之间的位置精度来保证。其精度的高低取决于工件装夹的准确性和机床部件的运动精度。

3.1.3　原始误差的概念及种类

广义上讲，凡是能直接引起加工误差的因素都称为原始误差。

零件的机械加工是在由机床、夹具、刀具和工件组成的机械加工工艺系统（简称工艺系统）中完成的。引起工艺系统各组成部分之间的正确几何关系发生改变的各种因素称为工艺系统误差。工艺系统误差必将在不同的工艺条件下，以不同的程度和方式导致零件产生加工误差，是造成零件加工误差的"原始因素"。所以，通常将工艺系统误差称为原始误差。

根据原始误差性质、状态的不同，可以将其分为：

1）与工艺系统初始状态有关的原始误差（几何误差）。它包括加工原理误差、工件的装夹误差、调整误差、刀具误差以及机床主轴回转误差、机床导轨导向误差、机床传动误差等。

2）与加工过程有关的原始误差。它包括测量误差、刀具磨损、工艺系统受力变形、工艺系统受热变形以及工件残余应力引起的变形等。

3.1.4　研究机械加工精度的方法

（1）因素分析法　通过分析、计算或实验、测试等方法，研究某一确定因素对加工精度的影响。一般不考虑其他因素的同时作用，主要是分析各项误差单独的变化规律。

（2）统计分析法　运用数理统计方法对生产中一批工件的实测结果进行数据处理，用以控制工艺过程的正常进行。主要是研究各项误差综合的变化规律，只适合于大批、大量的生产条件。

3.2　工艺系统的几何误差

3.2.1　加工原理误差

加工原理误差，也称理论误差，是指由于在加工中采用了近似的加工运动、近似的刀具轮廓和近似的加工方法而产生的原始误差。

1. 采用近似刀具加工所造成的误差

（1）用滚刀切削渐开线齿轮　用滚刀切削渐开线齿轮时，滚刀应为一渐开线蜗杆滚刀，此滚刀在轴向截面上，齿形的两边均为曲线轮廓。实际生产中，为便于滚刀的制作，多采用阿基米德蜗杆滚刀来代替，其轴向截面为直线齿形，从而在加工原理上产生了误差。

（2）用模数铣刀加工渐开线齿轮　用模数铣刀切削渐开线齿轮时，理论上相同模数、不同齿数的齿轮都应有一把相应的刀具。但生产上，为了避免模数铣刀数量过多，对于每种模数只用一套模数铣刀来分别加工在一定齿数范围内的所有齿轮。为了避免齿轮啮合时发生干涉，每一刀号的模数铣刀都是按最少齿数的齿形进行设计的，因此在加工其他齿数齿轮时就会产生齿形误差。

2. 采用近似的加工运动方法所造成的误差

（1）用展成法切削齿轮　用滚刀切削渐开线齿轮是利用展成法原理。为了得到切削刃口，在滚刀上形成了刀齿。这些刀齿数量是有限的，所以滚刀只能做断续切削。切出的齿形是由各个刀齿轨迹的包络线所形成的，是一条近似的曲线，如图3-4所示。增加滚刀的刀齿数和减少滚刀的头数可以减小这种原理误差。

（2）用近似传动比切削螺纹　利用机床运动使刀尖与工件的相对运动轨迹符合被加工表面形状的方法进行加工。

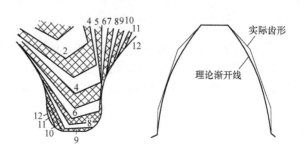

图3-4　用展成法切削齿轮时的齿形误差

例如，车削蜗杆时，由于蜗杆螺距 $P_工 = \pi m$，而 $\pi = 3.1415926\cdots$ 是无理数，所以螺距值只能用近似值代替。因而，刀具与工件之间的螺旋轨迹是由近似的加工运动来实现的。

如图3-5所示，设 $m = 2\text{mm}$，则

$$P_工 = \pi m = 3.1415926 \times 2\text{mm} = 6.2831854\text{mm}$$

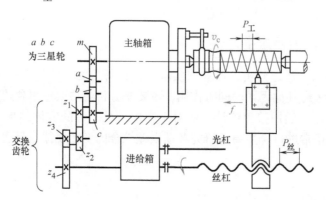

图3-5　用近似传动比切削螺纹

又由　$P_工 = 1 \times i \times \dfrac{z_1}{z_2} \times \dfrac{z_3}{z_4} \times P_丝$，$i = \dfrac{m}{a} \times \dfrac{a}{b} \times \dfrac{b}{c} = 1$

取交换齿轮齿数 $z_1 = 26$，$z_2 = 24$，$z_3 = 29$，$z_4 = 30$

丝杠导程 $P_丝 = 6\text{mm}$

得 $P_工 = 1 \times \dfrac{26}{24} \times \dfrac{29}{30} \times 6\text{mm} = 6.2833333\text{mm}$

$$\Delta P = 6.2833333\text{mm} - 6.2831854\text{mm} = 0.0001479\text{mm}$$

若蜗杆长度为100mm，则导程的累积误差为

$$\Delta P_{累积} = \frac{100}{6} \times 0.0001479\text{mm} \approx 0.002\text{mm}$$

3.2.2 机床误差

加工中，刀具相对于工件的成形运动一般都是通过机床完成的。因此，工件的加工精度在很大程度上取决于机床的精度。机床制造误差对工件加工精度影响较大的有主轴回转误差、导轨误差和传动链误差。机床的磨损将使机床工作精度下降。

1. 主轴回转误差

机床主轴是装夹工件或刀具的基准，并将运动和动力传给工件或刀具，主轴回转误差将直接影响被加工工件的精度。

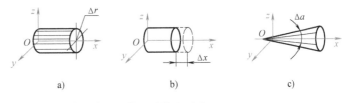

图 3-6 主轴回转误差的三种基本形式

主轴回转误差是指主轴各瞬间的实际回转轴线相对其平均回转轴线的变动量。它可分解为径向圆跳动、轴向窜动和角度摆动三种基本形式，如图 3-6 所示。

（1）径向圆跳动 它是主轴回转轴线相对于平均回转轴线在径向的变动量。在车床上加工外圆和内孔时，它将使加工面产生圆度和圆柱度误差，但对加工工件端面则无直接影响。

产生径向圆跳动误差的主要原因有主轴支承轴颈的圆度误差、轴承工作表面的圆度误差等。但它们对主轴径向回转精度的影响大小随加工方式的不同而不同。

例如，在采用滑动轴承结构为主轴的车床上车削外圆时，切削力 F 的作用方向可认为大体上是不变的。如图 3-7a 所示，在切削力 F 的作用下，主轴颈以不同的部位和轴承内径的某一固定部位相接触，

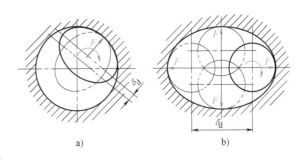

图 3-7 采用滑动轴承时主轴的径向圆跳动误差 δ_d

此时主轴颈的圆度误差对主轴径向回转精度影响较大，而轴承内径的圆度误差对主轴径向回转精度的影响则不大；在镗床上镗孔时，如图 3-7b 所示，由于切削力 F 的作用方向随着主轴的回转而回转，在切削力 F 的作用下，主轴总是以其轴颈某一固定部位与轴承内表面的不同部位接触，因此，轴承内表面的圆度误差对主轴径向回转精度影响较大，而主轴颈圆度误差的影响则不大。图中的 δ_d 表示径向圆跳动量。

（2）轴向窜动 它是主轴回转轴线沿平均回转轴线方向的变动量。轴向窜动对加工外圆和内孔的影响不大，但对所加工端面的垂直度及平面度则有较大的影响。在车螺纹时，轴向窜动可使被加工螺纹的导程产生周期性误差。产生轴向窜动的原因是主轴轴肩端面和推力轴承承载端面对主轴回转轴线有垂直度误差。

（3）角度摆动　它是指主轴回转轴线相对平均回转轴线成一倾斜角度的运动。车削时，它使加工表面产生圆柱度误差和端面的形状误差。

提高主轴及箱体轴承孔的制造精度、选用高精度的轴承、提高主轴部件的装配精度、对主轴部件进行平衡、对滚动轴承进行预紧等，均可提高机床主轴的回转精度。

2. 导轨误差

导轨是机床上确定各机床部件相对位置关系的基准，也是机床运动的基准。车床导轨的精度要求主要有三个方面：在水平面内的直线度、在垂直面内的直线度和前后导轨的平行度（扭曲）。

（1）导轨在水平面内的直线度误差对加工精度的影响　导轨在水平面内有直线度误差 Δy 时，如图3-8所示，在导轨全长上刀具相对于工件的正确位置将产生 Δy 的偏移量，使工件半径产生 $\Delta R = \Delta y$ 的误差。导轨在水平面内的直线度误差将直接反映在被加工工件表面的法线方向（误差敏感方向）上，对加工精度的影响最大。

（2）导轨在垂直平面内的直线度误差对加工精度的影响　导轨在垂直平面内有直线度误差 Δz 时，如图3-9所示，也会使车刀在水平面内发生位移，使工件半径产生误差 $\Delta R \approx \frac{\Delta z^2}{2R}$。与 Δz 值相比，ΔR 是微小量，所以，导轨在垂直平面内的直线度误差对加工精度影响很小，一般可忽略不计。

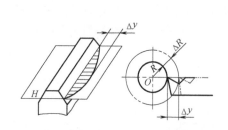

图3-8　导轨水平面内的直线度误差对加工
　　　　精度的影响

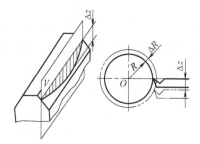

图3-9　导轨垂直面内的直线度误差对
　　　　加工精度的影响

（3）导轨间的平行度误差对加工精度的影响　当前后导轨在垂直平面内有平行度误差（扭曲误差）时，如图3-10所示，刀架将产生摆动，刀架沿床身导轨做纵向进给运动时，刀尖的运动轨迹是一条空间曲线，使工件产生圆柱度误差 $\Delta R = \alpha H = \frac{\delta H}{B}$。一般车床的 $\frac{H}{B} \approx \frac{2}{3}$，外圆磨床的 $\frac{H}{B} \approx 1$，所以，车床和外圆磨床前后导轨的平行度误差对加工精度的影响很大。

除了导轨本身的制造误差之外，导轨磨损也是造成机床精度下降的主要原因。选用合理的导轨形状和导轨组合形式，采用耐磨合金铸铁导轨、镶钢导轨、贴塑导轨、滚动导轨以及对导轨进行表面淬火处理等措施均可提高导轨的耐磨性。

3. 传动链误差

传动链误差是指传动链始末两端传动元件相对运动的误差。一般用传动链末端元件的转角误差来衡量。机床传动链误差是影响表面加工精度的主要原因之一。

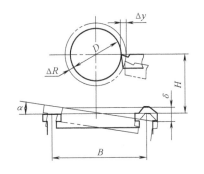

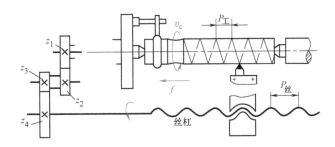

图 3-10 导轨间平行度误差对加工
精度的影响

图 3-11 车螺纹时传动链误差对加工精度的影响

如图 3-11 所示，以车螺纹为例，说明传动链误差对工件加工精度的影响。

丝杠总的转角误差应为

$$\Delta\theta_s = \sqrt{\sum_{j=1}^{n} \Delta\theta_{zj}^2}$$

式中 $\Delta\theta_s$——丝杠总的转角误差，即由各传动件的转角误差累积到丝杠上的误差之和；

$\Delta\theta_{zj}$——第 j 个传动件的转角误差所引起的丝杠转角误差。

$$\Delta\theta_{zj} = i_j \Delta\varphi_{zj}$$

$$\Delta\theta_{z1} = \frac{z_1}{z_2}\frac{z_3}{z_4}\Delta\varphi_{z1} , \Delta\theta_{z2} = \frac{z_3}{z_4}\Delta\varphi_{z2} , \Delta\theta_{z3} = \frac{z_3}{z_4}\Delta\varphi_{z3} , \Delta\theta_{z4} = \Delta\varphi_{z4}$$

式中 $\Delta\varphi_{zj}$——传动链中第 j 个环节传动件在工件转一转内的转角误差；

i_j——第 j 个传动件到机床丝杠的传动比。

由此可得丝杠总的转角误差为

$$\Delta\theta_s = \sqrt{\Delta\theta_{z1}^2 + \Delta\theta_{z2}^2 + \Delta\theta_{z3}^2 + \Delta\theta_{z4}^2} = \sqrt{\left(\frac{z_1}{z_2}\frac{z_3}{z_4}\right)^2 \Delta\varphi_{z1}^2 + \left(\frac{z_3}{z_4}\right)^2 \Delta\varphi_{z2}^2 + \left(\frac{z_3}{z_4}\right)^2 \Delta\varphi_{z3}^2 + \Delta\varphi_{z4}^2}$$

由此可见：

1）传动链短，则传动精度高。

2）传动链中最后一个传动件的精度要高。

3）传动比 i 小，则传动精度高；传动链中采用降速比的传动是保证传动精度的重要原则。

提高传动元件的制造精度和装配精度，减少传动件数，均可减小传动链误差。

3.2.3　刀具的制造误差及磨损

刀具误差对加工精度的影响随刀具种类的不同而不同。采用定尺寸刀具、成形刀具、展成刀具加工时，刀具的制造误差会直接影响工件的加工精度。而对一般刀具（如车刀等），其制造误差对工件加工精度无直接影响。

任何刀具在切削过程中，都不可避免地要产生磨损，并由此引起工件尺寸和形状的改变。正确地选用刀具材料和选用新型耐磨的刀具材料、合理地选用刀具几何参数和切削用量、正确地刃磨刀具、正确地采用切削液等，均可有效地减少刀具的尺寸磨损。必要时还可采用补偿装置对刀具尺寸磨损进行自动补偿。

3.2.4　调整误差

在利用静调整法或动调整法来获得所需的加工尺寸时，都会有调整误差，因此会影响到加工精度。

3.2.5　夹具误差

夹具误差包括定位误差、夹紧误差、夹具安装误差、导引误差和夹具的磨损等。

夹具误差将直接影响工件加工表面的位置精度或尺寸精度。例如，图 3-12 所示为轴承座的钻孔夹具。

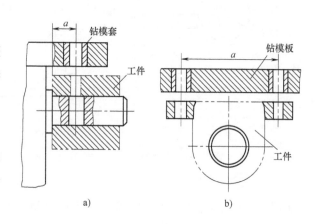

图 3-12　轴承座的钻孔夹具

钻套中心至夹具体上定位平面间的距离误差，直接影响工件孔至工件底平面的尺寸精度；钻套中心线与夹具体上定位平面间的平行度误差，直接影响工件孔中心线与工件底平面的平行度；钻套孔的直径误差也将影响工件孔至工件底平面的尺寸精度与平行度。

3.3　工艺系统的受力变形

3.3.1　工艺系统刚度

1. 刚度

物理学上的定义：物体在受力方向上产生单位弹性变形所需要的力称为刚度。

数学表达式为

$$K = \frac{F_y}{y}$$

式中　F_y——y 方向的外力（N）；

y——在 y 受力方向上的变形（mm）。

2. 工艺系统的刚度

工艺系统在切削力、传动力、惯性力、夹紧力以及重力等外力作用下，会产生变形，从而破坏刀具和工件之间已调整好的正确位置关系，使工件产生几何形状误差和尺寸误差。

例如，车削细长轴时，在切削力的作用下，工件因弹性变形而出现"让刀"现象。随着刀具的进给，在工件全长上切削时，背吃刀量会由大变小，然后由小变大，使工件产生腰鼓形的圆柱度误差，如图 3-13a 所示。又如内圆磨床以横向切入法磨孔时，由于内圆磨头主轴的弯曲变形，工件孔会出现带锥度的圆柱度误差，如图 3-13b 所示。所以，工艺系统的受力变形是一项重要的原始误差，它严重影响加工精度和表面质量。

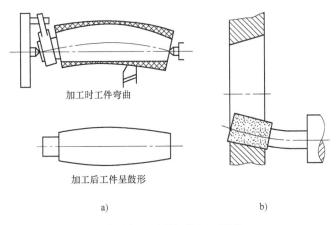

加工时工件弯曲

加工后工件呈鼓形

a)   b)

图 3-13　工艺系统受力变形引起的加工误差

工艺系统受力变形通常是弹性变形，可以用工艺系统刚度的概念来表达工艺系统抵抗变形的能力。一般来说，工艺系统抵抗变形的能力越大，加工精度越高。

工艺系统的刚度 K 定义为：平行于基面并与机床主轴中心线相垂直的切削分力 F_y 对工艺系统在该方向上的变形 y 的比值，即

$$K = \frac{F_y}{y} \tag{3-1}$$

式中　F_y——切削力在 y 方向的分力（N）；

　　　y——系统在切削力 F_x、F_y、F_z 共同作用下在 y 方向上的变形（mm）。

3. 工艺系统刚度的测定及计算

（1）机床部件刚度的测定

1）单向静载测定法。此方法是在机床处于静止状态，模拟切削过程中的主要切削力，对机床部件施加静载荷并测定其变形量，通过计算求出机床的静刚度。如图 3-14 所示，在车床顶尖间装一根刚性很好的短轴 1，在方刀架 6 上装一螺旋加力器 5，在心轴与加力器之间安放测力环 4，当转动加力器中的螺钉 8 时，刀架与心轴之间便产生了作用力，加力的大小可由数字测力仪 9 读出。作用力一方面传到车床刀架上，另一方面经过心轴传到前后顶尖上，若加力器位于轴的中点，作用力为 F_y，则头架和尾座各受到 $F_y/2$，而刀架受到总的作用力 F_y。头架、尾座和刀架的变形可分别由百分表 2、3、7 读出。实验时，可连续进行加载到某一最大值，再逐渐减小。测量结果如图 3-15 所示。

实验中进行了三次加载—卸载循环，可得到车床的刀架部件刚度实测曲线，如图 3-16 所示。

这种静刚度测定法，简单易行，但与机床加工时的受力状况出入较大，故一般只用来比较机床部件刚度的高低。

2）三向静载测定法。此法进一步模拟实际车削受力 $F_f(F_x)$、$F_p(F_y)$、$F_c(F_z)$ 的比值，从 x、y 及 z 三个方向加载，这样测定的刚度较接近实际。

由图 3-16 可以看出机床部件的刚度曲线有以下特点：

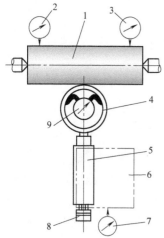

图 3-14 工艺系统静刚度的测定
1—短轴 2、3、7—百分表 4—测力环
5—螺旋加力器 6—方刀架
8—螺钉 9—测力仪

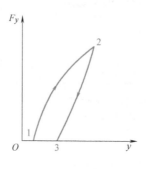

图 3-15 刀架部件刚度实测曲线

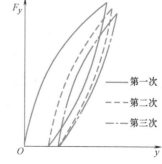

图 3-16 多次重复加卸载变形曲线

① 卸载后曲线不回到原点,说明有残留变形。在反复加载—卸载后,残留变形逐渐接近于零。

② 加载与卸载曲线不重合,两曲线间包容的面积代表了加载—卸载循环中所损失的能量,也就是消耗在克服部件内零件间的摩擦和接触塑性变形所做的功。

③ 变形与作用力不是线性关系,反映刀架变形不纯粹是弹性变形。

④ 部件的实际刚度远比按实体所估算的小。一个外形尺寸很大的刀架,它的实测平均刚度值只相当于一个截面积较小的铸铁悬臂梁的刚度,其原因在于刀架外形尺寸虽然很大,但它是由许多零件组装而成,零件间有间隙,接合面间有接触变形,由于这些因素的影响,总的变形就大了。

(2) 影响机床部件刚度的因素

1) 连接表面的接触变形。零件表面总是存在着宏观的几何形状误差和微观的表面粗糙度,所以零件之间接合表面的实际接触面积只是理论接触面积的一小部分,并且真正处于接触状态的,又只是这一小部分的一些凸峰,如图 3-17 所示。当外力作用时,这些接触点处将产生较大的接触应力,并产生接触变形,其中既有表面层的弹性变形,又有局部塑性变形。这就是部件刚度曲线不是直线,以及刚度远比同尺寸实体的刚度要低得多的原因,也是造成残留变形和多次加载—卸载循环以后,残留变形才趋于稳定的原因之一。

2) 薄弱零件本身的变形。在机床部件中,薄弱零件受力变形对部件刚度的影响最大。例如,机床燕尾导轨中的镶条为刚度较差的零件,与导轨面配合不好,如图 3-18 所示。薄壁衬套因形状误差而与壳体接触不良,如图 3-19 所示。这些薄弱零件极易变形,故造成整个部件刚度大大降低。当这些薄弱环节变形后改善了接触情况,部件的刚度就明显提高。这类部件的刚度曲线如图 3-20a 所示,其刚度具有先低后高的特征。

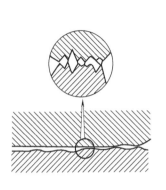

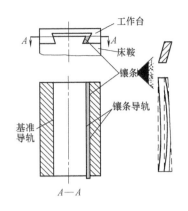

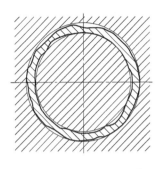

图 3-17 接触面表面质量对接触刚度的影响

图 3-18 刚度较差的零件——镶条

图 3-19 薄弱零件——薄壁衬套

3）接触表面之间的摩擦。零件接触面间的摩擦力对接触刚度的影响当载荷变动时较为显著。加载时，摩擦力阻止变形增加，而卸载时，摩擦力又阻止变形恢复。由于变形不均匀增减从而引起加工误差，同时也是造成刚度曲线中加载与卸载曲线不相重合的原因之一（见图 3-15）。

4）连接表面间的间隙影响。部件中各零件间如果有间隙，那么只要受到较小的力（克服摩擦力），就会使零件相互错动，故表现为刚度很低。间隙消除后，相应表面接触，才开始有接触变形和弹性变形，这时就表现为刚度较大，如图 3-21 所示。如果载荷是单向的，那么在第一次加载消除间隙后对加工精度的影响较小；如果工作载荷不断改变方向，如镗床、铣床的切削力，那么间隙的影响就不容忽视。而且，因间隙引起的位移，在去除载荷后不会恢复。

5）连接件夹紧力的影响。机器和部件中的许多零件是用螺钉等连接起来的，当加外载荷时，开始载荷小于螺钉所形成的夹紧力，这时变形较小，刚度较高；当载荷大于螺钉所形成的夹紧力时，螺钉将变形，因此变形较大，刚度较差，多出现凸形变形曲线，如图3-20b所示。

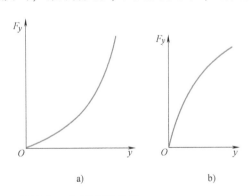

图 3-20 加载变形曲线

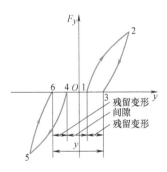

图 3-21 正反加卸载变形曲线

（3）工艺系统刚度的计算 工艺系统是由机床、刀具、夹具、工件等组成的，工艺系统在某一位置受力作用产生的变形量 $y_{系统}$ 应为工艺系统各组成环节在此位置受该力作用产生的变形量的代数和，即

$$y_{系统} = y_{机床} + y_{刀具} + y_{工件} + y_{夹具}$$

依据刚度的定义，有

$$K_{系统} = \frac{F_y}{y_{系统}} = \frac{F_y}{\dfrac{F_y}{K_{机床}} + \dfrac{F_y}{K_{刀具}} + \dfrac{F_y}{K_{工件}} + \dfrac{F_y}{K_{夹具}}}$$

所以

$$\frac{1}{K_{系统}} = \frac{1}{K_{机床}} + \frac{1}{K_{刀具}} + \frac{1}{K_{工件}} + \frac{1}{K_{夹具}} \tag{3-2}$$

由式（3-2）可知，工艺系统刚度的倒数等于系统各组成环节刚度的倒数之和。若已知各组成环节的刚度，即可求得工艺系统刚度。

3.3.2 工艺系统受力变形对加工精度的影响

1. 切削力对加工精度的影响（以车削加工为例）

（1）切削力作用点位置变化引起的加工误差　如图3-22所示，主轴、尾座所受的力分别为

$$F_{ct} = F_y \frac{L-x}{L}$$

$$F_{wz} = F_y \frac{x}{L}$$

工件在 x 处的变形量为

$$y_x = y_{ct} + (y_{wz} - y_{ct})\frac{x}{L}$$

$$y_x = \frac{F_{ct}}{K_{ct}} + \left(\frac{F_{wz}}{K_{wz}} - \frac{F_{ct}}{K_{ct}}\right)\frac{x}{L} = \frac{L-x}{L}\frac{F_y}{K_{ct}}$$

$$+ \left[\frac{x}{L}\frac{F_y}{K_{wz}} - \frac{L-x}{L}\frac{F_y}{K_{ct}}\right]\frac{x}{L}$$

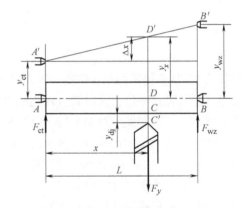

图 3-22　切削力作用点位置变化
对加工精度的影响

所以　　　$y_x = F_y \left[\dfrac{1}{K_{ct}}\left(\dfrac{L-x}{L}\right)^2 + \dfrac{1}{K_{wz}}\left(\dfrac{x}{L}\right)^2\right]$

此时刀架的变形为

$$y_{dj} = \frac{F_y}{K_{dj}}$$

所以　　　$y_{jc} = y_x + y_{dj} = F_y\left[\dfrac{1}{K_{ct}}\left(\dfrac{L-x}{L}\right)^2 + \dfrac{1}{K_{wz}}\left(\dfrac{x}{L}\right)^2 + \dfrac{1}{K_{dj}}\right]$

工件的变形为

$$y_g = \frac{F_y}{3EI}\frac{(L-x)^2 x^2}{L}$$

在 x 处工艺系统的总变形量为

$$y_{st} = y_{jc} + y_g$$

$$= F_y\left[\frac{1}{K_{ct}}\left(\frac{L-x}{L}\right)^2 + \frac{1}{K_{wz}}\left(\frac{x}{L}\right)^2 + \frac{1}{K_{dj}} + \frac{1}{K_g}\right]$$

工艺系统的变形曲线如图3-23所示。

由图 3-22、图 3-23 可知，由于工件细长、刚度小，在切削力作用下，其变形大大超过机床、夹具和刀具所产生的变形。因此，机床、夹具和刀具的受力变形可忽略不计，工艺系统的变形完全取决于工件的变形。

随着车刀位置（即切削力位置）的变化，工艺系统的变形也是变化的。变形大的地方，背吃刀量较小；变形小的地方，切去较多的金属，加工出的工件呈两头细、中间粗的腰鼓形。

（2）切削力大小变化引起的加工误差　加工过程中，由于毛坯加工余量和工件材质不均等因素，会引起切削力变化，使工艺系统变形发生变化，从而产生加工误差。

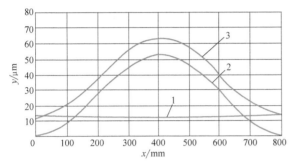

图 3-23　工艺系统的变形曲线

1—机床变形　2—工件变形　3—工艺系统变形

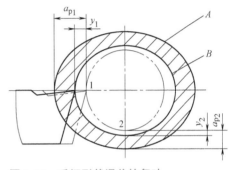

图 3-24　毛坯形状误差的复映

如图 3-24 所示，切削分力 F_y 可表示为

$$F_y = \lambda F_c = \lambda C_{F_c} a_p^{X_{F_c}} f^{Y_{F_c}} K_{F_c}$$

车削时 $X_{F_c} = 1$，在一次进给中 f 不变，因此

$$F_y = A a_p$$

$$y_1 = \frac{F_{y1}}{K_{st}} = \frac{A a_{p1}}{K_{st}}, \quad y_2 = \frac{F_{y2}}{K_{st}} = \frac{A a_{p2}}{K_{st}}$$

车削前圆度误差为

$$\Delta_0 = a_{p1} - a_{p2}$$

车削后圆度误差为

$$\Delta_1 = y_1 - y_2 = \frac{A}{K_{st}}(a_{p1} - a_{p2}) = \frac{A}{K_{st}} \Delta_0$$

令 $\varepsilon = \dfrac{\Delta_1}{\Delta_0}$，称为误差复映系数，则

$$\varepsilon = \frac{A}{K_{st}} < 1$$

第一次进给

$$\varepsilon_1 = \frac{A_1}{K_{st}}, \quad \Delta_1 = \varepsilon_1 \Delta_0$$

第二次进给

$$\varepsilon_2 = \frac{A_2}{K_{st}}, \quad \Delta_2 = \varepsilon_2 \Delta_1 = \varepsilon_1 \varepsilon_2 \Delta_0$$

第 n 次进给

$$\varepsilon_n = \frac{A_n}{K_{st}}, \quad \Delta_n = \varepsilon_n \Delta_{n-1} = \varepsilon_1 \varepsilon_2 \cdots \varepsilon_n \Delta_0$$

即

$$\varepsilon_z = \varepsilon_1 \varepsilon_2 \cdots \varepsilon_n \ll 1$$

可见，进给次数 n 越多，工艺系统刚度 K_{st} 越大，则误差复映系数 ε 就越小。

由以上分析可知，当工件毛坯有形状误差，如圆度、圆柱度、直线度等，或相互位置误差，如偏心、径向圆跳动等时，加工后仍然会有同类的加工误差出现；在成批大量生产中用调整法加工一批工件时，如毛坯尺寸不一，那么加工后这批工件仍有尺寸不一的误差。这就是切削加工中的误差复映现象。

毛坯硬度不均匀，同样会造成加工误差。在采用调整法成批生产情况下，控制毛坯材料硬度的均匀性是很重要的。因为加工过程中进给次数通常已定，如果一批毛坯材料的硬度差别很大，就会使工件的尺寸分散范围扩大，甚至超差。

加工后的误差与加工前的误差的比值，称为误差复映系数 ε。它代表误差复映的程度，定量地反映了毛坯误差经过加工后减少的程度。ε 与工艺系统的刚度成反比，与径向切削力系数 A 成正比。要减小工件的复映误差，可增加工艺系统的刚度或减小径向切削力系数。如采用主偏角 κ_r 接近 $90°$ 的车刀，减少进给量 f 等。

2. 传动力对加工精度的影响

在车床或磨床类机床上加工轴类零件时，常用单爪拨盘带动工件旋转。如图 3-25a 所示，在拨盘的每一转中，传动力方向是变化的，它在 y 方向的分力有时和切削力 F_y 同向，有时反向，如图 3-25b 所示，因此将造成工件的圆度误差。加工出的零件形状如图 3-26 所示。在靠近单爪拨盘处的截面上为心脏形，而远离处影响较小，为圆形。

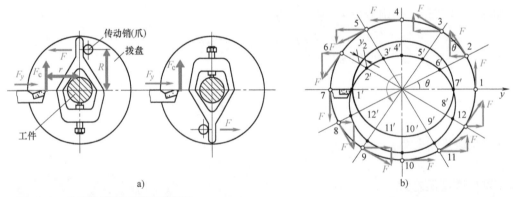

图 3-25 传动力对加工精度的影响

在加工精密零件时可改用双爪拨盘或柔性连接装置带动工件旋转，如图 3-27 所示，以减小传动力对加工精度的影响。

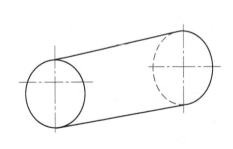

图 3-26 传动力引起的加工误差

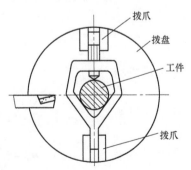

图 3-27 用双爪拨盘带动工件回转

3. 惯性力对加工精度的影响

高速回转零件的不平衡会产生离心力，这个离心力在工件回转中不断改变方向，其在 y 方向的分力有时和切削力 F_y 同向，有时反向。如图 3-28 所示，同向时，实际背吃刀量减小；反向时，实际背吃刀量增大，从而造成加工误差。

由于惯性力所造成的工件在径向截面上的形状误差对称于水平轴，其加工误差与传动力对加工精度的影响相似。

在车削或磨削中常常采用加配重来平衡的方法，以消除惯性力对加工精度的影响。

4. 夹紧力对加工精度的影响

工件在装夹时，由于工件刚度较低或夹紧力着力

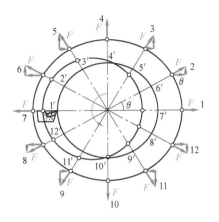

图 3-28　惯性力对加工精度的影响

点不当，会使工件产生相应的变形，造成加工误差。如图 3-29 所示为用自定心卡盘夹持薄壁套筒，假定坯件是正圆形，夹紧后坯件呈三棱形，虽镗出的孔为正圆形，但松开后，套筒弹性恢复使孔又变成三棱形，如图 3-29a、b、c 所示。为了减少加工误差，应使夹紧力均匀分布，可采用开口过渡环或采用专用卡爪夹紧，如图 3-29d 所示。

又如磨削薄片零件，假定坯件翘曲，当它被电磁工作台吸紧时，产生弹性变形，磨削后取下工件，由于弹性恢复，使已磨平的表面又产生翘曲，如图 3-30a、b、c 所示。改进的办法是在工件和磁力吸盘之间垫入一层薄橡胶皮（0.5mm 以下）或纸片，如图 3-30d 所示，当工作台吸紧工件时，橡皮垫受到不均匀的压缩，使工件变

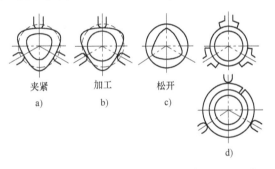

图 3-29　薄壁套筒零件由于夹紧力引起的加工误差

形减少，翘曲的部分就将被磨去。如此进行，正反面轮番多次磨削后，就可得到较平的平面。

在生产中，往往有利用夹紧力使工件变形而达到所要求的精度。图 3-31 为床身零件，为了提高使用寿命将导轨做成中凸的。由于中凸量很小，可在加工时，使导轨中部受夹紧力产生微量变形。待加工后松开时由于弹性变形而自然恢复成中凸。

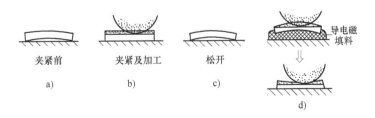

图 3-30　平面磨削薄片零件由于夹紧力引起的加工误差

图 3-31　利用夹紧力使工件变形达到所要求的精度

5. 重力对加工精度的影响

工艺系统中，由于零部件自重产生变形也会对工件的加工精度造成影响。如大型立式车床、龙门铣床、龙门刨床刀架横梁，由于主轴箱或刀架的重力而产生变形；铣床床鞍在升降台上横向移动时，由于工作台和床鞍的自重使升降台产生变形。均会导致工件产生相应的加工误差，如图 3-32、图 3-33 所示。

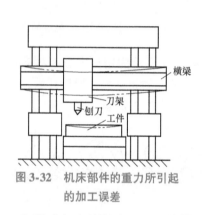

图 3-32　机床部件的重力所引起
的加工误差

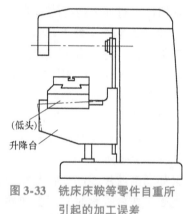

图 3-33　铣床床鞍等零件自重所
引起的加工误差

为了减少这种影响，可以将横梁导轨面做成中凸形，将升降台导轨面做成前高后低形来抵消。

3.3.3　减小工艺系统受力变形的途径

由工艺系统刚度表达式可知，减少工艺系统变形的途径为：提高工艺系统刚度、减小切削力及其变化。

1. 提高工艺系统刚度

提高工艺系统刚度应从提高其各组成部分薄弱环节的刚度入手，这样才能取得事半功倍的效果。提高工艺系统刚度的主要途径是：

（1）设计机械制造装备时应切实保证关键零部件的刚度　在机床和夹具中应保证支承件（如床身、立柱、横梁、夹具体等）、主轴部件和传动件有足够的刚度。

（2）提高接触刚度　提高接触刚度是提高工艺系统刚度的关键。减少组成件数，提高接触面的表面质量，均可减少接触变形，提高接触刚度。对于相配合零件，可以通过适当预紧消除间隙，增大实际接触面积。

（3）采用合理的装夹方式和加工方法　提高工件的装夹刚度，应从定位和夹紧两个方面采取措施，如图 3-34 所示。

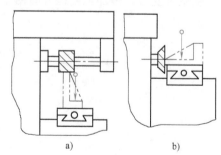

图 3-34　零件的两种安装方法

2. 减小切削力及其变化

改善毛坯制造工艺、减少加工余量、适当增大前角和后角、改善工件材料的切削性能等均可减小切削力。为控制和减小切削力的变化幅度，应尽量使一批工件的材料性能和加工余量保持均匀。

3.4 工艺系统的受热变形

在机械加工过程中，工艺系统在各种热源的影响下，常产生复杂的变形，从而破坏工件与刀具间的相对运动，造成加工误差。据统计，在精密加工中，由于热变形引起的加工误差，占总加工误差的40%~70%。高效、高精度、自动化加工技术的发展，使工艺系统热变形问题变得更为突出，已成为机械加工技术进一步发展的重要研究课题。

3.4.1 工艺系统的热源

切削加工过程中，消耗于切削层弹性、塑性变形及刀具与工件、切屑间摩擦的能量，绝大部分转化为切削热。切削热将传入工件、刀具、切屑和周围介质，它是工艺系统中工件和刀具热变形的主要热源。在车削加工中，传给工件的热量占总切削热的30%左右，切削速度越高，切屑带走的热量越多，传给工件的热量就越少；在铣削、刨削加工中，传给工件的热量占总切削热的比例小于30%；在钻削和镗削加工中，因为大量的切屑滞留在所加工孔中，传给工件的热量往往超过50%；在磨削加工中，传给工件的热量有时多达80%以上，磨削区温度可高达800~1000℃。

引起工艺系统受热变形的"热源"大体分为两类：内部热源和外部热源。内部热源主要指切削热和摩擦热。

1. 切削热

切削热是由于切削过程中，切削层金属的弹性、塑性变形及刀具与工件、切屑之间摩擦而产生的热量。

这些热量将传给工件、刀具、切屑和周围介质，其分配百分比随加工方法不同而异。

一般传入工件或刀具的切削热为

$$Q = F_c v_c K$$

式中　v_c——切削速度（m/s）；

　　　K——切削热传递的百分比；

　　　F_c——主切削力（N）。

图 3-35 表示了在车削加工时，随着切削速度的不同，切削热传到切屑、工件及刀具的情况。随着切削速度的提高，传到刀具和工件的热量比例越来越少。

铣、刨加工时，$K_{工件} < 30\%$；钻削加工时，$K_{工件} > 50\%$；磨削加工时，$K_屑 \approx 4\%$，$K_{砂轮} \approx 12\%$，$K_{工件} \approx 84\%$。

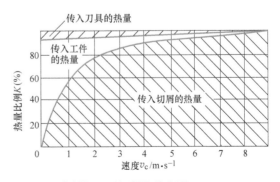

图 3-35　车削加工时切削热的分配

2. 摩擦热

摩擦热是指机床运动部件为克服摩擦所做机械功转变的热量，如轴承、齿轮、导轨等，以及机床动力装置工作时因能量损耗发出的热，如电动机、液压马达等。它们是机床热变形的主要热源。

3. 外部热源

外部热源主要是指周围环境温度通过空气的对流以及日光、照明灯具、取暖设备等热源通过辐射传到工艺系统的热量。外部热源的热辐射及环境温度的变化对机床热变形的影响，有时也是不可忽视的。靠近窗口的机床受到日光照射的影响，上下午的机床温升和变形就不同，而且日照通常是单向的、局部的，受到照射的部分与未经照射的部分之间就有温差。

3.4.2 工艺系统热变形对加工精度的影响

工艺系统在工作状态下，一方面它经受各种热源的作用使温度逐渐升高；另一方面，它同时也通过各种传热方式向周围介质散发热量。当工件、刀具和机床的温度达到某一数值时，单位时间内传出和传入的热量接近相等，工艺系统就达到了热平衡状态。在热平衡状态下，工艺系统各部分的温度保持在某一相对固定的数值上，工艺系统的热变形将趋于相对稳定。由此引起的加工误差是有规律的，所以，精密加工应在热平衡之后进行。

1. 工件热变形对加工精度的影响

机械加工过程中，使工件产生热变形的热源主要是切削热。对于精密零件，环境温度变化和日光、取暖设备等外部热源对工艺系统的局部辐射等也不容忽视。不同的加工方法、工件的形状不同，产生的热变形也不同。

（1）棒料　轴类零件在车削或磨削加工时，一般是均匀受热，开始切削时工件温升为零，随着切削的进行，工件温度逐渐升高，直径逐渐增大，加工终了时直径增至最大，但增大部分均被刀具所切除，当工件冷却后形成锥形，产生圆柱度和尺寸误差。

细长轴在顶尖间车削时，热变形将使工件伸长，导致弯曲变形，不仅使工件产生圆柱度误差，严重时顶弯的工件还有甩出去的危险。因此，在加工精度高的轴类零件时，宜采用弹性尾顶尖，或工人不时放松顶尖，以重新调整顶尖与工件间的压力。

车削或磨削外圆时，切削热是从四周均匀传入工件的，主要是使工件的长度和直径增大，其尺寸误差可以按物理学计算热膨胀的公式求出，即

长度方向上 $\qquad\qquad\qquad \Delta L = \alpha L \Delta t$

直径方向上 $\qquad\qquad\qquad \Delta D = \alpha D \Delta t$

式中　α——工件材料的线膨胀系数（1/℃）；

　L、D——工件原有的长度和直径（mm）；

　Δt——工件切削后的温升（℃）。

例如，精密丝杠磨削时，工件的热伸长会引起螺距累积误差。如 3m 长的丝杠，每一磨削行程，温度就要升高 3℃，则工件伸长量为

$$\Delta L = 3000 \times 12 \times 10^{-6} \times 3 \, \text{mm} = 0.1 \, \text{mm}$$

其中，$\alpha = 12 \times 10^{-6}$/℃ 为钢材的热膨胀系数。而 6 级精度的丝杠螺距累积误差在全长上

不允许超过 0.02mm，可见热变形量的严重性。

（2）板材 在刨、铣或磨削平面时，工件单面受热。由于受热不均匀，上下表面之间形成温差，导致工件上凸。凸起部分被加工，冷却后工件呈下凹状，形成直线度误差。如图 3-36 所示，工件变形量为

$$\Delta = \frac{L}{2}\sin\frac{\varphi}{4} \approx \frac{L\varphi}{8}$$

由几何关系可知

$$EF \approx \Delta L = \alpha L \Delta t = \alpha(t_1 - t_2)L$$

$$\varphi \approx \tan\varphi \approx \frac{EF}{DE} = \frac{\alpha(t_1 - t_2)L}{h}$$

所以
$$\Delta = \frac{\alpha \Delta t L^2}{8h} \qquad (3\text{-}3)$$

由式（3-3）可知，工件长度越长，热变形越大。

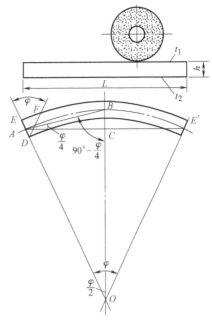

图 3-36 不均匀受热引起的热变形

例如，精刨铸铁导轨，$L = 2000\text{mm}$，$h = 600\text{mm}$，如果床面与床脚温差为 2.4℃，$\alpha = 1.1 \times 10^{-5}/℃$，则

$$\Delta = 1.1 \times 10^{-5} \times 2.4 \times \frac{2000^2}{8 \times 600}\text{mm} \approx 0.022\text{mm}$$

显然，对于精密加工，热变形是一个不容忽视的重要问题。

2. 刀具热变形对加工精度的影响

使刀具产生热变形的热源主要是切削热。切削热传入刀具的比例虽然不大，如车削时约为 5%，但由于刀具体积小，热容量小，所以刀具切削部分的温升仍较高。

粗加工时，刀具热变形对加工精度的影响一般可以忽略不计；对于加工要求较高的零件，刀具热变形对加工精度的影响较大，将使加工表面产生尺寸误差或形状误差。

（1）刀具连续工作时的热变形 图 3-37 所示为车削时车刀的热伸长量与切削时间的关系曲线。当车刀连续车削时，

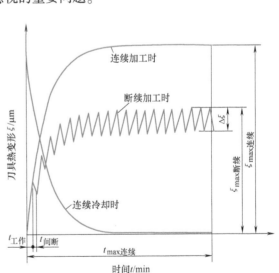

图 3-37 刀具的热变形

车刀变形情况见连续加工时的曲线。在切削开始阶段，车刀受热而使温度不断上升，因而刀具逐渐伸长。到达一定时间（10~20min）后就进入热平衡状态，此后热变形基本稳定，对加工精度的影响就很小。当车刀停止车削后，刀具温度立即下降，开始冷却较快，以后逐渐

减慢，见连续冷却时的曲线。

（2）刀具断续工作时的热变形　　在间断车削时，如车削一批短轴零件，因需不时装卸工件，加工时断时续，刀具大多处于断续工作状态，刀具切削时产生热伸长，间断时就冷却产生缩短，此时刀具热变形曲线具有热胀与冷缩双重特性，见断续加工时的曲线。因此，其总的受热变形量小，最后趋于稳定在一定范围内变动，故对精度的影响不明显，若考虑切削时刀具的磨损，这种影响更微小。

3. 机床热变形对加工精度的影响

使机床产生热变形的热源主要是摩擦热、传动热和外界热源传入的热量。

由于机床内部热源分布的不均匀和机床结构的复杂性，机床各部件的温升是各不相同的，机床零部件间会产生不均匀的变形，这就破坏了机床各部件原有的相互位置关系。不同类型的机床，其主要热源各不相同，热变形对加工精度的影响也不相同，如图 3-38 所示。车床、铣床和钻、镗类机床的主要热源来自主轴箱。车床主轴箱的温升将使主轴温度升高。由于主轴前轴承的发热量大于后轴承的发热量，故主轴前端比后端温升高。主轴箱的热量传给床身，还会使床身和导轨向上凸起。

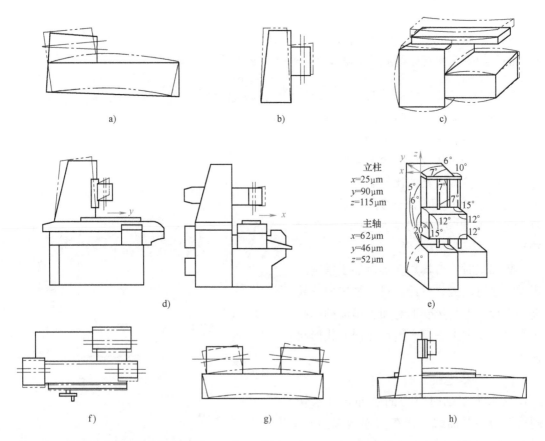

图 3-38　常用机床的受热变形示意图

a）车床　b）立式铣床　c）卧式铣床　d）坐标镗床

e）加工中心　f）外圆磨床　g）双端面磨床　h）大型导轨磨床

磨床类机床通常有液压传动系统并配有高速磨头，它的主要热源为砂轮主轴轴承的发热和液压系统的发热。主要表现在砂轮架位移、工件头架的位移和导轨的变形。其中，砂轮架的回转摩擦热影响最大，而砂轮架的位移，直接影响被磨工件的尺寸。

大型机床如导轨磨床、外圆磨床、立式车床、龙门铣床等的长床身部件，机床床身的热变形主要表现在导轨的凸起，是影响加工精度的主要因素。

3.4.3　减小工艺系统热变形的途径

1. 减少热源产生的热量

机床内部的热源是产生机床热变形的主要热源。凡是有可能从主机分离出去的热源，如电动机、液压系统和油箱等，应尽量放在机床外部。

为了减少热源发热，在相关零部件的结构设计时应采取措施改善摩擦条件。例如，选用发热较少的静压轴承或空气轴承作为主轴轴承，在润滑方面也可改用低黏度的润滑油、锂基油脂或油雾润滑等。

通过控制切削用量和刀具几何参数，可减少切削热。

2. 改善散热条件

热源部分除采用通风散热措施，对工件使用大流量切削液，或喷雾等方法冷却，可带走大量切削热或磨削热之外，还可采取冷油强制冷却，机床主轴轴承和齿轮箱中产生的热量可由恒温的切削液迅速带走。

3. 均衡温度场

在外移热源时，还应注意均衡温度场的问题。图 3-39 表示平面磨床采用热空气加热温升较低的立柱后壁，以均衡立柱前后壁的温度差，从而减少立柱的弯曲变形。图中热空气从电动机风扇排出，通过特设管道引向防护罩和立柱的后壁空间。采用此措施可使工件端面平行度误差降低为原来的 1/3 ～ 1/4。

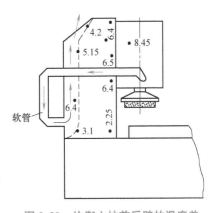

图 3-39　均衡立柱前后壁的温度差

此外，对于精密机床，一般应安装在恒温车间进行加工，并应在机床达到热平衡后再进行加工。

4. 改进机床结构

（1）采用热对称结构　在变速箱中，将轴、轴承、传动齿轮对称布置，可使箱壁温升均衡，从而减少变形。铣床立柱及升降台内部的传动元件的安放也应力求对称，如图 3-40 所示。

（2）合理选择装配基准　在设计上使关键件的热变形在无碍于加工精度的方向上移动。图 3-41a 比图 3-41b 有利，图 3-41a 中主轴轴线的定位基准为右导轨侧面，只有 z 方向的热位移，它对加工精度的影响很小；而图 3-41b 中，除了 z 方向的热位移外，还产生了 y 方向的热位移，它对加工精度有直接影响。

（3）合理设计零部件的相对位置　图 3-42 中控制砂轮架 y 方向位置的丝杠长度 L_1 比 L 短，因热变形造成丝杠的螺距累积误差要小，所以砂轮的定位精度较高，图 3-42b 的结构比图 3-42a 的好。

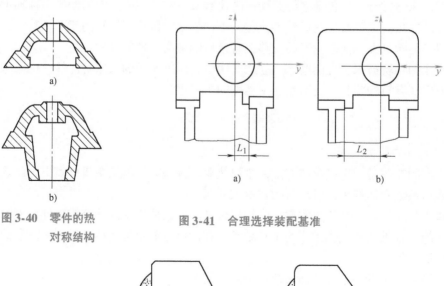

图 3-40 零件的热对称结构

图 3-41 合理选择装配基准

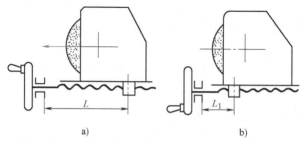

图 3-42 合理设计零部件的相对位置

3.5 内应力对加工精度的影响

内应力是指当外部载荷去除后,仍残存在工件内部的应力,也称残余应力。

在热加工和冷加工过程中,由于金属内部宏观或微观的组织发生了不均匀的体积变化,致使当外部载荷去除后,在工件内部残存着一种应力。

具有这种内应力的零件处于一种不稳定的相对平衡状态,可以保持形状精度的暂时稳定。但它的内部组织有强烈的倾向要恢复到一种稳定的没有内应力的状态,一旦外界条件产生变化,如环境温度的改变、继续进行切削加工、受到撞击等,内应力的暂时平衡就会被打破而进行重新分布,零件将产生相应的变形,从而破坏原有的精度。具有内应力的零件,即使在常温下,其内部组织也在不断地进行变化,直至内应力消失为止。如果把具有内应力的重要零件装配成机器,在机器的使用过程中也会产生变形,破坏整台机器的质量。因此,必须采取措施消除内应力对加工零件精度的影响。

工件内应力产生的原因:毛坯热应力、冷校直内应力、切削加工内应力及工件热处理时的内应力。

3.5.1 毛坯热应力

在铸、锻、焊等毛坯加工过程中,由于零件壁厚不均匀使得各部分热胀冷缩不均匀以及金相组织转变时的体积变化，使毛坯内部产生相当大的残余应力。毛坯的结构越复杂、壁厚越不均匀、散热条件差别越大，毛坯内部产生的内应力也越大。具有内应力的毛坯，内应力暂时处于相对平衡状态，变形缓慢。但当切去一层金属后，就打破了这种平衡，内应力重新分布，工件就明显地出现了变形。

图 3-43a 所示为一个壁厚不均匀的铸件，它是模拟车床床身零件。在浇注后的冷却过程中，由于壁 A 和 C 比较薄，散热较易，所以冷却较快；壁 B 较厚，冷却较慢。当壁 A 和 C 从塑性状态冷却至弹性状态时（约 620℃），壁 B 的温度还比较高，仍处在塑性状态。所以，壁 A 和 C 收缩时，壁 B 不起牵制作用，铸件内部不产生内应力。但当壁 B 冷却到弹性状态时，壁 A 和 C 的温度已经降低很多，收缩速度变得很慢，而这时壁 B 收缩较快，就受到了壁 A 及 C 的阻碍。因此，壁 B 受到了拉应力，壁 A 及 C 受到了压应力，形成了相互平衡的状态。

如果在壁 C 上切开一个缺口，如图 3-43b 所示，则壁 C 的压应力消失。铸件在壁 B 和 A 的内应力作用下，壁 B 收缩，壁 A 膨胀，发生弯曲变形，直至内应力重新分布，达到新的平衡为止。推广到一般情况，各种铸件都难免产生冷却不均匀而形成残余应力。

如图 3-44 所示机床床身，铸造时外表面总比中心部分冷却得快，为提高导轨面的耐磨性，还常采用局部激冷工艺使它冷却更快一些，以获得较高的硬度，由于表里冷却不均匀，床身内部的残余应力就更大。当粗加工刨去一层金属后，就如同图 3-43b 中壁 C 被切开一样，引起床身内应力重新分布，产生弯曲变形。

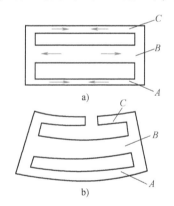

图 3-43　铸件内应力引起的变形

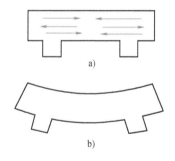

图 3-44　床身内应力引起的变形

3.5.2　冷校直内应力

丝杠一类的细长轴经车削后，棒料在轧制过程中产生的内应力会重新分布，使轴产生弯曲变形。为了纠正这种变形，常采用冷校直。校直的方法是在弯曲的反方向加外力 F，如图 3-45 所示。在外力 F 作用下，工件内部的应力分布如图 3-45b 所示，在轴线以上产生压应力（用负号表示），在轴线以下产生拉应力（用正号表示），在轴线和两条虚线之间，是弹性变形区域，在虚线之外是塑性变形区域。当外力 F 去除后，外层的塑性变形部分阻止内部弹性变形的恢复，使内应力重新分布，如图 3-45c 所示。所以说，冷校直虽减少了弯曲，但工件仍处于不稳定状态，如再次加工，又将产生新的弯曲变形。

因此，高精度丝杠的加工，不允许冷校直，而是用多次人工时效来消除内应力，或采用热校直代替冷校直。

3.5.3 切削加工内应力

工件在进行切削加工时，其表面层在切削力和切削热的作用下，使工件各部分产生不同程度的塑性变形，以及金属组织的变化所引起的体积改变，从而产生内应力并造成加工后工件的变形。通常，力的作用使工件表层产生压应力，热的作用使工件表层产生拉应力。且在大多数的情况下热的作用大于力的作用，故工件表层应力通常呈"表层受拉，里层受压"状态。

实践表明，具有内应力的工件，当在加工过程中切去表面一层金属后，所引起的内应力的重新分布和变形最为强烈。因此，粗加工后，应将被夹紧的工件松开使之有时间使内应力重新分布。

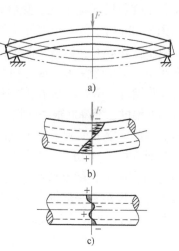

图 3-45 冷校直内应力

3.5.4 工件热处理时的内应力

工件在进行热处理时，由于金相组织产生变化而引起体积变化，或工件各处温度不同，冷却速度不一，使工件产生内应力。例如，普通合金钢淬火后，有时会产生残留奥氏体，它是一个不稳定的组织，影响尺寸稳定性，这就是相变产生的内应力，淬火后进行冰冷处理可消除残留奥氏体。一般淬火时表层多产生压应力，有时压应力很大，超过材料强度极限时将使零件表面产生裂纹。

3.5.5 减少内应力的措施

1）时效处理。自然时效处理主要是在毛坯制造之后，或粗加工后、精加工之前，让工件停留一段时间，利用温度的自然变化，经过多次热胀冷缩，使工件内部组织产生微观变化，从而达到减少或消除内应力目的的一种处理方法。这种过程一般需要半年至五年时间，因周期长，所以除特别精密件外，一般较少使用。

人工时效处理是目前使用最广的一种方法，分高温时效和低温时效。前者是将工件放在炉内加热到 500~680℃，使工件金属原子获得大量热能来加速运动，并保温 4~6h，使原子组织重新排列，然后随炉冷却至 100~200℃ 出炉，在空气中自然冷却，以达到消除内应力的目的。此方法一般适用于毛坯或粗加工后进行。低温时效是加热到 200~300℃，保温 3~6h 后取出，在空气中自然冷却。低温时效一般适用于半精加工后进行。

人工时效需要较大的投资，设备较大，能源消耗多。

振动时效是让工件受到激振器的敲击，或工件在滚筒中回转互相撞击，使其在一定的振动强度下，引起工件金属内部组织的转变，一般振动 30~50min 即可消除内应力。这种方法节省能源、简便、效率高，近年来发展很快，但有噪声污染。此方法适用于中小零件及有色金属件等。

2）结构上保证壁厚均匀。在零件的结构设计中，应尽量简化结构，考虑壁厚均匀，减少尺寸和壁厚差，增大零件的刚度，以减少在铸、锻毛坯制造中产生的内应力。

3）刚度适当。

4）减小切削力，"小背吃刀量，多走刀"。机械加工时，应注意粗、精加工分开在不同的工序进行，使粗加工后有一定的间隔时间让内应力重新分布，以减少对精加工的影响。

5）尽量不用冷校直工序。

3.6　加工误差的统计分析法

统计分析法是以生产现场的工件检测结果为依据，运用数理统计的方法对这些结果进行分析和处理，从中找出误差变化规律。常用的统计分析法有两种：分布曲线法和点图法。

3.6.1　分布曲线法

例：铰孔 ϕ10H7（ϕ10$^{+0.018}_{0}$mm）。

实测一批工件，按照孔径尺寸范围分组摆放，可以直观地看到工件尺寸的分布状况，如图 3-46 所示。

测量每个工件的加工尺寸，把测得的数据记录下来，按尺寸大小将整批工件进行分组，则每一组中的零件尺寸处在一定的间隔范围内。同一尺寸间隔内的零件数量称为频数，频数与该批零件总数之比称为频率。以零件尺寸为横坐标，以频数（或频率）为纵坐标，便可得到实际分布曲线，也称密度直方图，如图 3-47 所示。

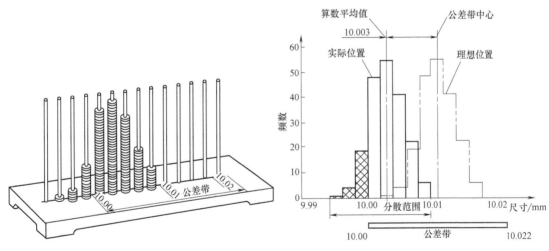

图 3-46　分组统计盘　　　　　　　　图 3-47　分布概率密度直方图

无数的生产实践的经验表明：在正常条件下加工一批工件，其尺寸分布情况常和实际分布曲线相似。在研究加工误差问题时，常常应用数理统计学中的一些"理论分布曲线"来近似地代替实际分布曲线，这样做有很大的方便和好处。其中应用最广的便是正态分布曲线。

1. 正态分布曲线

如图 3-48 所示，正态分布曲线的数学表达式为

$$y = \frac{1}{\sigma\sqrt{2\pi}}\mathrm{e}^{-\frac{(x-\bar{x})^2}{2\sigma^2}} \tag{3-4}$$

其中，算术平均值为

$$\bar{x} = \frac{1}{n}\sum_{i=1}^{n}x_i \tag{3-5}$$

均方差为

$$\sigma = \sqrt{\frac{1}{n}\sum_{i=1}^{n}(x_i - \bar{x})^2} \tag{3-6}$$

概率密度为

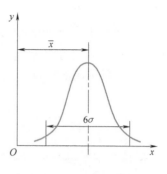

图 3-48　正态分布曲线

$$F(x) = \frac{1}{\sigma\sqrt{2\pi}}\int_{-\infty}^{+\infty}y(x)\,\mathrm{d}x = 1$$

$\bar{x}$ 和 σ 是正态分布曲线的两个重要参数。$\bar{x}$ 影响曲线的位置，如果改变 $\bar{x}$ 值，分布曲线将沿 x 坐标移动而不改变曲线形状；σ 确定曲线的形状，即曲线分布相对 $\bar{x}$ 的分散情况，如果改变 σ 值，分布曲线形状将发生变化。分散范围 6σ 与分散范围中心 $\bar{x}$ 可表达一批工件的加工情况。

2. 利用分布曲线判别加工误差的性质

假如加工过程中没有变值系统性误差，那么其尺寸分布应服从正态分布，这是判别加工误差性质的基本方法。用此方法即可区分常值系统性误差和随机性误差。图 3-49 所示即存在常值系统性误差。

3. 利用分布曲线进行工艺验证

由分布曲线的特点可知，σ 越大，则曲线越平坦，尺寸分布范围大，加工方法的加工精度低。

令

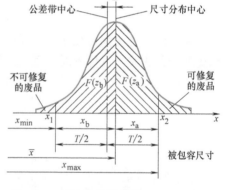

图 3-49　用分布曲线判断
加工误差的性质

$$C_{\mathrm{p}} = \frac{T}{6\sigma} \tag{3-7}$$

式中　C_{p}——工艺能力系数；

　　　T——工件公差。

按工艺能力系数的大小，工序等级可以划分为：

1) $C_{\mathrm{p}} > 1.67$，特级，但过高，造成浪费。

2) $1.67 \geqslant C_{\mathrm{p}} > 1.33$，一级，足够，全部零件合格。

3) $1.33 \geqslant C_{\mathrm{p}} > 1.0$，二级，勉强，易出废品。

4) $1.0 \geqslant C_{\mathrm{p}} > 0.67$，三级，不足，需改进。

5) $C_{\mathrm{p}} \leqslant 0.67$，四级，不合格，应停产。

4. 利用分布曲线计算一批零件的合格率和废品率

例如，检查一批精镗后的活塞销孔直径，图样规定的尺寸及公差为 $\phi 28_{-0.015}^{\ 0}$ mm，检查件数为 100 个，将测量所得的数据按尺寸大小分组，每组的尺寸间隔为 0.002mm，然后填在表 3-1 内，表中 n 是测量的工件数，m 是每组的件数。

表 3-1　活塞销孔直径的测量结果

组别	尺寸范围/mm	中点尺寸 x/mm	组内件数 m	频率 m/n	$x_i - \bar{x}$	$(x_i - \bar{x})^2$
1	27.992 ~ 27.994	27.993	4	4/100	− 0.0049	0.00002401
2	27.994 ~ 27.996	27.995	16	16/100	− 0.0029	0.00000841
3	27.996 ~ 27.998	27.997	32	32/100	− 0.0009	0.00000081
4	27.998 ~ 28.000	27.999	30	30/100	0.0011	0.00000121
5	28.000 ~ 28.002	28.001	16	16/100	0.0031	0.00000961
6	28.002 ~ 28.004	28.003	2	2/100	0.0051	0.00002601

以工件尺寸 x 为横坐标，以频率 m/n 为纵坐标，便可绘出实际分布曲线图（见图 3-50）。通过计算尺寸公差带及其中心和尺寸的分散范围及其中心，便可分析加工质量。

公差带大小 $T = 0.015\text{mm}$

公差带中心 $= (28 - 0.015/2)\text{mm} = 27.9925\text{mm}$

分散范围中心（工件平均尺寸）：$\bar{x} = \dfrac{1}{n}\sum_{i=1}^{n} x_i = \dfrac{1}{n}\sum_{i=1}^{k} m_i x_i = 27.9979\text{mm}$

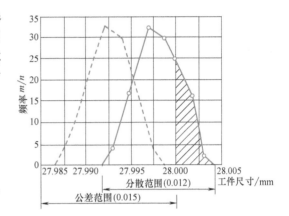

图 3-50　活塞销孔实际尺寸分布曲线

样本均方根偏差 $\sigma = \sqrt{\dfrac{1}{n}\sum_{i=1}^{n}(x_i - \bar{x})^2} = 0.002233\text{mm}$

分析上面的计算及分布曲线图，可得出：

（1）工艺能力系数 C_p　$C_p = T/(6\sigma) = 1.12$，表明本工序等级为二级，工艺能力勉强，必须密切注意。

（2）计算合格率和废品率

$$z_a = \frac{|x_2 - \bar{x}|}{\sigma} = \frac{27.9979 - 27.985}{0.002233} = 5.78$$

$$z_b = \frac{|x_1 - \bar{x}|}{\sigma} = \frac{28.000 - 27.9979}{0.002233} = 0.94$$

查概率密度表可知 $F(z_a) = F(5.78) = 0.5$，$F(z_b) = F(0.94) = 0.3264$

则　　　　　　　　　　$F = F(z_a) + F(z_b) = 0.5 + 0.3264 = 0.8264$

即合格率为 82.64%，废品率为 17.36%。

分析其原因为尺寸分散范围中心与公差带中心不重合，表明存在常值系统性误差为（27.9979 − 27.9925）mm = 0.0054mm，将镗刀伸出量缩短 0.0054mm（直径值），使尺寸分散范围中心与公差带中心重合，便可解决出现废品的问题。

5. 利用分布曲线进行误差分析

在机械加工中，工件实际尺寸的分布情况，有时并不符合正态分布，如图 3-51 所示。

1）如果尺寸分布中心与公差带中心不重合，则一定存在常值系统性误差。

2）等概率分布曲线，存在线性变值误差，如刀具的磨损。其特点是有一

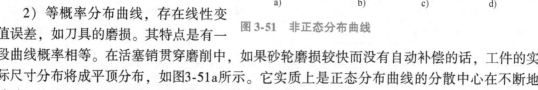

图 3-51 非正态分布曲线

段曲线概率相等。在活塞销贯穿磨削中，如果砂轮磨损较快而没有自动补偿的话，工件的实际尺寸分布将成平顶分布，如图3-51a所示。它实质上是正态分布曲线的分散中心在不断地移动，也即在随机性误差中混有线性变值系统性误差。

3）不对称分布曲线，存在随机误差。用试切法加工轴颈或孔径时，由于操作者为了避免产生不可修复的废品，主观地使轴颈宁大勿小，如图 3-51b 所示；使孔径加工宁小勿大，如图 3-51c 所示，这是一种随机误差（主观误差）所形成的。当用调整法加工，刀具热变形显著时，也呈偏态分布。加工轴时如图 3-51c 所示，加工孔时如图 3-51b 所示。

4）多峰值分布曲线，存在阶跃变值系统性误差。一般的分布曲线只有一个峰值，它表示尺寸分布中心。多峰值分布就是有几个分布中心，即存在着阶跃变值系统性误差。如将在两台机床上分别调整加工出的工件，或一台机床上两次调整加工出的工件混在一起测定，就得到如图 3-51d 所示的双峰曲线。实际上是两组正态分布曲线的叠加，也即随机性误差中混入了常值系统性误差。每组有各自的分散中心和均方根偏差 σ。

6. 应用分布曲线法存在的问题

1）分布曲线法未考虑零件的加工先后顺序，不能反映出系统误差的变化规律及发展趋势。

2）只有一批零件加工完后才能画出，不能在加工进行过程中提供工艺过程是否稳定的必要信息。

3）发现问题后，对本批零件已无法补救。

3. 6. 2 点图法

点图有多种形式，但其基本格式是相似的。例如，其纵坐标都是用来标注（记录）实测尺寸，并标出公差带的上、下限作为控制参考值；其横坐标主要有两种标注方法：一种是标注加工工件的顺序号（逐件检查），还有一种是标注工件的组序号。

把有关数据点标注到相应的纵横坐标上，做成数据记录表，通常称为"管理图"（见图 3-52、图 3-53）。目前常用的点图是 $\overline{X} - R$ 图。

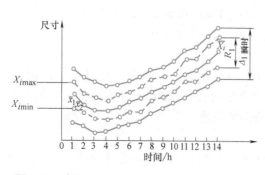

图 3-52 点图

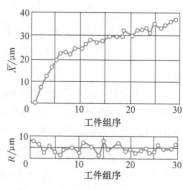

图 3-53 算术平均值、极差图

在大批量生产中，采用小子样抽检方法。顺序地每隔一定的时间间隔抽检一组零件（$m = 2 \sim 10$），根据小子样的统计特征量来估算判断整体的变化。

子样均值 $$\overline{X}_i = \frac{1}{m} \sum_{j=1}^{m} X_j$$

子样极差 $$R_i = X_{i\max} - X_{i\min}$$

子样均方差 $$\sigma' = \frac{\sigma}{\sqrt{m}}$$

其中，$X_{i\max}$、$X_{i\min}$ 分别为同一样组中工件的最大尺寸和最小尺寸。

$\overline{X} - R$ 管理图是 $\overline{X}$ 管理图与 R 管理图并用的一种形式。由于 $\overline{X}$ 反映出加工过程中分布中心的位置及其变化趋势，故 $\overline{X}$ 点图可反映出系统性误差及其变化趋势。R 在一定程度上代表了瞬时的尺寸分散范围，故 R 点图可反映出随机性误差及其变化趋势。

1. 质量控制图

在图 3-54 所示的 $\overline{X} - R$ 控制图中：

$\overline{X}$ 图中心线 $$\overline{\overline{X}} = \frac{1}{K} \sum_{i=1}^{K} \overline{X}_i$$

$\overline{X}$ 图上控制线 $\quad UCL = \overline{\overline{X}} + A\overline{R}$

$\overline{X}$ 图下控制线 $\quad LCL = \overline{\overline{X}} - A\overline{R}$

R 图中心线 $$\overline{R} = \frac{1}{K} \sum_{i=1}^{K} R_i$$

R 图上控制线 $\quad UCL = D_1 \overline{R}$

R 图下控制线 $\quad LCL = D_2 \overline{R}$

其中，k 为分组数。各系数可参见表 3-2。

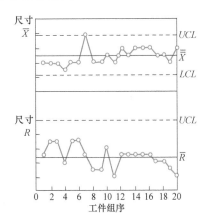

图 3-54 $\overline{X} - R$ 控制图

表 3-2 系数 A、D_1、D_2

m	A	D_1	D_2	m	A	D_1	D_2
2	1.880	3.268	0	7	0.419	1.924	0.076
3	1.023	2.574	0	8	0.373	1.864	0.136
4	0.729	2.282	0	9	0.337	1.816	0.184
5	0.577	2.114	0	10	0.308	1.777	0.223
6	0.483	2.004	0				

2. 制订 $\overline{X} - R$ 图的步骤

1）按时间顺序取 K 个样本（$K = 10 \sim 30$），每个样本容量 $m = 2 \sim 10$。

2）实测样本。

3）计算样本的均值、极差为

$$\overline{X}_i = \frac{1}{m} \sum_{j=1}^{m} X_j \, (i = 1 \sim K)$$

$$R_i = X_{i\max} - X_{i\min} \, (i = 1 \sim K)$$

4）计算样本均值和极差的平均值为

$$\overline{\overline{X}} = \frac{1}{K}\sum_{i=1}^{K}\overline{X}_i,\overline{R} = \frac{1}{K}\sum_{i=1}^{K}R_i$$

5）计算上下控制线。

$\overline{X}$的上下控制线　　　　　　　$\overline{\overline{X}}\pm A\overline{R}$

R 的上下控制线　　　　$UCL = D_1\overline{R}$　$LCL = D_2\overline{R}$

3. 用$\overline{X} - R$图进行生产稳定性判断

（1）正常波动　由工艺系统中固有因素造成，排除不了。

点子形成随机波，没有特别的或明显的规划性或顺序性，并且多数点子在中心线附近；少数点子散落在控制线（又称管理线）的附近；没有点子越出控制线，如图 3-55 所示。

（2）异常波动　由外来原因所造成的质量波动，不经常出现，可以排除。

1）上升或下降倾向，如图 3-56a 所示，它是指若干点子连续上升或下降，一般是由缓慢作用的原因造成的，如工艺系统中元件的磨损和温度的影响。

图 3-55　点图的正常波动

2）周期波动，如图 3-56b 所示，它是一种时间间隔较短的倾向重复出现，一般是由时有时无的外来原因造成，如机床几个主轴头的交替使用，不同量具的使用或几个工夹具的交替使用等。

3）越过控制线，如图 3-56c 所示，它是由一个特大或特小数据造成的，如机床、刀具的破损，测量上的错误及一些偶然事故的发生。

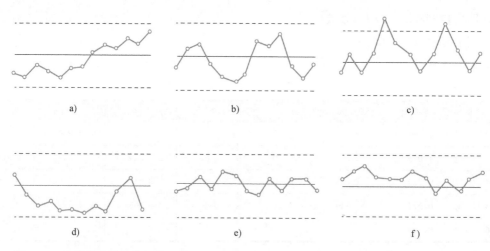

图 3-56　点图异常波动的几种形式

4）密集在控制线附近，如图 3-56d 所示，它说明有系统性误差的因素存在，如刀具的微量崩刃等。

5）密集在中心线上下附近，如图 3-56e 所示。注意这不是稳定状态，一般多出现在多头机床工作或多机床操作，这时控制线的范围会因不同分布的分散相加而变得很宽，相对地说点子就密集在中心线附近。

6）连续出现在中心线上方或下方，如图 3-56f 所示。这是在生产中发生突然变化，造成分布中心移动，主要是一些系统性误差，如机床调整、切削用量的突然改变。

利用精度曲线可以在加工过程中控制精度，防止废品产生。由于采用定时抽检的方法，可以节省人力物力，显然比分布曲线要优越。但它同样很难分辨是哪些因素的影响及其影响程度，只能做一些有根据的分析和推测。

3.7　提高加工精度的途径

提高加工精度、减小加工误差的方法主要有两种：误差预防和误差补偿。

3.7.1　误差预防技术

（1）直接减小原始误差法　它是指在查明影响加工精度的主要原始误差因素之后，设法对其直接进行消除或减小的方法。

例如，加工细长轴时，如图 3-57a 所示，主要原始误差因素是工件刚性差，因而采用反向进给切削法，如图 3-57b 所示，进给方向由卡盘一端指向尾座，并在尾座处使用可伸缩的弹性顶尖，此时 F_x 力使工件受拉伸，就不会因 F_x 和热应力而压弯工件，从而达到减小变形的目的。

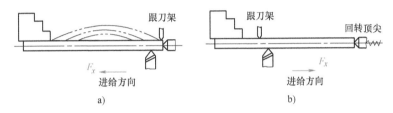

图 3-57　不同进给方向加工细长轴的比较

（2）转移原始误差法　将影响加工精度的原始误差转移到不影响或少影响加工精度的方向上。例如，车床的误差敏感方向是工件的直径方向，所以，转塔车床在生产中都采用"立刀"安装法，把切削刃的切削基面放在垂直平面内，这样可把刀架的转位误差转移到误差不敏感的切线方向，如图 3-58 所示。

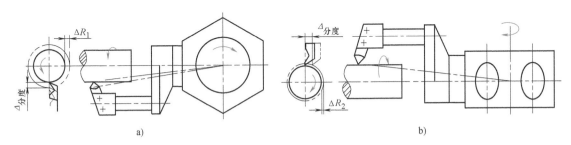

图 3-58　转移原始误差法

（3）均分原始误差法　加工中如果有因上一道工序的加工误差过大，由于误差复映等原因，使得本工序不能保证工序加工要求时，可以采用误差分组的办法，将上工序加工的工件按实测尺寸分为 n 组，使每组工件的误差分散范围缩小为原来的 $1/n$，然后按组调整刀具与工件的相对位置，就可以显著减小上工序加工误差对本工序加工精度的影响。例如，在精加工齿轮齿圈时，为保证加工后齿圈与内孔的同轴度要求，应尽量减小齿轮内孔与心轴的配合间隙。为此可将齿轮内孔尺寸分为 n 组，然后配置相应的 n 根不同直径的心轴，一根心轴相应加工一组孔径的齿轮。这样做，可显著提高齿圈与内孔的同轴度。

（4）"就地加工"法　例如，车床尾座顶尖孔的轴线要求与主轴轴线重合，采用就地加工，把尾座装配到机床上后进行最终精加工。又如转塔车床转塔上六个安装刀架的大孔及端面的加工。

3.7.2　误差补偿技术

（1）在线检测　加工中随时测量工件的实际尺寸，随时给刀具补偿的方法。图 3-59 是车削精密丝杠时所用的一套丝杠加工误差补偿装置。车床主轴每转一转，光电码盘发出 1024 或 2048 个脉冲；光栅式位移传感器测量刀架纵向位移量。将主轴回转量信号与刀架纵向位移量信号经 A/D 转换同步输入计算机，经数据处理实时求取螺距误差数据后，再由计算机发出螺距误差补偿控制信号，驱动压电陶瓷微位移刀架（它装在溜板刀架上）做螺距误差补偿运动。实测结果表明，采取误差补偿措施后，单个螺距误差可减少89%，累积螺距误差可减少99%，误差补偿效果显著。

（2）偶件自动配磨　将互配的一个零件作为基准，去控制另一个零件加工精度的方法，如图 3-60 所示。

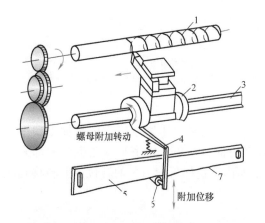

图 3-59　丝杠加工误差补偿装置

1—工件　2—螺母　3—丝杠　4—杠杆　5—校正尺
6—触头　7—校正曲尺

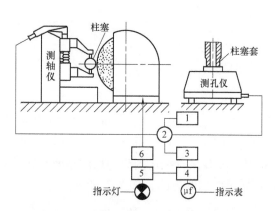

图 3-60　高压液压泵偶件自动配磨装置示意图

1—高频振荡发生器　2—电桥　3—三级放大器
4—相敏检波　5—直流放大器　6—执行机构

练习题

1. 什么是误差敏感方向？车床与镗床的误差敏感方向有何不同？
2. 加工误差根据其统计规律可分为哪些类型？有何特点？
3. 提高加工精度的主要措施有哪些？
4. 在车床上车削一批小轴，经测量实际尺寸大于要求的尺寸必须返修的小轴数占24%，

练习题

小于要求的尺寸不能返修的小轴数占 2%，若小轴的直径公差 $T = 0.16\text{mm}$，整批工件的实际尺寸按正态分布，试确定该工序的均方差 σ，并判断车刀的调整误差为多少？

5. 在车床上加工一长度为 800mm，直径为 $\phi60\text{mm}$，材料为 45 钢的光轴。已知机床各部件的刚度分别为 $K_{dj} = 5 \times 10^4\text{N/mm}$，$K_{ct} = 4 \times 10^4\text{N/mm}$，$K_{wz} = 4 \times 10^4\text{N/mm}$。加工时的切削力 $F_c = 600\text{N}$，$F_y = 0.4F_c$。如图 3-61 所示，试计算在一次进给后的轴向形状误差。

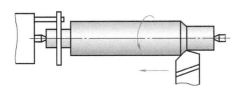

图 3-61　练习题 5 图

6. 加工一批工件的外圆，图样要求尺寸为 $\phi20 \pm 0.07\text{mm}$，若加工尺寸按正态分布，加工后发现有 8% 的工件为废品，且其中一半废品的尺寸小于零件的下极限偏差，试确定该工序能达到的加工精度。

7. 在三台车床上分别用两顶尖安装工件，如图 3-62 所示，各加工一批细长轴，加工后经测量发现，1 号车床产品出现腰鼓形，2 号车床产品出现鞍形，3 号车床产品出现锥形，试分析产生上述各种形状误差的主要原因。

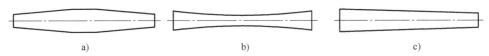

a)　　　　　　　　　　b)　　　　　　　　　　c)

图 3-62　练习题 7 图

8. 在卧式铣床上铣削键槽，如图 3-63 所示，经测量发现，靠工件两端深度大于中间，且中间的深度比调整的深度尺寸小，试分析产生这一误差的原因及如何设法克服减小这种误差。

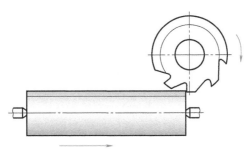

图 3-63　练习题 8 图

4 第4章

机械加工表面质量

　　零件的机械加工质量不仅指加工精度，还有表面质量。产品的工作性能，尤其是它的可靠性、耐久性等，在很大程度上取决于其主要零件的表面质量。深入探讨和研究机械加工表面质量，掌握机械加工中各种工艺因素对表面质量影响的规律，并应用这些规律控制加工过程，对提高表面质量，保证产品质量具有重要意义。近年来，表面质量研究的内涵在不断扩大，并称为表面完整性。

4.1　表面质量的含义及其对零件使用性能的影响

4.1.1　表面质量的含义

　　机械加工表面质量包含两个方面的内容。①表面的几何特征：表面粗糙度、表面波纹度、表面加工纹理和伤痕；②表面层力学物理性能：表面层加工硬化、表面层金相组织的变化和表面层残余应力。

　　任何机械加工方法所获得的加工表面都不可能是绝对理想的表面，总存在着表面粗糙度、表面波纹度等微观几何形状误差。表面层的材料在加工时还会产生物理、力学性能变化，以及在某些情况下产生化学性质的变化。图4-1表示了加工表面层沿深度的变化情况，在最外层生成有氧化膜或其他化合物并吸收、渗进了气体、液体和固体的粒子，故称为吸附层。该层的总厚度通常不超过8nm。压缩层即为塑性变形区，由切削力造成，厚度约在几十至几百微米内，随加工方法的不同而不同，其上部纤维层是由被加工材料与刀具间的摩擦力造成的。切削热也会使表面层产生各种变化，如同淬火、回火一样会使材料产生相变及晶粒大小的变化等。因此，表面层的物理力学性能不同于基体，产生了如图4-1b、c所示的显微硬度和残余应力变化。

1. 加工表面的几何形状特征

　　（1）表面粗糙度　它是指加工表面的微观几何形状误差。如图4-2所示，波长与波高的比值（L_3/H_3）小于50。

　　我国表面粗糙度的现行标准为：GB/T 131—2006。

　　（2）表面波纹度　它是指介于形状误差与表面粗糙度之间的周期性形状误差，主要由机械加工过程中工艺系统低频振动造成的，如图4-2所示，波长与波高的比值（L_2/H_2）一般为 50 ~ 1000。

表面波纹度有磨削表面波纹度标准（JB/T 9924—2014），其他尚无国家标准。

（3）纹理方向　它是指表面刀纹的方向。它取决于表面形成所采用的机械加工方法。一般对运动副或密封件要求纹理方向。

2. 加工表面的物理力学性能的变化

机械加工过程中，由于力因素和热因素的综合作用，工件表面层金属的物理力学性能和化学性能发生一定的变化，主要表现在以下几个方面：

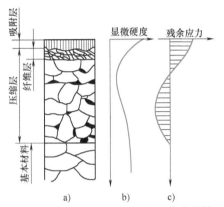

图 4-1　加工表面层沿深度方向的变化情况　　图 4-2　形状误差、表面粗糙度及表面波纹度的示
a）表面层硬度变化　b）显微硬度变化　　　　　　　意关系
c）残余应力变化

（1）表面层因塑性变形引起的加工硬化（冷作硬化）　在机械加工过程中，工件表面层金属都会有一定程度的冷作硬化，使表面层金属的显微硬度有所提高。一般情况下，硬化层的深度可达 0.05 ~ 0.30mm；若采用滚压加工，硬化层的深度可达几个毫米。

（2）表面层因力或热的作用产生的残余应力　由于切削力和切削热的综合作用，表面层金属会发生不同程度的塑性变形或产生金相组织的变化，使表层金属产生残余应力。

（3）表面层因切削热或磨削热的作用引起的金相组织变化　机械加工过程中，由于切削热的作用会引起表面层金属的金相组织发生变化。在磨削淬火钢时，由于磨削热的影响会引起淬火钢的马氏体的分解，或出现回火组织等。

4.1.2　表面质量对零件使用性能的影响

1. 表面质量对零件耐磨性的影响

零件的耐磨性与摩擦副的材料、润滑条件和零件表面质量等因素有关。特别是在前两个条件已确定的前提下，零件表面质量就起着决定性的作用。

（1）表面粗糙度对零件耐磨性的影响　零件的磨损可分三个阶段，如图 4-3 所示。第一阶段是起始磨损阶段。由于零件表面存在微观不平度，当两个零件表面相互接触时，实际上有效接触面积只是名义接触面积的一小部分，表面越粗糙，有效接触面积就越小。在两个零件做相对运动时，开始阶段由于接触面小，压强大，在接触点的凸峰处会产生弹性变形、塑性变形及剪切等现象，这样凸峰很快就会被磨掉。被磨掉的金属微粒落在相配合的摩擦表面之间，会加速磨损过程。即使在有润滑液存在的情况下，也会因为接触点处压强过大，破坏油膜，形成干摩擦。因此，零件表面在初期磨损阶段的磨损速度很快，起始磨损量较大。随着磨损的发展，有效接触面积不断增大，压强也逐渐减小，磨损将以较慢的速度进行，进入到磨损的第二阶段，即正常磨损阶段。在这之后，由于有效接触面积越来越大，零件间的金属分子亲和力增加，表面的机械咬合作用增大，使零件表面又产生急剧磨损，从而进入磨损的第三阶段，即快速磨损阶段，此时零件将不能使用。

表面粗糙度对零件表面磨损的影响很大。一般说来，表面粗糙度值越小，其耐磨性越好。但是表面粗糙度值太小，因接触面容易发生分子黏接，且润滑液不易储存，磨损反而增加。因此，就磨损而言，存在一个最优表面粗糙度值。表面粗糙度的最优数值与机器零件工况有关，图 4-4 给出了不同工况下起始磨损量与表面粗糙度的关系曲线。

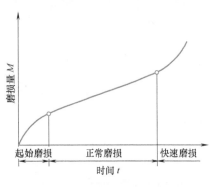

图 4-3　零件表面的磨损曲线

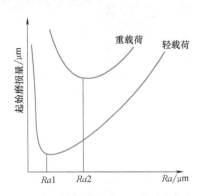

图 4-4　起始磨损量与表面粗糙度的关系

在不同的工作条件下，零件的最优表面粗糙度值是不同的。重载荷情况下零件的最优表面粗糙度值要比轻载荷时大，$Ra2 > Ra1$。

就零件的耐磨性而言，最佳表面粗糙度 Ra 的值在 $0.8 \sim 0.2\,\mu m$ 之间为宜。

（2）刀纹方向对零件耐磨性的影响　表面粗糙度的轮廓形状和表面加工纹理对零件的耐磨性也有影响。因为表面轮廓形状及表面加工纹理影响零件的实际接触面积与润滑情况。

如图 4-5 所示，轻载、摩擦副表面纹理方向与相对运动方向一致时，磨损最小。

重载时，由于压强、分子亲和力和储存润滑油等因素的变化，摩擦副的两个表面纹理相垂直、且运动方向与下表面的纹理方向平行时，磨损最小。而两个表面纹理方向均与运动方向一致时易发生咬合，故磨损量反而最大。

（3）冷作硬化对零件耐磨性的影响　表面层的加工硬化使零件的表面层硬度提高，从而表面层处的弹性和塑性变形减小，磨损减少，使零件的耐磨性提高。但硬化过度时，会使零件的表面层金属变脆，磨损加剧，甚至出现剥落现象，所以零件的表面硬化层必须控制在一定范围内，如图 4-6 所示。

（4）残余应力对零件耐磨性的影响　表面为压应力时，耐磨性高。

2. 表面质量对零件耐疲劳性的影响

（1）表面粗糙度对零件耐疲劳性的影响　零件在交变载荷的作用下，其表面微观不平的凹谷处和表面层的缺陷处容易引起应力集中而产生疲劳裂纹，造成零件的疲劳破坏。如图 4-7 所示试验表明，减小表面粗糙度值可以使零件的疲劳强度有所提高。因此，对于一些重要零件表面，如连杆、曲轴等，应进行光整加工，以减小零件的表面粗糙度值，提高其疲劳强度。

（2）残余应力对耐疲劳性的影响　表面层的残余应力对零件疲劳强度也有很大影响，当表面层为残余压应力时，能延缓疲劳裂纹的扩展，提高零件的疲劳强度；当表面层为残余拉应力时，容易使零件表面产生裂纹而降低其疲劳强度。

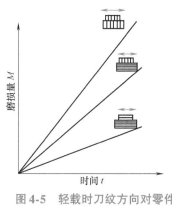

图 4-5　轻载时刀纹方向对零件
耐磨性的影响

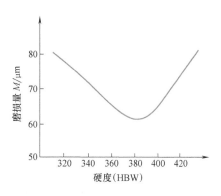

图 4-6　冷作硬化对耐磨性的影响

（3）冷作硬化对耐疲劳性的影响　表面加工硬化对零件的疲劳强度影响也很大。表面层的加工硬化可以在零件表面形成一个冷硬层，因而能阻碍表面层疲劳裂纹的出现，从而使零件疲劳强度提高。但零件表面层冷硬程度过大，反而易于产生裂纹，故零件的冷硬程度与硬化深度应控制在一定范围之内。

3. 表面质量对零件耐腐蚀性的影响

零件的耐腐蚀性在很大程度上取决于零件的表面粗糙度。零件表面越粗糙，越容易积聚腐蚀性物质，凹谷越深，渗透与腐蚀作用越强烈。因此，减小零件表面粗糙度值，可以提高零件的耐腐蚀性能。

表面残余应力对零件的耐腐蚀性能也有较大影响。零件表面残余压应力使零件表面紧密，腐蚀性

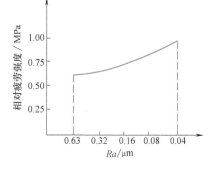

图 4-7　表面粗糙度对零件耐疲劳性
的影响

物质不易进入，可增强零件的耐腐蚀性，而表面残余拉应力则降低零件的耐腐蚀性。

4. 表面质量对零件配合精度的影响

相配零件间的配合关系是用过盈量或间隙值来表示的。在间隙配合中，如果零件的配合表面粗糙，则会使配合件很快磨损而增大配合间隙，改变配合性质，降低配合精度；在过盈配合中，如果零件的配合表面粗糙，则装配后配合表面的凸峰被挤平，配合件间的有效过盈量减小，降低配合件间连接强度，影响了配合的可靠性。因此，对有配合要求的表面，必须规定较小的表面粗糙度值。

零件的表面质量对零件的使用性能还有其他方面的影响。例如，对于液压缸和滑阀，较大的表面粗糙度值会影响密封性；对于滑动零件，恰当的表面粗糙度值能提高运动灵活性，减少发热和功率损失；零件表面层的残余拉应力、压应力都会使加工好的零件因应力重新分布而在使用过程中逐渐变形，从而影响其尺寸和形状精度。

4.1.3 表面完整性的概念

近年来，随着科学技术的飞速发展，对产品的使用性能要求越来越高，一些重要零件需在高温、高速、高压力等条件下工作，表面层的任何缺陷，不仅直接影响零件的工作性能，而且会引起应力集中、应力腐蚀等现象，加速零件的失效。因此，为适应科学技术发展的客观需要，在进一步深入研究表面质量的领域里提出了表面完整性的概念。其内容主要有：

（1）表面形貌 它主要是用来描述加工后零件表面的几何特征，包括表面粗糙度、表面波纹度和纹理等。

（2）表面缺陷 它是指加工表面上出现的宏观裂纹、伤痕和腐蚀现象等，对零件的使用有很大影响。

（3）微观组织与表面层的冶金化学特性 它主要包括：

1）微观裂纹。

2）微观组织变化，包括晶粒大小和形状、析出物和再结晶等的变化。

3）晶间腐蚀和化学成分的优先溶解。

4）对于氢氧等元素的化学吸收作用所引起的脆性等。

（4）表面层物理力学性能 它主要包括表面层硬化深度和程度，表面层残余应力的大小、方向及分布情况等。

（5）表层其他工程技术特性 这种特性主要有摩擦特性、光的反射率、导电性和导磁性等。

由此可见，表面质量从表面完整性的角度来分析，更强调了表面层内的特性，对现代科学技术的发展有重大意义。总之，提高加工表面质量，对保证零件的使用性能、提高零件的寿命是很重要的。

4.2 表面粗糙度及其影响因素

4.2.1 切削加工中影响表面粗糙度的因素

影响表面粗糙度的因素主要有几何因素和物理因素。

1. 几何因素

$$R_{\max} = \frac{f}{\cot\kappa_r + \cot\kappa_r'}$$

式中　f——进给量；

　　　κ_r——主偏角；

　　　κ_r'——副偏角。

考虑刀尖圆弧角，有

$$R_{\max} = H = \frac{f^2}{8r_\varepsilon}$$

式中　f——进给量；

　　　r_ε——刀尖圆弧半径。

如图4-8、图4-9所示，用刀尖圆弧半径 $r_\varepsilon = 0$ 的车刀纵车外圆时，每完成一单位进给量 f 后，留在已加工表面上的残留面积，它的高度 R_{max} 即为理论表面粗糙度的轮廓最大高度 Rz。

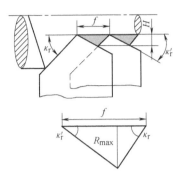

图4-8　影响表面粗糙度的几何
　　　　因素（一）

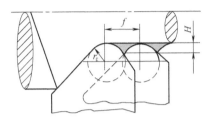

图4-9　影响表面粗糙度的几何
　　　　因素（二）

159

切削加工后表面粗糙度的实际轮廓形状，一般都与纯几何因素所形成的理论轮廓有较大的差别，如图4-10所示。这是由于切削加工中有塑性变形发生的缘故。

生产中，若使用的机床精度高和材料的切削加工性好，选用合理的刀具几何形状、切削用量和在刀具刃磨

图4-10　加工后表面实际轮廓和理论轮廓

质量高、工艺系统刚性足够的情况下，加工后表面实际粗糙度接近理论粗糙度，这样减小表面粗糙度数值、提高加工表面质量的措施，主要是减小残留面积的高度 Rz。

2. 物理因素

多数情况下是在已加工表面的残留面积上叠加着一些不规则的金属生成物、黏附物或刻痕。形成它们的原因有积屑瘤、鳞刺、振动、摩擦、切削刃不平整、切屑划伤等。

（1）积屑瘤的影响　当金属切削刀具以一定速度切削塑性材料而形成带状切屑时，在前刀面上容易形成硬度很高的积屑瘤。它可以代替前刀面和切削刃进行切削，使刀具的几何角度、背吃刀量发生变化。随着积屑瘤由小变大，其在加工表面上切出沟槽。当切屑与积屑瘤之间的摩擦力大于积屑瘤与前刀面的冷焊强度，或受到冲击、振动时，积屑瘤就会脱落，以后又逐渐会生成新的积屑瘤。因此，这种积屑瘤的生成、长大和脱落将严重影响工件表面粗糙度。

同时，由于部分积屑瘤碎屑嵌在工件表面上，在工件表面上形成硬质点，如图4-11所示。

（2）鳞刺的影响　在切削过程中，切屑与前刀面产生严重摩擦而出现了黏结现象，工件在堆积的黏结层挤压下，表面层金属塑性变形加剧，致使切削刃前方的加工表面上产生导裂，当切削力超过黏结力时，切屑流出并被切离，而导裂层残留在已加工表面上形成鳞片状毛刺，也称鳞刺。鳞刺的出现，使已加工表面更为粗糙不平。

在较低的切削速度下，用高速钢、硬质合金或陶瓷刀具，切削一些常用的塑性材料，如低碳钢、中碳钢、不锈钢、铝合金、纯铜等，在车、刨、插、钻、拉、滚齿、螺纹车削、板牙套螺纹等工序中，都有可能出现鳞刺。

鳞刺的形成分为四阶段：

1）抹拭阶段。前一鳞刺已经形成，新鳞刺还未出现，切屑沿着前刀面流出。切屑以刚切离的新鲜表面抹拭刀-屑摩擦面，将摩擦面上有润滑作用的吸附膜逐渐拭净，以致摩擦因数逐渐增大，并使刀具和切屑实际接触面积增大，为这两相摩擦材料的冷焊创造条件，如图4-12a所示。

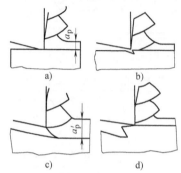

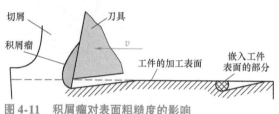

图 4-11　积屑瘤对表面粗糙度的影响

图 4-12　鳞刺的形成四阶段
a）抹拭阶段　b）导裂阶段　c）层积阶段
d）刮成阶段

2）导裂阶段。由于在第一阶段里，切屑将前刀面上的摩擦面已抹拭干净，而前刀面与切屑之间又有巨大的压力作用着，于是切屑与刀具就发生冷焊现象，切屑便停留在前刀面上，暂时不再沿前刀面流出。这时切屑代替前刀面进行挤压，刀具只起支承切削的作用。其特点是在切削刃前下方，切屑与加工表面之间出现一裂口，如图4-12b所示。

3）层积阶段。由于切削运动的连续性，切屑一旦停留在前刀面上，便代替刀具继续挤压切削层，使切削层中受到挤压的金属转变为切屑。而这部分新成为切屑的金属，只好逐层地积聚在起挤压作用的那部分切屑的下方。这些金属一旦积聚并转化为切屑，便立即参与挤压切削层的工作；同时，随着层积过程的发展，切削厚度将逐渐增大，切削力也随之增大，如图4-12c所示。

4）刮成阶段。由于切削厚度逐渐增大，切削抗力也随之增大，推动切屑沿前刀面流出的分力 F_y 也增大。当层积金属达到一定厚度后，F_y 力便也随之增大到能够推动切屑重新流出的程度，于是切屑又重新开始沿前刀面流出，同时切削刃便刮出鳞刺的顶部，如图4-12d所示。至此，一个鳞刺的形成过程便告结束。紧接着，又开始另一个新鳞刺的形成过程。如此周而复始，在工件加工表面上便不断地生成一系列鳞刺。

在导裂与层积阶段，切屑是停留在刀具前刀面上的；在抹拭与刮成阶段，切屑是沿着前刀面流出的。切屑流出和停留是交替进行的，而且交替的频率很高。

（3）振动的影响　切削加工时，在工件与刀具之间经常发生振动，使工件表面粗糙度值增大。

从物理因素看，要降低表面粗糙度值主要应采取措施减少加工时的塑性变形，避免产生积屑瘤和鳞刺。对此起主要作用的影响因素有切削速度、被加工材料的性质及刀具的几何形状、材料和刃磨质量。

1）切削速度的影响。图4-13描述了加工塑性材料时不同的切削速度对表面粗糙度的影响，实线表示只受塑性变形影响的情况，虚线表示只受积屑瘤与鳞刺影响的情况。

切削速度 v 处于 20～50m/min 时，表面粗糙度值最大，因为此时常容易出现积屑瘤与鳞刺,且塑性变形较大,使加工表面质量严重恶化;当切削速度 v 超过 100m/min 时,表面粗糙度值下降,并趋于稳定。

对于脆性材料,加工表面粗糙度主要是由于脆性挤裂、碎裂而成,与切削速度关系较小。切削脆性材料比切削塑性材料容易达到表面粗糙度的要求。

在实际切削时,选择低速宽刀精切和高速精切,往往可以得到较小的表面粗糙度值。

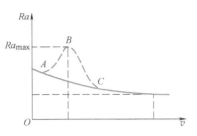

图 4-13　切削速度对表面粗糙度的影响

2) 工件材料性质的影响。一般韧性较大的塑性材料,加工后表面粗糙度值较大,而脆性材料加工后易得到较小的表面粗糙度值。对于同样材料,其晶粒组织越粗大,加工表面粗糙度值越大。因此,为了减小加工表面粗糙度值,常在切削加工前对材料进行调质或正火处理,以获得均匀细密的晶粒组织和较高的硬度。

3) 刀具几何形状、材料和刃磨质量的影响。适当增大前角,刀具易于切入工件,塑性变形小,有利于减小表面粗糙度值。前角太大,切削刃有切入工件的倾向,表面粗糙度值将会增加。负前角时,表面粗糙度值也会增加。

当前角一定时,后角越大,切削刃钝圆半径越小,切削刃越锋利;同时,增大后角还能减小后刀面与已加工表面间的摩擦和挤压。这样都有利于减小加工表面粗糙度值。但后角太大时,积屑瘤易于流到后刀面;同时,后角大容易产生切削振动,因而使加工表面粗糙度值增加。

从几何因素来看,增加刀尖圆弧半径 r_ε 会减小加工表面粗糙度值。但同时 r_ε 的增加会增加切削过程中的挤压,工件塑性变形增大,因而使加工表面粗糙度值增加。总的来说,在一定范围内 r_ε 增加,加工表面粗糙度值有变小的趋势。对粗加工,$r_\varepsilon = 18 \sim 25\mu m$;精加工,$r_\varepsilon = 12 \sim 20\mu m$;而精密加工 $r_\varepsilon = 6 \sim 8\mu m$。

主偏角 κ_r 和副偏角 κ_r' 减小,也可减小加工表面粗糙度值。

刀具材料中热硬性高的材料耐磨性好,易于保持刃口的锋利。摩擦因数小的材料有利于排屑。与被加工材料亲和力小的材料不易产生积屑瘤和鳞刺。因此,硬质合金刀具优于高速钢刀具,高速钢刀具优于碳素工具钢刀具,而金刚石刀具、立方氮化硼刀具又优于硬质合金刀具。

刀具的刃磨质量对工件的表面粗糙度影响较大。刀具的前刀面、后刀面本身的表面粗糙度值越小,则被加工表面的表面粗糙度值也越小。刀具刃口越锋利、刃口平刃性越好,则加工出的工件表面粗糙度值也就越小。例如,金刚石刀具质地细密,平刃性极高,切削刃钝圆半径 r_ε 可达 $0.01\mu m$(用离子束加工),故可进行精密切削及超精密切削。硬质合金刀具的刃磨质量不如高速钢刀具,故精加工时常用高速钢刀具。

4) 冷却润滑的影响。切削液的冷却和润滑作用能减小切削过程中的界面摩擦,降低切削区温度,使切削区金属表面的塑性变形程度下降,抑制鳞刺和积屑瘤的产生,因此可大大减小加工表面粗糙度值。

4.2.2　磨削加工中影响表面粗糙度的因素

磨削加工时磨粒很钝,常具有很大的负前角,会使加工表面产生严重的塑性变形,形成沟槽和隆起，增大了表面粗糙度值，如图 4-14 所示。因此，砂轮的粒度、修整、速度和磨削深度、工件速度等都对磨削时的表面粗糙度造成影响。

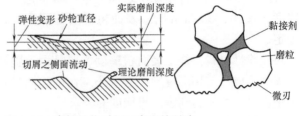

图 4-14 磨粒钝化对加工表面的影响

1. 磨削用量

（1）砂轮速度 v_s 提高 v_s 可以增加在工件单位面积上的刻痕，使工件表面塑性变形和沟槽两侧塑性隆起残留量小，磨削表面粗糙度值可以显著减小。如图 4-15 所示。

（2）工件速度 v_w 在其他条件不变的情况下，v_w 提高，磨粒单位时间内在工件表面上的刻痕数减小，因而将增大磨削表面粗糙度值。

（3）磨削深度 a_p a_p 增加，磨削过程中磨削力及磨削温度都增加，磨削表面塑性变形程度增大，从而增大表面粗糙度值。为提高磨削效率，一般开始采用较大的磨削深度，后期采用较小的磨削深度或进行无进给磨削（光磨），以使磨削表面粗糙度值减小。

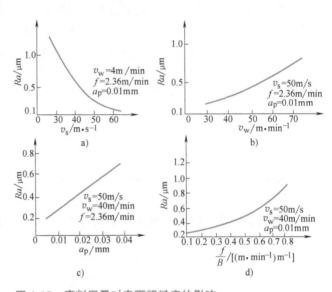

图 4-15 磨削用量对表面粗糙度的影响

2. 砂轮的特性

（1）砂轮的粒度 砂轮粒度越细，则砂轮单位面积上磨粒数越多，工件表面上刻痕密而细，则表面粗糙度值越小。粒度过细时，砂轮易堵塞，切削性能下降，表面粗糙度值反而会增大，同时还会引起磨削烧伤。

（2）砂轮的硬度 砂轮的硬度是指磨粒受磨削力后从砂轮上脱落的难易程度。硬度应大小合适，砂轮太硬，磨粒钝化后仍不易脱落，使工件表面受到强烈摩擦和挤压作用，塑性变形程度增加，表面粗糙度值增大或使磨削表面产生烧伤；砂轮太软，磨粒易脱落，常会产生磨损不均匀现象，从而使磨削表面粗糙度值增大。

（3）砂轮的修整 修整砂轮是改善磨削表面粗糙度的重要因素。砂轮的修整质量与所用修整工具、修整砂轮的纵向进给量等有密切关系。砂轮的修整是用金刚石除去砂轮外层已钝化的磨粒，使磨粒切削刃锋利，降低磨削表面的表面粗糙度值。另外，修整砂轮的纵向进给量越小，修出的砂轮上的切削微刃越多，等高性越好，从而能获得较小的表面粗糙度值。砂轮修整得越好，磨出工件的表面粗糙度值越小。

3. 冷却

采用切削液带走磨削区热量可以避免烧伤。然而，目前通用的冷却方法效果较差，由于高速旋转的砂轮表面上产生强大气流层，实际上没有多少切削液能进入磨削区。如图 4-16

所示，切削液不易进入磨削区 *AB*，且大量倾注在已经离开磨削区的加工面上，这时烧伤早已发生。因此，采取有效的冷却方法有其重要意义。常见的冷却方法有：

1）在砂轮上安装带有空气挡板的切削液喷嘴，如图 4-17 所示。以减轻高速旋转砂轮表面的高压附着气流作用，使切削液能顺利地喷注到磨削区，这对于高速磨削更为必要。

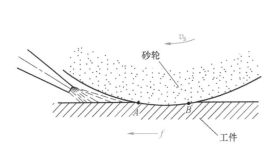

图 4-16　一般冷却方法

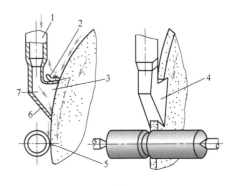

图 4-17　切削液喷嘴
1—液流导管　2—可调气流挡板　3—空腔区
4—喷嘴罩　5—磨削区　6—排液区　7—喷嘴

2）采用内冷却砂轮。如图 4-18 所示，将切削液引入砂轮的中心腔内。由于离心力的作用，切削液经过砂轮内部带孔的薄壁套 4 的孔隙从砂轮四周的边缘甩出，因此，切削液可直接进入磨削区，发挥有效的冷却作用。

3）采用高压大流量切削液。这样既增强了冷却效果，又有利于冲掉砂轮表面上的磨屑，防止砂轮堵塞。

4）采用浸油砂轮。把砂轮放在熔化的硬脂酸溶液中浸透，取出冷却后即成为含油砂轮。磨削时，磨削区的热源使砂轮边缘部分硬脂酸熔化而洒入磨削区起冷却润滑作用。

4.2.3　影响表面层物理、力学性能变化的因素

1. 表面层的加工硬化

机械加工中，工件表面层金属受切削力的作用，产生塑性变形，使晶格扭曲，晶粒间产生滑移剪切，晶粒被拉长、纤维化甚至碎化，引起表面层的强度和硬度增加，塑性降低，物理性能（如密度、导电性、导热性等）也有所变化，这种现象称为加工硬化，又称冷作硬化或强化。

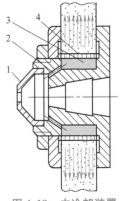

图 4-18　内冷却装置
1—端盖　2—通道
3—砂轮中心腔
4—带孔的薄壁套

另外，机械加工时产生的切削热提高了工件表层金属的温度，当温度高到一定程度时，已强化的金属会产生回复现象，使金属失去加工硬化中所得到的物理力学性能，这种现象称为软化。回复作用的速度大小取决于温度的高低、温度持续的时间及硬化程度的大小。机械加工时表面层金属最后的加工硬化，实际上是硬化作用与软化作用综合造成的。

加工硬化的评定指标有：

1）表面层的显微硬度 HV。

2）硬化层深度 h。

3）硬化程度 N

$$N = \frac{HV - HV_0}{HV_0} \times 100\%$$

式中 HV_0——工件原表面层的显微硬度。

切削加工前后表面层的冷硬变化如图 4-19 所示。

切削力越大，塑性变形越大，硬化程度越大，硬化层深度也越大。

影响加工硬化的因素：

（1）刀具 刀具的刃口圆角和后刀面的磨损量越大，冷作硬化程度也越大，如图 4-20 所示。

（2）切削用量 当进给量 f、背吃刀量 a_p 增加时，都会起增大切削力的作用，使加工硬化严重。

当变形速度很快（即切削速度很高）时，塑性变形可能跟不上，这样塑性变形将不充分，因此硬化层深度和硬化程度都减小，如图 4-21 所示。

（3）工件材料 工件材料的硬度越低，塑性越大时，冷作硬化程度也越大。

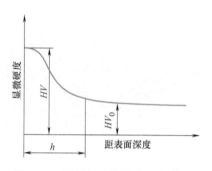

图 4-19 切削加工前后表面层的
冷硬变化

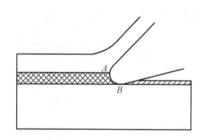

图 4-20 刀具的刃口圆角对冷作硬
化的影响

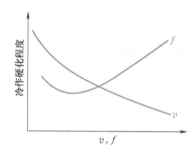

图 4-21 切削速度与进给量对冷作
硬化的影响

表 4-1 给出了各种机械加工方法加工钢件时表面加工硬化的情况。

表 4-1 各种机械加工方法加工钢件时表面加工硬化的情况

加工方法	硬化层深度 $h/\mu m$		硬化程度 $N(\%)$		加工方法	硬化层深度 $h/\mu m$		硬化程度 $N(\%)$	
	平均值	最大值	平均值	最大值		平均值	最大值	平均值	最大值
车削	30 ~ 50	200	20 ~ 50	100	滚齿、插齿	120 ~ 150	—	60 ~ 100	—
精细车削	20 ~ 60	—	40 ~ 80	120	外圆磨低碳钢	30 ~ 60	—	60 ~ 100	150
端铣	40 ~ 100	200	40 ~ 60	100	外圆磨未淬硬中碳钢	30 ~ 60	—	40 ~ 60	100
圆周铣	40 ~ 80	110	20 ~ 40	80	外圆磨淬火钢	20 ~ 40	—	25 ~ 30	—
钻孔、扩孔	180 ~ 200	250	60 ~ 70	—	平面磨	16 ~ 25	—	50	
拉孔	20 ~ 75	—	50 ~ 100	—	研磨	3 ~ 7	—	12 ~ 17	—

2. 表面层的金相变化与磨削烧伤

在机械加工中，由于切削热的作用，在工件的加工区及其邻近区域产生了一定的温升。

当温度超过金相组织变化的临界点时，金相组织就会发生变化。对于一般的切削加工来说，温度一般不会上升到如此高的程度。但在磨削加工时，磨粒的切削、刻划和滑擦作用，以及大多数磨粒的负前角切削和很高的磨削速度，会使得加工表面层有很高的温度，当温升达到相变临界点时，表层金属就会发生金相组织变化，从而使表面层强度和硬度降低，产生残余应力，甚至出现微观裂纹。这种现象被称为磨削烧伤。

（1）烧伤的形式

1）退火烧伤。磨削时，如果工件表面层温度超过相变临界温度 Ac_3，则马氏体转变为奥氏体。如果此时无切削液，表层金属空冷冷却比较缓慢而形成退火组织，硬度和强度均大幅度下降。这种现象称为退火烧伤。工件干磨时易发生这种烧伤。

2）回火烧伤。磨削时，工件表面温度未达到相变温度 Ac_3（一般中碳钢为720℃），但超过马氏体的转变温度（一般中碳钢为300℃），这时马氏体组织将转变为硬度较低的回火托氏体或索氏体，此现象称为回火烧伤。

3）淬火烧伤。磨削时，如果工件表面层温度超过相变临界温度 Ac_3 时，则马氏体转变为奥氏体。若此时有充分的切削液，工件最外层金属会出现二次淬火马氏体组织。其硬度比原来的回火马氏体高，但很薄，只有几个微米厚；其下为硬度较低的回火索氏体和托氏体。由于二次淬火层极强，表面层总的硬度是降低的，这种现象称为淬火烧伤。

图 4-22 所示为高碳淬火钢在不同磨削条件下出现的三种硬度分布情况。当磨削深度为10μm 时，表面由于温度效应，回火马氏体有弱化现象，与塑性变形产生的冷硬现象综合产生了比基体硬度低的部分，表面层与基体材料交界处（以下简称里层）由于磨削中的冷作硬化起了主要作用，产生了比基体硬度高的部分。当磨削深度为 20～30μm 时，冷作硬化的影响减少，磨削温度起了主要作用，但磨削温度低于相变温度，产生表面层中比基体硬度低的回火组织。当磨削深度增大至 50μm 时，磨削区最高温度超过了相变温度，表面层由于急冷效果产生二次淬火组织，硬度高于基体，里层冷却较慢，产生硬度低的回火组织，再往深处，硬度又逐渐上升直至未受磨削热影响的基体组织。

磨削时表面出现的黄、褐、紫、青等烧伤色是工件表面在瞬时高温下产生的氧化膜颜色，相当于钢在回火时的颜色。不同的烧伤色表示表面所受到的不同温度与不同的烧伤深度，所以烧伤色能起到显示的作用，它表明工件的表面层已发生了热损伤。但表面没有烧伤色并不等于表面层未受热损伤。如在磨削过程中采用过大的磨削用量，造成了很深的烧伤层，以后的无进给磨削仅磨去了表面的烧伤色，但却未能去掉烧伤层，留在工件上就会成为使用中的隐患。

（2）影响磨削烧伤的因素　磨削烧伤与温度有十分密切的关系。一切影响温度的因素都在一定程度上对烧伤有影响，所以研究磨削烧伤问题可以从切削时的温度入手。

1）磨削用量。当磨削深度 a_p 增大时，工件表面及表面下不同深度的温度都将提高，容易造成烧伤。故磨削深度不能选得太大。在切削用量中，以磨削深度 a_p 影响最大。

当工件速度 v_w 增大时，磨削区表面温度会增高，但此时热源作用时间减少，因而可减轻烧伤。但提高工件速度 v_w 会导致其表面粗糙度值变大。为弥补此不足，可提高砂轮速度 v_s，如图 4-23 所示。

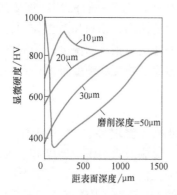

图 4-22　磨削加工表面硬度分布

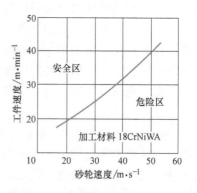

图 4-23　无烧伤临界曲线

当工件纵向进给量 f 增大时,工件表面及表面下不同深度的温度都将降低,故可减轻烧伤。但 f 增大会导致工件表面粗糙度值变大,因而,可采用较宽的砂轮来弥补。

2)工件材料。工件材料对磨削区温度的影响主要取决于它的硬度、强度、韧性和热导率。工件材料硬度高、强度高、韧性和密度大都会使磨削区温度升高,因而容易产生磨削烧伤。导热性能比较差的材料,如耐热钢、轴承钢、不锈钢等,在磨削时也容易产生烧伤。

3)砂轮特性。磨削时,砂轮表面上大部分磨粒只是与加工面摩擦而不是切削。加工表面上的金属是在大量磨粒反复挤压多次而呈疲劳后才剥落。因此,在切削抗力中绝大部分是摩擦力。如果砂轮表面上磨粒的切削刃口再尖锐锋利些,摩削力就会下降,功率消耗也会减少,从而磨削区的温度必然也会相应下降。但磨粒的刀尖是自然形成的,它取决于磨粒的强度和硬度。强度和硬度不高,就不能得到锋利的切削刃。所以提高磨粒硬度和强度是关键。如采用金刚石或人造金刚石以及立方氮化硼砂轮,磨削性能会大大提高。

此外采用粗粒度砂轮、较软的砂轮都可提高砂轮自锐性,同时砂轮不易被切屑堵塞,因此也可以避免磨削烧伤的发生。

4)冷却。用切削液带走磨削区的热量可以避免烧伤。

3. 加工表面层的残余应力

机械加工中工件表面层组织发生变化时,在表面层及其与基体材料的交界处就会产生互相平衡的弹性应力,这种应力即为表面层的残余应力。表面残余应力的产生,有以下三种原因:

(1)冷态塑性变形　在切削力的作用下,已加工表面受到强烈的塑性变形,表面层金属体积发生变化,此时里层金属受到切削力的影响,处于弹性变形的状态。切削力去除后,里层金属趋向复原,但受到已产生塑性变形的表面层的限制,回复不到原状,因而在表面层产生残余应力。一般说来,表面层在切削时受刀具后刀面的挤压和摩擦影响较大,其作用使表面层产生伸长塑性变形,表面积趋向增大,但受到里层的限制,产生了残余压应力,里层则产生残余拉应力与其相平衡。

(2)热态塑性变形　表面层在切削热的作用下产生热膨胀,此时基体温度较低,因此表面层热膨胀受基体的限制产生热压缩应力,如图 4-24 所示。当表面层的温度超过材料的弹性变形范围时,就会产生热塑性变形(在压应力作用下材料相对缩短)。当切削过程结束，温度下降至与基体温度一致时，因为表面层已产生热塑性变形，但受到基体的限制产生了残余拉应力，里层则产生了压应力。

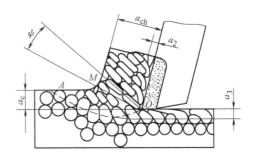

图 4-24　热应力

进一步可用图 4-25 来分析：当切削区温度升高时，表面层受热膨胀产生热压缩应力 σ，该应力随着温度的升高而线性地增大（沿 OA），其值大致为

$$\sigma_{热} = \alpha E \Delta t$$

式中　α——线膨胀系数；

$\quad\quad E$——弹性模量；

$\quad\quad \Delta t$——温升。

当切削温度继续升高至 T_A 时，热应力达到材料的屈服强度值（A 点处），温度再升高（$T_A \rightarrow T_B$），表面层产生了热塑性变形，热应力值将停留在材料不同温度时的屈服强度值处（沿 AB），切削完毕，表面层温度下降，热应力按原斜率下降（沿 BC），直到与基体温度一致时，表面层产生拉应力，其值大致为

$$\sigma_{残} = OC = BF = \sigma_F - \sigma_B$$

式中　σ_F——若不产生热塑性变形时，表面层在温度 T_B 时的热应力值；

$\quad\quad \sigma_B$——材料在温度 T_B 时的屈服强度。

从图 4-25 可明显地看出，若切削温度低于 T_A，应力沿 OA 增大，因未达到材料的屈服强度 σ_A，不产生热塑性变形，所以冷却时仍沿 AO 返回至 O 点，表面层不产生残余拉应力。若切削温度超过 T_A，表面层产生热塑性变形，就会产生残余拉应力。磨削温度越高，热塑性变形越剧烈，残余拉应力也越大，同时表面层的残余拉应力值与材料的性能也有着直接的关系。

（3）局部金相组织变化　切削或磨削过程中，若工件被加工表面温度高于材料的相变温度，则会引起表面层的金相组织变化。

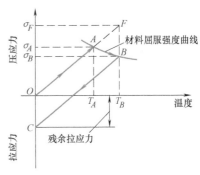

图 4-25　热塑变形产生的残余应力

不同的金相组织有不同的密度，如马氏体密度 $\rho_M = 7.75 \mathrm{g/cm^3}$，奥氏体密度 $\rho_A = 7.96 \mathrm{g/cm^3}$，珠光体密度 $\rho_P = 7.78 \mathrm{g/cm^3}$，铁素体密度 $\rho_F = 7.88 \mathrm{g/cm^3}$。当金相组织变化时，由于密度不同，体积也会发生变化。如果表层金属膨胀则残余应力为压应力（－），反之，如果表层金属体积缩小则产生残余拉应力（＋）。

例如，淬火钢表面回火，表层金属由马氏体转变成托氏体或索氏体，密度由 $7.75 \mathrm{g/cm^3}$ 变为 $7.78 \mathrm{g/cm^3}$。

以淬火钢磨削为例，淬火钢原来的组织是马氏体，磨削加工后，表层可能产生回火，马氏体变为接近珠光体的托氏体或索氏体，密度增大而体积减小，工件表面层产生残余拉应力。如果工件表面温度超过 Ac_3，冷却又充分，则工件表层将又成为马氏体，体积膨胀，产生残余压应力。

因为
$$\frac{V-\Delta V}{V} = \frac{7.75}{7.78} \rightarrow \frac{\Delta V}{V} = \frac{0.03}{7.78} \rightarrow \frac{\Delta L}{L} = \frac{\Delta V}{3V} = \frac{0.01}{7.78} = 0.129 \times 10^{-2}$$

所以
$$\sigma_{拉} = E\frac{\Delta L}{L} = 2.1 \times 10^5 \times 0.129 \times 10^{-2} \text{MPa} = 270.9\text{MPa}$$

实际机械加工后的表面层残余应力是上述三方面原因产生残余应力的综合结果。在一定条件下，其中某一种或两种原因可能起到主导作用。例如，在切削加工中，如果切削热不高，表面层中没有产生热塑性变形，而是以冷塑性变形为主，此时表面层中将产生残余压应力。切削热较高以至在表面层中产生热塑性变形时，由热塑性变形产生的拉应力将与冷塑性变形产生的压应力相互抵消掉一部分。当冷塑性变形占主导地位时，表面层产生残余压应力；当热塑性变形占主导地位时，表面层产生残余拉应力。磨削时一般因磨削热较高，常以相变和热塑性变形产生的拉应力为主，所以表面层常带有残余拉应力。

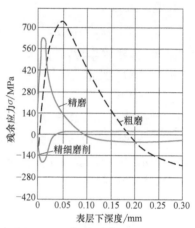

图 4-26 磨削时表面层残余应力的分布

图 4-26 是三类磨削条件下产生的表面层残余应力的情况。精细磨削（轻磨削）时，产生浅而小的残余压应力，因为这时温度影响很小，更没有金相组织变化，主要是冷态塑性变形的影响起作用；精磨（中等磨削）时，表面产生极浅的残余拉应力，这是因为热塑性变形起了主导作用的结果；粗磨（重磨削）时，表面产生极浅的残余压应力，接着就是较深且较大的残余拉应力，这说明表面产生了一薄层二次淬火层，下层是回火组织。

其次，磨削裂纹的产生与工件材料及热处理规范有很大关系。磨削碳钢时，碳的质量分数越高，越容易产生裂纹。当碳的质量分数小于 0.6% ~ 0.7% 时，几乎不产生裂纹。淬火钢晶界脆弱，渗碳、渗氮钢受温度影响，易在晶界面上析出脆性碳化物和氮化物，故磨削时易产生裂纹。

4.3 控制加工表面质量的措施

提高表面质量的加工方法可分为两类，一是着重减小加工表面的表面粗糙度值；二是着重改善表面层的物理、力学性能。

4.3.1 采用光整加工方法降低表面粗糙度值

研磨是一种既简单又可靠的精密加工方法，它是利用研具和工件的相对运动，在研磨剂的作用下对工件进行光整加工和精密加工，如图 4-27、图 4-28 所示。研磨可以达到很高的尺寸精度（0.1 ~ 0.3μm）和很小的表面粗糙度 Ra 值（0.04 ~ 0.01μm）。

超精加工，也称超精研，是采用细粒度的磨条在一定的压力和磨削速率下做往复运动，对工件表面进行光整加工。超精加工时，表面粗糙度 Ra 值可达 0.04μm 以下，如图 4-29 所示。

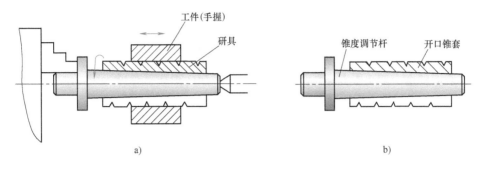

图 4-27　研磨内圆及其研具

a）研磨内圆的方法　b）内圆研具

珩磨是一种广泛用于大批大量和成批生产中孔的加工方法。珩磨能获得 IT4～IT6 的尺寸公差等级，圆度和圆柱度误差小于 $0.003～0.005\mu m$，表面粗糙度 Ra 值可达 $0.4～0.02\mu m$，如图 4-30 所示。

4.3.2　表面强化工艺改善物理力学性能

表面强化工艺是指通过冷压加工方法使表面层金属发生冷态塑性变形，以降低表面粗糙度值，提高表面硬度，并在表面层产生残余压应力。这种方法的工艺简单、成本低廉，在生产中应用十分广泛。用得最多的是滚压加工和喷丸强化，也有的采用液体磨料强化等加工方法。

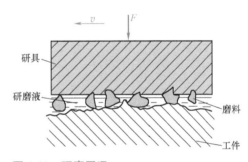

图 4-28　研磨原理

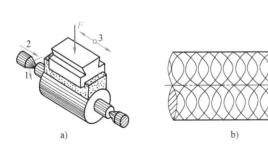

图 4-29　超精加工

1—工件旋转　2—超精头纵向进给　3—超精头往复振动

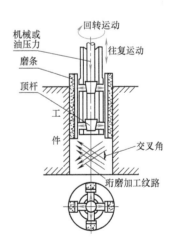

图 4-30　珩磨

1. 滚压加工

滚压加工是利用经过淬硬和精细研磨过的滚轮或滚珠，在常温状态下对金属表面进行挤

169

压，将表层的凸起部分向下压，凹下部分往上挤（见图4-31），逐渐将前工序留下的波峰压平，从而修正工件表面的微观几何形状。此外，它还能使工件表面金属组织细化，形成压缩残余应力。

滚压加工可降低表面粗糙度值，可使表面粗糙度 Ra 值从 $1.25 \sim 5\mu m$ 减小到 $0.16 \sim 0.63\mu m$，表面硬度一般可提高 $20\% \sim 40\%$，表层金属的耐疲劳强度一般可提高 $30\% \sim 50\%$。

滚压可以加工外圆、孔、平面及成形表面，通常在卧式车床、转塔车床或自动车床上进行加工。

图4-32是弹性外圆滚压工具，工具上的弹簧主要用于控制压力的大小。当滚压孔时，为了提高强化效果，可以采用双排滚压工具，如图4-33所示，第一排滚珠直径较小，做粗加工用，第二排滚珠直径较大，做精加工用。

图 4-31 滚压加工原理图

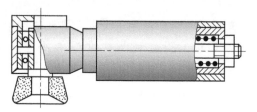

图 4-32 外圆滚压工具

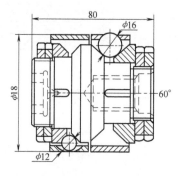

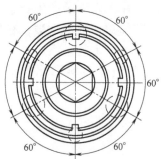

图 4-33 双排滚珠滚压工具

2. 喷丸强化

喷丸强化是利用大量快速运动的珠丸打击被加工工件表面，使工件表面产生冷硬层和压缩残余应力，可显著提高零件的疲劳强度和使用寿命。

珠丸可以是铸铁的，也可以是切成小段的钢丝（使用一段之后，自然变成球状）。对于铝质工件，为避免表面残留铁质微粒而引起电解腐蚀，宜采用铝丸或玻璃丸。珠丸的直径一般为 $0.2 \sim 4mm$，对于尺寸较小、表面粗糙度值要求较小的工件，采用直径较小的珠丸。

喷丸强化主要用于强化形状复杂或不宜用其他方法强化的工件，如板弹簧、螺旋弹簧、连杆、齿轮、焊缝等。

3. 液体磨料强化

液体磨料强化是利用液体和磨料的混合物强化工件表面的方法，如图4-34所示。液体和磨料在 400 ~ 800kPa 下，经过喷嘴高速喷出，射向工件表面，借磨粒的冲击作用，磨平工件表面的表面粗糙度波峰并碾压金属表面。由于磨粒的冲击和微量切削作用，使工件表面产生几十微米的塑性变形层。加工后的工件表面层具有残余压应力，提高了工件的耐磨性、耐蚀性和疲劳强度。

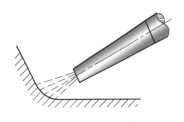

图 4-34　液体磨料强化工艺

液体磨料强化工艺最宜于加工复杂型面，如锻模、汽轮机叶片、螺旋桨、仪表零件和切削刀具等。

各种加工方法在工件表面上残留的内应力见表 4-2。

表 4-2　各种加工方法在工件表面上残留的内应力

加工方法	残余应力情况	残余应力值 σ/MPa	残余应力层深度 h/mm
车削	一般情况下，表面受拉，里层受压；$v_c = 500$m/min 时，表面受压，里层受拉	200 ~ 800，刀具磨损后达 1000	一般情况下，h 为 0.05 ~ 0.10；当用大负前角（$\gamma_o = -30°$）车刀、v_c 也很大时，h 可达 0.65
磨削	一般情况下，表面受压，里层受拉	200 ~ 1000	0.05 ~ 0.30
铣削	同车削	600 ~ 1500	—
碳钢淬硬	表面受压，里层受拉	400 ~ 750	—
钢珠滚压钢件	表面受压，里层受拉	700 ~ 800	—
喷丸强化钢件	表面受压，里层受拉	1000 ~ 1200	—
渗碳淬火	表面受压，里层受拉	1000 ~ 1100	—
镀铬	表面受拉，里层受压	400	—
镀钢	表面受拉，里层受压	200	—

4.4　振动对表面质量的影响及其控制

4.4.1　振动对表面质量的影响

机械加工中产生的振动，一般说来是一种破坏正常切削过程的有害现象。各种切削和磨削过程都可能发生振动，当速度高、切削金属量大时常会产生较强烈的振动。

切削过程中的振动，会影响加工质量和生产率，严重时甚至会使切削不能继续进行，因此，振动通常都是对切削加工不利的，主要表现在以下几个方面：

1）影响加工表面的表面粗糙度。振动频率低时会产生波纹度，频率高时会产生微观平面度。

2）影响生产率。加工中产生振动，限制了切削用量的进一步提高，严重时甚至使切削不能继续进行。

3）影响刀具寿命。切削过程中的振动可能使刀尖切削刃崩碎，特别是韧性差的刀具材料，如硬质合金、陶瓷等，要注意消振问题。

4）对机床、夹具等不利。振动使机床、夹具等零件的连接部分松动，间隙增大，刚度和精度降低，同时使用寿命缩短。

振动对机械加工有不利的一面，但又可以利用振动来更好地切削，如振动磨削、振动研抛、超声波加工等都是利用振动来提高表面质量或生产率。

机械加工中产生的振动，根据其产生的原因，大体可分为自由振动、强迫振动和自激振动三大类，如图 4-35 所示。

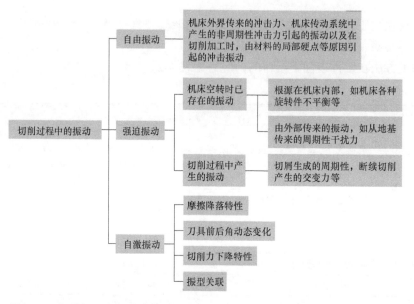

图 4-35　切削加工中振动的类型

4.4.2　自由振动

自由振动是当系统所受的外界干扰力去除后系统本身的衰减振动。由于工艺系统受一些偶然因素的作用，如外界传来的冲击力、机床传动系统中产生的非周期性冲击力、加工材料的局部硬点等引起的冲击力等，系统的平衡被破坏，只靠其弹性恢复力来维持的振动属于自由振动。振动的频率就是系统的固有频率。由于工艺系统的阻尼作用，这类振动会很快衰减。

4.4.3　强迫振动

强迫振动是由外界周期性的干扰力所支持的不衰减振动。

1. 切削加工中产生强迫振动的原因

切削加工中产生的强迫振动，其原因可从机床、刀具和工件三方面去分析。

机床中某些零件的制造精度不高，会使机床产生不均匀运动而引起振动。例如，齿轮的齿距误差和齿距累积误差，会使齿轮传动的运动不均匀，从而使整个部件产生振动。主轴与轴承之间的间隙过大、主轴轴颈的圆度、轴承制造精度不够，都会引起主轴箱以及整个机床的振动。另外，传动带接头太粗而使带传动的转速不均匀，也会产生振动。至于某些零件的缺陷，使机床产生振动则更加明显。

在刀具方面，多刃、多齿刀具切削时，由于刃口高度的误差，容易产生振动，如铣刀等。断续切削的刀具，如铣刀、拉刀和滚刀，切削时也很容易引起振动。

被切削的工件表面上有断续表面或表面余量不均、硬度不一等，都会在加工中产生振动。如车削或磨削有键槽的外圆表面就会产生强迫振动。

当然，在工艺系统外部也有许多原因造成切削加工中的振动，如相邻机床之间就会有相互影响，一台磨床和一台重型机床相邻，这台磨床就会受重型机床工作的影响而产生振动，影响其加工工件表面的表面粗糙度。

2. 强迫振动的特点

1）强迫振动的稳态过程是谐振动，只要干扰力存在，振动就不会被阻尼衰减掉。去除了干扰力，振动停止。

2）强迫振动的频率等于干扰力的频率。

3）阻尼越小，振幅越大，谐波响应轨迹的范围越大。增加阻尼，能有效地减小振幅。

4）在共振区，较小的频率变化会引起较大的振幅和相位角的变化。

3. 消除强迫振动的途径

（1）消振与隔振　消除强迫振动最有效的办法是找出外界的干扰力（振源）并去除。如果不能去除，则可以采用隔绝的方法，如机床采用防振地基，就可以隔绝相邻机床的振动影响。精密机械、仪器采用空气垫等也是很有效的隔振措施。

（2）消除回转零件的不平衡　机床和其他机械的振动，大多数是由于回转零件的不平衡所引起，因此，对于高速回转的零件要注意其平衡问题，在可能的条件下，能做动平衡最好。

（3）提高传动件的制造精度　传动件的制造精度会影响传动的平衡性，引起振动。

（4）提高系统刚度，增加阻尼　提高机床、工件、刀具的刚度都会增加系统的抗振性。增加阻尼是一种减小振动的有效办法，在结构设计上应该考虑到，但也可以采用附加高阻尼板材的方法以达到减小振动的效果。

4.4.4　自激振动

机械加工过程中，还常常出现一种与强迫振动完全不同形式的强烈振动。这种振动是由振动过程本身引起某种切削力的周期性变化，又由这个周期性变化的切削力反过来加强和维持振动，使振动系统补充了由阻尼作用消耗的能量，这种类型的振动被称为自激振动。切削过程中产生的自激振动是频率较高的强烈振动，通常又称为颤振，常常是影响加工表面质量和限制机床生产率提高的主要障碍。磨削过程中，砂轮磨钝以后产生的振动也往往是自激振动。

1. 自激振动的原理

金属切削过程中自激振动的原理如图 4-36 所示。

它具有两个基本部分：切削过程产生交变力（ΔP），激励工艺系统；工艺系统产生振动位移（ΔY），再反馈给切削过程。维持振动的能量来源于机床的能源。

2. 自激振动的特点

1）自激振动是一种不衰减的振动。振动过程本身能引起某种力周期性地变化，振动系统能通过这种力的变化，从不具备交变特性的能源中周期性地获得能量补充，从而维持这个振动。外部的干扰有可能在最初触发振动时起作用，但是它不是产生这种振动的直接原因。

2）自激振动的频率等于或接近于系统的固有频率，也就是说，由振动系统本身的参数所决定，这是与强迫振动的显著差别。

3）自激振动能否产生以及振幅的大小，决定于每一振动周期内系统所获得的能量与所消耗的能量的对比情况。当振幅为某一数值时，如果所获得的能量大于所耗的能量，则振幅将不断增大；相反，如果所获得的能量小于所消耗的能量，则振幅将不断减小。振幅一直增加或减小到所获得的能量等于所消耗的能量时为止。若振幅在任何数值时获得的能量都小于消耗的能量，则自激振动根本就不可能产生。如图4-37所示，E^+为获得的能量，E^-为消耗的能量，可见只有当E^+和E^-的值相等时，振幅达到A_0，系统才处于稳定状态。所谓稳定，就是指一个系统受到干扰而离开原来的状态后仍能自动恢复到原来状态的现象。

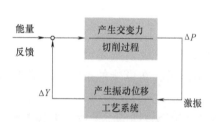

图4-36　机床自激振动系统

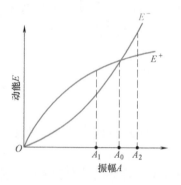

图4-37　自激振动系统的能量关系

4）自激振动的形成和持续，是由于过程本身产生的激振和反馈作用所致，所以若停止切削（或磨削）过程，即使机床仍继续空运转，自激振动也就停止了，这也是与强迫振动的区别之处，所以可以通过切削（或磨削）试验来研究工艺系统或机床的自激振动。同时，也可以通过改变对切削（或磨削）过程有影响的工艺参数（如切削或磨削用量）来控制切削（或磨削）过程，从而限制自激振动的产生。

3. 消除自激振动的途径

（1）合理选择与切削过程有关的参数　根据图4-36，自激振动的形成是与切削过程本身密切相关的，所以可以通过合理地选择切削用量、刀具几何参数和工件材料的可加工性等途径来抑制自激振动。

1）合理选择切削用量。如车削中，切削速度v在$20 \sim 60\text{m/min}$范围内，自激振动振幅增加很快，而当v超过此范围以后，则振动又逐渐减弱了，通常切削速度v为$50 \sim 60\text{m/min}$时稳定性最低，最容易产生自激振动，所以可以选择高速或低速切削以避免自激振动。关于进给量f，通常当f较小时振幅较大，随着f的增大振幅反而会减小，所以可以在加工表面粗糙度允许的条件下选取较大的进给量以避免自激振动。背吃刀量a_p越大，切削力越大，越易产生振动。

2）合理选择刀具的几何参数。适当地增大前角γ_o、主偏角κ_r，能减小切削力而减小振动。后角α_o可尽量取小，但精加工中由于背吃刀量a_p较小，切削刃不容易切入工件，而且

$α_o$ 过小时，刀具后刀面与加工表面间的摩擦可能过大，这样反而容易引起自激振动。通常在刀具的主后刀面下磨出一段 $α_o$ 角为负的窄棱面，如图 4-38 所示就是一种很好的防振车刀。另外，实际生产中还往往用磨石使新刃磨的刃口稍稍钝化，也很有效。关于刀尖圆弧半径，它本来就和加工表面粗糙度有关，对加工中的振动而言，一般不要取得太大，如车削中当刀尖圆弧半径与背吃刀量近似相等时，则切削力就很大，容易振动。车削时装刀位置过低或钻孔时装刀位置过高，都易于产生自激振动。

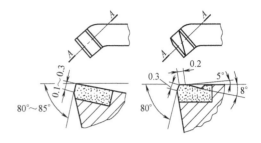

图 4-38　防振车刀

使用"油"性非常高的切削液也是加工中经常使用的一种防振办法。

（2）提高工艺系统本身的抗振性

1）提高机床的抗振性。机床的抗振性能往往是占主导地位的，可以从改善机床刚性、合理安排各部件的固有频率、增大其阻尼以及提高加工和装配的质量等来提高其抗振性。图 4-39 所示就是具有显著阻尼特性的薄壁封砂结构床身。

2）提高刀具的抗振性。要使刀具具有高的弯曲与扭转刚度、高的阻尼系数，必须改善刀杆等的惯性矩、弹性模量和阻尼系数。例如，硬质合金虽有高弹性模量，但阻尼性能较差，所以可以和钢组合使用，如图 4-40 所示的组合刀杆就能发挥钢和硬质合金两者之优点。

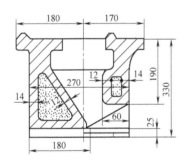

图 4-39　薄壁封砂床身

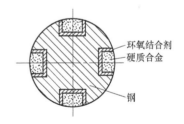

图 4-40　钢和硬质合金的组合刀杆

3）提高工件安装时的刚性。主要是提高工件的弯曲刚性，如车削细长轴时，可以使用中心架、跟刀架，当用拨盘传动销拨动夹头传动时，要保持切削中传动销和夹头不发生脱离等。

（3）使用消振器装置　图 4-41 所示为车床上使用的冲击消振器，图中螺钉 1 上套有质量块 4、弹簧 3 和套 2，当车刀发生强烈振动时，质量块 4 就在消振器座 5 和螺钉 1 的头部之间做往复运动，产生冲击，吸收能量。图 4-42 所示为镗孔用的冲击消振器，冲击块 4 安置在镗杆 1 的空腔中，它与空腔间保持有 0.05 ～ 0.10mm 的间隙。当镗杆发生振动时，冲击块 4 将不断撞击镗杆 1 吸收振动能量，因此能消除振动。这些消振装置经生产使用证明，都具有相当好的抑振效果，并且可以在一定范围内调整，所以使用上也较方便。

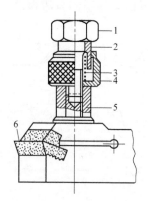

图 4-41 车床上使用的冲击
消振器

1—螺钉 2—套 3—弹簧
4—质量块 5—消振器座
6—刀片

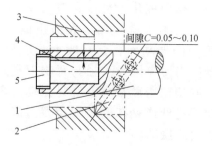

图 4-42 镗孔用的冲击消振器

1—镗杆 2—镗刀 3—工件
4—冲击块 5—塞盖

练习题

1. 表面质量包含哪些主要内容？
2. 产生磨削烧伤的原因有哪些？如何避免磨削烧伤？
3. 引起表面残余应力的原因有哪些？
4. 减少或消除内应力的措施有哪些？
5. 切削加工时可以采用哪些措施减小加工表面粗糙度值？
6. 什么是表面冷作硬化？如何控制表面冷作硬化？

机床和刀具等工艺装备及有关切削参数的选择都是从具体工艺要求出发的。不同的零件和不同的生产规模，就有不同的加工工艺。同一零件的同一加工内容和同样的加工批量，也可以有不同的加工工艺，从而会选择不同的机床、工装和切削参数，在生产率和加工成本方面产生不同的结果。为此，对机械加工工艺的基本知识和机械加工工艺做较深入的阐述。

5.1 概述

5.1.1 生产过程和工艺系统

1. 生产过程

生产过程系指把原材料转变为成品的全过程。机械工厂的生产过程一般包括原材料的验收、保管、运输，生产技术准备，毛坯制造，零件加工（含热处理），产品装配、检验以及涂装等。

为了提高产品质量、生产率和降低成本，目前机器生产趋向于专业化分工，一台机器的生产由若干工厂联合完成。不仅毛坯，而且多种零部件，如汽车发动机上的活塞、活塞环等，均由专业工厂分别制造。专业工厂生产的零部件，对总装厂来说就是"原材料"。因此，这里指的"原材料"有着更为广泛的含义，它可被定义为：投入生产过程以创造新产品的物质。

把生产过程中改变生产对象的形状、尺寸、相对位置和物理、力学性能等，使其成为成品或半成品的过程称为工艺过程。如生产过程中的毛坯制造、零件加工和产品装配过程均属工艺过程。因此，工艺过程可根据其具体工作内容分为铸造、锻造、冲压、焊接、机械加工、热处理、表面处理、装配等不同的工艺过程。

生产过程和工艺过程的共同特点是：它们都是通过各种劳动形式使原材料或生产对象向着预期的成品或半成品转变的动态过程。这个动态过程不仅表现为物质（原材料或生产对象）的变化和流动的过程，同时也反映了信息和能量的变化和流动的过程。对传统加工方式来说，所谓信息即指生产过程中使用的图样和工艺规程等，长期以来一直被视为静态的要素。而在应用现代制造技术和自动化的生产过程中，则随时都要对生产过程中产生的信息（以声、光、电、热力、位移等各种形式表现的物理量）进行获取、传输、处理、分析和应用，以执行工况监测、故障诊断、误差补偿和适应控制。在自动化加工过程中，在线检测的数据时刻都在变化，刀具磨损后的信息也是动态的，在后续加工程序中需及时得以补偿，因而产生了信息流动过程。

金属切削过程得以进行，就是依靠电动机所提供的机械能，使刀具对工件做有用功，以克服工件的变形阻力和摩擦阻力。做功的过程就是机械能被消耗的过程，也是机械能向热能转变的过程。

综上所述，随着现代制造技术及加工自动化应用的普及，生产过程已被认为是一个物质流动、信息流动和能量流动的综合动态过程。

在生产过程开始以前，要对产品图样进行工艺性分析和审查；拟订工艺方案；编制各种工艺文件；设计、制造和调整工艺装备；设计合理的生产组织形式；编制生产作业计划等。这些工作称为生产准备，也称为生产与技术准备。这些工作完成的质量对生产过程和工艺过程能否取得最佳的综合效果至关重要。

2. 工艺系统

长期以来，机械制造过程一直被构筑在一个科学技术水平比较低的框架上，尤其是以传统的加工方式进行单件小批生产时，基本上是一个离散的生产过程，各个工步、工序之间甚至可以不相关联。切削过程中相互作用、相互依赖的基本要素——机床、刀具、夹具、工件等，被视为各自独立的单元。通过长年的生产经验的积累，并随着机械制造由一种劳动技艺逐步转化成一门工程技术学科时，人们才逐渐认识了"工艺系统"这个科学的概念，以及它在制造过程中的作用和价值。

前文所述的把工艺过程看作物质流动、信息流动、能量流动（简称物质流、信息流和能量流）的综合动态过程，是在时间上的一种描述。对于物质流来说，这种物质的流动还必须存在于一定的空间，也就是工艺系统。一般把机械加工中由机床、刀具、夹具和工件组成的相互作用、相互依赖，并具有特定功能的有机整体，称为机械加工工艺系统（见图5-1），简称为工艺系统。对信息流和能量流来说，也同样以工艺系统为其存在的空间。

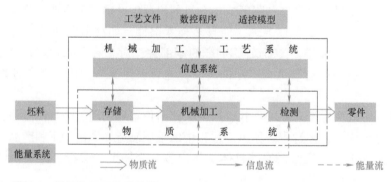

图5-1 机械加工工艺系统图

机械加工工艺系统的整体目标是在特定的生产条件下，适应环境要求，在保证机械加工工序质量和产量的前提下，采用合理的工艺过程，并尽量降低工序的加工成本。因此必须从系统这个整体出发，去分析和研究各种有关问题，才能实现系统的最佳工艺方案。

随着计算机和自动控制、检测等技术引入机械加工领域，出现了数字控制和适应控制等新型的控制系统。要实现系统最佳化，除了要考虑物质流，即考虑毛坯的各工序加工、存储和检测的物质流动过程外，还必须充分重视合理编制包括工艺文件、数控程序和适应控制模型等控制物质系统工作的信息流。

5.1.2 机械加工工艺过程及其组成

机械加工工艺过程是指用机械加工方法（主要是切削加工方法）逐步改变毛坯的形态（形状、尺寸以及表面质量），使其成为合格零件所进行的全部过程。它由工序、工步、进给等不同层次的单元所组成。

1. 工序

一个或一组工人在一个工作地点，对一个或同时对几个工件所连续完成的那一部分工艺过程称为工序。当加工对象（工件）更换时，或设备和工作地点改变时，或完成工艺工作的连续性有改变时，则形成另一道工序。这里所谓连续性是指工序内的工作需连续完成。如图 5-2 所示一批小轴的加工，其工艺过程见表 5-1，由七道工序组成。其中，工序 20 和工序 30 虽然都是车削加工，但它是在两台车床上进行的，因而不是同一工序。假设一根轴在粗车后卸下来，接着粗车别的轴，然后再在这台车床上精车原先那根轴，这时粗车、精车虽然在同一台车床上进行的，也不能看成是同一工序，因为粗车、精车不是连续完成的。

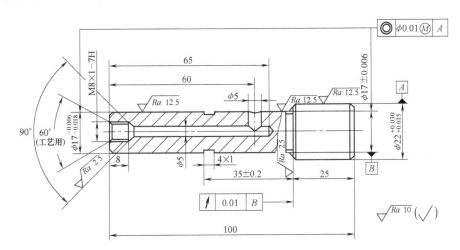

图 5-2 小轴零件图

表 5-1 小轴加工工艺过程（小批生产）

工序号	工序名称	安装	工序内容	设备	定位及夹紧
10	备料		总长 100mm，备料为 103mm		
20	车	1	车端面，钻中心孔	车床	自定心卡盘
		2	粗车外圆 $\phi 22^{+0.030}_{+0.015}$ mm，留加工余量 1mm		一夹，一顶
		3	调头，车另一端面，长度至尺寸，钻 $\phi 5$mm 深 65mm 孔，钻螺纹孔小径深 8mm，锪 90° 倒棱，孔口倒 60° 角（工艺用）		自定心卡盘
30	车	1	车外圆 $\phi 17^{-0.006}_{-0.018}$ mm 和 $\phi 17^{+0.006}_{-0.006}$ mm，留加工余量 0.2～0.3mm	车床	双顶尖
		2	调头，车外圆 $\phi 22^{+0.030}_{+0.015}$ mm，留加工余量 0.2～0.3mm，切槽两处至尺寸		双顶尖

（续）

工序号	工序名称	安装	工序内容	设备	定位及夹紧
40	钻		钻 $\phi 5$mm 径向孔	钻床	外圆,端面
50	磨	1	磨外圆 $\phi 22^{+0.030}_{+0.015}$mm 至图样要求	外圆磨床	双顶尖
		2	磨外圆 $\phi 17^{-0.006}_{-0.018}$mm 和 $\phi 17^{+0.006}_{-0.006}$mm 两段及侧面至尺寸		双顶尖
60	钳		攻螺孔 M8×1-7H(注意保护外圆表面)	钳工台	
70	校验				

工序是工艺过程划分的基本单元，也是制订生产计划、组织生产和进行成本核算的基本单元。

2. 工步与复合工步

在加工表面、切削刀具和切削用量（仅指转速和进给量）都不变的情况下，所连续完成的那部分工艺过程，称为一个工步。图 5-3 所示为底座零件的孔加工工序，它由钻、扩、锪三个工步组成。

对于转塔自动车床的加工工序来说，转塔每转换一个位置，切削刀具、加工表面以及车床的主轴转速和进给量一般均发生改变，这样就构成了不同的工步，如图 5-4 所示。

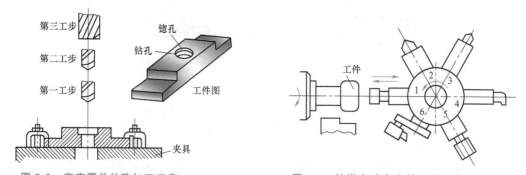

图 5-3　底座零件的孔加工工序　　　　图 5-4　转塔自动车床的不同工步

有时为了提高生产率，经常把几个待加工表面用几把刀具同时进行加工，这可看作为一个工步，称为复合工步，如图 5-5 所示。

3. 进给

在一个工步内，有些表面由于加工余量太大，或由于其他原因，需用同一把刀具对同一表面进行多次切削。这样，刀具对工件的每一次切削就称为一次进给，如图 5-6 所示。

4. 安装

为完成一道或多道工序的加工，在加工前对工件进行的定位、夹紧和调整作业称为安装。

在一道工序内，可能只需进行一次安装，见表 5-1 中工序 40；也可能进行数次安装，见表 5-1 中工序 20。加工过程中应尽量减少安装次数，因为这不仅可以减少辅助时间，而且可以减少因安装误差而导致的加工误差。

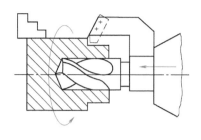
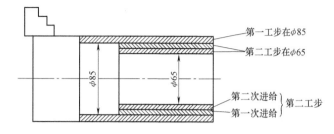

图 5-5　复合工步　　　　　图 5-6　进给

5. 工位

为了减少工件的安装次数，在加工中常采用各种回转工作台、回转夹具或移位夹具及多轴机床。为了完成一定的工序，工件在一次安装后，工件与夹具或设备的可动部分一起相对于刀具或设备的固定部分所占据的每一个位置称为工位。

图 5-7 所示为一利用回转工作台，在一次安装中顺利完成装卸工件、钻孔、扩孔和铰孔四工位的加工实例。采用多工位加工可以减少工件的安装次数，缩短辅助时间，提高生产率。

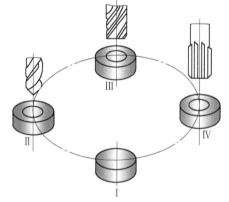

图 5-7　多工位加工

5.1.3　生产纲领与生产类型

1. 生产纲领

产品的年生产纲领是指企业在计划期内应当生产的产品产量和进度计划。

零件的生产纲领要计入备品和废品的数量，因此对一个工厂来说，产品的产量和零件的产量是不一样的。由于同一产品中，相同零件的数量可能不止一件，所以在成批生产产品的工厂中，也可能有大批大量生产零件的车间。零件生产纲领的计算公式为

$$N = Qn(1 + a)(1 + b) \tag{5-1}$$

式中　N——零件的生产纲领（件/年）；

　　　Q——产品的年产量（台/年）；

　　　n——每台产品中所含该零件的数量（件/台）；

　　　a——零件的备品百分率；

　　　b——零件的废品百分率。

其中，备品率的多少要根据用户和修理单位的需要进行考虑。一般由调查及经验确定，可在 0%～100% 内变化。零件平均废品率根据生产条件不同各工厂不一样。生产条件稳定，产品定型，如汽车、机床等产品生产废品率一般为 0.5%～1%；生产条件不稳定、新产品试制，废品率可高达 50%。

2. 生产类型的划分

根据零件生产纲领和质量的大小，就可以确定零件的生产类型。显然，重型和轻型的零

件加工难度差别很大，所采取的技术措施也不同。表 5-2 为机床行业划分生产类型的参考数据，可供参考。

表 5-2　机床行业划分生产类型的参考数据

生产类型		同类零件的年产量/件		
		重型零件 （零件质量 >50kg）	中型零件 （零件质量为 15~50kg）	轻型零件 （零件质量 <15kg）
单件生产		5 以下	10 以下	100 以下
成批生产	小批	5~100	10~200	100~500
	中批	100~300	200~500	500~5000
	大批	300~1000	500~5000	5000~50000
大量生产		1000 以上	5000 以上	50000 以上

根据产品投入生产的连续性，可大致分为三种不同的生产类型：

（1）单件生产　工厂的产品品种不固定，每种产品数量很少，工厂内大多数工作地点的加工对象经常改变。例如，重型机械、造船业等一般属于单件生产。

（2）大量生产　工厂的产品品种固定，每种产品数量很大，工厂内大多数工作地点的加工对象固定不变。例如，汽车、拖拉机和轴承制造等一般属于大量生产。

（3）成批生产　工厂的产品品种基本固定，但数量少，品种较多，需要周期地轮换生产，工厂内大多数工作地点的加工对象是周期性地变换。例如，机床和电动机制造一般属于成批生产。

在成批生产中，根据批量大小可分为小批、中批和大批生产。小批生产的特点接近于单件生产；大批生产的特点接近于大量生产；中批生产的特点介于小批和大批生产之间。在同一个工厂中，可以同时存在几种不同生产类型的生产。例如，轴承厂虽然按大量生产的工艺特征组织生产，但其机修和工具分厂（或车间）却按单件生产的工艺特征组织生产。各种生产类型的工艺特点见表 5-3。

表 5-3　各种生产类型的工艺特点

项　目	单件、小批生产	中批生产	大批、大量生产
加工对象	不固定、经常换	周期性地变化	固定不变
机床设备和布置	采用通用设备，按机群式布置	采用通用和专用设备，按工艺路线成流水线布置或机群式布置	广泛采用专用设备，全按流水线布置，广泛采用自动线
夹具	非必要时不采用专用夹具	广泛使用专用夹具	广泛使用高效能的专用夹具
刀具和量具	使用刀具和量具	广泛使用专用刀、量具	广泛使用高效率专用刀、量具
毛坯情况	用木模手工造型、自由锻，精度低	金属模、模锻，精度中等	金属模机器造型，精密铸造、模锻，精密高
安装方法	广泛采用划线找正等方法	保持一部分划线找正，广泛使用夹具	不需划线找正，一律用夹具
尺寸获得方法	试切法	调整法	用调整法、自动化加工

（续）

项　　目	单件、小批生产	中批生产	大批、大量生产
零件互换性	广泛使用配刮	一般不用配刮	全部互换，可进行选配
工艺文件形式	过程卡片	工序卡片	操作卡及调整卡
操作工人平均技术水平	高	中等	低
生产率	低	中等	高
成本	高	中等	低

3. 节拍

节拍是指生产每一个零件所规定的时间指标（在流水生产中，指相继完成两件制品之间的时间间隔）。在大批大量生产中，一方面机床终年都是加工一种零件，为了进行工艺设计，必须计算出生产某一零件的节拍，以适应设备的生产能力；另一方面在大批大量生产情况下，采用流水线生产，要求各工序的工作时间周期化（工序时间都与生产所规定的节拍相等或成整数倍）。节拍计算公式为

$$t = 60\phi/N \tag{5-2}$$

式中　t——节拍（min/件）；

　　　ϕ——机床每年工作时间（h/年）；

　　　N——零件生产纲领（件/年）。

$$\phi = cmn\eta \tag{5-3}$$

式中　c——每天班次（以 2 计算）；

　　　m——每年周数（以 51 计算）；

　　　n——每周一班工作时间（以 35h 计算）；

　　　η——设备利用率，一般取 0.94～0.96。

5.1.4　机械加工工艺规程

机械加工工艺规程简称为工艺规程，是指导机械加工生产的主要技术文件。它是把符合工艺学原理和方法，结合具体生产条件，符合"优质、高产、低消耗"原则，并经过确定的工艺过程的有关内容，用表格的形式制成的工艺文件。它一般应包括下列内容：零件的加工工艺路线，各工序的具体加工内容，切削用量，工序工时以及所采用的设备和工艺装备等。

1. 常用工艺文件的种类

（1）机械加工工艺过程卡片　这种卡片简称过程卡或路线卡。它是以工序为单位简要说明产品或零部件的加工过程的一种工艺卡片，见表 5-4。这种卡片内容简单，仅表示零件的工艺流程和工艺方案，故主要用于单件和小批生产的生产管理。

（2）机械加工工艺卡片　它以工序为基本单元，较详细地说明零件的机械加工工艺过程，其内容介于工艺过程卡片和工序卡片之间。它是用来指导工人进行生产和帮助车间干部和技术人员掌握整个零件加工过程的一种主要工艺文件，广泛用于成批生产和单件小批生产中比较重要的零件或工序。

表5-4 机械加工工艺过程卡片

(厂名)	机械加工工艺过程卡片	产品型号		零(部)件图号					共 页	第 页
		产品名称		零(部)件名称						
材料牌号		毛坯种类		毛坯外形尺寸		每毛坯可制件数		每台件数	备注	
工序号	工序名称	工序内容			车间	工段	设备	工艺设备	工时	
									准终	单件
描图										
描校										
底图号										
装订号								设计 (日期)	审核 (日期)	标准化 (日期)	会签 (日期)
	标记	处数	更改文件号	签字	日期	标记	处数	更改文件号	签字	日期

（3）机械加工工序卡片 它是根据工艺卡片的每一道工序制订的，主要用来具体指导操作工人进行生产的一种工艺文件，见表5-5，多用于大批大量生产或成批生产中比较重要的零件。

表5-5 机械加工工序卡片

(厂名)	机械加工工序卡片	产品型号		零(部)件图号			共 页	第 页
		产品名称		零(部)件名称				
		车间	工序号	工序名称		材料牌号		
		毛坯种类	毛坯外形尺寸	每毛坯可制件数		每台件数		
		设备名称	设备型号	设备编号		同时加工件数		
描图		夹具编号	夹具名称			切削液		
描校		工位器具编号	工位器具名称			工序工时		
						准终	单件	
底图号								
装订号	工步号	工步内容	工艺装备	主轴转速/ r·min⁻¹	切削速度/ m·min⁻¹	进给量/ mm·r⁻¹	背吃刀量 /mm	进给次数	工步工时 机动 辅助

（下列为表5-5底部）

工步号	工步内容	工艺装备	主轴转速/ r·min^{-1}	切削速度/ m·min^{-1}	进给量/ mm·r^{-1}	背吃刀量 /mm	进给次数	工步工时	
								机动	辅助
							设计 (日期)	审核 (日期)	标准化 (日期)	会签 (日期)
标记	处数	更改文件号	签字	日期	标记	处数	更改文件号	签字	日期

2. 工艺规程的作用

1）工艺规程是指导生产的主要技术文件。合理的工艺规程是在总结广大工人和技术人员的实践经验基础上，依据工艺理论和必要的工艺实验而制订的。按照工艺规程进行生产，可以稳定地保证产品质量和获得较高的生产率及经济效果。因此，生产中应严格地执行既定的工艺规程。实践表明，不按照科学的工艺进行生产，往往会引起产品质量的严重下降，生产率的显著降低，甚至使生产陷入混乱状态。

2）工艺规程是组织生产和管理工作的基本依据。从工艺规程所涉及的内容可以看出，在生产管理中，产品投产前原材料及毛坯的供应，通用工艺装备的准备，机床负荷的调整，专用工艺装备的设计和制造，作业计划的编排，劳动力的组织以及生产成本的核算等，都是以工艺规程作为基本依据的。

3）工艺规程是新建或扩建工厂或车间的基本资料。在新建、扩建工厂或车间时，只有根据工艺规程和生产纲领才能正确地确定生产所需的机床和其他设备的种类、规格和数量，确定车间的面积、机床的布置，生产工人的工种、等级和数量以及辅助部门的安排等。

随着科学技术的进步和生产的发展，工艺规程会出现某些不相适应的问题，因而工艺规程应定期修订，及时吸收合理化建议、技术革新成果、新技术和新工艺，使工艺规程更加完善和合理。

5.2　机械加工工艺规程的制订

5.2.1　制订机械加工工艺规程的原则

机械加工工艺规程制订的基本原则是保证零件的加工质量，达到零件图样所提出的全部技术要求，并在此基础上具有较高的生产率和经济性。在制订机械加工工艺规程时，除了遵循以上基本原则外，还应满足下列要求：

1. 技术上的先进性

在制订工艺规程时，要全面了解国内外本行业的工艺技术水平，尽量采用高效、先进的工艺和装备，使所制订的工艺规程在一定时间内保持相对的稳定性和先进性，而不至于经常做大的修改。

2. 经济上的合理性

在采用高生产率的设备与工艺装备时要注意与生产纲领相适应，要制订出不同的工艺方案并进行经济性分析和对比，从中选出最经济合理的方案。

3. 良好的劳动条件

制订工艺规程时要注意保障生产安全，尽量减轻工人的劳动强度，避免对环境的污染。

此外，制订工艺规程时还要注意充分发掘企业潜力，更新改造现有的生产条件。

5.2.2　制订机械加工工艺规程的原始资料

制订机械加工工艺规程时必须具备下列原始资料：

1）产品的装配图和零件图。

2）产品的生产纲领。

3）产品验收的质量标准。

4）毛坯生产和供应条件。

5）现场的生产条件。

6）有关的技术标准。

7）国内外工艺技术的发展情况。制订工艺规程时应尽可能多地了解国内外相应生产技术的发展情况，同时还要结合本厂实际，合理地引进、采用新技术和新工艺。

8）其他各种技术资料。

5.2.3 制订机械加工工艺规程的步骤

制订零件机械加工工艺规程的主要步骤大致如下：

1）熟悉设计工艺规程所需的资料，其中重点为分析零件图和产品的装配图。

2）选择毛坯形式及其制造方法。

3）选择定位基准。

4）确定工艺路线（主要包括加工方法的选择，加工阶段的划分，加工顺序的安排）。

5）确定各工序的加工余量、工序尺寸及公差。

6）确定各工序的加工设备、刀具、夹具、量具及其他辅助工具。

7）确定切削用量和工时定额。

8）确定各主要工序的技术检验要求及检验方法。

9）工艺方案的技术经济分析。

10）填写工艺文件。

5.2.4 零件的工艺分析

在制订零件的机械加工工艺规程之前，应对零件的工艺性进行分析。这主要包括两方面内容：

1. 分析、审查产品的零件图和装配图

制订工艺规程时，首先应分析零件图及该零件所在部件的装配图。了解该零件在部件中的作用及零件的技术要求，找出其主要的技术关键，以便在拟订工艺规程时采取适当的措施加以保证。其具体内容包括：

1）审查零件图的视图、尺寸、公差和技术条件等是否完整。

2）审查各项技术要求是否合理。过高的精度要求、过小的表面粗糙度值要求会使工艺过程复杂、加工困难、成本提高。图 5-8 所示为汽车板弹簧与吊耳的配合简图。其两个零件的对应侧面是不接触的，所以该表面粗糙度 Ra 值可由原设计的 $3.2\mu m$ 增大到 $12.5\mu m$，从而可增大铣削加工时的进给量，提高生产率。

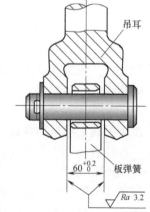

图 5-8 汽车板弹簧与吊耳
的配合简图

3）审查零件材料及热处理选用是否合适。在满足零件功能的前提下应选用廉价材料。材料选择还应立足国内，不要轻易选用贵重及紧缺的材料。若材料选用不当，不仅无法满足产品的技术要求或造成浪费，而且可能会使整个工艺过程无法进行。如图 5-9 所示的方头销，方头部分要求淬硬到 $55 \sim 60HRC$，其销轴上有一个 $\phi 2 \, ^{+0.01}_{0} mm$ 的孔，与装配时配作。原材料采用碳素工具钢（T8A），因零件仅长 15mm，头部淬硬时势必将方销全部淬硬，从

而使 $\phi2mm$ 的孔无法加工。现将方销的材料改为 20 钢，局部渗碳，在 $\phi2mm$ 孔处镀铜（或用其他方法）保护，从而使零件的加工得以顺利进行。

零件的热处理要求与所选的零件材料有直接的关系，应按所选材料审查其热处理要求是否合理。

2. 零件的结构工艺性分析

所谓零件的结构工艺性分析是指所设计的零件在满足使用要求的前提下，其制造的可行性和经济性。在进行零件结构的设计时应考虑到加工时的装夹、对刀、测量、切削效率等。结构工艺性不好会使加工困难，浪费工时，浪费材料，甚至无法加工。表 5-6 列出了零件机械加工结构工艺性对比的一些实例。

此外，在分析零件的结构工艺性时还要与生产类型相联系。如图 5-10 所示的车床进给箱箱体零件，在单件小批生产时，其同轴孔的直径应设计成单向递减的，如图 5-10a 所示，以便在镗床上通过一次安装就能逐步加工出分布在同一轴线上的所有孔。但在大批生产中，为提高生产率，一般用双面联动组合机床加工，这时应采用双向递减的孔径设计，用左、右两镗杆各加工两孔，如图 5-10b 所示，以缩短加工工时，平衡节拍，提高效率。

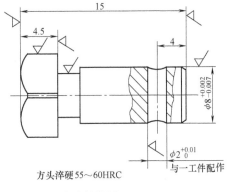

方头淬硬55～60HRC

图 5-9　方头销简图

表 5-6　零件机械加工结构工艺性的对比

	A 结构　结构工艺性差	B 结构　结构工艺性好	说　　明
1			B 结构留有退刀槽，便于进行加工，并能减少刀具和砂轮的磨损
2			B 结构采用相同的槽宽，可减少刀具种类和换刀时间
3			由于 B 结构的键槽的方位相同，就可在一次安装中进行加工，提高了生产率
4			A 结构不便引进刀具，难以实现孔的加工
5			B 结构可避免钻头钻入和钻出时因工件表面倾斜而造成引偏或断损

187

（续）

	A 结构　结构工艺性差	B 结构　结构工艺性好	说　明
6			B 结构节省材料,减小了质量,还避免了深孔加工
7			B 结构可减少深孔的螺纹加工
8			B 结构可减少底面的加工劳动量,且有利于减少平面度误差,提高接触刚度

　　如发现零件结构有明显的不合理之处，应与有关设计人员一起分析，按规定手续对图样进行必要的修改及补充。

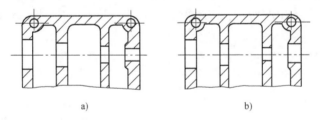

a)　　　　　　　　　　　b)

图 5-10　零件结构工艺性和生产类型的关系

5.3　毛坯的选择

　　在制订机械加工工艺规程时，毛坯选择得是否正确，不仅直接影响毛坯的制造工艺及费用，而且对零件的机械加工工艺、设备、工具以及工时的消耗都有很大影响。毛坯的形状和尺寸越接近成品零件，机械加工的劳动量就越少，但毛坯制造的成本可能会越高。由于原材料消耗的减少，会抵消或部分抵消毛坯成本的增加。所以，应根据生产纲领，零件的材料、形状、尺寸、精度、表面质量及具体的生产条件等进行综合考虑，以选择毛坯。在毛坯选择时，应充分注意到采用新工艺、新技术、新材料的可能性，以降低成本、提高质量和生产率。

5.3.1　毛坯的种类

　　机械加工中常用的毛坯有铸件、锻件、型材、冲压件、冷或热压制件、焊接件等。它们的分类、制造工艺、特点和应用，在金属工艺学中已做详细介绍，故不在此赘述。为便于拟

表 5-7　各种主要制坯方法的特性比较

类别	制坯方法 种类	尺寸或质量 最大	尺寸或质量 最小	形状复杂程度	毛坯精度/mm	表面质量	材料	生产方式
型材	棒料分割	随棒料规格	—	简单	0.5~0.6	粗	各种棒料	单件、中批、大量
铸造	手工造型砂型铸造	100t	壁厚3~5mm	极复杂	1~10（视尺寸）	极粗	铁碳合金、有色金属和合金	单件、小批
	机器造型砂型铸造	250kg	壁厚3~5mm	极复杂	1~2	粗	铁碳合金、有色金属和合金	大批、大量
	刮板造型砂型铸造	100t	壁厚3~5mm	一般为回转体	4~15（视尺寸）	极粗	铁碳合金、有色金属和合金	单件、小批
	组芯铸造	2t	壁厚3~5mm	极复杂	1~10（视尺寸）	粗	铁碳合金、有色金属和合金	单件、中批、大量
	离心铸造	200kg	壁厚3~5mm	一般为回转体	1~8（视尺寸）	光	铁碳合金、有色金属和合金	大批、大量
	金属型铸造	100kg	20~30g,对有色金属壁厚1.5mm	简单和中等	0.1~0.5	光	铁碳合金、有色金属和合金	大批、大量
	精密铸造	5kg	壁厚0.8mm	极复杂	0.05~0.15	极光	特别适用于难切削材料	单件、小批
	压力铸造	10~16kg	壁厚:锌为0.5mm,其他合金为1.0mm	只受铸型能否制造的限制	0.05~0.2	极光	锌、镁、铜和铝的合金	大批、大量
锻压	自由锻造	200t	—	简单	1.5~25	极粗	碳钢、合金钢和合金	单件、小批
	锤模锻	100kg	壁厚2.5mm	受模具能否制造的限制	0.4~3.0	粗	碳钢、合金钢和合金	中批、大量
	平锻机模锻	100kg	壁厚2.5mm	受模具能否制造的限制	0.4~3.0	粗	碳钢、合金钢和合金	大批、大量
	挤压	直径约200mm	铝合金壁厚1.5mm	简单	0.2~0.5	光	碳钢、合金钢和合金	大批、大量
	辊锻	50kg	铝合金壁厚1.5mm	简单	0.4~2.5	粗	碳钢、合金钢和合金	大批、大量
	曲柄压力机模锻	100kg	壁厚1.5mm	受模具能否制造的限制	0.4~1.8	光	碳钢、合金钢和合金	大批、大量
	冷热精压	100kg	壁厚1.5mm	受模具能否制造的限制	0.05~0.10	极光	碳钢、合金钢和合金	大批、大量
冷压	冷镦	直径25mm	直径3.0mm	简单	0.1~0.25	光	钢和其他塑性材料	大批、大量
	板料冲压	厚度25mm	厚度0.1mm	复杂	0.05~0.5	光	各种板材	大批、大量
压制	塑料压制	厚8mm	厚度0.8mm	受压型能否制造的限制	0.05~0.25	极光	含纤维状和粉状填充剂的塑料	大批、大量
	粉末金属和石墨压制	横截面积100cm²	厚度2.0mm	简单	0.1~0.25	极光	各种金属和石墨	大批、大量

订机械加工工艺规程时进行毛坯类型的选择，将各种毛坯的主要技术特征列于表5-7中，以供参考。

5.3.2　毛坯种类的选择

合理地选择毛坯，通常从下面几个方面综合来考虑：

1. 零件材料的工艺特性

在选择毛坯制造方法时，首先要考虑材料的工艺特性，如可铸性、可锻性、焊接性等。例如，铸铁和青铜不能锻造，对这类材料只能选择铸件。但是材料的工艺特性不是绝对的，它会随着工艺技术水平的提高而不断变化。例如，高速钢和合金工具钢很早以前由于其可铸性很差，一般均以锻件作为复杂刀具的毛坯。而现在由于精密铸造水平的提高，即使像齿轮滚刀如此复杂的刀具，也可采用高速钢熔模铸造的毛坯，可以不经切削而直接刃磨出有关的几何表面。重要的钢质零件为使其具有良好的力学性能，不论其结构复杂或简单，均应选用锻件为毛坯，而不宜直接选用轧制型材。

2. 生产纲领的大小

生产纲领的大小在很大程度上决定了采用某种毛坯制造方法的经济性。当生产批量较大时，应选精度及生产率都较高的毛坯制造方法，其设备和工装方面的较大投资可通过材料消耗的减少和机械加工费用的降低而取得回报。而当零件的生产批量较小时，应选择设备和工装投资都较小的毛坯制造方法，如自由锻造和砂型铸造等。

3. 零件的形状和尺寸

常用的各种阶梯轴，如各阶直径相差不大，可直接选用棒料；若各阶直径相差较大，宜选锻件毛坯，以节约材料、减少机械加工的工作量。形状复杂及薄壁的毛坯，一般不采用金属型铸造；尺寸较大的毛坯，往往不能采用模锻、压力铸造和精密铸造。一般100kg以上的较大毛坯常用砂型铸造、自由锻造及焊接等制坯方法。对某些外形较特殊的小零件，由于机械加工困难，常采用压力铸造、精密铸造等较精密的制坯方法。

4. 现有的生产条件

选择毛坯应从本厂现有设备和技术水平出发考虑可能性与经济性。若本厂生产有困难或经济性不好，应组织外协生产。

5.3.3　毛坯形状和尺寸

现代机械制造发展的趋势之一是精化毛坯，使其形状和尺寸尽量与零件实际尺寸接近，从而进行少屑加工甚至无屑加工。但由于毛坯制造技术和设备投资经济性方面的原因，以及机电产品性能对零件加工精度和表面质量的要求日益提高，致使目前毛坯的很多表面仍留有一定的加工余量，以便通过机械加工来达到零件的质量要求。毛坯制造尺寸和零件尺寸的差值称为毛坯加工余量，毛坯制造尺寸的公差称为毛坯公差，两者都与毛坯的制造方法有关，生产中可参阅有关的工艺手册来选取。

有些零件为加工时安装方便，常在其毛坯上做出工艺凸台，如图5-11所示，零件加工完后一般应将其去除。有的将分离零件做成一个毛坯，如图5-12所示车床开合螺母，就是将其毛坯做成整体，待加工到一定阶段后再切割分离。

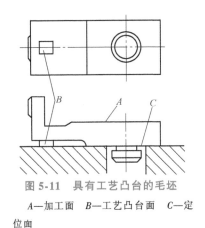

图 5-11 具有工艺凸台的毛坯

A—加工面 *B*—工艺凸台面 *C*—定
位面

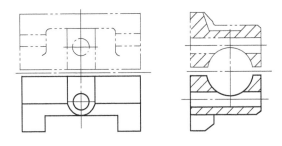

图 5-12 车床开合螺母外壳简图

5.4 定位基准的选择

5.4.1 基准的概念及分类

一般把零件上用以确定其他点、线、面的位置所依据的那些点、线、面称为基准。根据其功用的不同，可分为设计基准和工艺基准两大类。

1. 设计基准

在零件图上用以确定其他点、线、面位置的基准，称为设计基准。如图 5-13 所示的柴油机机体，平面 *N* 和孔 Ⅰ 的位置是根据平面 *M* 决定的，所以平面 *M* 是平面 *N* 及孔 Ⅰ 的设计基准。孔 Ⅱ、Ⅲ 的位置是由孔 Ⅰ 的轴线决定的，故孔 Ⅰ 的轴线是孔 Ⅱ、Ⅲ 的设计基准。

2. 工艺基准

零件在加工、测量、装配等工艺过程中所使用的基准统称为工艺基准。工艺基准可分为下述几种：

（1）装配基准 在零件或部件装配时用以确定它在部件或机器中相对位置的基准。如图 5-14 所示的轴套内孔即为其装配基准。

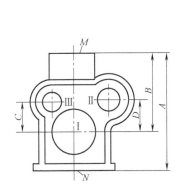

图 5-13 柴油机机体图

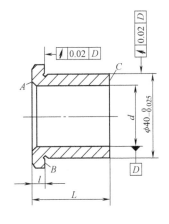

图 5-14 轴套零件

（2）测量基准 用以测量工件已加工表面所依据的基准。在图 5-14 所示的轴套零件中，内孔是检验表面 B 轴向圆跳动和 $\phi40mm$ 外圆径向圆跳动的测量基准；而表面 A 是检验长度尺寸 L 和 l 的测量基准。

（3）工序基准 在工序图中用以确定被加工表面位置所依据的基准。所标注的加工面的位置尺寸称为工序尺寸。工序基准也可以看作工序图中的设计基准。图 5-15 所示为钻孔工序的工序图，图 5-15a、b 分别表示两种不同的工序基准和相应的工序尺寸。

（4）定位基准 用以确定工件在机床上或夹具中正确位置所依据的基准。如轴类零件的中心孔就是车、磨工序的定位基准。如图 5-16 所示的齿轮加工中，从图 5-16a 可看出，在加工齿轮端面 E 及内孔 F 的第一道工序中，是以毛坯外圆面 A 及端面 B 确定工件在夹具中的位置的，故 A、B 面就是该工序的定位基准。图 5-16b 是加工齿轮端面 B 及外圆 A 的工序，用 E、F 面确定工件的位置，故 E 面和 F 面就是该工序的定位基准。由于工序尺寸方向的不同，作为定位基准的表面也会不同。

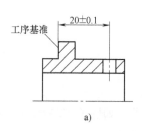

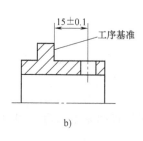

图 5-15 工序基准示例

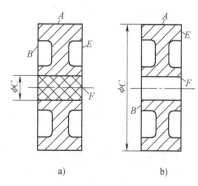

图 5-16 齿轮的加工

作为基准的点、线、面有时在工件上并不一定实际存在（如孔和轴的轴线、某两面之间的对称中心面等），在定位时是通过有关具体表面起定位作用的，这些表面称为定位基面。例如，在车床上用顶尖拨盘安装一根长轴，实际的定位表面（基面）是顶尖孔的锥面，但它所体现的定位基准是这根长轴的轴线。因此，选择定位基准，实际上即选择恰当的定位基面。

5.4.2 定位基准的选择

在工件机械加工的第一道工序中，只能用毛坯上未经加工的表面作定位基准，这种定位基准称为粗基准。而在随后的工序中用已加工过的表面来作定位基准，则称为精基准。有时，为便于安装和易于获得所需的加工精度，可在工件上特意做出专门供定位用的表面，这种定位基准称为辅助基准。

1. 粗基准的选择

选择粗基准的原则是要保证用粗基准定位所加工出的精基准有较高的精度；用此精基准定位后，各被加工表面具有较均匀的加工余量，并与非加工表面保持应有的相对位置精度。

一般按下列原则选择粗基准：

1）若工件中有不加工表面，则选取该不加工表面为粗基准；若不加工表面较多，则应选取其中与加工表面相互位置精度要求较高的表面作为粗基准。这样可使加工表面与不加工表面有较正确的相对位置。此外，还可能在一次安装中将大部分加工表面加工出来。如图

5-17 所示的毛坯，在铸造时内孔 2 与外圆 1 有偏心，因此在加工时，若用不需加工的外圆 1 作为粗基准加工内孔 2，则内孔 2 加工后与外圆是同轴的，即加工后的壁厚均匀，但此时内孔 2 的加工余量不均匀，如图 5-17a 所示；若选内孔 2 作为粗基准，采用单动卡盘夹住外圆 1，然后按内孔 2 找正，则内孔 2 的加工余量均匀，但它加工后与外圆 1 不同轴，加工后该零件的壁厚也不均匀，如图 5-17b 所示。

2）若工件所有表面都需加工，在选择粗基准时，应考虑合理分配备加工表面的加工余量。一般按下列原则选取：

① 应以余量最小的表面作为粗基准，以保证各表面都有足够的加工余量。如图 5-18 所示的锻轴毛坯大小端外圆的偏心达 5mm，若以大端外圆为粗基准，则小端外圆可能无法加工出来，所以应选加工余量较小的小端外圆作为粗基准。

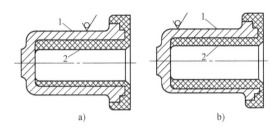

图 5-17　选择不同粗基准时不同加工结果　　　　图 5-18　阶梯轴粗基准的错误选择

1—外圆　2—内孔

② 选择零件上重要表面作为粗基准。图 5-19 所示为床身导轨加工，先以导轨面 A 作为粗基准来加工床脚的底面 B，如图 5-19a 所示；然后再以底面 B 作为精基准来加工导轨面 A，如图 5-19b 所示，这样才能保证床身的重要表面——导轨面加工时所切去的金属层尽可能薄且均匀，以便保留组织紧密、耐磨的金属表层。

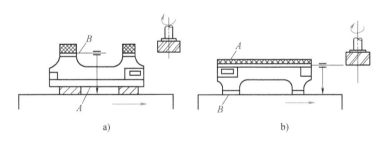

图 5-19　床身导轨加工

③ 选择零件上那些平整的、足够大的表面作为粗基准，以使零件表面上总的金属切削量减少。如上例中以导轨面作为粗基准就符合此原则。

3）选择毛坯上平整光滑的表面（不能有飞边、浇口、冒口或其他缺陷）作为粗基准，以使定位准确，夹紧可靠。

4）粗基准应尽量避免重复使用，原则上只使用一次。因为粗基准未经加工，表面较为粗糙，在第二次安装时，其在机床上（或夹具中）的实际位置与第一次安装时可能不一样。如图 5-20 所示的阶梯轴，若在加工 A 面和 C 面时均用未经加工的 B 表面定位，对工件调头的前后两次装夹中，加工后的 A 面和 C 面的同轴度误差难以控制。

对粗基准不重复使用这一原则，在应用时不要绝对化。若毛坯制造精度较高，而工件加工精度要求不高，则粗基准也可重复使用。

对较复杂的大型零件，从兼顾各方面的要求出发，可采用划线的方法来选择粗基准以合理地分配余量。

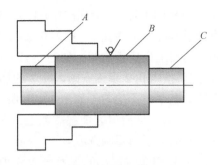

图 5-20　重复使用粗基准引起同轴度误差

2. 精基准的选择

选择精基准的出发点是保证加工精度，特别是加工表面的相互位置精度，以及安装的方便可靠。其选择的原则如下：

（1）基准重合原则　直接选用设计基准为定位基准，称为基准重合原则。采用基准重合原则可以避免由定位基准与设计基准不重合而引起的定位误差（称为基准不重合误差），加工表面设计时给定的公差值不会减小，其尺寸精度和位置精度能可靠地得到保证。如图5-21a 所示为一零件简图，A 面是 B 面的设计基准；B 面是 C 面的设计基准。在用调整法铣削 B 面和 C 面时，若分别用 A 面和 B 面定位，两者均符合基准重合原则。现 A 面和 B 面均已加工好，若以 B 面定位加工 C 面，虽然符合基准重合原则，但定位不便且不稳固。若确定以 A 面为定位基准用调整法来加工 C 面，这样就必须在工序图（见图5-21b）上将工序尺寸 $b_{-\delta_b}^0$ 标注出来，以便进行调整和测量，而零件图上的设计尺寸 $c_0^{+\delta_c}$ 则为间接保证的尺寸，也是零件加工完毕后需最终验收的尺寸之一。从图5-21c 中可以看出，在以 A 面定位加工 C 面时，其工序尺寸公差 δ_b 显然比以 B 面定位加工 C 面时要小。

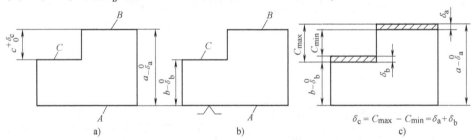

图 5-21　设计基准与定位基准

由图 5-21c 可知

$$\delta_c = C_{max} - C_{min} = \delta_a + \delta_b$$

所以

$$\delta_b = \delta_c - \delta_a$$

（2）基准统一原则　同一零件的多道工序尽可能选择同一个定位基准，称为基准统一原则。这样可保证各加工表面间的相互位置精度，避免或减少因基准转换而引起的误差，并且简化了夹具的设计和制造工作，降低了成本，缩短了生产准备周期。如轴类零件，采用中心孔作为统一的定位基准加工各阶外圆表面，可保证各阶外圆表面之间较小的同轴度误差；机床主轴箱的箱体多采用底面和导向面为统一的定位基准加工各轴孔、前端面和侧面；一般箱形零件常采用一个大平面和两个距离较远的孔为统一的精基准；圆盘和齿轮零件常用一端面和短孔为精基准。

基准重合和基准统一原则是选择精基准的两个重要原则，但有时会遇到两者相互矛盾的情况。一般这样处理：对尺寸精度较高的加工表面应服从基准重合原则，以免使工序尺寸的实际公差减小，给加工带来困难。

（3）自为基准原则　精加工或光整加工工序要求余量小而均匀，加工时就以加工表面本身作为精基准，这称自为基准原则。该加工表面与其他表面之间的相互位置精度则由先行工序保证。图 5-22 所示在导轨磨床上磨削床身导轨，工件安装后用百分表对其导轨表面找正，此时的床身底面仅起支承作用。此外，研磨、铰孔等都是自为基准的例子。

（4）互为基准原则　为使各加工表面间有较高的位置精度，或使加工表面具有均匀的加工余量，有时可采取两个加工表面互为基准反复加工的方法，这称互为基准原则。如车床主轴为保证主轴颈与前端锥孔的同轴度要求，常以主轴颈表面和锥孔表面互为基准反复加工来达到。图 5-23 所示为加工精密齿轮时采用互为基准原则的情况。当把齿面淬硬后，需要进行磨齿，因其淬硬层较薄，故磨削余量要小而均匀。为此，就需先以齿面为基准磨内孔，再以孔为基准磨齿面。这样加工不仅可以使磨齿余量小而均匀，而且能保证齿轮分度圆对内孔有较小的同轴度误差。

195

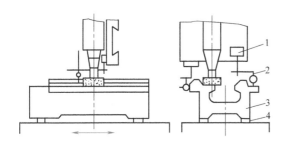

图 5-22　按加工表面本身找正加工
1—表座　2—百分表　3—床身　4—垫铁

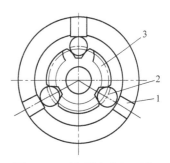

图 5-23　以齿面定位加工孔
1—卡盘　2—滚柱　3—齿轮

所选精基准应能保证工件定位准确稳定，装夹方便可靠，夹具结构简单实用。为此，定位基准应有足够大的接触及分布面积。接触面积大则能够承受较大的切削力，分布面积大则定位稳定可靠。

3. 辅助基准的选择

本章第 3 节中图 5-11 所示的工艺凸台，轴加工用的中心孔，活塞加工用的止口和中心孔（见图 5-24）等都是典型的辅助定位基准。辅助基准在零件工作时没有用处，只是出于工艺上的需要而特意制作的，所以，有些可在加工完毕后从零件上切除。

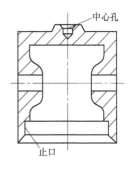

图 5-24　活塞加工的辅助基准

定位基准的选择原则是从生产实践中总结出来的。上述每一个原则往往只说明了一个方面的问题。因此，应根据具体的加工对象和加工条件，全面考虑、灵活运用。

5.5　工艺路线的拟订

所谓机械加工工艺路线，是指主要用机械加工的方法将毛坯制成所需零件的整个加工路线。制订工艺规程的重要内容之一就是拟订工艺路线。除应合理选择定位基准外，在拟订工艺路线时，还需考虑下列问题：

5.5.1 加工方法的选择

达到同样质量的加工方法有多种，在选择时一般要考虑下列因素：

1. 各种加工方法所能达到的经济精度和表面粗糙度

任何一种加工方法能获得的加工精度和表面粗糙度都有一个相当大的范围，而高精度的获得一般是以高成本为代价的。不适当的高精度要求，会导致加工成本急剧上升。一般所要求的是在正常加工条件下的经济加工精度。例如，公差等级为 IT7 和表面粗糙度 Ra 值为 $0.4\mu m$ 的外圆表面，通过精车是能够达到精度要求的，但采用磨削则更为经济。随着科学技术的发展和工艺水平的提高，同一加工方法所能达到的加工精度和表面粗糙度是在不断进步的。例如，过去在外圆磨床上精磨外圆仅能达到 IT6 的精度，但在采取有效措施提高磨床精度并改进了磨削工艺后，现在普通外圆磨床上进行镜面磨削，已能达到 IT5 以上的精度，表面粗糙度 Ra 值为 $0.02 \sim 0.04\mu m$。各种加工方法所能达到的经济加工精度和表面粗糙度，可参见表5-8或有关的工艺设计手册。

表 5-8　常用加工方法的经济精度和表面粗糙度

加工表面	加工方法	经济精度等级 IT	表面粗糙度	
			参数	数值/μm
外圆柱面和端面	粗车	11 ~ 13	Rz	14 ~ 320
	半精车	9 ~ 10	Ra	2.5 ~ 10
	精车	7 ~ 8	Ra	0.63 ~ 2.5
	粗磨	8 ~ 9	Ra	1.25 ~ 5
	精磨	6	Ra	0.16 ~ 1.25
	研磨	5	Ra	<0.16
	超精加工	5 ~ 6	Ra	<0.16
	细车(金刚车)	6	Ra	0.02 ~ 0.63
圆柱孔	钻孔	11 ~ 13	Rz	40 ~ 320
	铸孔的粗扩(镗)	11 ~ 13	Rz	40 ~ 320
	精扩	10 ~ 11	Ra	2.5 ~ 10
	粗铰	8 ~ 9	Ra	1.25 ~ 5
	精铰	7 ~ 8	Ra	0.63 ~ 2.5
	半精镗	10 ~ 11	Ra	2.5 ~ 10
	精镗(浮动镗)	7 ~ 9	Ra	0.63 ~ 2.5
	细镗(金刚镗)	6 ~ 7	Ra	0.08 ~ 0.63
	粗磨	8 ~ 9	Ra	1.25 ~ 5
	精磨	7	Ra	0.32 ~ 1.25
	研磨	6	Ra	0.01 ~ 0.32
	珩磨	6 ~ 7	Ra	0.02 ~ 0.32
	拉孔	6 ~ 9	Ra	0.16 ~ 2.5
平面	粗刨、粗铣	11 ~ 13	Rz	40 ~ 320
	半精刨、半精铣	8 ~ 11	Ra	2.5 ~ 10
	精刨、精铣	7 ~ 8	Ra	0.63 ~ 5
	拉削	7 ~ 9	Ra	0.63 ~ 2.5
	粗磨	8 ~ 9	Ra	1.25 ~ 2.5
	精磨	6 ~ 7	Ra	0.16 ~ 1.25
	研磨	5	Ra	<0.16
	刮磨	6 ~ 7	Ra	0.16 ~ 1.25

2. 工件材料的性质

加工方法的选择，常受工件材料性质的限制。例如，淬火钢淬火后应采用磨削加工；而有色金属磨削困难，常采用金刚镗削或高速精密车削来进行精加工。

3. 工件的结构形状和尺寸

以内圆表面加工为例，回转体零件上较大直径的孔可采用车削或磨削；箱体上 IT7 的孔常用镗削或铰削，孔径较小时宜用铰削，孔径较大或长度较短的孔宜选镗削。

4. 生产率和经济性的要求

大批大量生产时，应采用高效率的先进工艺，如拉削内孔及平面等；或从根本上改变毛坯的制造方法，如粉末冶金、精密铸造等，可大大减少机械加工的工作量。但在生产纲领不大的情况下，应采用一般的加工方法，如镗孔或钻、扩、铰孔及铣、刨平面等。

5.5.2 加工阶段的划分

工艺过程按加工性质和目的的不同可划分为下列几个阶段。

1. 粗加工阶段

该阶段的主要任务是切除毛坯的大部分加工余量，因此，此阶段的主要目标是提高生产率。

2. 半精加工阶段

该阶段的任务是减小粗加工后留下的误差和表面缺陷层，使被加工表面达到一定的精度，并为主要表面的精加工做好准备，同时完成一些次要表面的最后加工（扩孔、攻螺纹、铣键槽等）。

3. 精加工阶段

该阶段的任务是各主要表面经加工后达到图样的全部技术要求，因此，此阶段的主要目标是全面保证加工质量。

4. 光整加工阶段

对于零件上精度和表面粗糙度要求很高（IT6 以上，表面粗糙度 Ra 值为 $0.2\mu m$ 以下）的表面，应安排光整加工阶段。该阶段的主要任务是减小表面粗糙度值或进一步提高尺寸精度，一般不用于纠正位置误差。

划分加工阶段的原因是：

1）可保证加工质量。粗加工中切除的余量大，切削用量和切削力较大，切削热多，以及由内应力引起的变形较大，从而导致工件加工精度不高和加工表面粗糙。为此要通过后续阶段，以较小的加工余量和切削用量来逐步消除或减少已产生的误差和减小表面粗糙度值。同时，各加工阶段之间的时间间隔可起自然时效的作用，有利于使工件消除内应力并充分变形，以便在后续工序中予以修正。

2）可合理使用机床设备。粗加工时余量大，切削用量大，故应在功率大、刚性好、效率高而精度一般的机床上进行，以充分发挥机床的潜力。精加工对加工质量要求高，故应在较为精密的机床上进行，对机床来说，也可延长其使用寿命。

3）便于安排热处理工序。热处理工序将加工过程自然地划分为前后阶段。热处理工序前安排粗加工，有助于消除粗加工时产生的内应力；热处理工序后安排精加工，可修正热处理过程中产生的变形。

4）有利于及早发现毛坯的缺陷。粗加工时发现了毛坯的缺陷，如铸件的砂眼、气孔、余量不足等，可及时报废或修补，以免因继续盲目加工而造成工时浪费。

工艺过程划分加工阶段也不应绝对化。对于刚性好的重型基础零件，可在同一工作地点，一次安装完成表面的粗、精加工。为减少夹紧变形对加工精度的影响，可在粗加工后松开夹紧机构，然后用较小的力重新夹紧工件，继续进行精加工；对批量较小、形状简单及毛坯精度高而加工要求低的零件，也可不必划分加工阶段；在组合机床或自动机上加工的零件，也可不必过细地划分加工阶段；工件的定位基准在半精加工甚至粗加工阶段就应加工得很精确，如轴类零件的中心孔、齿轮的基准端面和孔等，而有些诸如钻小孔、倒角等粗加工工序，也常安排在精加工阶段来完成。

5.5.3 工序的集中与分散

在选定了零件上各个表面的加工方法和划分了加工阶段以后，在具体实现这些加工时，可以采用两种不同的原则：一种是工序集中的原则，即使每个工序中包括尽可能多的加工内容，因而使工序的总数减少；另一种是工序分散的原则，其含义则与工序集中的原则相反。

工序集中的主要特点是：

1）可减少工件的装夹次数。这不仅保证了各个加工表面间的相互位置精度，还减少了辅助时间及夹具的数量。

2）便于采用高效的专用设备和工艺装备，生产率高。

3）工序数目少，可减少机床数量，相应地减少了工人人数及生产所需的面积，并可简化生产组织与计划安排。

4）专用设备和工艺装备比较复杂，因此生产准备周期较长，调整和维修也较麻烦，产品变换困难。

工序分散的主要特点是：

1）由于每台机床完成比较少的加工内容，所以机床、工具、夹具结构简单，调整方便，对工人的技术水平要求低。

2）便于选择更合理的切削用量。

3）所需设备及工人人数多，生产周期长，生产所需面积大，运输量也较大。

究竟按何种原则确定工序数量，应根据生产纲领、机床设备及零件本身的结构和技术要求等做全面的考虑。大批大量生产时，若使用多刀、多轴的自动或半自动高效机床、加工中心，可按工序集中原则组织生产；若在由组合机床组成的自动线上进行，一般按工序分散原则组织生产。从技术发展方向来看，今后将更多地趋向于前者。单件小批生产则在通用机床上按工序集中原则组织生产。成批生产时两种原则均可采用，具体采取何种为佳，则需视其他条件而定。尺寸和质量都很大的笨重零件的加工，应采用工序集中的原则。

5.5.4 工序顺序的安排

要满足零件图样上的全部技术要求以及生产的高效率和低成本，不仅要正确选择定位基准和每个表面的加工方法，而且要合理地安排工序顺序。这不仅指要安排好机械加工工序间的顺序，而且要合理地安排好机械加工与热处理、表面处理（如镀铬、镀铜、磷化等）工序间以及与辅助工序（如清洗、检验等）间的工序顺序。

1. 机械加工顺序的安排

（1）基面先行　作为其他表面加工的精基准，一般应安排在工艺过程一开始就进行加工。例如，箱体零件一般是以主要孔为粗基准来加工平面，再以平面为精基准来加工孔系。轴类零件一般是以外圆为粗基准来加工中心孔，再以中心孔为精基准来加工外圆、端面等。

（2）先主后次　零件的主要工作表面（一般是指加工精度和表面质量要求高的表面）、装配基面应先加工，从而能及早发现毛坯中可能出现的缺陷。螺孔、键槽、光孔等可穿插进行，但一般应放在主要表面加工到一定的精度之后，最终精加工之前进行。

（3）先粗后精　一个零件的切削加工过程，总是先进行粗加工，再进行半精加工，最后是精加工和光整加工。这有利于加工误差和表面缺陷层的逐步消除，从而逐步提高零件的加工精度与表面质量。

（4）先面后孔　箱体、支架等类零件上具有轮廓尺寸远比其他表面尺寸大的平面，用它作定位基面稳定可靠，故一般先加工以作精基准，供加工孔和其他表面时使用。此外，在加工过的平面上钻孔比在毛坯面上钻孔，不容易产生孔轴线的偏斜。

（5）配套加工　有些表面的最后精加工安排在部装或总装过程中进行，以保证较高的配合精度。例如，连杆大头孔就要在连杆盖和连杆体装配好后再精镗和研磨；车床主轴上连接自定心卡盘的法兰，其止口及平面需待法兰安装在该车床主轴上后再进行最后的精加工。

2. 热处理工序的安排

热处理工序在工艺路线中的位置，主要取决于工件的材料及热处理的目的和种类。热处理一般分为：

（1）预备热处理　它包括退火、正火、调质等。其目的是改善切削加工性能，消除毛坯制造时的残余应力。其工序位置多在粗加工前后。调质能得到组织细致均匀的回火索氏体，为以后表面淬火或渗氮时减小变形做好组织准备，故可作为预备热处理工序；如果是以取得较好的综合力学性能为目的，则调质属于最终热处理工序。

（2）消除残余应力处理　常用的有人工时效、退火等，一般安排在粗、精加工之间进行。为避免过多的运输工作量，对精度要求不太高的零件，一般将消除残余应力的人工时效和退火安排在毛坯进入机械加工车间前进行。对精度要求较高的复杂铸件，在加工过程中通常安排两次时效处理：铸造—粗加工—时效—半精加工—时效—精加工。对于高精度的零件，如精密丝杠、精密主轴等，应安排多次消除残余应力的热处理。而高精度的高碳钢、高碳合金钢零件，如量块、精密轴承、精密丝杠、精密偶件等，为消除淬火后的残留奥氏体，稳定尺寸，常采用冰冷处理（冷却到 $-80 \sim -60℃$，保持 $1 \sim 2h$），一般安排在回火后进行。

（3）最终热处理　常安排在精加工前后，目的是提高零件的强度、表面硬度和耐磨性。常用的为淬火—回火。此外还有各种化学热处理，如渗碳、渗氮、液体碳氮共渗等。淬火后工件材料在获得较高硬度的同时，脆性增加，断裂韧度下降，内应力增加，组织和尺寸不稳定，易发生变形甚至裂纹，故淬火后一般均安排回火，并把它安排在精加工工序（磨削加工）之前进行。对低碳钢或低碳合金钢零件，要求其表面硬度高而心部韧性好，可采用表面渗碳淬火，渗碳层厚度一般为 $0.3 \sim 1.4mm$，工件硬度达 $56 \sim 63HRC$，常安排在半精加工与精加工之间进行。渗氮、液体碳氮共渗等化学热处理的目的是提高零件的硬度、耐磨性、疲劳强度和耐蚀性，一般根据零件的加工要求，应安排在粗、精磨之间或精磨之后进行。

3. 辅助工序的安排

辅助工序主要包括检验、清洗、去毛刺、去磁、倒棱边、涂防锈油及平衡等。其中检验工序是主要的辅助工序，是保证产品质量的主要措施。它一般安排在：

1) 粗加工全部结束以后，精加工开始以前。

2) 零件从一个车间转到另一车间前后。

3) 重要工序之后。

4) 零件全部加工结束之后。

有些重要零件，如大功率柴油机的曲轴、连杆，涡轮喷气发动机中的涡轮盘和涡轮叶片，其表面质量和内部质量都有比一般零件更为严格的要求，因此，它们不仅要进行几何精度和表面粗糙度的检验，还要进行如 X 射线、超声波探伤等多用于材料内部质量的检验，以及荧光检验、磁力探伤等多用于材料表面质量的检验。前者一般在工艺过程开始时进行；后者则通常在精加工阶段进行。密封性检验、平衡等则视零件的技术要求予以安排。

清洗、去毛刺等辅助工序，也必须引起高度重视，否则将会给最终的产品质量产生不良的甚至严重的后果。

5.6 加工余量及工序尺寸的确定

5.6.1 加工余量的确定

1. 加工余量的概念

毛坯尺寸与零件图的设计尺寸之差称为表面的加工总余量，而相邻两工序的工序尺寸之差称为工序余量，两者关系如下

$$Z_{总} = \sum_{i=1}^{n} Z_i \tag{5-4}$$

式中　$Z_{总}$——加工总余量；

　　　Z_i——工序余量；

　　　n——工序数量。

由于工序尺寸有公差，故实际切除的余量是一个变值，致使加工余量有基本余量（又称公称余量、名义余量）、最大加工余量和最小加工余量之分。工序尺寸的公差一般均按"入体原则"标注。此外，工序加工余量还有单边余量和双边余量之分。

(1) 单边余量　平面加工的余量是非对称的，故属于单边余量。工序的基本余量为前后工序的公称尺寸之差，如图 5-25 所示。

对于外表面（见图 5-25a）　　　$Z = L_a - L_b$

对于内表面（见图 5-25b）　　　$Z = L_b - L_a$

式中　L_a——上道工序的工序尺寸；

　　　L_b——本道工序的工序尺寸。

对外表面而言，上道工序的最小尺寸与本道工序的最大尺寸之差为本道工序的最小余量 Z_{min}；上道工序的最大尺寸与本道工序的最小尺寸之差为本道工序的最大余量 Z_{max}。对内表

面则相反。

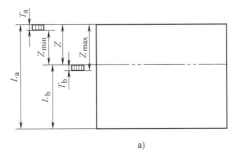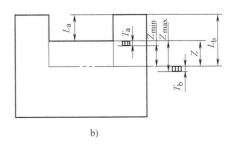

图 5-25 基本余量、最大余量与最小余量

设 T_z 为工序余量的公差，T_a 及 T_b 分别为上道工序及本道工序的公差，则
加工外表面时

$$Z_{\max} = L_{a\max} - L_{b\min}$$
$$Z_{\min} = L_{a\min} - L_{b\max}$$
$$T_z = Z_{\max} - Z_{\min} = T_a + T_b$$

加工内表面时

$$Z_{\max} = L_{b\max} - L_{a\min}$$
$$Z_{\min} = L_{b\min} - L_{a\max}$$
$$T_z = Z_{\max} - Z_{\min} = T_a + T_b$$

（2）双边余量　对于回转表面（外圆和孔），其加工余量为双边余量，如图 5-26 所示。
对于轴（见图 5-26a）　　　　　$2Z = d_a - d_b$
对于孔（见图 5-26b）　　　　　$2Z = d_b - d_a$
式中　d_a——上道工序的工序尺寸；
　　　　d_b——本道工序的工序尺寸。

工序尺寸的公差与单边余量一样，一般按"入体原则"标注，对被包容表面（轴）来
说，其公称尺寸即为最大工序尺寸；对包容面（孔）而言，其公称尺寸则为最小工序尺寸。
而毛坯尺寸的公差，一般采用双向标注。

2. 影响加工余量的因素

加工余量的大小应按加工要求合理地确定。余量过大会浪费原材料及机械加工的工时，
增加机床、刀具、能源等的消耗；过小则不能保证消除前工序的各种误差及表面缺陷，甚至
造成废品。影响加工余量的主要因素有：

1）上道工序留下的表面粗糙度 Ra 值及表面缺陷层深度 D_a。在本工序加工时要将该部
分切去（见图 5-27），为此，最小余量不能小于该部分的厚度。表面粗糙度 Ra 及表面缺陷
层深度 D_a 的值与加工方法有关，其数值可参考表 5-9。

表 5-9　各种加工方法的 Ra 及 D_a 值　　　　　　　　　　　　　　　　　　　（单位：μm）

加工方法	Ra	D_a	加工方法	Ra	D_a
粗车内外圆	15 ~ 10	40 ~ 60	粗刨	15 ~ 10	40 ~ 50
精车内外圆	5 ~ 45	30 ~ 40	精刨	5 ~ 45	25 ~ 40
粗车端面	15 ~ 225	40 ~ 60	粗插	25 ~ 100	50 ~ 60

（续）

加工方法	Ra	D_a	加工方法	Ra	D_a
精车端面	5～45	30～40	精插	5～45	35～50
钻孔	45～225	40～60	粗铣	15～225	40～60
粗扩孔	25～225	40～60	精铣	5～45	25～40
精扩孔	25～100	30～40	拉削	1.7～3.5	10～20
粗铰孔	25～100	25～30	切断	45～225	60
精铰孔	8.5～25	10～20	研磨	0～1.6	3～5
粗镗孔	25～225	30～50	超级光磨	0～0.8	0.2～0.3
精镗孔	5～25	25～40	抛光	0.06～1.6	2～5
磨外圆	1.7～15	15～25			
磨内圆	1.7～15	20～30	闭式模锻	100～225	500
磨端面	1.7～15	15～35	冷拉	25～100	80～100
磨平面	1.7～15	20～30	高精度辗压	100～225	300

202

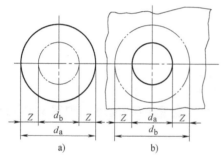

图 5-26　双边余量

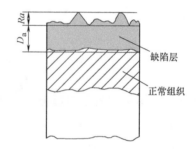

图 5-27　表面缺陷层

2）上道工序的尺寸公差 T_a。在加工表面上存在各种形状误差和尺寸误差，这些误差的大小一般包含在上道工序的尺寸公差 T_a 内。因此，应将 T_a 计入加工余量。

3）工件各表面相互位置的空间偏差 ρ_a。空间偏差是指不包括在尺寸公差范围内的形状误差及位置误差，如直线度、同轴度、平行度、轴线与端面的垂直度误差等。上道工序形成的这类误差应在本工序内予以修正。如图 5-28 所示，由于上道工序轴线有直线度误差 δ，则本工序的加工余量需相应增加 2δ。

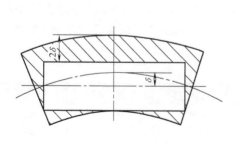

图 5-28　轴的弯曲对加工余量的影响

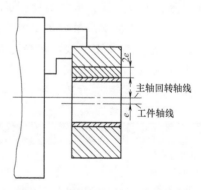

图 5-29　安装误差对加工余量的影响

4）本工序加工时的安装误差 ε_b。它包括定位误差、夹紧误差（夹紧变形）及夹具本身的误差。定位误差可按不同的定位方法进行计算，夹紧误差和夹具本身的误差可查阅有关资料。安装误差应为上述三项误差的向量和。图 5-29 所示用自定心卡盘夹紧工件外圆来磨内孔时，由于自定心卡盘本身定心不准确，使工件轴线与机床主轴回转轴线偏移了 e 值，导致内孔加工余量的不均匀，甚至可能出现局部位置无加工余量的情况。为了保证孔的任何部分的加工余量不小于原来确定的数值，必须使磨削余量增大 $2e$ 值。

ρ_a 和 ε_b 都具有方向性，因此，它们的合成应为向量和。综上所述，可得出加工余量的计算式：

对单边余量　　　　　　　　$Z = T_a + H_a + D_a + 2\,|\rho_a + \varepsilon_b|$

对双边余量　　　　　　　　$2Z = T_a + 2(H_a + D_a) + 2\,|\rho_a + \varepsilon_b|$

上述两个基本公式可视具体情况做适当简化，如：

在无心磨床上加工外圆时，本工序的安装误差可忽略不计，从而有

$$2Z = T_a + 2(H_a + D_a) + 2\rho_a$$

用浮动镗刀、拉刀及浮动铰刀加工孔时，由于是自为基准，既不受空间偏差的影响，又无安装误差，从而有

$$Z = T_a + H_a \approx H_a \quad （平面）$$

$$2Z = T_a + 2H_a \approx 2H_a \quad （旋转表面）$$

3. 确定加工余量的方法

（1）计算法　　按上述公式计算所得到的加工余量是最经济合理的，但由于难以获得齐全可靠的数据资料，故一般用得较少。

（2）经验估计法　　即凭经验确定加工余量。为避免因余量不够而产生废品，所估余量一般偏大，仅用于单件小批生产。

（3）查表修正法　　实际生产中常用的方法是将长期生产实践和实验研究所积累的大量数据列成表格，以便应用时直接查找，同时还应根据实际加工情况予以修正。

5.6.2　工序尺寸的确定

工序尺寸是工件在加工过程中各工序应保证的加工尺寸，其公差即工序尺寸的公差，应按各种加工方法的经济精度选定。制订工艺规程的重要内容之一就是确定工序尺寸及其公差。在确定了工序余量和工序所能达到的经济精度后，便可计算出工序尺寸及其公差。计算分下列两种情况：

1. 基准重合时工序尺寸及其公差的确定

当加工某一表面的各道工序都采用同一个定位基准，并与设计基准重合时，只需考虑各工序的余量，可由最后一道工序开始向前推算。

例如，加工某工件上 $\phi72.5\,^{+0.03}_{0}$ mm 的孔，加工工序为：扩孔—粗镗—半精镗—精镗—精磨。各工序的加工余量及所能达到的经济精度可根据工艺手册结合工厂的实际选定。表 5-10 中列出了各工序尺寸及其公差的计算结果。表中第二、三两列为查手册得到的数据，第四列为计算所得数据，第五列为最终结果。图 5-30 所示为各工序尺寸的公差带及其加工余量的分布。

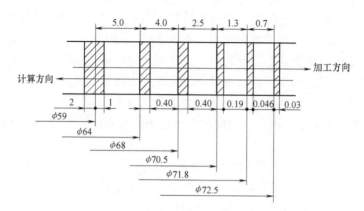

图 5-30 加工余量、工序尺寸及公差分布

2. 基准不重合时工序尺寸及其公差的确定

当定位基准与设计基准不重合时，工序尺寸及其公差的计算需借助于工艺尺寸链的基本知识。

表 5-10 工序尺寸及公差的计算 （单位：mm）

工序名称	工序余量	工序公差	工序公称尺寸	工序尺寸及公差
精磨孔	0.7	IT7（$^{+0.03}_{0}$）	72.5	$\phi 72.5^{+0.03}_{0}$
精镗孔	1.3	IT8（$^{+0.046}_{0}$）	$72.5 - 0.7 = 71.8$	$\phi 71.8^{+0.046}_{0}$
半精镗孔	2.5	IT11（$^{+0.19}_{0}$）	$71.8 - 1.3 = 70.5$	$\phi 70.5^{+0.19}_{0}$
粗镗孔	4.0	IT12（$^{+0.40}_{0}$）	$70.5 - 2.5 = 68.0$	$\phi 68^{+0.40}_{0}$
扩孔	5.0	IT13（$^{+0.40}_{0}$）	$68.0 - 4.0 = 64.0$	$\phi 64^{+0.40}_{0}$
毛坯孔		（$^{+1}_{-2}$）	$64.0 - 5.0 = 59.0$	$\phi 59^{+1}_{-2}$

5.6.3 尺寸链的基本概念

在机器装配和零件加工过程中所涉及的尺寸，一般来说都不是孤立的，而是彼此之间有着一定的内在联系。往往一个尺寸的变化会引起其他尺寸的变化，或是一个尺寸的获得要靠其他一些尺寸来保证。机械产品设计时，就是通过各个零件有关尺寸（或位置）之间的相互联系和相互依存关系而确定出零件上的尺寸（或位置）公差的。上述问题的研究和解决，需要借助于尺寸链的基本知识和计算方法。

1. 尺寸链的定义与基本术语

（1）尺寸链的定义 在机器装配或零件加工过程中，由相互连接的尺寸所形成封闭的尺寸组，称为尺寸链，如图 5-31b 所示。

从尺寸链的定义和示例中可知，无论何种尺寸链，都是由一组有关尺寸首尾相接所形成的尺寸封闭图，且其中任一尺寸的变化都会导致其他尺寸的变化。

（2）尺寸链的基本术语

1）环。列入尺寸链中的每一个尺寸称为尺寸链的环，如图 5-31 中的 A_0、A_1、A_2 等。

2）封闭环。尺寸链中在装配过程或加工过程最后形成的一环。如在图 5-31a 中，以加工好的 1 面定位加工平面 2，获得了尺寸 A_1，即环 A_1；然后同样以 1 面定位加工平面 3，获得了尺寸 A_2，即环 A_2；最后自然形成了环 A_0，所以环 A_0 是封闭环。因此，在加工完成前封闭环是不存在的。一个尺寸链中只能有一个封闭环。

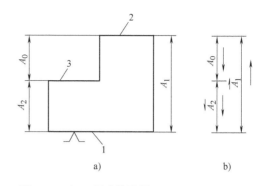

图 5-31　加工尺寸链示例

3）组成环。尺寸链中对封闭环有影响的全部环都称为组成环，如图 5-31 中的 A_1、A_2。按组成环对封闭环的影响性质，又分为增环和减环。

4）增环。尺寸链中的组成环，若该环增大引起封闭环增大；该环缩小，封闭环也缩小，则该环为增环，用 $\vec{A_i}$ 表示，如图 5-31b 中的 $\vec{A_1}$。

5）减环。尺寸链中的组成环，若该环增大引起封闭环缩小；该环缩小，封闭环却增大，则该环为减环，用 $\overleftarrow{A_i}$ 表示，如图 5-31b 中的 $\overleftarrow{A_2}$。

对环数较多的尺寸链，若用定义来逐个判别各环的增减性很费时且易搞错。为能迅速判别增减环，可在绘制尺寸链图时，用首尾相接的单向箭头顺序表示各环，其中，与封闭环箭头方向相同者为减环，与封闭环箭头方向相反者为增环。在图 5-32 中，$\overleftarrow{A_{10}}$、$\overleftarrow{A_9}$、$\overleftarrow{A_6}$、$\overleftarrow{A_3}$ 是减环，而 $\vec{A_8}$、$\vec{A_7}$、$\vec{A_5}$、$\vec{A_4}$、$\vec{A_2}$、$\vec{A_1}$ 则为增环。

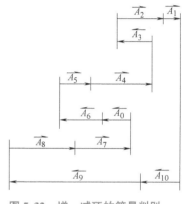

图 5-32　增、减环的简易判别

2. 尺寸链分类

（1）按环的几何特征区分

1）长度尺寸链。全部环为长度尺寸的尺寸链，如图 5-31b 所示。

2）角度尺寸链。全部环为角度尺寸的尺寸链，如图 5-33 所示。

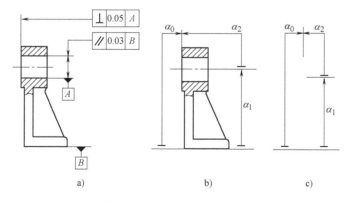

图 5-33　角度尺寸链

（2）按尺寸链的应用场合区分

1）装配尺寸链。全部组成环为不同零件设计尺寸所形成的尺寸链，在第 6 章中做详细介绍。

2）零件尺寸链。全部组成环为同一零件设计尺寸所形成的尺寸链，如图 5-33b 所示。

装配尺寸链和零件尺寸链统称为设计尺寸链。设计尺寸是指零件图上标注的尺寸。

3）工艺尺寸链。全部组成环为同一零件工艺尺寸所形成的尺寸链。工艺尺寸一般是指工序图上的工序尺寸，如图 5-31 中的 A_1 和 A_2。

（3）按环在空间的位置区分　其可分为直线尺寸链、平面尺寸链和空间尺寸链，其中以直线尺寸链应用最为广泛。其定义为全部组成环平行于封闭环的尺寸链，图 5-31 ~ 图 5-33所示均为直线尺寸链。

5.6.4　尺寸链计算的基本公式

在尺寸链的计算中，关键是要正确找出封闭环。在工艺尺寸链中，一般是以设计尺寸，也可以加工余量作为封闭环，其具体的查找和分析将通过一些实例来论述。尺寸链的计算方法有极值法和概率法两种。

1. 极值法

（1）各环公称尺寸之间的关系　封闭环的公称尺寸等于增环的公称尺寸之和减去减环的公称尺寸之和，即

$$A_0 = \sum_{i=1}^{m} \vec{A_i} - \sum_{i=m+1}^{n-1} \overleftarrow{A_i} \tag{5-5}$$

式中　m——增环的环数；

$\quad\quad n$——尺寸链的总环数。

（2）各环极限尺寸之间的关系　封闭环的上极限尺寸等于所有增环的上极限尺寸之和减去所有减环的下极限尺寸之和，即

$$A_{0max} = \sum_{i=1}^{m} \vec{A}_{imax} - \sum_{i=m+1}^{n-1} \overleftarrow{A}_{imin} \tag{5-6}$$

封闭环的下极限尺寸等于所有增环的下极限尺寸之和减去所有减环的上极限尺寸之和，即

$$A_{0min} = \sum_{i=1}^{m} \vec{A}_{imin} - \sum_{i=m+1}^{n-1} \overleftarrow{A}_{imax} \tag{5-7}$$

（3）各环上、下极限偏差之间的关系　封闭环的上极限偏差等于所有增环的上极限偏差之和减去所有减环的下极限偏差之和，即

$$ES\,A_0 = \sum_{i=1}^{m} ES\,\vec{A_i} - \sum_{i=m+1}^{n-1} EI\,\overleftarrow{A_i} \tag{5-8}$$

封闭环的下极限偏差等于所有增环的下极限偏差之和减去所有减环的上极限偏差之和，即

$$EI\,A_0 = \sum_{i=1}^{m} EI\,\vec{A_i} - \sum_{i=m+1}^{n-1} ES\,\overleftarrow{A_i} \tag{5-9}$$

（4）各环公差之间的关系　封闭环的公差 TA_0 等于各组成环的公差 TA_i 之和，即

$$TA_0 = \sum_{i=1}^{n-1} TA_i \tag{5-10}$$

由式（5-10）可知，封闭环的公差比任何一个组成环的公差都大。若要减小封闭环的公差，即提高加工精度，而又不增加加工难度，即不减小组成环的公差，那就要尽量减少尺寸链中组成环的环数，这就是尺寸链最短原则。从另一方面看，若维持封闭环公差不变，而减少组成环的环数，则可扩大各组成环的公差，减少精加工工序，以降低加工成本。

（5）组成环平均公差 T_{av}　组成环的平均公差等于封闭环的公差除以组成环的数目所得的商，即

$$T_{av} = \frac{TA_0}{n-1} \tag{5-11}$$

将式（5-5）、式（5-8）~式（5-10）改写成表 5-11 所示的竖式表，计算时较为简明清晰。纵向各列中，最后一行为该列以上各行相加的和；横向各行中，第 IV 列为第 II 列与第 III 列之差；而最后一列和最后一行则是进行综合验算的依据。在应用这种竖式时需注意：将减环的有关数据填入和算得的结果移出该表时，其公称尺寸前应加 "–" 号；其上、下极限偏差对调位置后再变号（"+"变"–"，"–"变"+"）。对增环、封闭环则无此要求。

表 5-11　计算封闭环的竖式表

列　　号	I	II	III	IV
名　　称	公称尺寸	上极限偏差	下极限偏差	公差
数据\代号环的名称	A	ES	EI	T
增　环	$\sum\limits_{i=1}^{m} \vec{A_i}$	$\sum\limits_{i=1}^{m} \vec{ESA_i}$	$\sum\limits_{i=1}^{m} \vec{EIA_i}$	$\sum\limits_{i=1}^{m} \vec{TA_i}$
减　环	$-\sum\limits_{i=m+1}^{n-1} \overleftarrow{A_i}$	$-\sum\limits_{i=m+1}^{n-1} \overleftarrow{EIA_i}$	$-\sum\limits_{i=m+1}^{n-1} \overleftarrow{ESA_i}$	$\sum\limits_{i=m+1}^{n-1} \overleftarrow{TA_i}$
封　闭　环	A_0	ESA_0	EIA_0	TA_0

在生产实际中，可以用尺寸链计算的基本公式，从已知的各组成环的公称尺寸、极限偏差求出封闭环的对应要素，以验算所设计的产品技术性能能否满足预期的要求，以及工件加工后能否满足图样的要求。反之，也可以根据设计要求的封闭环公称尺寸及公差（或偏差）定出各组成环的公称尺寸和极限偏差。通常把这两种不同的计算内容称为正计算和反计算。

极值法解算尺寸链的特点是简便、可靠。但在封闭环公差较小、组成环数目较多时，由式（5-11）知，分摊到各组成环的公差将过小，使加工困难，制造成本增加。而实际生产中各组成环都处于极限尺寸的概率很小，故极值法主要用于组成环的环数较少，或组成环数虽多，但封闭环的公差较大的场合。

2. 概率法

（1）各环公差之间的关系　若各组成环的误差都按正态分布，则其封闭环的误差也是正态分布。如果取公差 $T = 6\sigma$，则封闭环的公差 TA_0 与各组成环的公差 TA_i 有如下关系，即

$$TA_0 = \sqrt{\sum_{i=1}^{n-1} (TA_i)^2} \qquad (5\text{-}12)$$

设各组成环的公差相等，且等于平均公差 T_{av}，即 $TA_i = T_{av}$，则可由式（5-12）得各组成环的平均公差为

$$T_{av} = \frac{TA_0}{\sqrt{n-1}} = \frac{\sqrt{(n-1)}}{(n-1)} TA_0 \qquad (5\text{-}13)$$

大量实验证明，多数加工误差符合正态分布规律。故用式（5-13）计算平均公差比用极值法计算平均公差值可扩大 $\sqrt{n-1}$ 倍，而可能产生的废品率仅为 0.27%。

若各组成环不属于正态分布的随机误差，则式（5-12）可改写成

$$TA_0 = \sqrt{\sum_{i=1}^{n-1} k_i (TA_i)^2} \qquad (5\text{-}14)$$

式中　k_i——相对分布系数，一般取 1.2 ~ 1.7。

（2）各环算术平均值之间的关系　由概率论可知，封闭环的算术平均值等于各增环算术平均值之和减去各减环算术平均值之和，即

$$\overline{X}(A_0) = \sum_{i=1}^{m} \overline{X}_i(\vec{A}_i) - \sum_{i=m+1}^{n-1} \overline{X}_i(\overleftarrow{A}_i) \qquad (5\text{-}15)$$

当各组成环的尺寸呈正态分布，且分布中心与公差带中心重合时，各环的平均偏差等于中间偏差，各环的算术平均值等于平均尺寸，如图 5-34 所示。由此可得

$$A_{av}(A_0) = \sum_{i=1}^{m} A_{av}(\vec{A}_i) - \sum_{i=m+1}^{n-1} A_{av}(\overleftarrow{A}_i) \qquad (5\text{-}16)$$

$$A_{av}(A_i) = A_i + \Delta_i \qquad (5\text{-}17)$$

$$\Delta_i = \frac{ESA_i + EIA_i}{2} \qquad (5\text{-}18)$$

$$\Delta_0 = \sum_{i=1}^{m} \vec{\Delta}_i - \sum_{i=m+1}^{n-1} \overleftarrow{\Delta}_i \qquad (5\text{-}19)$$

式中　　　　　　　　A_i——组成环的公称尺寸；

$A_{av}(A_i)$、$A_{av}(A_0)$——组成环和封闭环的平均尺寸；

Δ_i、Δ_0——组成环和封闭环的中间偏差。

当组成环的尺寸分布为非正态分布时，其算术平均值相对公差带中心的尺寸（即平均尺寸）有一个偏移量，此量可用 $\alpha_i\left(\dfrac{TA_i}{2}\right)$ 表示，如图 5-35 所示，即

$$\overline{X}_i = A_{av}(A_i) + \alpha_i\left(\frac{TA_i}{2}\right) = A_i + \Delta_i + \alpha_i\left(\frac{TA_i}{2}\right)$$

式中　α_i——相对不对称系数。

封闭环的算术平均尺寸可由下式求得

$$\overline{X}(A_0) = \sum_{i=1}^{m}\left[A_{av}(\vec{A}_i) + \frac{1}{2}\alpha_i \vec{TA}_i\right] - \sum_{i=m+1}^{n-1}\left[A_{av}(\overleftarrow{A}_i) + \frac{1}{2}\alpha_i \overleftarrow{TA}_i\right]$$

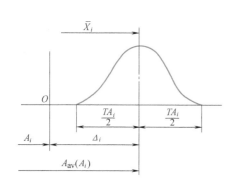

图 5-34　对称分布

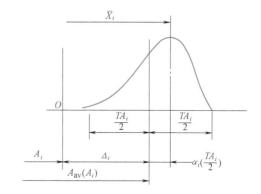

图 5-35　非对称分布

采用概率法解算尺寸链时，需有各组成环 k_i 及 α_i 的数据。在缺少这些统计数据时，可假定 $\alpha_i = 0$，$k_i = 1.5$ 来估算。

在计算出各环的平均尺寸和公差后，各环的公差应对平均尺寸标注成双向对称分布的形式，然后根据实际需要，或标注为具有最大实体尺寸及"入体公差"，或标注为具有公称尺寸和相应的上、下极限偏差的形式。上、下极限偏差分别为

$$ESA_i = \Delta_i + \frac{TA_i}{2} \qquad (5\text{-}20)$$

$$EIA_i = \Delta_i - \frac{TA_i}{2} \qquad (5\text{-}21)$$

5.6.5　几种工艺尺寸链的分析和计算

限于篇幅，这里仅介绍在工艺尺寸链中应用较多的极值解法，有关概率解法的应用可参阅第 6 章装配尺寸链的有关内容。

1. 基准不重合时的尺寸换算

（1）定位基准与设计基准不重合时的尺寸换算

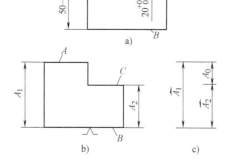

图 5-36　定位基准与设计基准不重合时的尺寸换算

例 5-1　图 5-36 所示为一设计图样的简图及相应的零件尺寸链。A、B 两平面已在上一工序中加工好，且保证了工序尺寸为 $50_{-0.016}^{\ 0}$ mm 的要求。本工序中采用 B 面定位来加工 C 面，调整机床时需按尺寸 A_2 进行（见图 5-36b）。C 面的设计基准是 A 面，与其定位基准 B 面不重合，故需进行尺寸换算。

1）确定封闭环。设计尺寸 $20_{\ 0}^{+0.33}$ mm 是本工序加工后间接保证的，故为封闭环 A_0。

2）查明组成环。根据组成环的定义，尺寸 A_1 和 A_2 均对封闭环产生影响，故 A_1、A_2 为该尺寸链的组成环。

3）绘制尺寸链图及判别增、减环工艺尺寸链。如图 5-36c 所示，其中 $\vec{A_1}$ 为增环，$\overleftarrow{A_2}$ 为减环。

4）计算工序尺寸及其偏差。

由式（5-5）得 $\quad A_2 = A_1 - A_0 = 50\text{mm} - 20\text{mm} = 30\text{mm}$

由式（5-8）得 $\quad \text{ES}A_2 = \text{EI}A_1 - \text{EI}A_0 = -0.16\text{mm} - 0\text{mm} = -0.16\text{mm}$

由式（5-9）得 $\quad \text{EI}A_2 = \text{ES}A_1 - \text{ES}A_0 = 0\text{mm} - 0.33\text{mm} = -0.33\text{mm}$

故所求工序尺寸 $A_2 = 30^{-0.16}_{-0.33}\text{mm}$。

5）验算。根据题意及尺寸链图可知 $TA_1 = 0.16\text{mm}$，$TA_0 = 0.33\text{mm}$，由计算知 $TA_2 = 0.17\text{mm}$，因 $TA_0 = TA_1 + TA_2$，故计算正确。

（2）测量基准与设计基准不重合时的尺寸换算

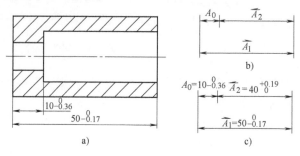

图 5-37　测量基准的换算

例 5-2　如图 5-37 所示的套筒零件，设计尺寸如图 5-37a 所示。加工时，测量尺寸 $10^{\ 0}_{-0.36}\text{mm}$ 较困难，而采用深度游标卡尺直接测量大孔的深度则较为方便，于是尺寸 $10^{\ 0}_{-0.36}\text{mm}$ 就成了被间接保证的封闭环 A_0（见图 5-37b），$\overrightarrow{A_1}$ 为增环，$\overleftarrow{A_2}$ 为减环。为了间接保证 $A_0 = 10^{\ 0}_{-0.36}\text{mm}$，须进行尺寸换算，用尺寸链确定 A_2 及其偏差。

由式（5-5）得
$$A_2 = A_1 - A_0 = 50\text{mm} - 10\text{mm} = 40\text{mm}$$

由式（5-10）得
$$TA_2 = TA_0 - TA_1 = 0.36\text{mm} - 0.17\text{mm} = 0.19\text{mm}$$

由式（5-8）得
$$\text{ES}A_2 = \text{EI}A_1 - \text{EI}A_0 = -0.17\text{mm} - (-0.36)\text{mm} = 0.19\text{mm}$$

由式（5-9）得
$$\text{EI}A_2 = \text{ES}A_1 - \text{ES}A_0 = 0\text{mm} - 0\text{mm} = 0\text{mm}$$

因此，工序尺寸 A_2 的公称尺寸及其偏差为 $40^{+0.19}_{\ \ 0}\text{mm}$。

为了校核上述计算是否正确，对图样尺寸 $A_0 = 10^{\ 0}_{-0.36}\text{mm}$ 进行验算，即

$$A_{0\text{max}} = A_{1\text{max}} - A_{2\text{min}} = 50\text{mm} - 40\text{mm} = 10\text{mm}$$

$$A_{0\text{min}} = A_{1\text{min}} - A_{2\text{max}} = 49.83\text{mm} - 40.19\text{mm} = 9.64\text{mm}$$

结果表明测量尺寸 A_2 及其偏差的计算正确，设计尺寸 $10^{\ 0}_{-0.36}\text{mm}$ 能得到保证。

如图 5-37c 所示，若加工后有一工件的实际尺寸为 $A_{2\text{实}} = 39.83\text{mm}$，在按工序图检验时将被判定为废品。但若此时另一组成环 A_1 恰好被加工到最小，即

$$A_{1\text{min}} = (50 - 0.17)\text{mm} = 49.83\text{mm}$$

则 A_0 的实际尺寸为

$$A_0 = A_{1\text{min}} - A_{2\text{实}} = 49.83\text{mm} - 39.83\text{mm} = 10\text{mm}$$

说明 A_0 仍然合格。

同样，当尺寸 A_1 加工成 $A_{1\text{max}} = 50\text{mm}$，$A_2$ 加工成 $A_{2\text{实}} = 40.36\text{mm}$ 时，A_0 的实际尺寸为

$$A_0 = A_{1\text{max}} - A_{2\text{实}} = (50 - 40.36)\text{mm} = 9.64\text{mm}$$

这时的 A_0 也符合精度要求。

由此可见，实际加工中，如果零件经换算后的测量尺寸超差，只要其超差量小于或等于另一组成环的公差，则该零件有可能是假废品。此时应对该零件复查，逐个测量并计算出零件被保证环的实际尺寸，从而来判断零件是否合格。

2. 多工序尺寸换算

以上阐述的是机械加工中单工序的尺寸链问题。实际生产中，当零件形状较复杂，加工精度要求较高，且各工序的定位基准需多次变换时，其工艺尺寸链则需做深入分析后才能建立。下面介绍几种常见的多工序尺寸换算。

（1）余量校核

例 5-3 如图 5-38a 所示的小轴，其轴向尺寸的加工过程为：

1）车端面 A。

2）车台肩面 B 保证尺寸 $49.5^{+0.3}_{0}\text{mm}$。

3）车端面 C 保证总长 $80^{0}_{-0.2}\text{mm}$。

4）热处理。

5）钻中心孔。

6）磨台肩面 B 以保证尺寸 $30^{0}_{-0.14}\text{mm}$。

试校核台肩面 B 的加工余量。

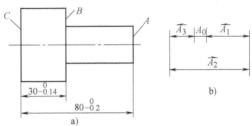

图 5-38 余量校核

其工艺尺寸链如图 5-38b 所示。由于该余量是间接获得的，故为封闭环。已知：$\overleftarrow{A_1} = 49.5^{+0.3}_{0}\text{mm}$，$\overrightarrow{A_2} = 80^{0}_{-0.2}\text{mm}$，$\overleftarrow{A_3} = 30^{0}_{-0.14}\text{mm}$。表 5-12 为求余量 A_0 的有关尺寸及极限偏差。

表 5-12　表格法求 A_0　　　　　　　　　　　　　　　　　　　　　　　　　　（单位：mm）

A	ES	EI	T
$\overleftarrow{A_3}$　－30	+0.14	0	0.14
$\overrightarrow{A_2}$　80	0	－0.2	0.20
$\overleftarrow{A_1}$　－49.5	0	－0.3	0.30
A_0　0.5	+0.14	－0.5	0.64

结果：$A_0 = 0.5^{+0.14}_{-0.50}\text{mm}$，$A_{0\text{max}} = 0.64\text{mm}$，$A_{0\text{min}} = 0\text{mm}$。

因 $A_{0\text{min}} = 0\text{mm}$，在磨台肩面 B 时，有的零件可能磨不着，因而要将最小余量加大为 $A_{0\text{min}} = 0.1\text{mm}$。因 A_2、A_3 是设计要求尺寸，所以只能变动中间工序尺寸 A_1（作协调环）来满足新的封闭环要求。

由上述的分析已知：$\overleftarrow{A_2} = 80_{-0.2}^{\ 0}$ mm，$\overleftarrow{A_3} = 30_{-0.14}^{\ 0}$ mm，$A_0 = 0.5$ mm，$A_{0max} = 0.64$ mm，$ESA_0 = 0.14$ mm，由 $A_{0min} = 0.1$ mm，得 $EIA_0 = A_{0min} - A_0 = (0.1 - 0.5)$ mm $= -0.4$ mm。$\overrightarrow{A_1}$ 为待求环，列表 5-13 求解。

表 5-13 表格法求 A_1 (单位：mm)

A		ES	EI	T
$\overleftarrow{A_3}$	-30	$+0.14$	0	0.14
$\overrightarrow{A_2}$	80	0	-0.2	0.20
$\overrightarrow{A_1}$	$\boxed{-49.5}$	$\boxed{0}$	$\boxed{-0.2}$	$\boxed{0.20}$
A_0	0.5	$+0.14$	-0.4	0.54

结果求得 $A_1 = 49.5_{\ 0}^{+0.2}$ mm，以确保有最小的磨削余量 0.1 mm。

（2）中间工序尺寸及其偏差的换算

例 5-4 图 5-39a 所示为孔及键槽加工时的尺寸计算示意图。有关孔及键槽的加工顺序如下：

1）镗孔至 $\phi39.6_{\ 0}^{+0.1}$ mm。

2）插键槽，工序尺寸为 A。

3）热处理。

4）磨孔至 $\phi40_{\ 0}^{+0.05}$ mm，同时保证 $46_{\ 0}^{+0.3}$ mm。

键槽尺寸 $46_{\ 0}^{+0.3}$ mm 是间接保证的，也是在加工中"最后形成的一环"，所以是封闭环。而 $\phi39.6$ mm 和 $\phi40$ mm 及工序尺寸 A 是加工时直接获得的尺寸，为组成环。其工艺尺寸链如图 5-39b 所示（为便于计算，孔磨削前后的尺寸均用半径表示）。

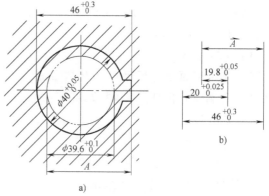

图 5-39 孔及键槽加工的工艺尺寸链

由式（5-5）得 $\qquad A = (46 + 19.8 - 20)$ mm $= 45.8$ mm

由式（5-8）得 $\qquad ESA = (0.3 - 0.025 + 0)$ mm $= 0.275$ mm

由式（5-9）得 $\qquad EIA = (0 - 0 + 0.05)$ mm $= 0.05$ mm

故插键槽的工序尺寸及其偏差为 $A = 45.8_{+0.050}^{+0.275}$ mm。按此工序尺寸插键槽，磨孔后即可保证设计尺寸 $46_{\ 0}^{+0.3}$ mm。

（3）**靠火花磨削时的尺寸换算** 靠火花磨削是指在磨削端面时，将磨床工作台纵向移动，使工件加工面靠到砂轮的端面，根据产生火花的多少凭经验判断大约磨去多少余量，从而估计能够得到的工序尺寸的一种磨削方法。这种方法的优点是只切去最小的必需余量值，不需测量本工序的尺寸即可保证工序尺寸或设计尺寸的要求，因而能有效地提高生产率。

需要指出的是，因靠火花磨削的余量是操作时能直接控制的，所以应当属于组成环，而磨后要求被保证的工序尺寸或设计尺寸则是封闭环。

例 5-5 图 5-40a 所示为靠火花磨削汽车变速器第一轴端面的有关工序。

1）精车端面。以端面 A 轴向定位，设车 B 面需要保证的工艺尺寸为 $X \pm \dfrac{T_X}{2}$；车 C 面需保证的工艺尺寸为 $Y \pm \dfrac{T_Y}{2}$。

2）磨端面 B。最后保证设计尺寸（44.915 ± 0.085）mm 及设计尺寸（232.75 ± 0.25）mm。

分析加工过程，可建立图 5-40b、c 所示的包含工序尺寸 X、Y 的工艺尺寸链。磨削余量 Z 是组成环，而磨后所应保证的两个设计尺寸则是封闭环。

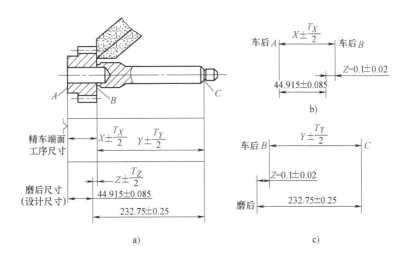

图 5-40　靠火花磨端面时的工艺尺寸链

其余量 Z 及偏差由现场经验定为

$$Z \pm \frac{T_Z}{2} = (0.1 \pm 0.02)\,\text{mm}$$

从而由图 5-40b、c 所示的两个工艺尺寸链，可分别求出两个需要计算的车后的工序尺寸为

$$X \pm \frac{T_X}{2} = (45.015 \pm 0.065)\,\text{mm}$$

$$Y \pm \frac{T_Y}{2} = (232.65 \pm 0.23)\,\text{mm}$$

按"入体原则"，可写为 $X = 45.08_{-0.13}^{\ \ 0}\,\text{mm}$，$Y = 232.42_{\ \ 0}^{+0.46}\,\text{mm}$。

（4）为保证渗碳或渗氮层深度所进行的尺寸换算

例 5-6 图 5-41a 所示为某轴颈衬套，内孔 $\phi145_{\ \ 0}^{+0.04}\,\text{mm}$ 的表面需经渗氮处理，渗氮层深度要求为 $0.3 \sim 0.5\,\text{mm}$（即单边 $0.3_{\ \ 0}^{+0.2}\,\text{mm}$，双边为 $0.6_{\ \ 0}^{+0.4}\,\text{mm}$）。

其加工顺序是：

1）初磨孔至 $\phi144.76_{\ \ 0}^{+0.04}\,\text{mm}$，$Ra0.8\,\mu\text{m}$。

2）渗氮。渗氮层的深度为 t。

3）终磨孔至$\phi 145 \, ^{+0.04}_{0}$mm，表面粗糙度 Ra 值为 0.8μm，并保证渗氮层深度 $0.3 \sim 0.5$mm。

试求终磨前渗氮层深度 t 及其公差。

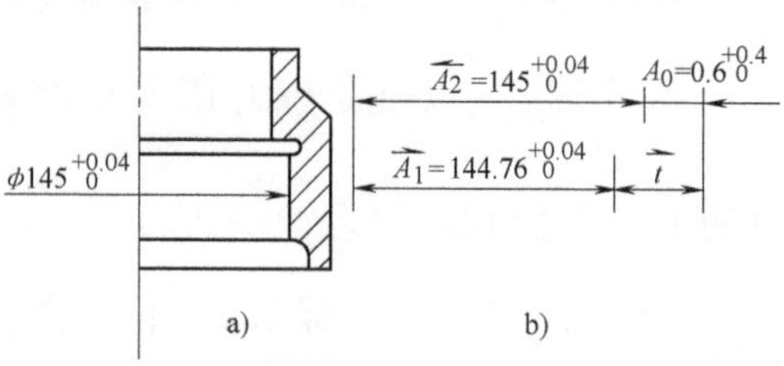

由图 5-41b 可知，工序尺寸 A_1、A_2、t 是组成环，而渗氮层深度 $0.6 \, ^{+0.4}_{0}$mm 是加工间接保证的设计尺寸，是封闭环。求解 t 的步骤如下：

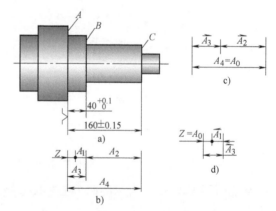

图 5-41　保证渗氮层深度的尺寸计算

由式（5-5）得　　　　$t = A_0 + A_2 - A_1 = (0.6 + 145 - 144.76)$mm $= 0.84$mm

由式（5-8）得　　　$ESt = ESA_0 - ESA_1 + EIA_2 = (0.4 - 0.04 + 0)$mm $= 0.36$mm

由式（5-9）得　　　$EIt = EIA_0 - EIA_1 + ESA_2 = (0 - 0 + 0.04)$mm $= 0.04$mm

即　　　　　　　　$t = 0.84 \, ^{+0.36}_{+0.04}$mm $= 0.88 \, ^{+0.32}_{0}$mm（双边）

$$\frac{t}{2} = 0.44 \, ^{+0.16}_{0} \text{mm （单边）}$$

即渗氮工序的渗氮层深度为 $0.44 \sim 0.6$mm。

（5）由多尺寸保证而进行的尺寸换算　所谓多尺寸保证，是指加工一个表面时，同时要求保证几个位置尺寸，其实质是并联尺寸链中公共环的求解和计算。

例 5-7　图 5-42a 所示为阶梯轴，图中尺寸为设计尺寸。其轴向尺寸的加工过程为：

1）精车端面 A（A 面留磨削余量 $Z = 0.3$mm），以 A 面为基准，精车 B 面，中间工序尺寸为 A_1。

2）以 B 面为基准精车 C 面，工序尺寸为 A_2。

3）磨 A 面达到图样设计尺寸要求。试求工序尺寸 A_1、A_2 并校核磨削余量。

图 5-42　多尺寸保证的工艺尺寸换算

磨端面 A 时应直接保证精度要求高的尺寸 $A_3 = 40 \, ^{+0.1}_{0}$mm；尺寸 (160 ± 0.15)mm (A_4) 被间接保证。图 5-42b 所示的尺寸链是一个以 A_3 为公共环的并联尺寸链，应将其分解为两个单一的尺寸链（见图 5-42c、d）。

由图 5-42c 所示尺寸链知：$A_3 = 40 \, ^{+0.1}_{0}$mm，$A_0 = (160 \pm 0.15)$mm，利用前述公式解得 $A_2 = 120 \, ^{+0.05}_{-0.1}$mm。

由图 5-42d 所示尺寸链知：$A_3 = 40 \, ^{+0.1}_{0}$mm，$Z = 0.3$mm，按经济精度定 A_1 的公差 $TA_1 = 0.16$mm，按"入体原则"标为：$A_1 \, ^{0}_{-0.16}$mm，列表 5-14 求解其余各项。

结果：$A_1 = 39.7 \, ^{0}_{-0.16}$mm，$A_2 = 120 \, ^{+0.05}_{-0.15}$mm，$Z = 0.3 \, ^{+0.26}_{0}$mm，$Z_{max} = 0.56$mm，$Z_{min} = 0.3$mm，故磨削余量适当。

表 5-14　表格法求 Z　　　　　　　　　　　　　　　　　　　　　　　　　　（单位：mm）

A		ES	EI	T
$\overrightarrow{A_3}$	40	+0.1	0	0.1
$\overleftarrow{A_1}$	-39.7	+0.16	0	0.16
A_0	0.3	+0.26	0	0.26

5.7　工艺过程的生产率和经济性

生产率是指每个工人在单位时间内所生产的合格产品的数量。

经济性一般是指生产成本的高低。生产成本不仅要计算工人直接参加产品生产所消耗的劳动，而且要计算设备、工具、材料、动力等的消耗。

在制订工艺规程时，要在保证产品质量的前提下提高生产率，并注意其经济性，即努力做到不断降低产品的成本。

5.7.1　时间定额

时间定额是在一定生产条件下，规定生产一件合格产品或完成某一工序所需要的时间。它是安排生产计划、估算产品成本的重要依据之一，也是新设计或扩建工厂（车间）时决定所需的设备、人员以至生产面积的重要数据。一般采取实测与计算结合的方法来确定时间定额，并随生产水平的提高及时予以修订。要使所制订的时间定额至少不低于当时的平均水平，过紧与过松都不可取。

完成一个零件的一道工序所需的时间称为单件时间 T_P，它由下列部分组成：

1. 基本时间 T_b

直接用于改变生产对象的尺寸、形状、相对位置、表面状态或材料性质等工艺过程所消耗的时间，称为基本时间。对切削加工而言，就是切除余量所花费的时间（包括刀具的切入、切出时间），可由计算得出。

2. 辅助时间 T_a

为实现上述工艺过程必须进行的各种辅助动作所消耗的时间，称为辅助时间。如装、卸工件，开、停机床，测量工件尺寸，进、退刀具等。基本时间与辅助时间之和称为作业时间，用 T_B 表示。

3. 布置工作地时间 T_S

为使加工正常进行，工人照管工作地点所耗时间（如收拾工具、清理切屑、润滑机床等），称为布置工作地时间，一般按作业时间的 2%～7% 来计算。

4. 休息和生理需要时间 T_τ

工人在工作班内为恢复体力和满足生理上的需要所消耗的时间，一般按作业时间的 2%～4% 来计算。

若用公式表示，则有

$$T_P = T_B + T_S + T_\tau = T_b + T_a + T_S + T_\tau \tag{5-22}$$

对成批生产来说，在加工一批零件的开始和结束时，工人需一定的时间做下列工作：熟悉工艺文件、领取毛坯材料、借取和安装工艺装备、调整机床、送验及发送成品、收还工具等。由此而耗费的时间称为准备与终结时间 T_e。设每批工件数为 n，则分摊到每个工件上的准备与

终结时间为 T_e/n，将这部分时间加到单件时间上去，即为成批生产的单件计算时间 T_C，即

$$T_C = T_P + T_e/n = T_B + T_S + T_\tau + T_e/n = T_b + T_a + T_S + T_\tau + T_e/n \tag{5-23}$$

在大量生产中，由于 n 的数值很大，$T_e/n \approx 0$，故可忽略不计。

5.7.2 工艺过程的技术经济分析

在对某一零件加工时，通常可有几种不同的工艺方案。这些方案虽然都能满足该零件的技术要求，但经济性却不同。为选出技术上较先进，经济上又较合理的工艺方案，就要在给定的条件下从技术和经济两方面对不同方案进行分析、比较、评价。

1. 工艺成本

制造一个零件或一个产品所需一切费用的总和称为生产成本。它包括两大类费用：与工艺过程直接有关的费用称为工艺成本，占生产成本的 70%～75%，通常包括毛坯或原材料费用，生产工人工资，机床设备的使用及折旧费，工艺装备的折旧费、维修费及车间或企业的管理费等；另一类是与工艺过程无直接关系的费用，如行政人员的工资，厂房的折旧及维护费用，取暖、照明、运输等费用。在同样的生产条件下，无论采用何种工艺方案，这类费用大体上是不变的，所以在进行工艺方案的技术经济分析时不予考虑。

工艺成本按照与年产量的关系，分为可变费用 V 和不变费用 C 两种。

可变费用与年产量有关。它包括毛坯的材料及制造费用，机床操作工人的工资，通用机床的折旧费和维修费，通用工艺装备的折旧费和维修费，机床电费和刀具费用等。

不变费用与年产量无直接关系。它包括专用机床的折旧费和修理费，专用工装的折旧费、维修费及调整工人的工资等。当产量在一定范围内变化时，全年的这类费用基本不变。

从而，一个零件的全年工艺成本 E（单位为元/年）为

$$E = VN + C \tag{5-24}$$

式中 V——可变费用（元/件）；

       N——年产量（件）；

       C——全年的不变费用（元）。

单件工艺成本 E_d（单位为元/件）为

$$E_d = V + C/N \tag{5-25}$$

2. 工艺成本与年产量的关系

图 5-43 及图 5-44 分别表示单件工艺成本及全年工艺成本与年产量的关系。从图上可看

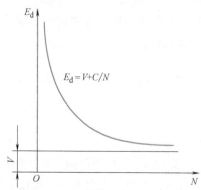

图 5-43 单件工艺成本与年产量的关系

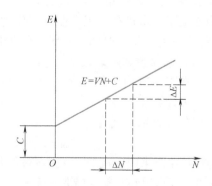

图 5-44 全年工艺成本与年产量的关系

出，全年工艺成本 E 与年产量呈线性关系，说明全年工艺成本的变化量 ΔE 与年产量的变化量 ΔN 成正比；单件工艺成本 E_d 与年产量呈双曲线关系，说明单件工艺成本 E_d 随年产量 N 的增大而减少，各处的变化率不同，其极限值接近可变费用 V。

3. **工艺成本的评比**

对不同的工艺方案进行经济性评比时，有下列两种情况：

1）若两种工艺方案的基本投资相近或都采用现有设备时，则工艺成本即可作为衡量各方案经济性的重要依据。

① 若两种工艺方案只有少数工序不同，可对这些不同工序的单件工艺成本进行比较。当年产量 N 为一定时，有

$$E_{d1} = V_1 + C_1/N$$
$$E_{d2} = V_2 + C_2/N$$

当 $E_{d1} > E_{d2}$ 时，则第 2 种方案的经济性好。

若 N 为一变量，可用图 5-45 所示的曲线进行比较。N_K 为两曲线相交处的产量，称为临界产量。由图可见，当 $N < N_K$ 时，$E_{d1} > E_{d2}$，应取第 2 种方案；当 $N > N_K$ 时，$E_{d1} < E_{d2}$，应取第 1 种方案。

② 当两种工艺方案有较多的工序不同时，可对该零件的全年工艺成本进行比较。两方案全年工艺成本分别为

$$E_1 = NV_1 + C_1$$
$$E_2 = NV_2 + C_2$$

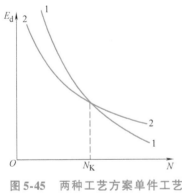

图 5-45　两种工艺方案单件工艺
成本比较

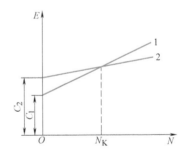

图 5-46　两种工艺方案全年工艺
成本比较

根据上式作图，如图 5-46 所示，对应于两直线交点处的产量 N_K 称为临界产量。当 $N < N_K$ 时宜用第 1 种方案；当 $N > N_K$ 时宜用第 2 种方案。当 $N = N_K$ 时，$E_1 = E_2$，则两种方案经济性相当，所以有

$$N_K V_1 + C_1 = N_K V_2 + C_2$$

故

$$N_K = \frac{C_2 - C_1}{V_1 - V_2}$$

2）若两种工艺方案的基本投资相差较大时，必须考虑不同方案的基本投资差额的回收期限。

若方案 1 采用价格较贵的高效机床及工艺装备，其基本投资 K_1 必然较大，但工艺成本

217

E_1 则较低；方案 2 采用价格便宜、生产率较低的一般机床和工艺装备，其基本投资 K_2 较小，但工艺成本 E_2 则较高。方案 1 较低的工艺成本是增加了投资的结果。这时如果仅比较其工艺成本的高低是不全面的，而是应该同时考虑两种方案基本投资的回收期限。所谓投资回收期，是指方案 1 比方案 2 多用的投资，需多少时间才能由其工艺成本的降低而收回，回收期越短，则经济性越好，它可由下式求得

$$\tau = \frac{K_1 - K_2}{E_2 - E_1} = \frac{\Delta K}{\Delta E}$$

式中　τ——回收期限（年）；

$\quad$ ΔK——两种方案基本投资的差额（元）；

$\quad$ ΔE——全年工艺成本节约额（元/年）。

在计算回收期时应注意下列问题：

① 回收期应小于所用设备的使用年限。

② 回收期应小于市场对该产品的需要年限。

③ 回收期应小于国家规定的标准回收年限。

4. 相对技术经济指标

当两种工艺方案按成本分析比较结果相差不大时，可用相对技术经济指标做补充论证。常用的有：每一生产工人的年产量，每台主要设备的年产量，每平方米生产面积的年产量，设备的平均负荷率，材料利用率，工艺装备系数，设备构成比，电力消耗等。

5.7.3　提高机械加工劳动生产率的途径

提高劳动生产率涉及产品设计、制造工艺、生产组织及管理等多方面的因素。这里仅就与机械加工有关的、通常用以提高生产率的几种主要途径做一宏观的介绍。

1. 缩短单件时间

缩短单件时间，即缩短其各组成部分的时间，特别要缩减其中占比重较大部分的时间。如在通用机床上进行零件的小批量生产中，辅助时间占较大比重；而在大批大量生产中，基本时间所占的比重较大。

（1）缩短基本时间

1）提高切削用量。增大切削速度、进给量和背吃刀量都能缩短基本时间，从而减少单件时间。这是机械加工中广泛采用的提高劳动生产率的有效方法之一。

由于毛坯的日益精化，致使加工余量逐渐减小，故难以通过提高背吃刀量来提高生产率。切削速度的提高主要受到刀具材料和机床性能的制约。但是，近年来由于切削用陶瓷和各种超硬刀具材料以及刀具表面涂层技术的迅猛发展，机床性能尤其是动态和热态性能的显著改善，从而使切削速度获得大幅度提高。

2）减少工作行程。在切削加工过程中可采用多刀切削、多件加工、工步合并等措施来减少工作行程，如图 5-47 所示。

（2）缩短辅助时间　随着基本时间的减少，辅助时间在单件时间中所占比重越来越大，这时应采取措施缩短辅助时间。

1）直接缩短辅助时间。在大批量生产中采用机械联动、气动、液动、电磁、多件等高

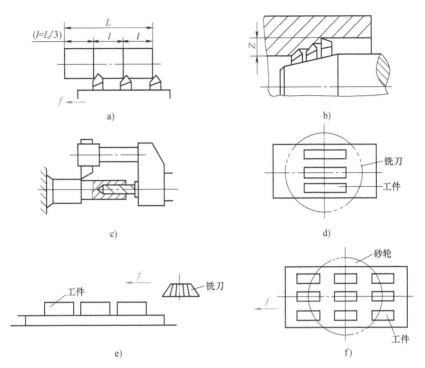

图 5-47　减少切削行程长度的方法

a) 车外圆　b) 镗孔　c) 转塔车床上加工外圆、内孔　d)、e) 端铣　f) 平面磨削

效夹具，中、小批生产采用组合夹具，都可使辅助时间大为缩短。如采用成组加工工艺，中、小批生产也可采用高效的成组夹具。

采用主动检测装置可以减少加工中的测量时间。目前，各类机床普遍配备数字显示装置，它以光栅、感应同步器为检测元件，可将加工过程中工件尺寸变化的情况连续地显示出来，操作人员根据其显示的数据控制机床，从而节省了停机测量的辅助时间。

2) 间接缩短辅助时间。将辅助时间与基本时间重合或大部分重合，则间接地减少了辅助时间。例如，采用多工位连续加工，工件的装卸时间就可完全与基本时间重合，如图 5-48 所示。又如在外圆磨床上加工时，采用几套心轴轮换装卸工件。图 5-49 所示为双工位铣夹具，当一个工位上的工件在加工时，可在另一个工位上装卸工件，从而使装卸的辅助时间与基本时间重合。

(3) 缩短布置工作时间　常用的技术措施有：提高刀具或砂轮的寿命以减少换刀的次数；采用刀具尺寸的线（机）外预调和各种快速换刀、自动换刀装置，有效地缩短换刀时间。图 5-50 即为一些应用广泛的快速换刀装置。

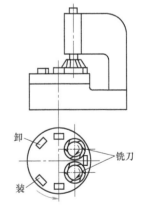

图 5-48　多工位连续加工

(4) 缩短准备与终结时间　准备与终结时间主要是消耗在刀具、夹具和辅具的安装、调整以及机床的调整上。为此，常通过以下途径来缩短该项时间：

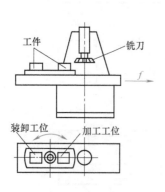

图 5-49　双工位铣夹具

图 5-50　快速换刀装置

　　精心设计制造刀、夹、量具，使其调整迅速方便；采用成组工艺、成组夹具，以减少安装夹具的时间和调整时间；采用机外对刀的可换刀架或刀夹等。

　　另一方面，应尽量设法使零件通用化和标准化，以增加零件的批量，这样每个零件所占的准备与终结时间就可大大减少。

2. 采用先进工艺方法

　　采用先进的工艺方法是提高劳动生产率的另一有效途径，具体为以下几方面：

　　（1）先进的毛坯制造方法　在毛坯制造中采用粉末冶金、压力铸造、精密铸造、精密锻造、冷挤压、热挤压等新工艺，能有效地提高毛坯的精度，减少机械加工量并节约原材料。

　　（2）采用特种加工　对于特硬、特脆、特韧材料及一些复杂型面，采用特种加工能极大地提高生产率。如用电火花加工锻模，线切割加工冲模等，都可节约大量的钳工劳动。

　　（3）采用高效加工方法　在大批大量生产中用拉削、滚压加工代替铣削、铰削和磨削；成批生产中用精刨、精磨或金刚镗代替刮研等都可提高生产率。

　　（4）采用少无切削工艺代替常规切削加工方法　目前，常用的少无切削工艺有冷轧、辊锻、辗压、冷挤等。这些方法在提高生产率的同时还能使工件的加工精度和表面质量也得到提高。

3. 进行高效及自动化加工

　　实行加工过程的自动化是提高生产率的有效手段。其具体措施及自动化的程度与生产纲领等因素有关。

　　在大批大量生产中，因产品相对稳定，零件数量大，宜采用专用的组合机床和自动线。而对通用机床进行自动化改装，完善自动机床的自动化程度等措施，不仅可提高劳动生产率，还可充分地利用工厂原有的设备。

　　中、小批量生产是机械加工行业的主体。因此，如何实现中、小批量生产的高效及自动化加工，具有重要的意义。中、小批量生产时，对主要零件通常采用加工中心；中型零件一般用数控机床、流水线或非强制节拍的自动线；小型零件可根据具体情况采用各种自动机床、简易程控机床和成组技术。

5.8　典型零件先进制造工艺

　　发动机是汽车的动力之源，是汽车的心脏。随着对汽车节能、环保、安全性要求的提高，汽车发动机正在向高转速、高功率、高耐久性、高环保性，以及电子化方向发展。而汽车发动机的典型零部件的制造正在向柔性化、集成化、高速化方向发展。汽车的制造质量、制造工艺和装备直接影响汽车的性能和可靠性。

5.8.1 发动机连杆传统工艺

1. 连杆的功用和结构特点

连杆是汽车发动机主要的传动机构之一，它将活塞与曲轴连接起来，把作用于活塞端部膨胀气体的压力传给曲轴，使活塞的往复直线运动可逆地转化为曲轴的旋转运动，以输出所需功率。

连杆结构如图 5-51 所示，它是一种细长的变截面非圆杆件。由从大头到小头逐步变小的工字形截面的连杆体及连杆盖、螺栓、螺母等组成。虽然由于发动机的结构不同，连杆的结构也略有差异，但基本上都由活塞销孔端（小头）、曲柄销孔端（大头）及杆身三部分组成。

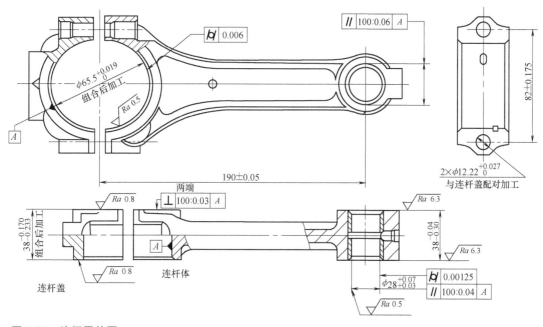

图 5-51　连杆零件图

连杆大头孔套在曲轴连杆轴颈上与曲轴相连。为了便于装配，连杆一般自大头孔处分开为连杆体和连杆盖两部分，然后用连杆螺栓连接。为了减少磨损，大头孔内装有上下两片的耐磨合金轴瓦。连杆小头孔与活塞销相连，小头孔压入耐磨的铜衬套，孔内设有油槽，小头顶部有油孔，以便使曲轴转动时飞溅的润滑油能流到活塞销的表面上，起到润滑作用。为了减小惯性力，连杆杆身部位的金属质量应当减少，并且要有一定的刚度，所以杆身采用工字形截面。连杆杆身部位是不加工的。在毛坯制造时，杆身的一侧做出定位标记，作为加工及装配基准。

连杆在工作中，主要承受三种动载荷：①气缸内的燃烧压力，使连杆受压；②活塞连杆组的往复运动惯性力，使连杆受拉；③连杆高速摆动时产生的横向惯性力，使连杆受弯曲应力。

为了保证工作时连杆的一些危险点（如螺栓、杆身或大头端盖等）不发生断裂，将其设计成如图 5-51 所示结构。该结构不仅质量小、刚度大，且具有足够的强度和韧性。

2. 连杆主要加工表面和技术要求

如图 5-51 所示，连杆的主要加工表面有大小头孔、上下两端面、大头端涨断以及连杆螺栓孔等。其主要技术要求为：

（1）大、小头孔的精度 为了使大头孔与轴瓦及曲轴、小头孔与活塞销能密切配合，减少冲击的不良影响和便于传热，大头孔尺寸为 $\phi 65.5^{+0.019}_{0}$ mm，小头孔尺寸为 $\phi 28^{+0.07}_{+0.03}$ mm，大头孔及小头衬套孔表面粗糙度 Ra 值均为 $0.5\mu m$，大头孔的圆柱度公差为 0.06mm，小头衬套孔的圆柱度公差为 0.00125mm，且采用分组装配。

（2）大、小头孔轴线在两个互相垂直方向的平行度 两孔轴线在连杆轴线方向的平行度误差会使活塞在气缸中倾斜，增加活塞与气缸的摩擦力，从而造成气缸壁磨损加剧。因此，连杆在连杆轴线方向上的平行度公差为 0.04mm/100mm，在垂直于连杆轴线方向的平行度公差为 0.06mm/100mm。

（3）大、小头孔的中心距 大、小头孔的中心距会影响气缸的压缩比，所以对其要求较高，为（190±0.05）mm。

（4）大头孔两端面对大头孔轴线的垂直度 此参数影响轴瓦的安装和磨损，要求为 0.03mm。

（5）连杆螺栓孔 螺栓孔中心线对盖体结合面与螺栓及螺母座面的不垂直，会增加连杆螺栓的弯曲变形和扭转变形，并影响螺栓伸长量而削弱螺栓强度。

（6）连杆螺栓预紧力要求 连杆螺栓装配时的预紧力如果过小，工作时一旦脱开，则交变载荷能迅速导致螺栓断裂。

（7）对连杆质量的要求 为了保证发动机运转平稳，连杆大、小头质量和整台发动机上的一组连杆的质量按图样的规定严格要求。

3. 连杆的材料与毛坯

由于连杆在工作中承受多向交变载荷的作用，所以不仅要求其材料具有足够的疲劳强度及结构刚度，而且要使其纵剖面的金属宏观组织纤维方向应沿着连杆中心线并与连杆外形相符，不得有扭曲、断裂、裂纹、疏松、气泡、分层、气孔和夹杂等缺陷。连杆成品的金相显微组织应为均匀的细晶结构，不允许有片状铁素体。

为了使发动机结构紧凑，连杆材料一般采用高强度的碳钢或合金钢，如 45 钢、55 钢、40Cr 及 40MnB 等，并经调质处理以改善切削性能和提高抗冲击能力，45 钢硬度要求为 217～293HBW，40Cr 为 223～280HBW，也有采用球墨铸铁的。

大批大量生产钢制连杆时，一般采用模锻法锻造毛坯。毛坯形式有两种：一种是连杆体、连杆盖分开锻造；另一种是将连杆体和连杆盖锻成一体的整体锻造，在加工过程中再切开或采用涨断工艺将其涨断。采用整体模锻的加工方式，具有原材料消耗少、劳动生产率高、成本低等优点，故用得越来越多，成为一种主要的毛坯形式。另外，为避免毛坯出现缺陷，如疲劳源，要求对其进行 100% 的硬度测量和探伤。图 5-52 所示为连杆毛坯图。

4. 连杆的工艺特点

（1）粗基准的选择 在选择粗基准时，应满足以下要求：

连杆大、小端孔圆柱面及两端面应与杆身纵向中心线对称；连杆大、小端孔及两端面应有足够而且尽量均匀的加工余量；连杆大、小端外形分别与大、小端孔中心线对称；保证作

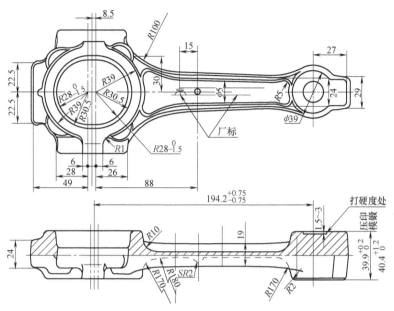

图 5-52　连杆毛坯图

为精基准的端面有较好的表面质量。

　　在第一道粗磨两平面的工序中，为保证两平面有均匀的加工余量，采用互为基准，如图 5-53 所示。先选取没有凸起标记一侧的端面为粗基准来加工另一个端面，然后以加工过的端面为基准加工没有凸起标记一侧的端面，并在以后的大部分工序中以此端面作为精基准来定位，这样，作为精基准的端面有较好的表面质量。

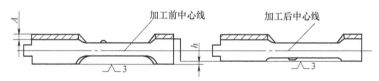

图 5-53　粗磨两平面

　　粗磨两平面是在同一台磨床，通过工作台回转完成加工的。调整相邻两个工位的夹具，使 $h = A$（h 为夹具定位面高度差；A 为加工余量）。这样既能保证平面有足够的加工余量，又能很好地保证两端面与连杆杆身纵向中心线对称。

　　在第二道钻扩连杆小端孔时，为保证加工后的孔与其外形的同轴度误差较小，壁厚均匀，采用小端外形定位，如图 5-54 所示。

　　（2）精基准的选择　由于大、小端端面面积大、精度高、定位准确、夹紧可靠，所以加工过

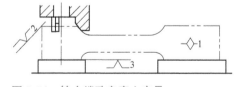

图 5-54　钻小端孔自定心夹具

程中，大部分工序选用连杆没有凸起标记一侧的端面（消除三个自由度）和小端孔（消除两个自由度）以及大端孔（消除一个自由度）作为精基准。这不仅符合基准统一的原则，而且减少了定位误差。

　　（3）加工阶段的划分　连杆机械加工工艺过程可划分为以下三个阶段：

　　1）连杆体、盖组合前基准面的加工。它包括粗磨连杆两端面；钻扩、粗镗、半精镗、

223

精镗小头底孔；扩、半精镗大头孔。

次要表面的加工方面，如粗、精车连杆两侧面；铣小头油孔凸台；钻小头油孔；粗、精铣螺栓平面及钻、扩螺栓孔、攻螺纹等。

在粗加工和半精加工方面，如粗加工连杆大头孔，目的是切除毛坯的大部分余量，为精加工做好准备。

2）连杆体、盖组合后的加工。组合后进行了小头装配、滚挤衬套；粗、精铣小头两侧斜面；铣轴瓦锁口槽；精磨连杆两端面等，这可作为粗加工和精加工的过渡阶段。在这个阶段中，工件能充分变形，同时提高基准的精度，都是为精加工大、小头孔做准备。

3）精加工大、小头孔。这个阶段主要是半精镗、精镗大头孔及精镗小头衬套孔等。

在这三个加工阶段中，根据需要穿插其他一些工序，如倒角、去毛刺、检验、装配螺栓、称重、修正质量、分组、清洗等。

（4）主要表面加工方法的选定　根据连杆的技术要求，各主要表面的加工方法选定如下：

连杆两端面：粗磨→精磨。

连杆小端孔：钻孔→扩孔→粗镗→半精镗→精镗底孔→压入衬套→精镗。

连杆大端孔：扩孔→半精镗→精镗。

连杆螺栓孔：钻孔→扩孔→攻螺纹。

螺栓座面及螺母座面：粗铣→精铣。

连杆结合面：拉平面→精磨结合平面。

（5）工艺过程　某型号连杆的主要加工工序见表5-15。

表5-15　某型号连杆的主要加工工序

工序号	工序名称	工 序 简 图	设 备
1	粗磨两平面	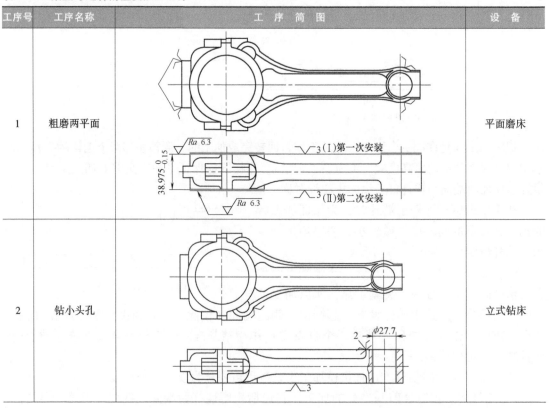	平面磨床
2	钻小头孔		立式钻床

（续）

工序号	工序名称	工 序 简 图	设 备
6	切断	50 $Ra\ 12.5$ $191.3_{-0.4}^{0}$	切断铣床
9	拉连杆两侧面、结合面、半圆面	3 A $190.6_{-0.3}^{0}$ $Ra\ 6.3$ 0.25 B 2×2 B $\phi62_{0}^{+}$ $99_{-0.1}^{0}$ $100:0.3$ A $\perp$ $Ra\ 6.3$	坦克拉（卧式拉床）
16	粗磨结合面	3 A 190 ± 0.08 $Ra\ 12.5$ $100:0.25$ A $\perp$ ϕ	双头立轴圆台平面磨床
总成 1	钻、扩、铰螺栓孔	82 ± 0.175 2 $C0.5$ $\phi13$ 10.6 $\phi12_{0}^{+0.027}$ A $\perp$ $100:0.25$ A	组合机床

（续）

工序号	工序名称	工 序 简 图	设 备
总成 12	精磨两平面	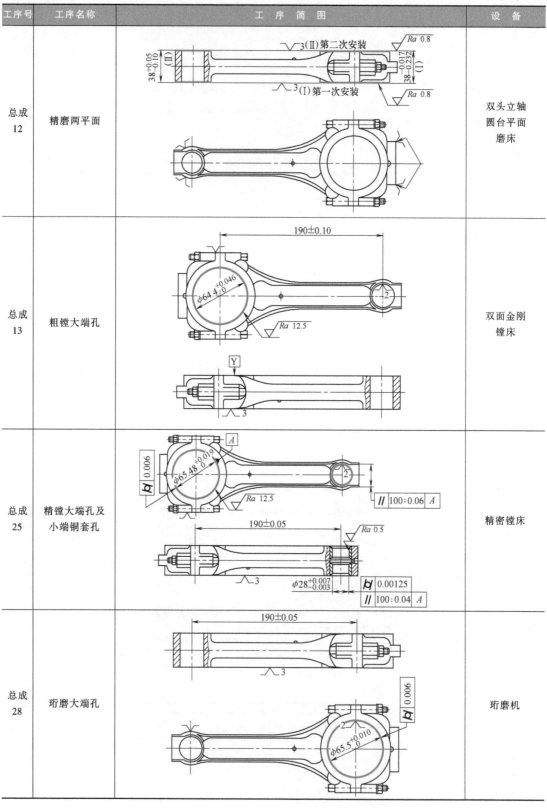	双头立轴圆台平面磨床
总成 13	粗镗大端孔		双面金刚镗床
总成 25	精镗大端孔及小端铜套孔		精密镗床
总成 28	珩磨大端孔		珩磨机

226

5.8.2　连杆的涨断工艺

在传统的连杆加工工艺中，连杆毛坯大头孔呈椭圆形，用锯削或磨削来分离连杆和盖。螺栓孔作为定位用，螺栓孔与连杆大头孔分离面的垂直度和两螺栓孔之间中心距都有严格要求。所以连杆和连杆盖装配后总有残余应力留在连杆总成中。当连杆送到发动机装配线上与曲轴装配时，要拆开连杆和连杆盖，此时，残余应力造成连杆大头孔变形。此外，连杆和连杆盖结合加工包括拉削和磨削，非常耗时，且要用螺栓重新组装连杆部件，然后再对连杆大头孔进行精加工。所以，传统的连杆大头加工工艺非常复杂，易引起连杆大头孔变形。

连杆大头分离面涨断工艺是把连杆盖从连杆体上断裂而分离开来的加工工艺，它不是用铣削、锯削和磨削等传统切削加工方法，而是对连杆大头孔的断裂线处预先加工出两条应力集中槽，然后用带楔形压头进入连杆大头往下压，这样对连杆大头孔产生径向力，使其在切槽处产生裂缝，最终把连杆盖从连杆体上涨断而分离出来。

连杆总成采用涨断工艺后对材料有很高的要求。据研究，烧结粉末冶金连杆可涨断性最好，铸铁连杆材料为 GTS65-70，锻钢连杆材料为 70 钢。

涨断工艺作为一种先进的汽车发动机连杆制造技术，能够大幅度减少加工工序，大大降低整个生产成本，同时涨断连杆涨断面的精确啮合，显著提高了连杆定位精度和承载能力。该工艺为连杆的大批量生产提供了一条低成本、高质量、高精度的加工途径。目前，该工艺在国外各大汽车公司得到广泛的推广应用，范围涵盖了摩托车、轿车、轻型车等车辆的小型连杆以及货车等重型车辆的大型连杆，并且正在逐步取代传统加工工艺，成为连杆加工业的一大发展趋势。图 5-55 所示为涨断工艺连杆零件图，图 5-56 所示为涨断工艺连杆毛坯图。

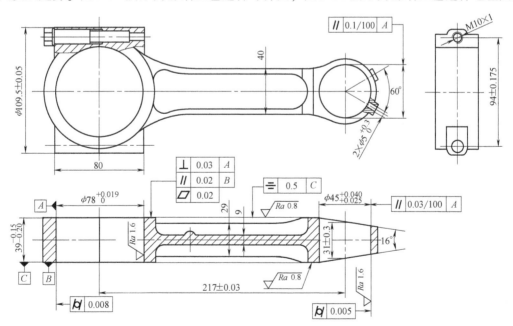

图 5-55　涨断工艺连杆零件图

1. 连杆涨断工艺优点

以整体锻件毛坯加工为例，连杆涨断工艺与传统工艺有很大区别。

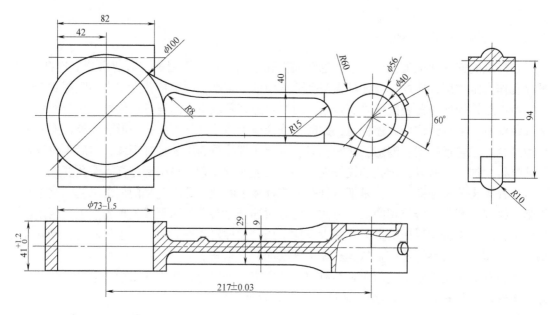

图 5-56 涨断工艺连杆毛坯图

（1）大头孔的粗加工 传统工艺要在切断后对大头孔进行粗拉，或者在切断前将它加工成椭圆形（或者毛坯为椭圆形），所以要在 2 个工位上进行粗加工，而且因为是断续加工，振动大、刀具磨损快、刀具消耗大。而涨断工艺将大头孔加工成圆形，所以可在 1 个工位上加工。涨断工艺的生产设备只需要 1 个主轴，而传统工艺的生产设备则需要 2 个主轴。图 5-57 是两种工艺的连杆毛坯对比图。

（2）连杆体/盖分离方法 传统工艺采用拉断（或铣断、锯断）法，而涨断工艺是在螺栓孔加工之后涨断。采用涨断工艺后，连杆与连杆盖的分离面完全啮合，这就改善了连杆盖与连杆分离面的结合质量，所以分离面不需要进行拉削加工和磨削加工。由于分离面完全啮合，将连杆与连杆盖装配时，也不需要增加额外的精确定位，如螺栓孔定位（或定位环孔），只要将两枚螺栓拉紧即可，这样可省去螺栓孔的精加工（铰或镗）。图 5-58 为采用两种工艺加工后的连杆体/盖对比图。

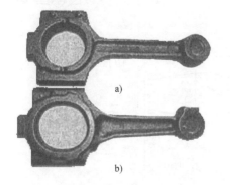

图 5-57 两种工艺的连杆毛坯对比图

a）采用涨断工艺的连杆毛坯（大头孔为圆形）

b）传统工艺的连杆毛坯（大头孔为椭圆形）

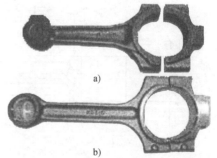

图 5-58 采用两种工艺加工后的连杆体/盖对比图

a）拉削加工分离的连杆体/盖

b）激光涨断加工的连杆体/盖

（3）结合面的加工　传统工艺是在拉断后还要磨削结合面，且连杆体/盖的装配定位靠两个螺栓孔中的定位孔和螺栓的定位部分配合来定位，所以对螺栓孔与其分离面的垂直度和两螺栓孔的中心距尺寸都有严格的要求。尺寸误差导致连杆与连杆盖装配后有残余应力留在连杆总成。连杆总成的两侧面和大、小头孔精加工完毕后，要送到发动机装配线上与曲轴装配，这时要拆开连杆盖与连杆，释放残余应力，这会造成连杆大头孔变形。当连杆盖与连杆被再次安装到发动机曲轴上时，变形严重的可导致无法安装。图 5-59 为两种工艺的结合面对比图。

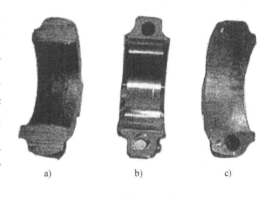

图 5-59　两种工艺的结合面对比图
a）拉削加工分离连杆体/盖结合面
b）激光涨断加工连杆体/盖结合面
c）拉削加工分离杆体/盖后进行加工定位销孔以及磨削加工后的结合面

（4）螺栓孔加工　涨断工艺加工的连杆体/盖的装配定位是以涨断断面作定位，而传统工艺加工的连杆体/盖的装配定位靠两个螺栓孔中的定位孔和螺栓的定位部分配合来定位，所以对螺栓孔和螺栓的精度要求都很高。以两个螺栓孔孔距为例，传统工艺加工时公差要求为 ±0.05mm，而采用涨断工艺加工时为 ±0.1mm。采用涨断工艺加工连杆时，两个螺栓孔可不同时加工，这样为多品种加工创造了便利条件。

连杆大头孔采用涨断工艺后，它们的分离面是最完全的啮合，所以没有分离面及螺栓孔加工误差等影响。采用涨断工艺加工的连杆螺栓孔结构简单，精度要求低，使用 6 工位自动线就可以完成螺栓孔加工；而传统工艺加工连杆螺栓孔则需要 14 个工位，而且需要分别定位夹紧连杆体/盖，夹具复杂，设备工装投资很大。

（5）激光加工涨断槽　连杆分离面涨断工艺要考虑涨断槽的加工工艺。一般来讲，连杆涨断槽有两种加工工艺，即拉削加工和激光加工。采用拉削方法加工时，由于拉刀在加工过程中会出现磨损，影响被拉削的涨断槽的形状，继而影响连杆大头孔在涨断后的变形，常常出现涨断时一个分离面已断开，而另一个分离面尚未完全断开的现象。而激光加工可保证两个涨断槽的形状一致，也就保证了连杆大头孔在涨断后的变形一致。同时，激光加工还具有柔性好、加工运行费用低等优点。该工序通过调节激光的脉冲频率和脉冲强度来控制涨断槽的深度及宽度。涨断槽的形状为 V 形，在激光切割的凹槽处形成应力集中，从而为连杆的涨断打下很好的基础。

（6）涨断并清洁断面　通过直接进料驱动装置使连杆到达指定的涨断装置处。涨断装置由一个带吹气嘴的芯棒及定中心元件组成。涨断装置对大头孔施加一个撑开的力，这样在 V 形凹槽处将形成应力集中，从而将连杆体和连杆盖撑断，并沿着 V 形槽准确断裂。断裂面的特性可使连杆体和连杆盖装配时处于最佳吻合。连接到颗粒过滤器及吸气装置的管路用于吹走涨断时的颗粒，从而达到用压缩空气吹去断面残渣的目的。

（7）螺栓装配　该工位是通过带振动式储料器的螺栓进料装置、分离装置以及带导管和气嘴的进料器，将螺栓进料、安装，并用安装在齿条式安装支架及液压驱动垂直滑台上的快速 BOSCH 拧紧机进行预拧紧，当拧紧至某一设定力矩处时，通过设有等待功能的装置松开螺栓，清理结合面，最后拧紧螺栓至要求。

（8）压装和精整衬套　此工位具备衬套自动进料功能，包括料架（电气和机械联动控制）的振动式储料器的存储能力（约半个班次），还具备分料、输送及自动定向的功能。设备还有一个可以手工调节、带直线轴承并可用于安装压装单元的水平滑台及装于立柱中间的垂直滑台，通过监控和调整 NC 控制的压装单元及反向固定装置，达到压装之后衬套精整的目的。

2. 连杆总成涨断工艺流程

某型号连杆涨断加工工艺见表5-16。

表5-16　某型号连杆涨断加工工艺

工序号	工序名称	工序简图	设备
1	粗磨连杆两端面	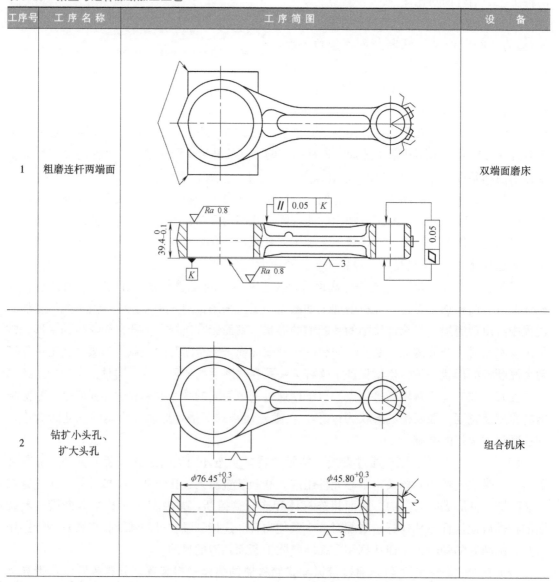	双端面磨床
2	钻扩小头孔、扩大头孔		组合机床

（续）

工序号	工序名称	工序简图	设 备
3	粗、精车连杆两侧面	$\phi 109.5 \pm 0.05$　Ra 0.8	数控车床
4	粗镗、半精镗、精镗小头底孔，半精镗大头孔	$\phi 78.70^{+0.05}_{0}$　$\phi 49^{+0.025}_{0}$	立式加工中心
5	铣连杆小头油孔凸台	8.5　60°	立式铣床
6	钻连杆小头油孔	$2 \times \phi 5^{+0.2}_{0}$　60°	立式钻床

（续）

工序号	工序名称	工序简图	设备
7	粗、精铣连杆螺栓平面,钻扩螺栓孔、攻螺纹		卧式加工中心
8	清洗		清洗机
9	激光加工大头涨断槽、涨断连杆,装配螺栓		涨断自动线
10	装配铜套		压床
11	滚挤衬套		立式钻床
12	粗铣连杆小头两侧斜面		立式数控铣床
13	小头铜套孔倒角		立式钻床
14	铣轴瓦锁口槽		专用机床
15	精磨连杆两端面		双端面磨床

（续）

工序号	工序名称	工序简图	设　备
16	精铣连杆小头两侧斜面		立式数控铣床
17	半精镗、精镗大头孔，精镗小头铜套孔		专用机床
18	清洗		清洗机
19	终检		综合检验机
20	称重、分组、打号		称重、分组、打号机
21	包装		

3. 连杆涨断主要装备

连杆涨断需要在专用设备上进行，其核心装备包括涨断槽加工设备、定向涨断主机设备等。这些设备具有精度高、性能稳定、自动化程度高、技术含量高等特点，可稳定可靠地实现连杆的高质量涨断，大大降低废品率。例如，一汽大众公司从德国进口的连杆涨断自动化生产线其废品率仅为 0.21%，远远低于传统加工方法的产品废品率。涨断槽的加工设备有多种，如数控拉槽机、激光切槽机等，其中数控拉槽机采用数控拉刀在连杆大头孔内侧拉削加工 V 形槽。这种加工方法拉刀容易磨损，刀尖会变钝变短，V 形槽尺寸不稳定，进而影响产品质量。这是因为刀具磨损使 V 形槽底半径 R 变大，槽深减小，应力集中系数因而变小，导致涨断力增加、大头孔塑性变形增大，还会造成断裂面的撕裂等现象。为确保加工质量，采用这种拉削方法，需要经常抽查样品，检查刀具，需在专用的磨刀机上定期修刀磨刀。鉴于上述原因，这种加工方法目前正逐渐被涨断槽的激光加工工艺所代替。激光加工涨断槽利用数控激光束切削涨断槽，是一种非常可靠的无刀具磨损加工方法。该方法加工的矩形槽尺寸稳定，同时槽宽很小，可控制在 0.15mm 之内。由于应力集中系数大，该方法可以减小涨断力 30% 以上，因而进一步提高了涨断质量。目前该种工艺和设备已在生产中得到广泛应用。另外，国外一些公司还尝试用高压水刀来切削涨断槽，还有一些公司试图把涨断槽直接做在连杆锻件上，但最终没有成功。

涨断工序要在特殊设计的专用涨断设备上进行，如图 5-60 所示。该设备主要包括 4 个夹紧液压缸 1、大头孔定位套 2、侧导向 3、楔形推力销 4、背压复

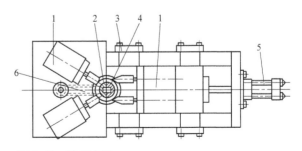

图 5-60　涨断主机

1—夹紧液压缸　2—大头孔定位套　3—侧导向　4—楔形推力销
5—背压复位液压缸　6—连杆

233

位液压缸5。其工作过程为：先将连杆小头和大头固定在各自的定位套上，4个夹紧液压缸夹紧连杆大头后，楔形推力销在其下拉液压缸作用下迅速向下移动，推动大头孔定位套向后滑动，大头孔因此被拉断，分离成盖、杆两部分。之后用压缩空气来清理断面以清除影响啮合的小料渣，在背压复位液压缸的推动下盖、杆复位并彼此精确地啮合在一起。在这一过程中，下拉液压缸采用电液比例阀控制，以确保涨断时推力销匀速向下运动。为保证盖、杆之间的精确复位，涨断设备要有很高的导向精度。大头孔定位套是一个非常重要的零件，其直径对涨断质量影响很大，合理的直径有助于大头孔受力状态良好，从而获得很高的涨断质量和很小的变形。然而，工作过程中定位套的直径由于磨损会变小，导致产品缺陷率显著提高。涨断工艺中，一些常见的涨断缺陷有单边断裂、大头孔变形过大、断裂面扭曲变形过大以及断裂面裂纹、爆口（结合面大块掉渣）等。其中爆口是涨断工艺中最严重的缺陷之一，如图5-61所示。该缺陷不仅减小结合面的有效啮合面积，影响连杆盖、杆的定位精度，而且削弱连杆整体强度，直接危害产品机械性能，是涨断工艺中频繁发生的主要缺陷。为了确保涨断连杆的工作可靠性，生产中规定爆口面积超过某一数值后即为废品。造成该种缺陷的因素很多，有连杆材料的因素、涨断工艺参数因素，还有连杆锻件涨断面的几何形状的影响。研究表明，越接近圆形的涨断面爆口缺陷越少，而越接近方形的涨断面爆口缺陷越多。

图5-61 涨断连杆爆口缺陷

4. 连杆断裂剖分工艺分析

断裂剖分（Fracture Splitting）工艺是20世纪80年代末由当时德国的Krebsoge公司开发的。

（1）断裂剖分的工艺过程 在用粉末冶金法压制成形连杆的预成形件时，在大头内侧两边各成形一个V形切口，这个切口要相当尖锐。锻造前在加热的过程中，切口表面轻微氧化，可防止锻造时切口闭合导致的表面愈合，从而产生最大的切口效应。图5-62左上图显示连杆预成形件中的V形切口，右下图显示锻造后连杆锻件中的残留切口。利用这种在锻造中形成的始发裂纹进行断裂剖分时容易断裂，同时裂纹通过显微组织扩展的速度最快，形成的断裂表面均一。另外，通过在大头孔内施加以较小的液压涨大压力就可将杆身与端盖分裂开，并可避免大头的内孔产生塑性变形，致使断裂剖分后的端盖与杆身之间可能不匹配。对断裂端面的边缘不得进行修整，以免导致最终失效。

图5-62 断裂切口锻造前后的变化

（2）断裂表面的特征 断裂剖分的连杆，其杆身与端盖能否很好对中，断裂表面的表面粗糙度是关键，光滑表面在装配过程中可能会使端盖不对中。

Edmond Ilia 等对 2Cu5C（$w_{Cu} = 1.98\%$、$w_C = 0.49\%$、$w_{Mn} = 0.33\%$、$w_S = 0.12\%$）与 3Cu5C（$w_{Cu} = 3.06\%$、$w_C = 0.50\%$、$w_{Mn} = 0.31\%$、$w_S = 0.12\%$）粉末锻造材料的断裂剖分表面的三维表面粗糙度进行了测定，考察了 Ra、Rz 及表面面积指数（SAI）。SAI 表示实际测定的断裂表面对完全平直、光滑的表面面积之比，测定结果见表 5-17。考察的两种材料（2Cu5C 与 3Cu5C）的表面结构的三维图像如图 5-63 所示。由图 5-63 可看出两种材料的表面结构有细微差异。2Cu5C 比 3Cu5C 材料的表面略微粗糙一些，SAI 相差约 3%。

表 5-17 断裂表面的特征测定结果

材　　料	Ra/nm	Rz/nm	SAI
2Cu5C	27750	207157	1.62
3Cu5C	25536	197749	1.57

（3）断裂剖分工艺技术的经济效益 采用断裂剖分工艺时，可消除常规锻钢连杆生产中的下列切削加工作业，从而节省大量切削加工费用。

1）用拉削将端盖与杆身分开。

2）磨削结合面。

3）精镗螺栓孔（调节螺栓头座）。

4）不再需要使用校正针与轴套或校正螺钉。

在技术方面，断裂剖分的杆身与端盖在切削加工后再组装时，断裂表面间不规则凹凸表面的啮合使两者结合牢固、紧密，从而消除了端盖对杆身的转动与侧向位移。端盖位移（或转动）会加速轴瓦表面的磨损，在极端情况下，会使轴瓦咬死。发动机转数高时，端盖的侧向移动可能使螺栓中产生高切应力。

图 5-63 2Cu5C 与 3Cu5C 粉末锻造材料断裂表面的结构

为与粉末锻造连杆竞争，欧洲的锤锻钢连杆生产厂家和相关炼钢产业认识到，必须解决两个重要问题：一为室温下的断裂剖分；二为连杆的质量/公差控制。为解决室温下的断裂剖分能力问题，起初开发的是改性的 C-70 钢，即将碳的质量分数从锻钢连杆以前的标准0.45%（在锻造后直接空气冷却形成的珠光体 + 铁素体显微组织的条件下使用）增高到 0.70% 左右的水平（这时，空气冷却后的显微组织实质上全部为珠光体）。这种碳的质量分数与显微组织的改变，降低了钢的延展性，并使之具有了在室温下"断裂"分裂的能力。表 5-18 为现用锻钢与 C-70 钢的力学性能对比。

从表 5-18 可以看出，C-70 钢与现用锻钢相比，极限抗拉强度高近 3%，但其屈服强度则低 18%。计算的耐久极限，C-70 钢为 338.9MPa，而现用锻钢为 423.4MPa，C-70 钢的耐久极限低约 20%。

235

表 5-18　现用锻钢与 C-70 钢的力学性能对比

单 一 性 能	现用锻钢	C-70 钢	变化（%）
弹性模量（理论值）E/GPa	206.8	211.5	2.3
屈服强度 $\sigma_{0.2}$（0.2% 永久变形）/MPa	700.0	573.7	-18
极限抗拉强度 σ_b/MPa	937.7	965.8	2.9
实际断裂强度 σ_f/MPa	1266	1141	-10.0
伸长率（%）	24	27	12.5
面积收缩率（%）	42	25	-40.5
硬度 HRC	28	23	-17.8
交变循环性能	现用锻钢	C-70 钢	变化（%）
疲劳强度系数 σ_f'/MPa	1187.9	1302.6	9.66
疲劳强度幂指数 b	-0.0711	-0.0928	30.5
循环屈服强度 YS'/MPa	619.8	527.6	-14.9
耐久极限[1]/MPa	423.4	338.9	-19.9

[1]　为用 Basquin 方程：$S_f = S_f'(2N_f)^b$ 计算的耐久极限（$N_f = 10^6$ 周）。

5.8.3　曲轴加工工艺

1. 曲轴的功用、结构特点及技术要求

（1）曲轴的功用　曲轴是活塞式发动机中最重要、承受负荷最大的零件之一。如图 5-64 所示，曲轴直接与内燃机中的缸体、活塞连杆组件、飞轮组件等连接。曲轴前端（自由端）装有正时齿轮、带轮及起动爪等；后端（输出端）的法兰盘用于安装飞轮；曲轴中间部分通过曲柄臂将若干主轴颈和连杆轴颈连接起来构成曲轴，其主轴颈安装于发动机缸体的主轴承孔中，其连杆轴颈与连杆大头孔相连接。曲轴的主要功用是将活塞的往复运动通过连杆变成回转运动，即把燃料燃烧的爆发力通过活塞、连杆转变成转矩输送出去做功，同时

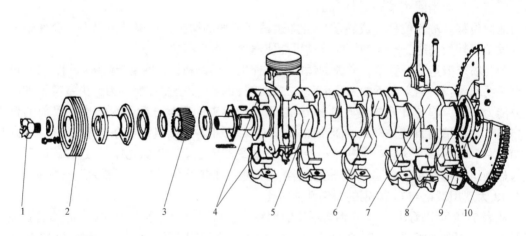

图 5-64　曲轴

1—起动爪　2—带轮　3—正时齿轮　4—主轴承上、下轴瓦　5—曲轴主轴颈　6—曲轴连杆轴颈

7—曲柄臂　8—回油油线　9—法兰盘　10—飞轮

还带动发动机本身的配气机构和相关系统（润滑系统、冷却系统等）工作。

（2）曲轴的结构特点　汽车发动机曲轴一般都具有主轴颈、连杆轴颈、曲柄臂、带轮轴颈、正时齿轮轴颈、油封轴颈、法兰和油孔等。曲轴形状复杂，结构细长，多曲拐，刚性极差，而技术要求又高，使得曲轴的加工难度比较大。为了保证发动机长期可靠地工作，曲轴必须有足够的刚度和强度以及良好的润滑、良好的平衡、高的耐磨性。

（3）曲轴的技术要求

1）主轴颈与连杆轴颈的尺寸公差等级一般为 IT6 ~ IT7，轴颈的长度公差等级为 IT9 ~ IT10，圆柱度为 0.005 ~ 0.01mm，表面粗糙度 Ra 值为 0.08 ~ 0.2μm。

2）连杆轴颈轴线对主轴颈的平行度，通常为 0.02/100mm。

3）中间主轴颈对两端支承轴颈的径向圆跳动为 0.05mm，装飞轮法兰盘的轴向圆跳动为 0.02/100mm。

4）曲柄的半径偏差为 ±0.05mm，表面粗糙度 Ra 值 0.8μm。

5）各连杆轴颈轴线之间的角度偏差不大于 30′。

6）曲轴必须经过动平衡，要求的平衡精度为 50g·cm。

7）曲轴的主轴颈和连杆轴颈，要经过表面淬火或渗氮，淬硬深度为 2 ~ 4mm，其硬度为 52 ~ 62 HRC。

8）曲轴需经探伤，若采用磁力探伤，则探伤后应进行退磁处理。

CA6102 发动机曲轴零件图如图 5-65 所示。

2. 曲轴的材料与毛坯制造

曲轴是内燃机中的关键零件之一，质量约占内燃机的 10%，成本占整机的 10% ~ 12%。按其材质大体分为两类，一类是钢锻曲轴，另一类是球墨铸铁曲轴。

曲轴采用的材料为 45 钢、45Mn2 和 40Cr 等。锻造钢件毛坯有好的耐磨性，可得到有利的纤维组织，可获得最佳的截面模量和紧密的细晶粒金相组织。曲轴锻造后，一般均进行一次热处理，退火或正火，以消除金属中的内应力和降低硬度，便于机械加工。采用铸造方法可获得较为理想的结构形状，从而减小质量，且机加工余量随铸造工艺水平的提高而减小，现国外球铁铸造曲轴的单边余量平均可达 2 ~ 3mm。另外球铁的切削性能良好，并和钢制曲轴一样可以进行各种热处理和表面强化处理，来提高曲轴的抗疲劳强度和耐磨性。而且球铁中的内摩擦所耗功比钢大，减小了工作时扭转振动的振幅和应力，应力集中也没有钢制曲轴来的敏感。所以球墨铸铁曲轴在国内外得到广泛的采用，统计资料表明，汽车发动机采用球铁材质的比例为：美国 85%；日本 40%；俄罗斯、比利时、荷兰和德国也已大批量生产。国内采用球铁曲轴的趋势更加明显，中小型功率柴油机曲轴 85% 以上用球铁。

3. 曲轴的机械加工工艺特点

曲轴是带有曲拐的轴，因此具有一般轴类的加工规律，如铣两端面、钻中心孔、车、磨及抛光等，但是曲轴也有它的特点，如形状复杂、刚性差以及技术要求高，因此在加工中应采用相应的措施。

（1）刚性差　曲轴的长径比较大（长径比 L/r 为 8 ~ 13），并具有曲拐，因此曲轴的刚度很差。加工中，曲轴在其自重和切削力的作用下，会产生严重的扭转变形和弯曲变形，特别是在单边传动的机床上，加工时的扭转变形更为严重，另外，精加工之前的热处理，加工后的内应力重新分布都会造成曲轴变形，所以在加工过程中应当注意采取一些有效措施。

238

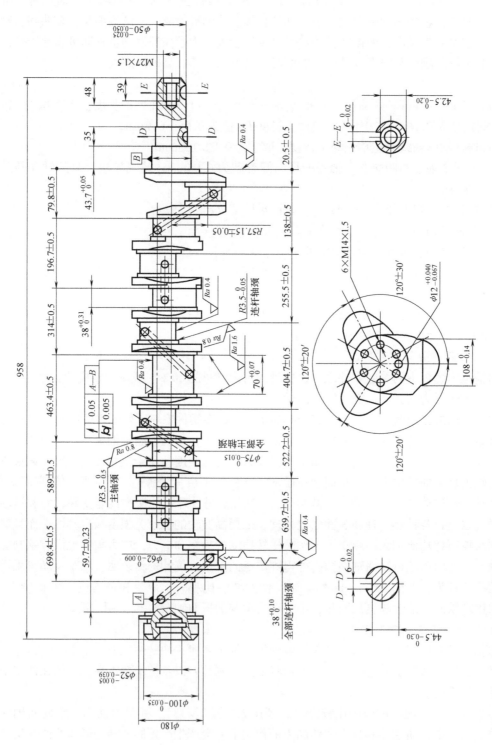

图 5-65 CA6102 发动机曲轴零件图

1）整个加工过程中，特别是在粗加工工序中，由于切除的余量大，所用的机床、刀具及夹具等都要具有较高的刚度，并在用中心孔定位时控制机床顶尖对曲轴的压力，必要时应用中间托架来增强刚性，以减少变形和振动。

2）为了尽量减少曲轴加工中的扭转变形和振动，在粗加工中一般需采用两边传动（主要消除扭转变形）的高刚度机床来加工，并设法使加工中径向切削力的作用相互抵消。

3）合理划分加工阶段及各工序的先后顺序，合理安排每个工序中工位的加工顺序及每个表面的加工次数，以减少加工变形。

4）在有可能产生变形的工序后面，合理增设校直工序，以免前工序的变形影响以后诸工序的正常进行。所以有的钢曲轴在加工过程中安排了 3~4 次校直工序。

（2）形状复杂　曲轴的连杆轴颈和主轴颈不在同一轴线上，使得工艺过程变得复杂。为此工艺中必须考虑：

1）在连杆轴颈的加工过程中配备能迅速找正加工连杆轴颈位置的偏夹具，使连杆轴颈的轴线与机床的轴线重合。此时在夹具中要设有平衡偏心质量的配重。

2）加工连杆轴颈时应确定曲轴的角向位置，因此常在曲柄臂上铣出两个工艺平面作为辅助基准（见图 5-65）。除了工艺面角向定位外，也有用法兰盘的销孔进行角向定位的。

3）曲轴加工时的切削热会引起曲轴受热膨胀而弯曲，因此应在各加工工序中考虑加强冷却，这对钢曲轴尤为重要。

4）曲轴不转，而刀具绕曲轴旋转的工艺方法可以避免加工中的不平衡。这种方法更适合于不平衡现象明显的场合，如大型曲轴的加工。

（3）技术要求高　由上述可知，曲轴的技术要求是比较高的，而且形状复杂，加工表面多。这就决定了曲轴的工序数目多，加工量大。在各种生产规模中，与内燃机的其他零件比较，曲轴的工艺路线是比较长的，而且磨削工序占相当大的比例。如何更多地采用新工艺、新技术，提高各工序的生产率以及使工艺过程实现自动化是曲轴加工工艺设计的重要问题。

4. 典型曲轴加工先进装备性能简介

（1）CNC 高速随动外铣床　现介绍高速随动外铣床 VDF315OM-4，如图 5-66 所示。该机床是德国 BOEHRINGER 公司专为汽车发动机曲轴设计制造的柔性数控铣床。该设备应用工件回转和铣刀进给伺服联动控制技术，可以一次装夹不改变曲轴回转中心随动跟踪铣削曲轴的连杆轴颈。采用一体化复合材料结构床身，工件两端电子同步旋转驱动，具有干式切削、加工精度高、切削效率高等特点；使用 SIEMENS 840D CNC 控制系统，设备操作说明书在人机界面上，通过输入零件的基本参数即可自动生成加工程序，可以加工长度为 450~700mm、回转直径在 380mm 以内的各种曲轴，连杆轴颈直径误差为 ±0.02mm。

（2）CNC 车-车拉机床　CNC 车-车拉机床一次设定能完成所有同心圆的车削，具有在同一台机床上完成车-车拉（车侧端面）加工，加工效率高，通过使用特殊卡盘和刀具系统实现柔性加工，机床保养简便、维护成本低等特点，特别适用于平衡块侧面不需加工、轴颈有沉割槽的曲轴。其中拉削工艺可用高效的梳刀（见图 5-67）车削工艺代替，梳刀加工通常放到该工序的最后工步，通过微量的径向进给和纵向车削实现高速精加工。采用梳刀工艺的优点在于精度高、效率高、切屑易清理、轴向进给量小等。

（3）止推面精车滚压机　止推面精车滚压机用于对曲轴止推面精车滚压加工，该设备具有以下技术特点：滚压抛光止推面并在线测量，滚压抛光代替磨削加工，可同时进行车削加工，在刀盘上装有滚压抛光装置，可获得更高精度。目前性能较好的设备有德国赫根塞特（HEGENSCHEID）公司的曲轴止推面车滚专机（见图5-68）等。

（4）CNC 曲轴磨床 图5-69 是型号为"JUCRANK 6000/50-50"的数控曲轴磨床。该磨床有四片CBN 砂轮，每片均可独立磨削，一次装夹可磨削全部主轴颈和连杆轴颈（摆动跟踪磨削）。

传统曲轴轴颈的磨削，往往是先磨削主轴颈（连杆轴颈），再磨削连杆轴颈（主轴颈），最后磨削大小头等。而 JUCRANK 系列机床的理念是"一次装夹，全部加工"。其优点是：工艺可靠性高；工件搬运次数少；节拍时间缩短；无须多次装夹，因此可以获得更高的加工质量；停机时间短（如果某一单元出现故障，其他的加工不会由此中断）。

图5-66 CNC 高速随动外铣床

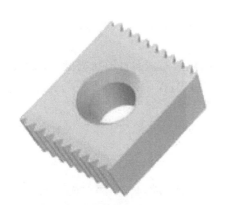

图5-67 梳刀刀片

图5-68 曲轴止推面车滚专机

新式的摆动跟踪磨床为曲轴的整体加工提供了新的解决方案，如 JUCRANK 系列的各种型号摆动跟踪磨床适用于从单气缸发动机到十二气缸发动机的所有型号的曲轴加工。几乎可以完成曲轴加工过程中的所有磨削工序，主轴颈（圆柱形、凹面、凸面）和连杆轴颈（圆柱形、球面、凹面、凸面）只需一次装夹就可以磨削完毕。对硬化处理过的圆角也可以进行磨削加工。

JUCRANK 系列的各种型号摆动跟踪磨床在技术上的优势主要有：在加工过程中检测并修正轴颈的圆度和尺寸；带有"学习功能"的控制系统，附加对圆度偏差和干扰量的自动补偿，可进行补偿的干扰量有温度、机械及动力影响、磨削余量的变化、材料及金相结构的变化、砂轮的可加工性、机床的磨损状况；由于磨削主轴颈和连杆轴颈一次装夹，理论上的偏差为零；切入式磨削及摆动式磨削；对"敏感工件"的支撑，在主轴上采用自动对中的三点式中心架；CNC 控制的冷却剂供给保障了磨削区域的持久用量；采用静压圆形导轨，无爬行效应，确保持久的高精确度（X 轴导轨，进给丝杠，推力轴承）；减振抗扭转床身，使用矿物铸铁浇注而成，具有良好的吸振抗弯功能；砂轮轴适用于高达 140m/s 的磨削。

图 5-69　JUCRANK 6000/50-50 型 CBN 磨床的前端和后端形状

5. 曲轴平衡的新趋势

1）减少曲轴的初始不平衡量，充分考虑曲轴的内部质量补偿（采取质量定心等）。

2）采用不平衡量优化分解方法，尽可能减少校正不平衡量时的材料去除量。

3）平衡机采用模块化设计，提高柔性。

4）钻削采用高速钻削。

5）润滑采用 MOL（微量油润滑方式）技术。

练习题

1. 试说明划分加工阶段的理由。

2. 何谓工艺成本？工艺成本由哪些具体部分组成？

3. 图 5-70 所示为在两顶尖间加工小轴小端外圆及台肩面 2 的工序图，试分析台肩面 2 的设计基准、定位基准及测量基准。

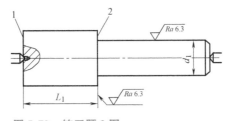

图 5-70　练习题 3 图
1—端面　2—台肩面

4. 如图 5-71 所示零件，毛坯为 ϕ35mm 棒料，批量生产时其机械加工工艺过程如下所述，试分析其工艺过程的组成。

机械加工工艺过程：

1）在锯床上下料。

2）车一端面、钻中心孔。

3）调头，车另一端面、钻中心孔。

4）将整批工件靠螺纹一边都车至 ϕ30mm。

5）调头车削整批工件的 ϕ18mm 外圆。

6）车 ϕ20mm 外圆。

7）在铣床上铣两平面，转90°后铣另外两平面。

8）车螺纹、倒角。

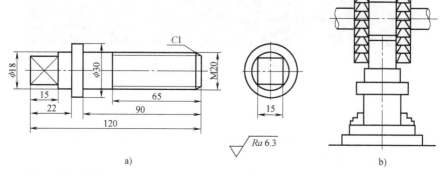

a)   b)

图 5-71 练习题 4 图

5. 试分析说明图 5-72 中各零件加工主要表面时定位基准（粗、精）应如何选择？

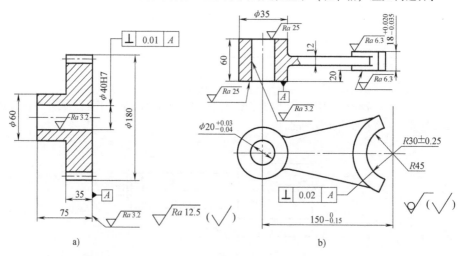

a)   b)

图 5-72 练习题 5 图

a）齿轮（毛坯为锻件） b）拨叉（毛坯为精铸件）

6. 若在立钻上用浮动夹头铰削 $\phi32^{+0.05}_{0}$mm 的内孔，铰削前为精镗。设精镗的尺寸公差为 0.2mm，精镗的表面粗糙度 Ra 值为 0.002mm，精镗的表面破坏层深度 D_a 为 0.003mm，试确定铰孔的余量及镗孔的尺寸。

7. 某零件上有一孔 $\phi60^{+0.03}_{0}$ mm，表面粗糙度 Ra 值为 1.6μm，孔长 60mm，材料为 45 钢，热处理淬火为 42 HRC，毛坯为锻件。设孔的加工工艺过程是：①粗镗；②半精镗；③热处理；④磨孔。试求各工序尺寸及其极限偏差。

8. 图 5-73 所示为轴套零件，在车床上已加工好外圆、内孔及各面，现在铣床上铣出右端槽，并保证尺寸 $5^{0}_{-0.06}$ mm 及（26 ± 0.2）mm，求试切调刀时的度量尺寸 H、A 及其上下极限偏差。

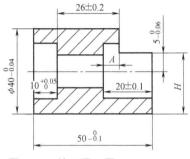

图 5-73　练习题 8 图

9. 图 5-74 所示叶片泵传动轴的工艺过程如下：①粗车外圆至 $\phi26^{0}_{-0.28}$ mm；②精车外圆至 $\phi25^{0}_{-0.04}$ mm；③划键槽线；④铣键槽深度至尺寸 A；⑤渗碳深度为 t，淬火 56 ~ 62 HRC；⑥磨外圆至尺寸 $\phi25^{0}_{-0.14}$ mm，要求保证渗碳层深度 0.9 ~ 1.1mm。试求：

1) 计算铣键槽时的槽深尺寸 A 及其极限偏差。

2) 渗碳时应控制的工艺渗碳层深度 t 及其极限偏差。

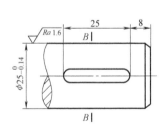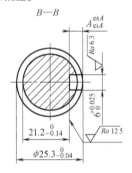

图 5-74　练习题 9 图

10. 图 5-75a 所示为轴套零件简图（图中只标注了有关的轴向尺寸），按工厂资料，其工艺过程的部分工序如图 5-75b 所示：工序 Ⅴ，精车小端外圆、端面及台肩；工序 Ⅵ，钻孔；工序 Ⅶ，热处理；工序 Ⅷ，磨孔及底面；工序 Ⅸ，磨小端外圆及台肩。试求工序尺寸 A、B 及其极限偏差。

11. 某零件的加工路线如图 5-76 所示：工序 Ⅰ，粗车小端外圆、轴肩及端面；工序 Ⅱ，车大端外圆及端面；工序 Ⅲ，精车小端外圆、轴肩及端面。试校核工序 Ⅲ 精车小端外圆的余量是否合适？若余量不够应如何改进？

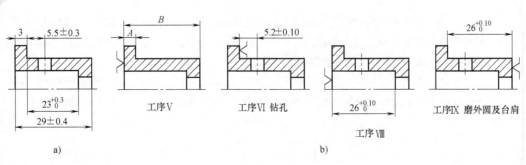

图 5-75　练习题 10 图

a）零件简图　b）工序图

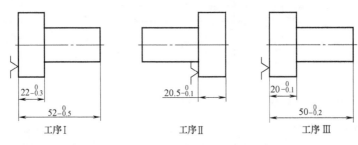

图 5-76　练习题 11 图

12. 图 5-77a 所示为某零件简图，其部分工序如图 5-77b、c、d 所示。试校核工序图上所标注的工序尺寸及极限偏差是否正确？如不正确应如何改正？

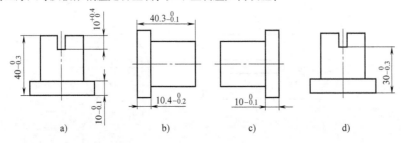

图 5-77　练习题 12 图

a）零件简图　b）工序 05　c）工序 10　d）工序 15

6 第6章

机器装配工艺

任何机器都是由许多零件和部件装配而成的。按照规定的技术要求，将零件结合成组件，并进一步结合成部件以至整台机器的过程，分别称为组装、部装和总装。

如何把零件装配成机器，零件的精度和产品精度的关系，以及获得装配精度的方法等，都是装配工艺所要研究和解决的基本问题。因此，机器装配工艺的基本任务就是在一定的生产条件下，以高生产率和低成本装配出保证质量的产品。本章主要研究以下几方面的问题：产品结构中零件的互换性和保证装配精度的方法；零件相互的结合性质和相应的连接方法；装配工艺规程的制订。

6.1 装配工作的基本内容

机器的装配是整个机器制造过程中的最后一个阶段，主要包括固定、连接、清洗、平衡、调整、检验、试验、涂装和包装等工作。装配不仅是最终保证产品质量的重要环节，而且在装配过程中可以发现机器在设计和加工过程中所存在的问题，如设计上的错误和不合理的结构尺寸，零件加工工艺中存在的质量问题以及装配工艺本身的问题等，从而加以不断改进。因此，机器装配在产品制造过程中占有非常重要的地位。

装配不只是将合格零件简单地连接起来，而是根据规定的技术要求，通过校正、调整、平衡、配作以及反复的检验等一系列工作来保证产品质量的一个复杂的过程。常见的装配工作内容有如下几项。

6.1.1 清洗

经检验合格的零件，装配前要经过认真的清洗，其目的是去除黏附在零件表面上的各种污物，如尘埃、金属粉粒、切屑、铁锈、油污等，否则将出现诸如轴承"抱轴"、气缸"拉毛"、导轨"咬合"等现象，致使摩擦副、配合副过度磨损，产品的精度丧失。清洗后的零件通常还具有一定的中间防锈能力。

清洗的方法、清洗液、清洗工艺参数（如温度、压力和时间）以及清洗次数的选择，应根据零件的清洁度要求、材质、批量、油污和机械杂质的性质以及黏附情况等因素来确定。

6.1.2 连接

装配工作的完成要依靠大量的连接，连接方式一般有以下两种：

1. 可拆卸连接

可拆卸连接是指相互连接的零件拆卸时不受任何损坏，而且拆卸后还能重新装在一起，如螺纹连接、键连接和销钉连接等，其中以螺纹连接的应用最为广泛。

2. 不可拆卸连接

不可拆卸连接是指相互连接的零件在使用过程中不拆卸，若拆卸将损坏某些零件，如焊接、铆接及过盈连接等。过盈连接大多应用于轴、孔的配合，可使用压入配合法、热胀配合法和冷缩配合法实现过盈连接。

6.1.3 校正、调整与配作

在机器装配过程中，特别是单件小批生产条件下，完全靠零件互换法去保证装配精度往往是不经济甚至是不可能的。因此，常常需要进行一些校正、调整和配作等工作来保证部装和总装的精度。

校正是指产品中相关零部件相互位置的找正、找平及相应的调整工作，在产品总装和大型机械的基体件装配中应用较多。例如，在卧式车床总装过程中，床身安装水平及导轨扭曲的校正，主轴箱主轴中心与尾座套筒中心等高的校正，溜板移动对主轴轴线平行度的校正以及丝杠两轴承轴线和开合螺母轴线对床身导轨等距的校正等。常用的校正工具有平尺、角尺、水平仪、光学准直仪及相应检具（如检棒和过桥）等。

调整指相关零部件相互位置的具体调节工作。它除了配合校正工作去调节零部件的位置精度以外，为了保证机器中运动零部件的运动精度，还用于调节运动副间的间隙，如轴承间隙、导轨副的间隙及齿轮与齿条的啮合间隙等。

配作通常指配钻、配铰、配刮和配磨等，这是装配中附加的一些钳工和机械加工工作，并应与校正调整工作结合起来进行，因为只有经过校正调整以后，才能进行配作。其中配刮是零部件结合表面的一种钳工工作，多用于运动副配合表面的精加工，配刮后可取得良好的接触精度和运动精度。例如，根据导轨副的要求，按床身导轨配刮工作台或溜板的导轨面；根据轴与滑动轴承的配合要求，按轴去配刮轴瓦等。此外，为保证零部件间的相互位置精度和提高固定结合面的接触刚度，对一些重要的固定连接表面也常采用配刮。但配刮的生产率较低，工人的劳动强度较大，为此，机器装配中广泛采用以磨代刮的方式，即以配磨代替配刮。配钻和配铰多用于固定连接，是以连接件之一已有的孔为基准，去加工另一件上相应的孔。配钻用于螺纹连接，配铰多用于定位销孔的加工。

6.1.4 平衡

为了防止运转平稳性要求较高的机器在使用中出现振动，在其装配过程中需对有关旋转零部件（有时包括整机）进行平衡作业。部件和整机的平衡均以旋转体零件的平衡为基础。

在生产中常用静平衡法和动平衡法来消除由于质量分布不均匀所造成的旋转体的不平衡。对于直径较大且长度较小的零件（如飞轮和带轮等），一般采用静平衡法消除静力不平衡。而对于长度较大的零件（如电动机转子和机床主轴等），为消除质量分布不匀所引起的力偶不平衡和可能共存的静力不平衡，则需采用动平衡法。

对旋转体内的不平衡可以采用以下方法进行校正：

1）用补焊、铆接、胶接或螺纹连接等方法加配质量。

2）用钻、铣、磨或控等方法去除质量。

3）在预制的平衡槽内改变平衡块的位置和数量（如砂轮静平衡即常用此方法）。

6.1.5　验收试验

机器装配工作完成以后，出厂前还要根据有关技术标准和规定，对其进行比较全面的检验和试验。各类产品的验收内容及方法有着很大差别。以下简要介绍金属切削机床验收试验工作的主要内容。

首先按机床精度标准全面检查机床的几何精度，包括相对运动精度（如溜板在导轨上的移动精度、溜板移动对主轴轴线的平行度等）和相互位置精度（如距离精度、同轴度、平行度、垂直度等）两个方面，而相对运动精度的保证又是以相互位置精度为基础的。

几何精度检验合格后进行空运转试验，即在不加负荷的情况下，使机床完成设计规定的各种运动。对变速运动需逐级或选择低、中、高三级转速进行运转，在运转中检验各种运动及各种机构工作的准确性和可靠性，检验机床的振动、噪声、温升及其电气、液压、气动、冷却润滑系统的工作情况等。

然后进行机床负荷试验，即在规定的切削力、转矩及功率的条件下使机床运转，在运转中所有机构应工作正常。

最后要进行机床工作精度试验，如对车床检查所车螺纹的螺距精度、外圆的圆度及圆柱度以及所车端面的平面度等。

6.2　装配精度与装配尺寸链的建立

6.2.1　装配精度

1. 装配精度的概念

机器或产品的质量是以其精度、工作性能、使用效果和寿命等综合指标来评定的，并主要取决于机器结构设计的正确性、零件的加工质量（包括材料和热处理的质量）以及机器的装配精度。对一般机器而言，装配精度是为了保证机器、部件和组件良好的工作性能，而对机床，装配精度还将直接影响被加工零件的精度，因此，其重要性显得更为突出。

在产品设计中，一个重要的环节就是正确规定机器、部件和组件等的装配精度要求，以确保产品的质量及制造的经济性。同时，装配精度也是确定零件精度和制订装配工艺的一个重要依据。设计的装配精度要求可以根据国际标准、国家标准、部颁标准、行业标准或其他有关资料予以确定。以通用机床为例，总装后应符合国家标准 GB/T 4020—1997 的要求，具体可参阅该标准的有关部分。

机床装配精度的主要内容包括零部件间的尺寸精度、相互位置精度和相对运动精度等。此外，接触精度也属于装配精度的范畴，它常以实际接触面积的大小和接触点的分布来衡量。它主要影响接触变形，同时也影响配合质量，如齿轮啮合、锥体配合以及导轨之间均有接触精度要求。

2. 装配精度和零件精度间的关系

机器的精度最终是在装配时达到的。保证零件的精度特别是关键零件的加工精度，其目的最终还在于保证机器的装配精度，因此机器的装配精度与零件精度密切相关。

例如，在车床精度标准中，第 4 项是尾座移动对溜板移动的平行度要求，该项精度主要取决于床身导轨 A 和 B 的平行度（见图 6-1），当然也与导轨之间的配合质量有关。

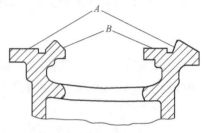

图 6-1　床身导轨简图

A—溜板移动导轨　B—尾座移动导轨

值得注意的是，若装配方法不当，即使有了精度合格的零件，也可能装配不出合格的机器。另外，对某些装配精度项目而言，若完全由相关零件的制造精度来直接保证，则由于零件的制造精度要求将很高而给加工带来很大困难。这时可按经济加工精度来确定零件的精度要求，使之易于加工，然后在装配时采取一定的工艺措施（如修配、调节等）来保证装配精度。这样做虽然增加了劳动量和装配成本，但从整个产品制造来说，仍是经济可行的。

由此可见，装配精度的合理保证，应从机器的结构、机械加工、装配以及检验等方面进行综合考虑，全面分析整个产品制造的优质、高产和低成本问题。而装配尺寸链的理论和计算，是进行综合分析的有效方法。它是在机器设计过程中，结合确定零件图尺寸公差和技术条件，以及计算、校验部件、组件配合尺寸是否协调来进行的。它也应用在制订机器的装配过程、确定装配工序及解决生产中的装配质量问题等方面。

6.2.2　装配尺寸链的概念与建立方法

1. 装配尺寸链的基本概念

图 6-2 是 CA6140 卧式车床主轴局部装配简图。双联齿轮在主轴上是空套的，其径向配合间隙 D_0 决定于衬套内径尺寸 D 和配合处主轴的尺寸 d，且 $D_0 = D - d$。这三者构成了一个最简单的装配尺寸链，其孔轴配合要求和尺寸公差的确定可按公差与配合国家标准选用，不必另行计算。

双联齿轮在轴向也需有适当的间隙，以保证转动灵活，又不至于引起过大的轴向窜动，故规定此轴向间隙量为 0.05 ~ 0.2mm。A_0 的大小取决于 A_1、A_2、A_3、A_4、A_5 各尺寸的数值，即

$$A_0 = A_1 - A_2 - A_3 - A_4 - A_5$$

这是一个线性装配尺寸链，需通过尺寸链计算来确定有关尺寸的公差及其分布位置并保证 A_0 的要求。

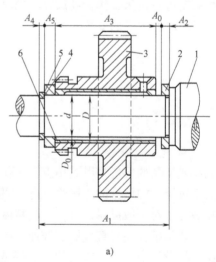

a)

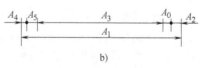

b)

图 6-2　线性装配尺寸链举例

a) 局部装配图　b) 尺寸链图

1—主轴　2—隔套　3—双联齿轮　4—弹性挡圈　5—垫圈　6—轴套

248

因此，装配尺寸链是在机器的装配过程中，由相关零件的有关尺寸（表面或轴线间距离）或相互位置关系（平行度、垂直度或同轴度等）所组成的尺寸链，其基本特征是呈封闭图形。其中，组成环由相关零件的尺寸或相互位置关系所组成，可分为增环和减环，其定义在第 5 章中已做过介绍，封闭环为装配过程最后形成的一环，即装配后获得的精度或技术要求。这种要求是通过把零、部件装配好以后才最终形成和保证的。

和工艺尺寸链一样，装配尺寸链中也有线性尺寸链和角度尺寸链之分，图 6-2 属于前者；图 6-3 属于后者，其组成环由平行度和垂直度等组成。

2. 装配尺寸链的建立方法

装配尺寸链的建立是在装配图的基础上，根据装配精度要求，找出与该项精度有关的零件及相应的有关尺寸，并画出尺寸链图。这是解决装配精度问题的第一步，只有所建立的装配尺寸链是正确的，求解它才有意义。

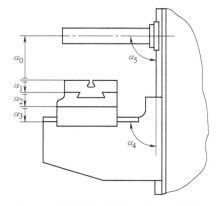

图 6-3　卧式升降台铣床装配尺寸链

例如，图 6-4 所示是一个传动箱的一部分。齿轮轴在两个滑动轴承中转动，因此两个轴承的端面处应留有间隙。为了保证获得规定的轴向间隙，在齿轮轴上装有一个垫圈（为便于检查，将间隙均推向右侧）。这是一个线性装配尺寸链，它的建立一般可按下列步骤进行：

（1）判别封闭环　如前所述，装配精度即封闭环。为了正确地确定封闭环，必须深入了解机器的使用要求及各部件的作用，明确设计人员对整机及部件所提出的装配技术要求。图 6-4 所示传动机构要求有一定的轴向间隙，但转动轴本身并不能决定该间隙的大小，而是要由其他零件的尺寸来决定。因此轴向间隙是装配精度所要求的项目，即封闭环，在此处用 A_0 表示。

（2）判别组成环　装配尺寸链的组成环是对机器或部件装配精度有直接影响的环节。一般查找方法是取封闭环两端为起点，沿着相邻零件由近及远地查找与封闭环有关的零件，直至找到同一个基准零件或同一基准表面为止。这样，所有相关零件上直接影响封闭环大小的尺寸或位置关系，便是装配尺寸链的全部组成环，并且整个尺寸链系统要正确封闭。

如图 6-4a 所示的传动箱中，沿间隙 A_0 的两端可以找到相关的六个零件（传动箱由七个零件组成，其中箱盖与封闭环无关），影响封闭环大小的相关尺寸为 A_1、A_2、A_3、A_4、A_5、A_6。

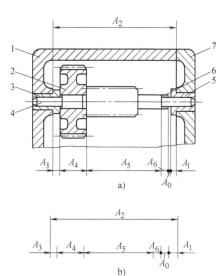

图 6-4　传动轴轴向装配尺寸链的建立
a) 结构简图　b) 尺寸链图
1—传动箱体　2—大齿轮　3—左轴承　4—齿轮轴
5—右轴承　6—垫圈　7—箱盖

（3）画出尺寸链图 图6-4b 即为尺寸链图，从中可清楚地判别出增环和减环，便于进行求解。

在封闭环精度一定时，尺寸链的组成环数越少，则每个环分配到的公差越大，这有利于减小加工的难度和成本的降低。因此，在建立装配尺寸链时，要遵循最短路线（环数最少）原则，即应使每一相关零件仅有一个组成环列入尺寸链。

6.3 装配方法及装配尺寸链的计算

在生产中利用装配尺寸链来达到装配精度的工艺方法有互换法、分组法、修配法和调整法四类，应根据生产纲领、生产技术条件及机器的性能、结构和技术要求来选择。这四类方法既是机器或部件的装配方法，也是装配尺寸链的计算方法。

6.3.1 互换法

机器或部件的所有合格零件，在装配时不经任何选择、调整和修配，装入后就可以使全部或绝大部分的装配对象达到规定的装配精度和技术要求的装配方法称为互换法。互换法又可分为完全互换法和不完全互换法（又称大数互换法）。

1. 完全互换法

合格的零件在进入装配时，不经任何选择、调整和修配就可以使装配对象全部达到装配精度的装配方法，称之为完全互换法。其实质是用控制零件加工误差来保证装配精度。它的优点是：装配工作简单，生产率高，有利于组织流水生产、协作生产，同时也有利于维修和配件制造，生产成本低。但是当装配精度要求较高，尤其是组成环较多时，零件难以按经济精度制造，因此，完全互换法多用于少环尺寸链或装配精度不高的多环尺寸链中。

完全互换法装配是用极值法来解装配尺寸链的，因而极值法解算工艺尺寸链的公式，在此也适用，但是在具体应用时，两者有所区别。

第5章中，介绍过尺寸链计算的正计算和反计算。除此以外，还有一种中间计算法，它和反计算法大体相同，在装配尺寸链中应用较为广泛。这种方法是将尺寸链中一些加工难度较大和不宜改变其公差的组成环的公差先确定下来，一般只留下一个不太难加工或加工时受制约较少的组成环作为试凑对象，从而使计算工作大为简化。作为试凑对象的组成环称为协调环。

用极值法计算装配尺寸链时，在明确了封闭环，并通过它查找出全部组成环和建立了装配尺寸链以后，其首要任务就是根据给定的封闭环公差来确定各组成环的公差及其分布。

属于同一装配尺寸链中的各个组成环，其性质、基本尺寸的大小、加工难易程度等一般都不相同，因此在确定它们的公差及其分布时必须区别对待。

在具体确定各组成环公差前，通常先用公式算出各组成环的平均公差 $T_{av} = TA_0/(n-1)$，以作参考。组成环中如有属于标准件尺寸（如轴承环或弹性挡圈的厚度等）的，则其公差大小和分布位置为相应标准中规定的既定值。对于同时为两个不同装配尺寸链的组成环（称为公共环），在确定其公差大小和分布位置时，应能同时满足两个不同封闭环的要求，因此应根据对它的公差要求较为严格的那个装配尺寸链的计算来确定；而对另一装配尺寸链的计算而言，就成为一个既定值了。

对于一般组成环的公差大小，可按经验视各环尺寸大小及加工难易程度而定。例如，尺寸相近、加工方法相同的可取其公差相等；尺寸大小相差较大，所用加工方法相当的可取其公差等级相等；加工精度不易保证的可取较大公差值等。而对于公差带的位置，一般来讲，孔、轴类尺寸的公差带位置按入体原则标注；孔距尺寸的公差带按对称形式标注。此外，应尽量使组成环尺寸的公差大小和分布位置符合公差与配合国家标准的规定，便于生产组织工作。但是对协调环来说，由于其偏差是试凑产生的，故其公差值为非标准公差值。

例 6-1 图 6-2a 所示为车床主轴部件的局部装配图，要求装配后保证轴向间隙 $A_0 = 0.1 \sim 0.35\text{mm}$。已知各组成环的基本尺寸为：$A_1 = 43\text{mm}$，$A_2 = 5\text{mm}$，$A_3 = 30\text{mm}$，$A_4 = 3_{-0.04}^{\quad 0}\text{mm}$，$A_5 = 5\text{mm}$，$A_4$ 为标准件的尺寸，试按极值法求出各组成环的公差及上、下极限偏差。

解： 1）画出装配尺寸链图（见图 6-2b），校验各环基本尺寸。尺寸链中的组成环为 $\overrightarrow{A_1}$、$\overleftarrow{A_2}$、$\overleftarrow{A_3}$、$\overleftarrow{A_4}$、$\overleftarrow{A_5}$，封闭环 A_0 的基本尺寸为

$$A_0 = \overrightarrow{A_1} - (\overleftarrow{A_2} + \overleftarrow{A_3} + \overleftarrow{A_4} + \overleftarrow{A_5}) = [43 - (5 + 30 + 3 + 5)]\text{mm} = 0\text{mm}$$

2）确定各组成环的公差。从题意得知封闭环的公差 $TA_0 = (0.35 - 0.1)\text{mm} = 0.25\text{mm}$。组成环的平均极限公差为

$$T_{\text{av}} = \frac{TA_0}{n-1} = \frac{0.25}{6-1}\text{mm} = 0.05\text{mm}$$

现参考 T_{av} 来确定各组成环的公差：A_1 和 A_3 尺寸大小和加工难易大体相当，故取 $TA_1 = TA_3 = 0.06\text{mm}$；$A_2$ 和 A_5 尺寸大小和加工难易相当，故取 $TA_2 = TA_5 = 0.045\text{mm}$；$A_4$ 为标准件，其公差为一定值，即 $TA_4 = 0.04\text{mm}$。

封闭环 $A_0 = 0_{+0.10}^{+0.35}\text{mm}$，取 A_3 为协调环，其公差 TA_3 通过公式 $TA_0 = \sum T_i$ 计算。

3）确定组成环公差带位置。取 A_3 为协调环，其余组成环的公差均按入体原则分布，即 $A_1 = 43_{0}^{+0.06}\text{mm}$，$A_2 = 5_{-0.045}^{\quad 0}\text{mm}$，$A_4 = 3_{-0.04}^{\quad 0}\text{mm}$，$A_5 = 5_{-0.045}^{\quad 0}\text{mm}$。

协调环 A_3 的上、下极限偏差计算如下

$$\text{ES}A_0 = \sum_{i=1}^{m} \text{ES}\,\overrightarrow{A_i} - \sum_{i=m+1}^{n-1} \text{EI}\,\overleftarrow{A_i}$$

$$0.35\text{mm} = 0.06\text{mm} - (-0.045\text{mm} + \text{EI}A_3 - 0.045\text{mm} - 0.04\text{mm})$$

$$\text{EI}A_3 = -0.16\text{mm}$$

$$\text{ES}A_3 = TA_3 + \text{EI}A_3 = 0.06\text{mm} + (-0.16\text{mm}) = -0.10\text{mm}$$

所以
$$A_3 = 30_{-0.16}^{-0.10}\text{mm}$$

2. 不完全互换法

从工艺尺寸链的计算中可知，一个尺寸链中所有组成环同时出现极值的概率是极小的。在装配尺寸链中也是如此。以极小概率为前提的极值法虽然计算方便，也有如前所述的许多优点，但却导致了各组成环公差均较小，增加了加工的难度。此外，采用了完全互换法，也不排斥出现个别产品最终达不到装配精度的可能性。不完全互换法是指机器或部件的所有合格零件，在装配时无须选择、修配或改变其大小或位置，装入后即能使绝大多数装配对象达到装配精度的装配方法。它用于封闭环精度要求较高而组成环又较多的场合。采用该方法装

配，将有极少数制品的装配精度达不到预定要求，故要采取必要的对策。

例6-2 已知条件与例6-1相同，试用不完全互换法确定各组成环的公差及上、下极限偏差。

解：解题步骤与极值法相同，首先建立装配尺寸链；然后计算组成环的平均公差 T_{av}，以 T_{av} 作参考，根据各组成环基本尺寸的大小和加工难易程度确定各组成环的公差及其分布。

根据式（5-13），可计算出组成环的平均公差为

$$T_{av} = \frac{TA_0}{\sqrt{n-1}} = \frac{0.25}{\sqrt{6-1}} \text{mm} \approx 0.112 \text{mm}$$

根据组成环公差的上述确定原则，确定 $TA_1 = 0.15\text{mm}$，$TA_2 = TA_5 = 0.10\text{mm}$，$A_4$ 为标准件，TA_4 为定值，即 $TA_4 = 0.04\text{mm}$。选 A_3 为协调环，其公差 TA_3 可由式（5-12）算出，即

$$TA_3 = \sqrt{TA_0^2 - \sum_{i=1}^{n-2} TA_i^2} = \sqrt{0.25^2 - (0.15^2 + 0.10^2 + 0.10^2 + 0.04^2)} \text{mm} \approx 0.13\text{mm}$$

最后确定各组成环公差带的位置。除协调环 A_3 以外，其他组成环均按入体原则分布，即 $A_1 = 43^{+0.15}_{0}\text{mm}$，$A_2 = A_5 = 5^{0}_{-0.10}\text{mm}$，$A_4 = 3^{0}_{-0.04}\text{mm}$。

计算协调环 A_3 的上、下极限偏差：

各组成环相应的中间偏差为：$\Delta_1 = 0.075\text{mm}$，$\Delta_2 = \Delta_5 = -0.05\text{mm}$，$\Delta_4 = -0.02\text{mm}$；封闭环的中间偏差 $\Delta_0 = 0.225\text{mm}$。

现用式（5-19）计算协调环的中间偏差 Δ_3 为

$$\Delta_0 = \Delta_1 - (\Delta_2 + \Delta_3 + \Delta_4 + \Delta_5)$$
$$0.225\text{mm} = 0.075\text{mm} - (-0.05\text{mm} + \Delta_3 - 0.02\text{mm} - 0.05\text{mm})$$
$$\Delta_3 = -0.03\text{mm}$$

$$ESA_3 = \Delta_3 + \frac{TA_3}{2} = -0.03\text{mm} + \frac{0.13}{2}\text{mm} = 0.035\text{mm}$$

$$EIA_3 = \Delta_3 - \frac{TA_3}{2} = -0.03\text{mm} - \frac{0.13}{2}\text{mm} = -0.095\text{mm}$$

于是

$$A_3 = 30^{-0.035}_{-0.095}\text{mm}$$

6.3.2 分组法

在成批或大量生产条件下，即使组成环数不多，但若封闭环的精度要求很高，且采用互换法解装配尺寸链，则组成环的公差将非常小，使加工十分困难，即使勉强完成加工任务，其所付代价太大，实属得不偿失。在这种情况下，可将组成环公差增大若干倍（一般为2～4倍），使组成环零件可以按经济精度进行加工，然后再将各组成环按实际尺寸大小分为若干组，各对应组进行装配，同组零件具有互换性，并保证全部装配对象达到规定的装配精度，这就是分组法。该方法通常采用极值公差公式计算。

与分组法有着选配共性的装配方法还有直接选配法和复合选配法。前者是由装配工人从许多待装配的零件中，凭经验挑选合格的零件通过试凑进行装配的方法。这种方法的优点是简单，不需将零件事先分组，但装配中工人挑选零件需要较长时间，劳动量大，而且装配质量在很大程度上取决于工人的技术水平，因此不宜用于节拍要求较严的大批量生产。这种装

配方法没有互换性。复合选配法是上述两种方法的综合，即将零件预先测量分组，装配时再在各对应组内凭工人经验直接选配。这一方法的特点是配合件公差可以不等，装配质量高，且装配速度较快，能满足一定的生产节拍要求。例如，汽车发动机中气缸的组装多采用这种方法，其组装过程如图 6-5 所示。图 6-5a 是在 D、C 处测量活塞外径，以便与缸体孔配合；测量活塞销孔 A 和 B，以便装入活塞销。根据测量值按级分类，同时在活塞头部印上级数字码。用同样方法对图 6-5b 所示连杆两端孔及活塞销外径（此处未画）也做同样处理。图 6-5c 为组装线，先取合格的缸体（位于图的下部）进入传送带；同时将与缸体相配的活塞并排摆放在板台上并进入传送带；再把与活塞孔相配的活塞销及连杆放到板台上，组装可方便地在缸体加工线和板台加工线汇合处进行。

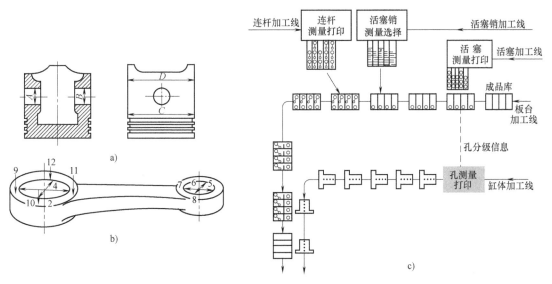

图 6-5 气缸的组装过程
a）活塞 b）连杆 c）组装线

253

现以汽车发动机活塞、活塞销和连杆组装为例，对分组装配法进行分析。图 6-6a 所示为发动机活塞、活塞销和连杆的组装简图，其中活塞销与活塞销孔为过盈配合，活塞销与连杆小头孔为间隙配合。

根据装配技术要求，活塞销孔直径 D 与活塞销直径 d 在冷态装配时，应有 0.0025～0.0075mm 的过盈量，即

$$y_{min} = D_{max} - d_{min} = -0.0025mm$$
$$y_{max} = D_{min} - d_{max} = -0.0075mm$$

从公差与配合的知识可知 $y_{min} - y_{max} = T_0 = T_h + T_s = 0.005mm$

若活塞与活塞销采用完全互换法装配，并且销孔与销子直径的公差按"等公差"分配时，则各自的公差仅为 0.0025mm，设活塞销直径为 $\phi 25^{-0.0100}_{-0.0125}$mm，销孔直径为 $\phi 25^{-0.0150}_{-0.0175}$mm，显然加工是十分困难的。现将它们的公差都按同方向放大四倍，放大后 d 和 D 为：$d = \phi 25^{-0.040}_{-0.050}$mm，$D = \phi 25^{-0.060}_{-0.070}$mm。这样可采用高效率的无心磨床和金刚镗床分别加工活塞销外圆和活塞销孔，然后用精密量仪进行测量，并按尺寸大小分成四组，涂上不同的颜色，以便进行分组装配。具体情况见表 6-1。

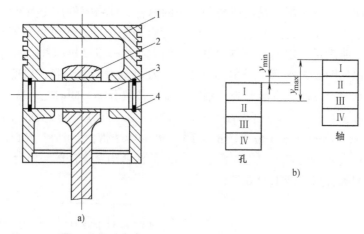

图 6-6　活塞、活塞销、连杆分组装配实例

a）组装简图　b）分组示意图

1—活塞　2—连杆　3—活塞销　4—挡圈

将表 6-1 所示互配零件加工尺寸的公差带放大并分组后的情况用图 6-6b 表示。从该图可以看出，虽然互配零件的公差扩大了四倍，但只要用对应组的零件进行互配，其装配精度完全符合设计要求。

表 6-1　活塞销和活塞销孔分组互换装配　　　　　　　　　　　　　　　　（单位：mm）

分组互换组别	标志颜色	活塞销孔直径	活塞销直径	配合性质	
				最大过盈	最小过盈
第一组	白	$\phi25^{-0.0075}_{-0.0100}$	$\phi25^{-0.0025}_{-0.0050}$		
第二组	绿	$\phi25^{-0.0100}_{-0.0125}$	$\phi25^{-0.0050}_{-0.0075}$	0.0075	0.0025
第三组	黄	$\phi25^{-0.0125}_{-0.0150}$	$\phi25^{-0.0075}_{-0.0100}$		
第四组	红	$\phi25^{-0.0150}_{-0.0175}$	$\phi25^{-0.0100}_{-0.0125}$		

分组装配法除了广泛用于减小加工难度的目的外，还可用来提高装配精度。图 6-7 所示为一配偶件 A、B 的公差带图。分组前的最大间隙 $x_{1\max} = 0.2\,\text{mm}$，最小间隙 $x_{1\min} = 0$，配合公差为 $x_{1\max} - x_{1\min} = 0.2\,\text{mm}$。现在零件原定公差不变的条件下，按加工后合格零件的实际尺寸分为两组，实行对应组装配，此时的最大间隙 $x_{2\max} = 0.15\,\text{mm}$，最小间隙 $x_{2\min} = 0.05\,\text{mm}$，配合公差为 $x_{2\max} - x_{2\min} = 0.1\,\text{mm}$。由此看出，装配精度提高了一倍。分组数越多，装配精度提高越多。

分组装配时须注意如下事项：

1）要保证分组后各组的配合精度和配合性质符合原设计要求，原来规定的几何公差不能扩大，表面粗糙度值不能因公差增大而增大；配合件的公差应当相等；公差增大的方向要同向；增大的倍数要等于以后的分组数。

2）零件分组后，各组内相配合零件的数量要相等，以形成配套。按照一般正态分布规律，零件分组后可以互相配套，不会产生各对应配合组内相配零件数量不等的情况。但是如果受某些因素的影响，则将造成加工尺寸非正态分布（见图 6-8），从而造成各组尺寸分布不对应，使得各对应组相配零件数不等而不能配套。生产中这种情况难以避免，一旦出现此种情况，且待不配套的零件聚集至一定数量时，专门加工一批零件与之配套。

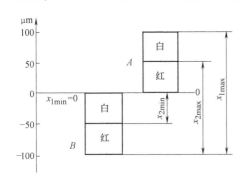

图 6-7 配偶件公差带图   图 6-8 轴孔分组的不配套情况

3）分组数不宜太多。分组数多则公差扩大倍数多，这将使装配工作复杂化，使零件的测量、分类、保管和运输的工作量增加，因此分组数只要使零件制造精度达到经济精度即可。

分组法只适用于封闭环精度要求很高的少环尺寸链，一般相关零件只有 2～3 个。因其生产组织复杂，应用范围受到一定限制。它通常用于汽车、拖拉机制造及轴承制造业等大批量生产中。

6.3.3 修配法

当尺寸链的环数较多，而封闭环的精度要求较高时，若用互换法来装配，则势必使组成环的公差很小，由此增加了机械加工的难度并影响经济性。如生产批量不大，这时可采用修配法来装配，即各组成环均按经济精度制造，而对其中某一环（称为补偿环或修配环）预留一定的修配量，在装配时用钳工或机械加工的方法将修配量去除，使装配对象达到设计所要求的装配精度。因此，修配法可定义为装配时去除补偿环的部分材料以改变其实际尺寸，使封闭环达到其公差与极限偏差要求的装配方法。该方法不能实现互换，多用于产品结构比较复杂（或尺寸链环数较多）、产品精度要求高以及单件和小批生产的场合。修配法通常采用极值公差公式计算。

1. 修配方法

（1）单件修配法 上述修配法定义中的"补偿环"若为一个零件上的尺寸，则该装配方法称为单件修配法。它在修配法中应用最广，如车床尾座底板的修配、平键连接中的平键或键槽的修配就是常见的例子。

（2）合并加工修配法 若补偿环是由多个零件构成的尺寸，则该装配方法称为合并加工修配法。该方法是将两个或多个零件合并在一起进行加工修配，合并加工所得尺寸作为一个补偿环，并视作"一个零件"参与总装，从而减少了组成环的环数，且相应减少了修配的劳动量，又能满足装配精度的要求。

装配中利用合并加工修配法的例子很多，如卧式升降台铣床在总装前，将加工好的工作

255

台和回转盘装在一起成为一体再进行精加工，以保证工作台面和回转盘底面的平行度，并作为一个合件参与总装，最后保证主轴回转轴线对工作台面的平行度。这样就减少了尺寸链的组成环数，因而组成环的公差可以相应加大。

合并加工修配法在装配时不能进行互换，相配零件要打上号码以便对号装配，给生产组织管理工作带来不便，因此多用于单件及小批生产。

（3）自身加工修配法 利用机床本身具有的切削能力，在装配过程中，将预留在待修配（即加工）零件表面上的修配量（加工余量）去除，使装配对象达到设计要求的装配精度，这就是自身加工修配法。

修配法的主要优点是既可放宽零件的制造公差，又可获得较高的装配精度。缺点是增加了一道修配工序，对工人的技术水平要求较高，且不适宜组织流水生产。

2. 修配环的选择

采用修配法时应正确选择修配环，选择时应遵循以下原则：

（1）易于修配、便于装卸 通常选择形状比较简单、修配面小且拆装容易的零件为修配件。例如，矩形导轨的配合中，选择压板为修配件（见图6-9）；为获得卧式车床前后锥孔的等高度，选择尾座底板为修配件（见图6-10）。

（2）尽量不选公共环为修配环 如果选择公共环作为修配件，就可能出现保证了一个尺寸链的精度，而又破坏了另一个尺寸链精度的情况。

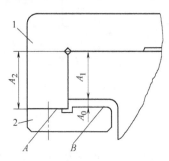

图6-9 铣床矩形导轨示意图
1—滑板 2—压板

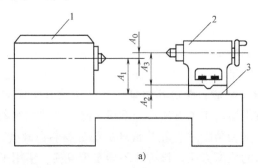
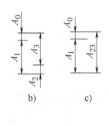

图6-10 卧式车床前后锥孔等高的获得
a）等高示意图 b）、c）尺寸链图
1—主轴箱 2—尾座 3—尾座底板

3. 修配环尺寸的确定

修配环在修配时对封闭环尺寸变化的影响分两种情况：一种是使封闭环尺寸变小；另一种是使封闭环尺寸变大。因此，用修配法解尺寸链时，应根据具体情况分别进行。

1）修配环被修配时，封闭环尺寸变小的情况（简称"越修越小"）。由于各组成环均按经济精度制造，加工难度降低，从而导致封闭环实际误差值 δ_0 大于封闭环规定的公差值 T_0，即 $\delta_0 > T_0$（见图6-11a）。为此，要通过修配方法使 $\delta_0 \leq T_0$。但是，修配环现处于"越修越小"的状态，所以封闭环实际尺寸最小值 $A'_{0\min}$ 不能小于封闭环最小尺寸 $A_{0\min}$。因此，δ_0 与 T_0 之间的相对位置应如图6-11a所示，即 $A'_{0\min} = A_{0\min}$。

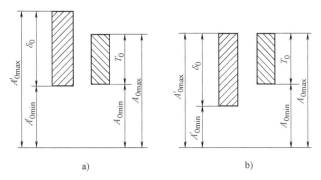

图 6-11 修配环调节作用示意图

a) 越修越小　b) 越修越大

按极值法解算时，封闭环实际尺寸的最小值 $A'_{0\min}$ 和公差增大后的各组成环之间的关系为

$$A'_{0\min} = A_{0\min} = \sum_{i=1}^{m} \overrightarrow{A}_{i\min} - \sum_{i=m+1}^{n-1} \overleftarrow{A}_{i\max} \tag{6-1}$$

式 (6-1) 只有修配环为未知数，可以利用它求出修配环的一个极限尺寸（修配环为增环时可求出最小尺寸，为减环时可求出最大尺寸）。修配环的公差也可按经济加工精度给出。求出一个极限尺寸后，修配环的另一个极限尺寸也可以确定。

2）修配环被修配时，封闭环尺寸变大的情况（简称"越修越大"）。修配前 δ_0 相对于 T_0 的位置如图 6-11b 所示，即 $A'_{0\max} = A_{0\max}$。

修配环的一个极限尺寸可按下式计算

$$A'_{0\max} = A_{0\max} = \sum_{i=1}^{m} \overrightarrow{A}_{i\max} - \sum_{i=m+1}^{n-1} \overleftarrow{A}_{i\min} \tag{6-2}$$

修配环的另一个极限尺寸，在公差按经济精度给定后也随之确定。

4. 修配量的确定

修配量 δ_C 可由 δ_0 与 T_0 直接算出，即

$$\delta_C = \delta_0 - T_0 \tag{6-3}$$

对于机床、仪器等，由于精度、配合等要求较高，在装配时要进行刮研，因此要有刮研量。这时应在修配量中加上刮研量，最小修配量即为刮研量。在修配环的基本尺寸中也要加上刮研量。

例 6-3 已知条件与例 6-1 相同，试用修配法求出各组成环的公差及上、下极限偏差。

解： 在建立了装配尺寸链以后，则要确定修配环。按修配环的选取原则，现选 A_5 为修配环。然后按经济加工精度，给各组成环定出公差及上、下极限偏差为：$A_1 = 43^{+0.2}_{0}$ mm，$A_2 = 5^{0}_{-0.1}$ mm，$A_3 = 30^{0}_{-0.2}$ mm，$A_4 = 3^{0}_{-0.04}$ mm。修配环 A_5 的公差定为 $TA_5 = 0.10$ mm，但上、下极限偏差则应通过式 (6-2) 求出。之所以使用式 (6-2)，是因为修配环的修配属于"越修越大"的情况，其 δ_0 与 T_0 的位置关系如图 6-11b 所示。为此，由式 (6-2) 得

$$A'_{0\max} = A_{0\max} = \sum_{i=1}^{m} \overrightarrow{A}_{i\max} - \sum_{i=m+1}^{n-1} \overleftarrow{A}_{i\min}$$

$$0.35\text{mm} = 43.2\text{mm} - (4.9\text{mm} + 29.8\text{mm} + 2.96\text{mm} + A_{5\text{min}})$$

$$A_{5\text{min}} = 5.2\text{mm}$$

$$A_{5\text{max}} = A_{5\text{min}} + TA_5 = 5.2\text{mm} + 0.1\text{mm} = 5.3\text{mm}$$

所以

$$A_5 = 5^{+0.3}_{+0.2}\text{mm}$$

$$\delta_0 = \sum_{i=1}^{n-1} TA_i = (0.20 + 0.10 + 0.20 + 0.04 + 0.10)\text{mm} = 0.64\text{mm}$$

最大修配量 $\qquad\qquad \delta_{C\text{max}} = 0.64\text{mm} - 0.25\text{mm} = 0.39\text{mm}$

最小修配量 $\qquad\qquad\qquad\qquad \delta_{C\text{max}} = 0\text{mm}$

例 6-4 在图 6-10 所示的装配尺寸链中,设备组成环的基本尺寸为:$A_1 = 205\text{mm}$,$A_2 = 49\text{mm}$,$A_3 = 156\text{mm}$,封闭环 $A_0 = 0^{+0.06}_{0}\text{mm}$。其尺寸链图如图 6-10b 所示。本例采用合并加工修配法,即将 A_2 和 A_3 两环合并为 A_{23} 一个组成环,合并后的尺寸链简图如图 6-10c 所示。各组成环均按经济公差制造,确定 $TA_1 = TA_{23} = 0.1\text{mm}$,考虑到控制方便,令 A_1 的公差为对称分布,即 $A_1 = (205 \pm 0.05)\text{mm}$,则修配环 A_{23} 的尺寸计算如下:

1)基本尺寸 A_{23} 为

$$A_{23} = A_2 + A_3 = 49\text{mm} + 156\text{mm} = 205\text{mm}$$

2)修配环公差 TA_{23} 已按设定给出,即 $TA_{23} = 0.1\text{mm}$。

3)修配环最小尺寸 $A_{23\text{min}}$。由图 6-10c 可以看出,A_{23} 为增环,这种情况为"越修越小"(见图 6-11a)。已知 $A_{0\text{min}} = 0\text{mm}$,故应按式(6-1)求解,得

$$A_{0\text{min}} = A_{23\text{min}} - A_{1\text{max}}$$

$$0\text{mm} = A_{23\text{min}} - 205.05\text{mm}$$

则 $\qquad\qquad\qquad\qquad A_{23\text{min}} = 205.05\text{mm}$

4)修配环最大尺寸 $A_{23\text{max}}$ 为

$$A_{23\text{max}} = A_{23\text{min}} + TA_{23} = 205.05\text{mm} + 0.1\text{mm} = 205.15\text{mm}$$

5)修配量 δ_C 的计算。由式(6-3)可算出

$$\delta_C = \delta_0 - T_0 = (0.2 - 0.06)\text{mm} = 0.14\text{mm}$$

考虑到车床总装时,尾座底板与床身配合的导轨接触面还需刮研以保证有足够的接触点,故必须留有一定的刮研量。取最小刮研量为 0.15mm,这时修配环的基本尺寸还应增加一个刮研量,故合并加工后的尺寸为 $A_{23} = (205^{+0.15}_{+0.05} + 0.15)\text{mm} = 205^{+0.30}_{+0.20}\text{mm}$。

6.3.4 调整法

调整法与修配法相似,各组成环也按经济精度加工,但所引起的封闭环累积误差的扩大,不是装配时通过对修配环的补充加工来实现补偿,而是采用调整的方法改变某个组成环(称为补偿环或调整环)的实际尺寸或位置,使封闭环达到其公差和极限偏差的要求。

根据调整方法的不同,常见的调整法可分为以下几种。

1. 可动调整法

在装配尺寸链中,选定某个零件为调整环,根据封闭环的精度要求,采用改变调整环的位置,即移动、旋转或移动旋转同时进行,以达到装配精度,这种方法称为可动调整法。该方法在调整过程中不必拆卸零件,比较方便。

在机器装配中可动调整法的应用较多,图 6-12 所示的结构是靠转动螺钉 1 来调整轴承

外圈相对于内圈的位置以取得合适的间隙或过盈的，调整合适后，用螺母 2 锁紧，保证轴承既有足够的刚性又不至于过分发热。图 6-13 所示为丝杠螺母副调整间隙的机构。当发现丝杠螺母副间隙不合适时，可转动中间的调节螺钉 5，通过楔块 2 的上下移动来改变轴向间隙的大小。

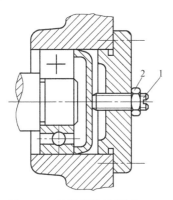

图 6-12 轴承间隙的调整
1—螺钉 2—螺母

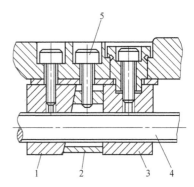

图 6-13 丝杠螺母副轴向间隙的调整
1、3—螺母 2—楔块 4—丝杠 5—调节螺钉

可动调整法能获得比较理想的装配精度。它不但用于装配中，而且当产品在使用过程中，由于某些零件的磨损、受力和受热变形等使装配精度下降时，可以及时进行调整以保持或恢复所要求的精度，所以在实际生产中应用较广。

2. 固定调整法

这种装配方法，是在装配尺寸链中选择一个组成环为调整环，作为调整环的零件是按一定尺寸间隔制成的一组零件，装配时根据封闭环超差的大小，从中选出某一尺寸等级适当的零件来进行补偿，从而保证规定的装配精度。通常使用的调整环有垫圈、垫片、轴套等。下面通过实例来说明调整环尺寸的确定方法。

例 6-5 已知条件与例 6-1（见图 6-2）相同，指定 A_5 为调整环（$A_5 = 5$mm）。试按调整法确定调整件的组数及各组尺寸。

解： 在装配尺寸链（见图 6-14a）建立以后，首先按经济加工精度对各组成环确定其公差及上、下极限偏差（按"入体原则"）

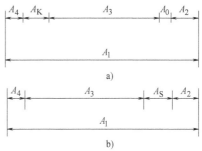

图 6-14 固定调整法实例
a）装配尺寸链 b）空位示意

$A_1 = 43^{+0.20}_{0}$ mm，$A_2 = 5^{0}_{-0.10}$ mm，$A_3 = 30^{0}_{-0.20}$ mm，$A_4 = 3^{0}_{-0.04}$ mm，调整环 $A_K = A_5$（公差 $TA_K = 0.05$ mm）。

当组成环 A_1、A_2、A_3、A_4 装入部件，而调整环 A_K（A_5）尚未装入，这时反映在装配尺寸链上，则出现了一个空隙（或"空位"）A_S（见图 6-14b）。

A_S 的基本尺寸、最大值和最小值分别为

$$A_S = A_1 - (A_2 + A_3 + A_4) = 43\text{mm} - (5 + 30 + 3)\text{mm} = 5\text{mm}$$

$$A_{S\max} = A_{1\max} - (A_{2\min} + A_{3\min} + A_{4\min}) = 43.2\text{mm} - (4.9 + 29.8 + 2.96)\text{mm} = 5.54\text{mm}$$

$$A_{S\min} = A_{1\min} - (A_{2\max} + A_{3\max} + A_{4\max}) = 43\text{mm} - (5 + 30 + 3)\text{mm} = 5\text{mm}$$

空隙的变动范围（即调整环调整范围）T_S 为

$$T_S = A_{S\max} - A_{S\min} = (5.54 - 5)\text{mm} = 0.54\text{mm}$$

所以

$$A_S = 5_{\ 0}^{+0.54}\text{mm}$$

欲使该部件达到装配精度 $TA_0 = (0.35 - 0.10)\text{mm} = 0.25\text{mm}$，则调整环的尺寸（如果它制造得绝对准确）须分为 T_S/TA_0 级。但由于调整环 A_K 本身具有公差 $TA_K = 0.05\text{mm}$，故调整环的补偿能力为 $TA_0 - TA_K = (0.25 - 0.05)\text{mm} = 0.20\text{mm}$，调整环尺寸的级数 m 则为

$$m = \frac{T_S}{TA_0 - TA_K} = \frac{0.54}{0.25 - 0.05} = 2.7$$

取 $m = 3$。从上述计算中很难使 m 恰为一整数，一般均向数值大的方向圆整成整数。m 从实际计算值圆整成整数后，各有关组成环公差可做相应变动。通常取 $m = 3 \sim 4$，级数不宜取得过多，否则将给生产组织工作带来诸多不便。

当调整环的尺寸分为 2.7 级时，每一级调整环的补偿能力为 0.2mm，现尺寸级数 $m = 3$，故需对原有的补偿能力（即级差）进行修正。修正后的级差为 $(T_S/m) = (0.54/3)\text{mm} = 0.18\text{mm}$。

当空隙 A_S 为最小时，则应用最小尺寸级别的调整环（设其尺寸为 A_{K1}）装入。A_{K1} 可通过下式算出（A_{K1} 在尺寸链中为减环），即

$$A_{0\min} = \overrightarrow{A}_{1\min} - (\overleftarrow{A}_{2\max} + \overleftarrow{A}_{3\max} + \overleftarrow{A}_{4\max} + \overleftarrow{A}_{K1\max})$$

$$0.10\text{mm} = 43\text{mm} - (5\text{mm} + 30\text{mm} + 3\text{mm} + A_{K1\max})$$

$$A_{K1\max} = 4.9\text{mm}$$

所以

$$A_{K1} = 4.9_{\ -0.05}^{\quad 0}\text{mm}$$

$$A_{K2} = (4.9 + 0.18)_{\ -0.05}^{\quad 0}\text{mm} = 5.08_{\ -0.05}^{\quad 0}\text{mm}$$

$$A_{K3} = (5.08 + 0.18)_{\ -0.05}^{\quad 0}\text{mm} = 5.26_{\ -0.05}^{\quad 0}\text{mm}$$

与调整环的尺寸分为三级相对应，空隙 A_S（等于 $5.00 \sim 5.54\text{mm}$）也分为三级，即 $5.00 \sim 5.18\text{mm}$、$5.18 \sim 5.36\text{mm}$、$5.36 \sim 5.54\text{mm}$。从表 6-2 中可以清楚地看出不同档次的空隙大小，应选用不同尺寸级别的调整件，并从中可验算出每种尺寸级别的装配，都能确保装配间隙在 $0.10 \sim 0.35\text{mm}$（实际可达 0.33mm）。

表6-2 调整垫的尺寸系列 （单位：mm）

分　组	调整垫尺寸	空隙 A_S	调整后的实际间隙
1	$4.9_{\ -0.05}^{\quad 0}$	$5 \sim 5.18$	$0.1 \sim 0.33$
2	$5.08_{\ -0.05}^{\quad 0}$	$5.18 \sim 5.36$	$0.1 \sim 0.33$
3	$5.26_{\ -0.05}^{\quad 0}$	$5.36 \sim 5.54$	$0.1 \sim 0.33$

在产量大、精度要求高的装配中，固定调整环可用不同厚度的薄金属片冲出，再与一定厚度的垫片组合成需要的各种不同尺寸，在不影响接触刚度的情况下使调整更为方便，故它在汽车、拖拉机和自行车等生产中应用很广。

3. 误差抵消调整法

这种方法是在总装或部装时，通过对尺寸链中某些组成环误差的大小和方向的合理配置，达到使加工误差相互抵消或使加工误差对装配精度的影响减小的目的。下面以机床主轴径向圆跳动的误差抵消调整为例来说明。

图 6-15 中，A、B 为检验主轴锥孔轴线径向圆跳动的两个测点。设主轴装配后所具有的同轴度误差为 e_Δ（在 B 测点所在的度量截面内获得），e_Δ 的形成主要依赖三个因素，即 e_1、e_2 和 e_s。现假定图中各向量均在同一平面上，以图 6-15a、b、c、d 所示四种情况来说明这三个因素对 e_Δ 的影响。

图 6-15a：只存在 e_2，使主轴轴线 ss 产生的位置变动，引起同轴度误差 e_2'，$e_2' = \dfrac{l_1 + l_2}{l_1} e_2 = A_2 e_2$。

图 6-15b：只存在 e_1，此时引起主轴同轴度误差为 e_1'，$e_1' = \dfrac{l_2}{l_1} e_1 = A_1 e_1$。系数 A_2、A_1 称为误差传递比。由于 $A_2 > A_1$，所以 e_2 对 e_Δ 的影响较大，故主轴前轴承的精度应比后轴承高一些，通常高 1～2 级。

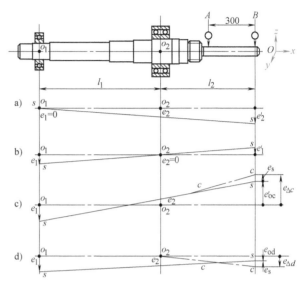

图 6-15　主轴装配中的误差抵消调整法

e_1—后轴承内环的内孔相对于外滚道的同轴度误差
e_2—前轴承内环的内孔相对于外滚道的同轴度误差
e_s—主轴锥孔轴线与轴颈轴线的同轴度误差

图 6-15c：e_1 和 e_2 同时存在，其方向相反，并考虑到 e_s 的影响，则主轴同轴度合成误差为

$$e_{\Delta c} = e_1' + e_2' \pm e_s = e_{oc}' \pm e_s$$

式中，当 e_{oc}' 和 e_s 同向时，取 " + " 号，反之取 " – " 号。

图 6-15d：e_1 和 e_2 同时存在，其方向相同，并考虑到 e_s 的影响，则主轴同轴度合成误差为

$$e_{\Delta d} = e_2' - e_1' \pm e_s = e_{od}' \pm e_s$$

同理，当 e_{od}' 与 e_s 同向时，取 " + " 号，反之取 " – " 号。

可见，对误差影响因素做适当调整以后，可以使主轴合成误差抵消一部分。

在生产实际中，可事先测量出前后轴承的偏心大小和方向，以及主轴前锥孔对其轴颈的偏心大小和方向，用作图法或计算法求出主轴的径向圆跳动，在装配时精心调整，尽量使之达到最小。

由于这种调整方法增加了装配工作的劳动量，并给装配组织工作带来一些麻烦，因此多用于单件、小批生产中的高精度机床及其他机械中。

最后需要说明的是，利用装配尺寸链分析和计算装配精度，仅考虑了零件尺寸和公差的影响，实际上零件的形位误差也会影响封闭环。不过零件的形状误差一般都在规定的公差范围以内，可以不予考虑。对表面相互位置误差，除零件图上特别标明者外，一般也可忽略不计。

此外，在分析计算中没有考虑机器在实际工作过程中会受到诸多因素的影响，如由于重力、切削力及振动等所引起的受力变形，由于环境条件、运转摩擦等所引起的受热变形等，用此计算时应根据实际情况予以适当的修正。

6.4　装配工艺规程的制订

装配工艺规程不仅是指导装配作业的主要技术文件，而且是制订装配生产计划和技术准备，以及设计或改建装配车间的重要依据。机械产品的最终质量、生产率及成本在很大程度上取决于装配工艺规程制订的合理性。在装配工艺规程中，应规定产品及其部件的装配顺序、装配方法、装配的技术要求及检验方法，装配所需的设备和工具以及装配的时间定额等。因此，装配工艺规程的制订是生产技术准备中的一项重要工作。下面讨论制订装配工艺规程中的有关问题。

6.4.1　制订装配工艺规程的基本要求

制订装配工艺规程时，应满足下列基本要求：

1）保证产品的装配质量，并尽量做到以较低的零件加工精度来满足装配精度的要求。此外，还应力求做到产品具有较高的精度储备，以延长产品的使用寿命。

2）尽力缩短装配周期，力争高生产率。

3）合理安排装配工序，尽量减少钳工装配的工作量。装配工作中的钳工劳动量是很大的，在机器和仪器制造中，分别占总劳动量的20%和50%以上。所以减少手工劳动量，降低工人的劳动强度，改善装配工作条件，使装配工作实现机械化与自动化是一个亟待解决的问题。

4）尽量减小装配工作所付出的成本在产品成本中所占的比例。

5）装配工艺规程应做到正确、完整、协调、规范。作为一种重要的技术文件不仅不允许出现错误，而且应该配套齐全。例如，除编制出全套的装配工艺过程卡片、装配工序卡片外，还应该有与之配套的装配系统图、装配工艺流程图、装配工艺流程表、工艺文件更改通知单等一系列工艺文件。此外，各有关的工艺文件之间不应有相互矛盾之处。

6）在充分利用本企业现有生产条件的基础上，尽可能采用国内外先进工艺技术。

7）工艺规程中所使用的术语、符号、代号、计量单位、文件格式等，要符合相应标准的规定，并尽可能与国际标准接轨。

8）制订装配工艺规程时要充分考虑安全生产和防止环境污染问题。

6.4.2　制订装配工艺规程的原始资料

在制订装配工艺规程之前，为使该项工作能够顺利进行，必须具备下列原始资料：

1. 产品图样及验收技术条件

产品图样包括全套总装配图、部件装配图及零件图等。从装配图上，可以了解产品和部件的结构、配合尺寸、配合性质和精度要求，从而决定装配的顺序和装配方法。为了在装配时对某些零件、组件进行补充加工及核算装配尺寸链的需要，零件图也是必不可少的。

验收技术条件主要规定了产品主要技术性能的检验、试验工作的内容及方法，这是制订装配工艺规程的主要依据之一。

2. 产品的生产纲领

生产纲领不同，生产类型就不同，从而使装配的组织形式、工艺方法、工艺过程的划分及工艺装备的多少、手工劳动的比例均不相同。各种生产类型的装配工作特点见表6-3。

表6-3 各种生产类型的装配工作特点

生产类型	大批大量生产	成批生产	单件小批生产
装配工作特点	产品固定，生产内容长期重复，生产周期一般较短	产品在系列化范围内变动，分批交替投产或多品种同时投产，生产内容在一定时期内重复	产品经常变换，不定期重复生产，生产周期一般较长
组织形式	多采用流水装配线，有连续移动、间歇移动及可变节奏移动等方式，还可采用自动装配机或自动装配线	笨重且批量不大的产品多采用固定流水装配；批量较大时采用流水装配；多品种同时投产使用多品种可变节奏流水装配	多采用固定装配或固定流水装配进行总装
装配工艺方法	按互换法装配，允许有少量简单的调整，精密偶件成对供应或分组供应装配，无任何修配工作	主要采用互换法，但灵活运用其他保证装配精度的方法，如调整法、修配法、合并加工法以节约加工费用	以修配法及调整法为主，互换件比例较小
工艺过程	工艺过程划分很细，力求达到高度的均衡性	工艺过程的划分需适合于批量的大小，尽量使生产均衡	一般不制订详细的工艺文件，工序可适当调整，工艺也可灵活掌握
工艺装备	专业化程度高，宜采用专用高效工艺装备，易于实现机械化、自动化	通用设备较多，但也采用一定数量的专用工、夹、量具，以保证装配质量和提高工效	一般为通用设备及通用工、夹、量具
手工操作要求	手工操作比重小，熟练程度容易提高，便于培养新工人	手工操作比重较大，技术水平要求较高	手工操作比重大，要求工人有高的技术水平和多方面的工艺知识
应用实例	汽车、拖拉机、内燃机、滚动轴承、手表、缝纫机、电气开关等行业	机床、机车车辆、中小型锅炉、矿上采掘机械等行业	重型机床、重型机器、汽轮机、大型内燃机、大型锅炉等行业

3. 现有生产条件

对于老厂来讲，应考虑现有的车间面积、生产设备及工人技术水平等因素来制订装配工艺规程，使装配工作结合实际，使现有的人力和物力得到充分利用。若为新建厂，则所受到的限制要相应地少一些。

6.4.3 制订装配工艺规程的步骤及其内容

1. 产品图样分析

制订装配工艺规程时，要通过对产品的总装配图、部件装配图、零件图及技术要求的研究，深入地了解产品及其各部分的具体结构，产品及各部件的装配技术要求，设计人员所确定的保证产品装配精度的方法，以及产品的试验内容、方法等，从而对与制订装配工艺规程有关的一些原则性问题做出决定，如采取何种装配组织形式、装配方法及检查和试验方法等。此外，还要对图样的完整性、装配技术要求及装配结构工艺性等方面进行审查，如发现问题应及时提出，由设计人员研究后予以修改。下面针对产品结构的装配工艺性问题加以阐述。

产品结构的装配工艺性是指在一定的生产条件下产品结构符合装配工艺上要求的性质。产品结构的装配工艺性主要有以下几个方面的要求：

1）整个产品能被分解为若干独立的装配单元。满足了这一要求，就可以组织装配工作的平行作业、流水作业，使装配工作专业化，有利于装配质量的提高，缩短整个装配工作的周期，提高劳动生产率。装配单元是指机器中能进行独立装配的部分，它可以是零件、部件，也可以是像连杆盖和连杆体（及螺钉）组成的套件，如图 6-13 所示的丝杠螺母副组件。

2）便于装配。零件和部件的结构应能顺利地装配出机器。

如图 6-16 所示为一配合精度要求较高的定位销。图 6-16a 由于在基体上未开气孔，故压入时空气无法排出，可能造成定位销压不进去。图 6-16b、c 的结构则可将定位销顺利压入。若基体不便钻排气孔时，也可考虑在定位销上钻排气孔（销的直径应较大）。

零件相互位置对装配是否顺利的影响可用图 6-17 所示的例子说明。图中是将一个已装有两个单列深沟球轴承的轴装入箱体内。图 6-17a 为两轴承同时进入箱体孔，这样在装配时不易对准。若将左右两轴承之间的距离在原有基础上扩大 3~5mm（见图 6-17b），则安装时右轴承将先进入箱壁孔中，然后再对准左轴承就会方便许多。为使整个轴组件能从箱体左端装入，设计时还应使右轴承外径及齿轮外径均小于左箱壁孔径。

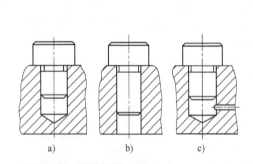

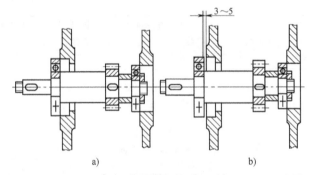

图 6-16　定位销的装配
a）不合理　b）、c）合理

图 6-17　零件相互位置对装配的影响
a）不合理　b）合理

此外，"便于装配"还应体现在所设计的产品结构上，应有助于在装配过程中实现机械化及进一步实现自动化流水作业。为此，工具应能方便地达到作业部位；配合件双方应有良好的进入性；对于质量较大的零部件，应适应起重设备工作的需要（如在零部件上设有专门为吊钩或链条吊挂的元件，如吊环、凸耳等），以便利用起重运输设备使其尽快进入装配。

3）要考虑到如发生装配不当需进行返工，以及今后修理和更换配件时，应便于拆卸。如图 6-18 所示，图 6-18a 是在结构设计时，使箱体的孔径 d' 大于轴承外环的内径 d，以便直接拆卸；图 6-18b 是在箱体壁上钻 2~4 个小孔，这

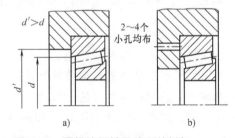

图 6-18　圆锥滚子轴承外环的拆卸
a）直接拆卸法　b）采用拆卸孔法

样可用小棒打出轴承。两者相比，第一种方法更为简便。若 $d' = d$，则是错误的。

4）最大限度地减少装配过程中的机械加工和钳工修配工作量。

应该指出，工作量大小对结构装配工艺性的要求与生产规模有着密切的关系。产量大则要求组织流水生产，装配工艺性要求也就高一些，装配时的补充机械加工和调整工作则要尽量少而简单，以保证装配过程的节奏性；单件小批生产对装配工艺性的要求则相对低一些。

2. 确定装配的组织形式

产品装配工艺方案的制订与装配的组织形式有关。例如，总装、部装的具体划分，装配工序划分时的集中或分散程度，产品装配的运输方式，以及工作地的组织等均与装配的组织形式有关。装配的组织形式要根据生产纲领及产品结构特点来确定。下面介绍各种装配组织形式的特点及应用。

（1）固定式装配　全部的装配工作在一个固定的工作地上进行。装配过程中装配对象的位置不变，装配所需要的零部件都汇集在工作地附近。固定式装配的特点是装配周期长，装配面积利用系数低，且需要技术水平较高的工人，多用于单件小批生产，尤其适合于批量不大的笨重产品，如飞机、重型机床、大型发电设备等。

（2）移动式装配　装配过程在装配对象的连续或间歇的移动中完成。当生产批量很大时采用移动式流水装配就更为经济。此时装配对象有节奏地从一个工作地点运送到另一个工作地点。为实现流水装配，产品的装配工艺性要好，装配工艺规程应制订得与流水装配相适应，流水线上的供应工作（如蒸汽、压缩空气的供应等）要予以确保。对批量很大的定型产品还可以采用自动装配线进行装配。汽车、拖拉机等一般均采用移动式装配。

3. 装配方法的选择

这里所指的装配方法，其含义包含两个方面：一是指手工装配还是机械装配；另一个是指保证装配精度的工艺方法和装配尺寸链的计算方法，如互换法、分组法等。对前者的选择，主要取决于生产纲领和产品的装配工艺性，但也要考虑产品尺寸和质量的大小以及结构的复杂程度；对后者的选择则主要取决于生产纲领和装配精度，但也与装配尺寸链中组成环数的多少有关。表6-4综合了各种装配方法的适用范围，并举出了一些实例。

表6-4　各种装配方法的适用范围和应用实例

装 配 方 法	适 用 范 围	应 用 举 例
完全互换法	适用于零件数较少、批量很大、零件可用经济精度加工时	汽车、拖拉机、中小型柴油机、缝纫机及小型电动机的部分部件
不完全互换法	适用于零件数稍多、批量大、零件可用经济精度需适当放宽时	机床、仪器仪表中某些部件
分组法	适用于成批或大量生产中，装配精度很高，零件数很少，又不便采用调整装置时	中小型柴油机的活塞与缸套、活塞与活塞销、滚动轴承的内外圈与滚子
修配法	单件小批生产中，装配精度要求高且零件数较多的场合	车床尾座垫板、滚齿机分度涡轮与工作台装配后经加工齿形、平面磨床砂轮（架）对工作台台面自磨
调整法	除必须采用分组法选配的精密配件外，调整法可用于各种装配场合	机床导轨的楔形镶条，内燃机气门间隙的调整螺钉，滚动轴承调整间隙的间隔套、垫圈，锥齿轮调整间隙的垫片

4. 划分装配单元及规定合理的装配顺序

将产品划分装配单元是制订装配工艺规程时极其重要的一个步骤，对于生产大批量和较复杂的机器尤为重要。只有在合理划分装配单元以后，才能确定装配顺序及划分工序。

（1）装配单元的划分　装配单元可以是部件、组件，也可以是合件、套件和零件。零件是基本的装配单元。在一个基准零件上，装上一个或若干个零件即构成一个套件，它也可以是若干零件的永久连接（如焊、铆等），其作用是连接相关零件和确定各零件的相对位置。图6-19所示的双联齿轮即为一个套件。若小齿轮1和大齿轮2设计成一个整体，而两者之间又不设插齿用的退刀槽，则是无法加工的。为此，采取将大小齿轮分别加工后套装的方法，在以后的装配中，整体作为一个套件不再分开，其中小齿轮1为基准零件。

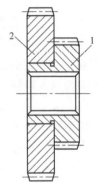

图 6-19　套件
1—小齿轮（基准零件）
2—大齿轮

合件一般指少数零件的组合，可形成独立装配单元并作为整体参加装配。如图6-10采用的合并加工修配法，是将尾座2和尾座底板3（见图6-10a）合二为一，即为一个合件。

在一个基准零件上，装上若干套件及零件即构成一个组件，其作用与套件基本相同。图6-2即为一个组件，主轴1为基准零件。合件在以后的装配过程中，有时还会进行补充加工；组件一般不进行补充加工，但在以后的装配过程中可能会拆开重装。

在一个基准零件上，装上若干个组件、套件及零件则构成部件，有时允许一个部件只由若干组件和零件构成而没有套件，如车床尾座即为一个部件。

在一个基准零件上，装上若干个部件、组件、套件及零件就成为一台机器。例如，车床就是由主轴箱、尾座、进给箱、溜板箱等部件及若干组件、套件、零件所组成，床身为基准零件。有时，某些机器仅由若干部件及零件所构成。

（2）装配顺序的确定　装配单元划分以后就可以确定组件、部件及整个产品的装配顺序。首先要选择装配的基准件。基准件可以选一个零件，也可以选比装配对象低一级的装配单元，如部件装配，其装配基准件可以是一个零件，也可以是一个组件。基准件首先进入装配，然后根据装配结构的具体情况，按照先下后上、先内后外、先难后易、先精密后一般、先重后轻的一般规律去确定其他零件或装配单元的装配顺序。合理的装配顺序应在实践中逐步完善。

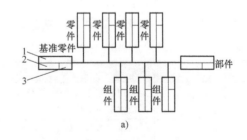

a)

产品装配单元的划分及其装配顺序的确定，可以通过装配单元系统图直观地表示。图6-20a、b所示分别为部件和机器的装配系统图。对于复杂零部件数量较多的产品，既要绘制产品的装配系统图，又要绘制部件的装配系统图。若是结构简单、零部件数量很少的产品，如千斤顶、台虎钳之类，只要绘制产品装配系统图即可。

装配单元系统图是用图解来说明产品及各级装配单元的组成和装配程序的，从中可了解

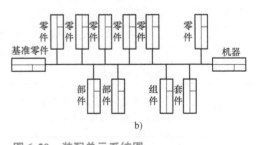

b)

图 6-20　装配单元系统图
a）部件装配系统图　b）机器装配系统图
1—名称　2—件号　3—件数

整个产品的装配过程,它是产品装配的主要技术文件之一。它有助于拟订装配顺序并分析产品结构的装配工艺性。在设计装配车间时可以根据它组织装配单元的平行装配,并按装配顺序合理布置工作地点。

在编制装配单元系统图时,应根据产品的装配图,熟悉每个零件的形状、性能及其装配要求,相互配合零件间的结合方法,以及各级装配单元的组成方法。在分析过程中,要首先找出每一装配单元的基准件和总装配的基准件,以决定该装配单元或整个机器中各个组成元件之间的相对位置,便于确定装配工作从何处开始。

在绘制出装配单元系统图以后,通常还要在此基础上画出装配工艺流程图。该图是用各种符号直观地表示装配对象由投入到产品,经过一定顺序的加工(含清洗、连接、校正、平衡等装配内容)、搬运、检验、停放、储存的全过程。图6-21为保安器的本体部件装配工艺流程图。该图不仅可用于对装配工艺过程的研究和分析,而且可用于对过程的指导和改进。

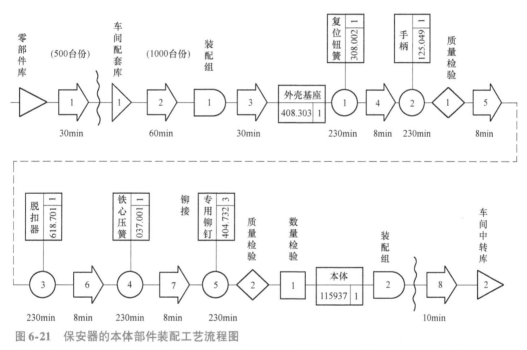

图6-21　保安器的本体部件装配工艺流程图

符号含义: ○—加工、连接　⇨—一般运　□—数量检验　◇—质量检验　—停放　▷—储存　〈—分区

5. 划分装配工序

装配顺序确定以后,还要将装配工艺过程划分为若干工序,并确定各个工序的工作内容。装配工艺过程是由个别的站、工序、工步和操作组成的。

站是装配工艺过程的一部分,是指在一个装配地点,由一个(或一组)工人所完成的那部分装配工作,每一个站可以包括一个工序,也可以包括数个工序。

工序是站的一部分,它包括在产品任何一部分上所完成组装的一切连续动作。

工步是工序的一部分,在每个工步中,所使用的工具及组合件不变。但根据生产规模的不同,每个工步还可以按技术条件分得更详细一些。

操作是指在工步进行过程中(或工步的准备工作中)所做的各个简单的动作。

在安排工序时，必须注意以下几个问题：

1）前一工序不能影响后一工序的进行。

2）在完成某些重要的工序或易出废品的工序之后，均应设置检查工序。

3）在采用流水式装配时，每一工序所需要的时间应该等于装配节拍（或为装配节拍的整数倍）。

划分装配工序和确定其内容所含的工作有：确定装配工序的数量、顺序、工作内容；选择所需的通用和标准工艺装备以及必要的检查和试验工具等；对专用的工艺装备提出设计任务书。

划分装配工序应按装配单元系统图来进行，首先由套件和组件装配开始，然后是部件以至产品的总装配。装配工艺流程图可以在该过程中一并拟制，与此同时还应考虑到工序间的运输、停放、储存等问题。

6. 编制装配工艺文件

在单件小批生产时，通常不需要编制装配工艺过程卡片，而是用装配工艺流程图来代替。装配时，工人按照装配图和装配工艺系统图进行装配。

在成批生产时，通常需要制订部件装配及总装配的装配工艺过程卡片（见表6-5）。它是根据装配工艺流程图将部件或产品的装配过程分别按照工序的顺序记录在单独的卡片上。卡片的每一工序内应简要地说明该工序的工作内容、所需要的设备和工艺装备的名称及编号、时间定额等。

表6-5　装配工艺过程卡片

××汽车制造厂××分厂 装配车间××生产线		装配工艺 过程卡片	零件图样更改标记		第1页	零件号	01 2402935-02 03		
			通知书						
			标记		共1页	零件名称	主动锥齿轮总成		
制造 路线	装配 单位	零件 名称	毛坯 种类	毛坯 硬度	毛重/ kg	净重/ kg	车型	每车 件数	1
工序号	工序名称	平面图号	设备型号	设备名称		夹具	时间定额/ min	负荷(%)	备注
1	做标记						0.5		
2	压轴承	D8-055	Y41-25A	单柱校正压装液压机		35-10325	0.80		
						D35-14001			
3	调转矩	D8-054	Y41-10	单柱校正压装液压机		H35-10005A	3.20		
						10-7818			
4	拧螺母					D35-14002	2.20		
5	最后检验								

更改根据				待定	校对	审核	检查科会签	分厂批准	总厂批准
标记及数目									
签名及日期									

在大批量生产时，要制订装配工序卡片（见表6-6），详细说明该装配工序的工艺内容，以直接指导工人进行操作。

表6-6 装配工序卡片

××汽车制造厂 ××分厂		图样更改标记	合件图号 2402935-02		01 03
装配工序卡 装配车间××班（组）		车型	合件名称		主动锥齿轮总成
		每车件数	合件质量		23kg,24kg
		共 页 第 页			

工序号	简图	工序内容	零件		设备和夹具			工具			工序定额/h
			号码	数量	名称	编号	数量	名称	编号	数量	
2	1—压头 2—心轴 3—主动锥齿轮 4—轴承内圈（7613E） 5—夹具	压轴承									
		1）把轴承内圈及滚子总成7613E放到夹具上			夹具	35-10325	1				0.80
		2）按顺序从滚道上取下主动锥齿轮插入轴承孔内	7613E	1							0.25
		3）放上心轴，用液压机把主动锥齿轮压至轴承端面			单柱校正压装液压机	Y41-25A	1				0.15
		4）取下合件，把主动锥齿轮的齿轮端一左一右，放到滚道上			拆卸器	D35-14001	1	压头 心轴	38-2008 38-1145	1 1	0.25
											0.15

设计	校对	审核	分厂批准	总厂批准
		检查科会签		

更改根据		
标记及数目		
签名及日期		

对成批生产中的关键装配工序，最好也能制订装配工序卡片，以确保重要装配工序的装配质量，从而保证整个机器的装配质量及工作性能。

除了装配工艺过程卡片及装配工序卡片以外，还应有装配检验卡片及试验卡片，有些产品还应附有测试报告、修正（校正）曲线等。

6.4.4 装配机械化与自动化

在大量生产中，往往需要完成大量而复杂的装配操作，实现装配机械化与自动化的目的就在于保证产品的装配质量及其稳定性、改善劳动条件、提高劳动生产率并降低生产成本。

1. 自动装配的工作内容

典型的自动装配过程一般包括以下几项工作内容：

1）零件自动定向及供料。

2）自动进行装配作业（如零件向基准零件上装入、零部件之间自动连接和紧固等）。

3）待装零部件在工序之间自动输送。

4）自动检验及控制。

5）辅助工作自动化（如分选、清洗、涂装、包装等）。

2. 自动装配的基本条件

通常应具备以下基本条件才能实现自动装配。

1）产品的生产纲领比较稳定，年产量和批量很大，零部件的标准化与通用化程度都较高。

2）在进行产品设计时，不仅要使零件在加工时具有良好的结构工艺性，而且应使产品结构具有较好的自动装配工艺性，主要体现在满足自动装配中的定向、供料和传输要求，满足自动装配时的装入、连接和紧固要求。

3）从经济性方面考虑，实现自动化装配以后，应使生产成本有所降低。

3. 自动装配实例

图6-22所示为活塞连杆总成自动装配工艺流程图，该装配机共有8个工位，工作台采用回转式传输，每工位回转角为45°。装配前先对活塞、活塞销、连杆等按质量和尺寸精度分组，将活塞清洗吹净并预热至装配要求的温度，这些工作是在零件进入装配机前进行的，为提高自动化程度，可与装配机连成一自动线。自动装配过程如下：

工位Ⅰ：人工将连杆装上升降夹具。

工位Ⅱ：将活塞销装入活塞。

工位Ⅲ：装活塞卡环。

工位Ⅳ：装油环。

工位Ⅴ：装第三道气环。

工位Ⅵ：装第二道气环。

工位Ⅶ：装第一道气环。

工位Ⅷ：人工检视总成装配质量，卸下总成。

图6-23所示为连杆及活塞销自动装配示意图。首先将清洗并预热好的活塞由料道送至图6-22中的工位Ⅰ，活塞销孔中心线经定向机构使之与连杆小头孔中心线同向。活塞托架5

托住活塞随左升降缸 1 上升，右升降缸 6 带动连杆上升至连杆小头伸进活塞，定位杆 2 穿过活塞销孔及连杆小头孔，使两者对中，送料杆 4 将装在料仓 3 中的活塞销推出，定位杆 2 引导活塞销装入，所有动作依次自动完成。

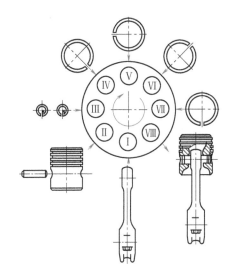

图 6-22　活塞连杆总成自动装配工艺流程图

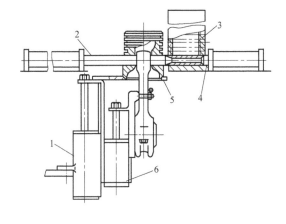

图 6-23　连杆及活塞销自动装配示意图
1—左升降缸　2—定位杆　3—料仓　4—送料杆
5—活塞托架　6—右升降缸

在多品种、中小批量产品的装配自动化方面，装配机器人则起着越来越大的作用。

图 6-24 所示为 ZP-1 型多手臂装配机器人本体构成图。该机器人由左、中、右三只手臂组成，左右手臂结构基本相同，为 SCARA（Selective Compliance Assembly Robot Arm 的缩写，意为具有选择顺应性的装配机器人手臂）型，它在水平方向顺应性好，并在垂直方向具有很大的刚性，每个手臂具有 4 个自由度，能实现大臂回转、小臂回转、腕部升降与回转，因而非常适于装配作业。它的主控制器为 CMC80 微型计算机，可以根据需要选用若干模板组成预定功能的自动检测和控制系统，驱动系统两对步进电动机（11 和 11′驱动大臂、8 和 8′驱动小臂在水平面内的运动）。

随着数控机床及工业机器人等机电产品的推广普及，逐步使机械加工、装配等生产领域的自动化生产系统成为现实。目前自动化生产主要有柔性制造单元（FMC）、柔性制造系统（FMS）、柔性生产线（FML）和工厂自动化系统（FA System）等。日本 FANUC 公司的一个自动化机械装配厂，它的产品为交流电动机、直流伺服电动机及交流伺服电动机等 40 余种电动机，生产批量在 20～1000 台件之间，实现了中小批、多品种，集加工、装配和试验于一体的高度自动化生产。工厂的第一层为机械加工车间，有 60 个机械加工单元、2 台无人搬送小车、52 台工业机器人和若干数控机床，可以完成 900 多种零件的自动加工，加工好的零件送入自动化仓库并根据装配需要按顺序从仓库中提取。第二层为装配车间，由 4 条装配线及 25 个装配单元组成，装配单元的配置如图 6-25 所示。除了个别机器人难于胜任的装配作业由人工操作之外，其余装配作业均由 49 台装配机器人（即 FANUC ROBOT A—MODEL0）完成，基本上全部实现了自动化装配。

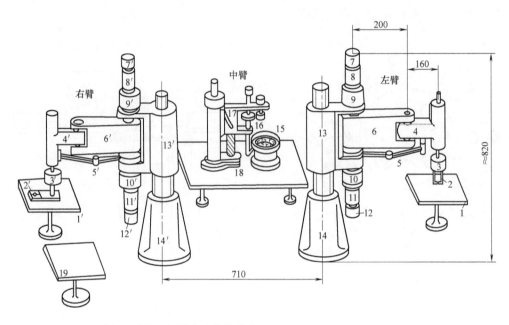

图 6-24 ZP-1 型多手臂装配机器人本体构成图

1、1′—料盘 2、2′—手部 3、3′—手腕 4、4′—小臂 5、5′—平行四边形机构 6、6′—大臂

7、7′、12、12′—光电编码器 8、8′、11、11′—步进电动机

9、9′、10、10′—谐波减速器 13、13′—支架（立柱）

14、14′—底座 15—振动料斗 16—气动螺钉旋具

17—摆动臂 18—工作台 19—成品料盘

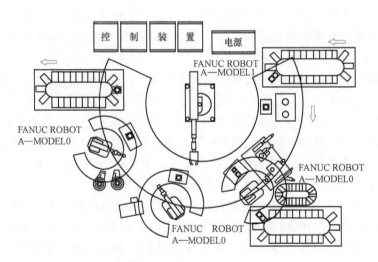

图 6-25 装配单元配置图

练习题

1. 说明装配尺寸链中组成环、封闭环、协调环和公共环的含义。
2. 保证机器或部件装配精度的主要方法有几种？
3. 极值法解尺寸链与概率法解尺寸链有何不同？各用于何种情况？
4. 何谓修配法？其适用的条件是什么？采用修配法获得装配精度时，选取修配环的原则是什么？若修配环在装配尺寸链中所处的性质（指增环或减环）不同时，计算修配环尺寸的公式是否相同？为什么？
5. 何谓分组装配法？其适用的条件如何？如果相配合工件的公差不等，采用分组互换法将产生什么后果？
6. 何谓调整法？可动调整法、固定调整法和误差抵消调整法各有什么优缺点？
7. 制订装配工艺规程的原则及原始资料是什么？制订装配工艺规程的步骤是什么？
8. 图 6-26 所示为齿轮箱部件，根据使用要求，齿轮轴肩与轴承端面间的轴向间隙应在1～1.75mm 范围内。若已知各零件的基本尺寸为 $A_2 = 50$mm、$A_3 = A_4 = 5$mm、$A_4 = 140$mm。试确定这些尺寸的公差及极限偏差。
9. 图 6-27 所示为主轴部件，为保证弹性挡圈能顺利装入，要求保持轴向间隙 $A_0 = 0^{+0.42}_{+0.05}$mm。已知：$A_1 = 32.5$mm、$A_2 = 35$mm、$A_3 = 2.5$mm，试计算确定各组成零件尺寸的上、下极限偏差。

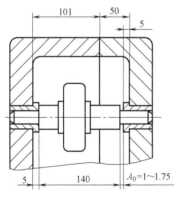

图 6-26 练习题 8 图

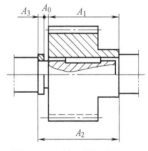

图 6-27 练习题 9 图

7.1 概述

7.1.1 安装的概念

机械加工过程中，为了保证加工精度，必须使工件在机床中占有正确的加工位置（定位），并使之固定、夹牢（夹紧），这个定位、夹紧的过程即为工件的安装。工件的安装在机械加工中占有重要地位，直接影响着加工质量、生产率、劳动条件和加工成本。

机床上用来安装工件的装备称为机床夹具，简称夹具。

7.1.2 工件的安装方式

1. 找正安装

找正安装就是按工件的有关表面或专门划出的线痕作为找正依据，用划针或指示表逐个地找正工件相对于刀具及机床的位置，然后用压板或可调整卡盘等夹紧元件把工件夹紧。图7-1a为一圆柱形工件铣键槽工序的找正安装加工示意图，用平口钳上的固定钳口1来保证

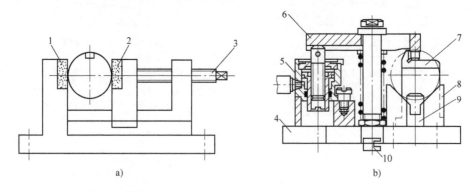

图7-1 工件的安装方式
a）找正安装 b）夹具安装
1—固定钳口 2—活动钳口 3—螺栓 4—夹具体 5—液压缸 6—压板
7—对刀块 8—V形块 9—圆柱销 10—定向键

工件轴线在水平面内的位置，用划针来找正工件两端的高低，以保证工件轴线在垂直平面内的位置，这样即可确定工件与平口钳的相对位置。拧紧螺栓 3，带动活动钳口 2 将工件夹紧。然后，再用划针等工具找正工件及平口钳与机床或刀具的相对位置，用螺栓把平口钳固定在铣床工作台上，从而完成工件的安装。键槽的宽度由刀具保证，而其他的尺寸和位置精度则由找正的精度来保证。显然找正装夹方法简单，无须专用夹具，但生产率较低，所能达到的安装精度与操作工人的技术水平和找正工具的精度有关。找正安装方法多用于单件小批量生产类型中。

2. 夹具安装

采用夹具安装工件，就是完全靠夹具来保证工件相对于刀具及机床的正确位置，从而保证加工精度。如图 7-1b 所示，工件用专用夹具来安装，工件的位置由夹具上的定位元件 V 形块 8 和圆柱销 9 来确定，然后用由液压缸 5 驱动的压板 6 夹紧，定向键 10 起保证夹具相对于机床及刀具具有一个正确的相对位置的作用。本安装方法中，键槽相对于轴的距离和位置精度完全由夹具来直接保证。由此可以看出，这种安装方法易于保证加工精度，缩短辅助时间，提高生产率，减轻操作工人劳动强度和降低对操作工人技术水平的要求。因此这种安装方法被广泛应用于中批及大批大量的生产类型中。

7.1.3 夹具的组成

由前述的分析可知，无论何种安装方法都离不开夹具。在实际生产中，夹具多种多样，但工作原理基本上是相同的。下面以图 7-1 为例介绍夹具的组成。

(1) 定位元件 用来确定工件在夹具上位置的元件或装置。如图 7-1a 中的平口钳上的固定钳口 1，图 7-1b 中的 V 形块 8 均是定位元件。

(2) 夹紧装置 夹紧装置的作用是将工件紧固在夹具上，以保证在加工中不会因切削力、惯性力等的影响而发生位置的移动。如图 7-1a 中的螺旋夹紧装置，图 7-1b 中的液压缸 5 和压板 6。

(3) 对刀及导向装置 用来确定刀具相对于夹具位置的元件或装置。如图 7-1b 中的对刀块 7 即为对刀元件。钻、镗床夹具上用来引导钻头的钻套和引导镗刀杆的镗套是导向装置。

(4) 夹具与机床之间的连接元件 用来确定夹具相对于机床工作台、主轴等位置的元件。如图 7-1b 中的定向键 10。

(5) 其他元件及装置 为满足各种加工要求，有些夹具还设有其他元件或装置。如分度装置和为便于卸下工件而设置的顶出器等。

(6) 夹具体 用来安装定位元件、夹紧装置、导向装置、对刀装置和连接元件等的零件，如图 7-1b 中的夹具体 4。

上述各部分中，定位元件、夹紧装置和夹具体一般是一个夹具必不可少的部分。

7.1.4 夹具的分类

机床夹具的种类很多，形状千差万别。为了设计、制造和管理的方便，往往按某一属性进行分类。

1. 按夹具通用特性分类

按这一分类方法，常用的夹具有通用夹具、专用夹具、通用可调夹具、模块化夹具 (拼装夹具)、组合夹具和随行夹具等种类。它反映夹具在不同生产类型中的通用特性，因此是选择夹具的主要依据。

(1) 通用夹具 通用夹具是指结构、尺寸已规格化，且具有一定通用性的夹具，如自定心卡盘、单动卡盘、台虎钳、万能分度头、中心架、电磁吸盘等。其特点是适用性强、不需调整或稍加调整即可装夹一定形状范围内的各种工件。这类夹具已商品化，且成为机床附件。采用这类夹具可缩短生产准备周期，减少夹具品种，从而降低生产成本。其缺点是夹具的加工精度不高，生产率也较低，且较难装夹形状复杂的工件，故适用于单件小批量生产中。

(2) 专用夹具 专用夹具是针对某一工件的某一工序的加工要求而专门设计和制造的夹具。其特点是针对性极强，没有通用性。在产品相对稳定、批量较大的生产中，常用各种专用夹具，可获得较高的生产率和加工精度。专用夹具的设计制造周期较长，随着现代多品种及中、小批生产的发展，专用夹具在适应性和经济性等方面已产生许多问题。

(3) 通用可调夹具 可调夹具是针对通用夹具和专用夹具的缺陷而发展起来的一类新型夹具。对不同类型和尺寸的工件，只需调整或更换原来夹具上的个别定位元件和夹紧元件便可使用。它一般又分为通用可调夹具、成组夹具、模块化夹具。通用可调夹具的通用范围大，适用性广，加工对象不太固定。通用可调夹具在多品种、小批量生产中得到了广泛应用。

(4) 成组夹具 这是在成组加工技术基础上发展起来的一类夹具。它是根据成组加工工艺的原则，针对一组形状相近的零件专门设计的，也是具有通用基础件和可更换调整元件组成的夹具。这类夹具从外形上看，它和通用可调夹具不易区别。但它与通用可调夹具相比，具有使用对象明确、设计科学合理、结构紧凑、调整方便等优点。成组夹具是专门为成组工艺中某组零件设计的，调整范围仅限于本组内的工件。

(5) 组合夹具 组合夹具是一种模块化的夹具。标准的模块元件具有较高精度和耐磨性，可组装成各种夹具，夹具用毕即可拆卸，留待组装新的夹具。由于使用组合夹具可缩短生产准备周期，元件能重复多次使用，并具有可减少专用夹具数量等优点，因此，组合夹具在单件、中小批多品种生产和数控加工中，是一种较经济的夹具。

(6) 模块化夹具（拼装夹具） 模块化夹具（拼装夹具）是一种集成度更高的组合夹具，它是将同一功能的单元设计成可交换使用的模块，该夹具适于批量化生产类型。

(7) 随行夹具 随行夹具在使用中夹具随着工件一起移动，将工件沿着自动线从一个工位移至下一个工位进行加工。随行夹具解决了不规则零件的自动线加工中的安装问题。

2. 按夹具使用的机床分类

这是专用夹具设计所用的分类方法。按使用的机床分类，可把夹具分为车床夹具、铣床夹具、钻床夹具、镗床夹具、磨床夹具、齿轮机床夹具、数控机床夹具等。

3. 按夹具动力源分类

按夹具夹紧动力源可将夹具分为手动夹具和机动夹具两大类。为减轻劳动强度和确保安全生产，手动夹具应有扩力机构与自锁性能。常用的机动夹具有气动夹具、液压夹具、气液夹具、电动夹具、电磁夹具、真空夹具和离心力夹具等。

7.2 工件的定位

7.2.1 工件定位原理

在机械加工中，必须使工件相对于夹具、刀具和机床之间保持正确的相对位置，才能加工出合格的零件。夹具中的定位元件就是用来确定工件相对于夹具的位置的。

任何一个工件在夹具中未定位前，都可看成为在空间直角坐标系中的自由物体，即都有六个自由度：沿三个坐标轴的移动自由度，分别用 $\vec{X}$、$\vec{Y}$、$\vec{Z}$ 表示，和绕三个坐标轴转动的转动自由度，分别用 $\hat{X}$、$\hat{Y}$、$\hat{Z}$ 表示。工件定位的实质就是用定位元件来阻止工件的移动或转动，从而限制工件的自由度。

必须强调的是：定位以后，防止工件是否相对于定位元件做反方向移动或转动属于夹紧所要解决的问题，不能将定位与夹紧混为一谈。下面介绍定位中的几种情况：

1. 完全定位

工件在夹具中定位，当六个自由度都被限制时，称为完全定位。

图 7-2a 所示的零件，在加工 ϕD 孔时要求孔中心线垂直于底面，并保证尺寸 A 和 B。由此可见，在钻孔工序中，工件的六个自由度必须被完全限制，才能保证技术要求。其定位方案如图 7-2b 所示。其底面的两个支承板（相当于一个面）可抽象为三个支承点限制三个自由度；左侧面的两个支承钉可抽象为两个支承点限制两个自由度；后面的一个支承钉可抽象为一个支承点限制一个自由度。这样，工件的六个自由度被这抽象出的六个点完全限制，从而实现工件的完全定位（见图 7-2c），在机床工作台或夹具上只要工件紧靠这些支承，位置就被确定。

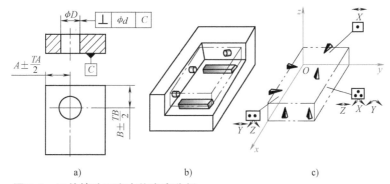

图 7-2　工件钻孔工序定位方案分析

a）工序图　b）定位方案　c）自由度分析

图 7-3 为加工连杆小头孔时的定位方案。夹具的支承面 1 相当于三个支承点，限制 $\vec{Z}$、$\hat{X}$、$\hat{Y}$ 三个自由度，短圆销 2 相当于两个支承点，限制 $\vec{X}$、$\vec{Y}$ 两个自由度，挡销 3 相当于一个支承点，限制 $\hat{Z}$ 一个自由度。工件定位时，六个自由度被完全限制，也是完全定位。

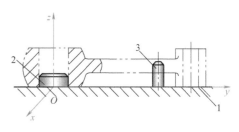

图 7-3　连杆定位方案

1—支承面　2—短圆销　3—挡销

2. 不完全定位

不完全定位也称部分定位。在定位过程中，根据加工要求，没有必要限制工件的全部自由度，这样的定位，称为不完全定位。

例如，在车床上车一轴径，要求保证直径的尺寸精度。在工件安装过程中，自定心卡盘限制四个自由度，而工件沿主轴中心线的移动和转动这两个自由度没有被限制，也没有必要限制。再如，在一个光轴上铣键槽时，因键槽在四周上的位置无任何要求，故绕工件轴线转动的自由度不必限制，只需限制住其余五个自由度即可。显然上述这两例都是不完全定位。

3. 欠定位

根据工件的加工要求，应该限制的自由度没有被限制的定位，称为欠定位。欠定位无法保证加工精度，是绝对不允许存在的。例如，在图7-2中若去掉 xOz 平面上的支承点，则尺寸 B 的精度就无法保证。显然这种欠定位是不允许的。

4. 过定位

过定位也称重复定位。它是指几个定位支承点重复限制一个或几个自由度的定位。工件是否允许过定位存在应根据具体情况而定。一般来说，工件以形状精度和位置精度很低的毛坯表面作为定位基准时，往往会引起工件无法安装或使工件发生很大弹性变形，所以不允许出现过定位；而对于采用几何精度很高的表面作为定位基准时，为了提高工件定位的稳定性和刚度，在一定的条件下是允许采用过定位的，所以不能机械地一概否定过定位。

图7-4a 为加工连杆小头孔时的定位方案，由于使用了长圆销，且配合较紧，故限制了工件的 $\vec{X}$、$\vec{Y}$、$\hat{X}$、$\hat{Y}$ 四个自由度，而底面支承板限制了 $\vec{Z}$、$\hat{X}$、$\hat{Y}$ 三个自由度。显然在 $\hat{X}$、$\hat{Y}$ 方向出现了过定位。若连杆小头孔中心线与端面有较大的垂直度误差，则夹紧时会使连杆发生弹性变形，若在此情况下进行加工，则小孔与端面的垂直度就无法保证。若将左端定位长销改为短销，则可消除过定位，很容易保证小头孔中心线与端面的垂直度（见图7-3）。

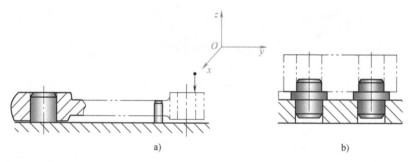

图7-4 两种过定位情况

a）连杆定位 b）工件以一面两销定位

图7-4b 表示了一面两销定位情况。两个短销同时限制了 $\vec{Y}$ 自由度，当孔心距误差较大时，会出现工件无法装入的情况。为了消除过定位，可将其中的一个销在 x 方向进行削边，从而使削边销不限制 $\vec{Y}$ 自由度（见7.2.2节）。

图7-5 给出了合理使用过定位的实例。在滚齿机上加工齿形时，工件以内孔和一端面作为定位基准，长心轴限制了工件的 $\vec{X}$、$\vec{Y}$、$\hat{X}$、$\hat{Y}$ 四个自由度，支承凸台限制了工件的 $\vec{Z}$、$\hat{X}$、$\hat{Y}$ 三个自由度，显然 $\hat{X}$、$\hat{Y}$ 自由度被重复限制。但由于齿坯加工时已经保证了内孔和端面的垂直度要求，而定位心轴和支承凸台元件本身具有很高的垂直度精度，即使它们存在一定程度的垂直度误差，还可以通过工件内孔与心

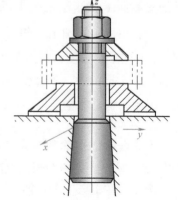

图7-5 滚齿时齿坯的过定位

轴配合的间隙来补偿。因此，这种过定位很好地保证了加工中工件的刚性和稳定性，有利于保证精度。

7.2.2 定位元件的选择

根据工序要求确定好工件在安装时应限制的自由度后，应合理地选择定位方式及定位元件。

1. 工件以平面定位

工件以平面为定位基准时，常用支承钉和支承板作为定位元件。如果用三个支承钉或两个支承板或一个较大的支承面来定位，且与工件定位面为面接触时，将限制 3 个自由度（见图 7-2）；如果用两个支承钉或一个支承板来定位，且与工件定位面为线接触时，将限制 2 个自由度；如果一个支承钉与工件定位面为点接触时，则限制 1 个自由度。以平面定位时的定位支承元件有不同的类型和作用。

（1）主要支承　主要支承是指能起限制工件自由度作用的支承，它可分为：

1）固定支承。它是指定位支承点位置固定不变的定位元件，包括支承钉和支承板。如图 7-6a 为平面定位所用的固定支承钉的三种类型。其中 A 型为平头支承钉，主要用于支承工件上精基准定位；B 型为圆头支承钉，它与工件间为点接触，容易保证接触点位置的相对稳定，多用于粗基准定位；C 型为网纹顶面的支承钉，故常用于要求摩擦力大的工件侧面定位。图 7-6b 所示为用于平面定位的各种支承板。在大中型零件用精基准面定位时，多采用支承板。图中 A 型支承板结构简单、制造方便，但由于沉头螺钉处积屑不易清除，故多用于侧面定位；B 型则易清除切屑，广泛用于底面定位。

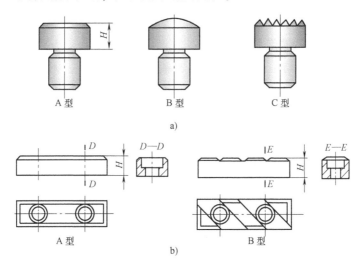

图 7-6　各类固定支承
a）支承钉　b）支承板

2）可调支承。它是指在夹具中定位支承点的位置可调节的定位元件。其典型结构如图 7-7 所示。可调支承的顶面位置可以在一定范围内调整，一旦调定后，用螺母锁紧。调整后它的作用相当于一个固定支承。采用可调支承，可以适应定位面的尺寸在一定范围内的变化。

3）自位支承。它又称浮动支承，其位置可随定位基准面位置的变化而自动与之适应。

虽然它们与工件的定位基准面可能不止一点接触，但实质上只能起到一个定位支承点的作用。由于增加了接触点数，可提高工件的支承刚度和稳定性，但夹具结构稍复杂，适用于工件以毛面定位或刚性不足的场合（图7-8）。

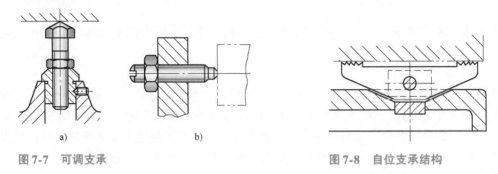

图7-7 可调支承   图7-8 自位支承结构

（2）辅助支承 辅助支承是在夹具中不起限制自由度作用的支承。它主要是用于提高工件的支承刚度，防止工件因受力而产生变形。

辅助支承不应限制自由度，因此只有当工件用定位元件定好位后，再调节辅助支承的位置使其与工件接触。这样，每安装工件一次，就要调整辅助支承一次。如图7-9所示，工件以平面 A 为定位基准，由于被加工表面离两个定位支承板位置较远的部分在切削力作用下会产生变形和振动，因此增设辅助支承，可提高工件的支承刚度。在安装工件前，先将辅助支承的位置调低，再将工件定位、夹

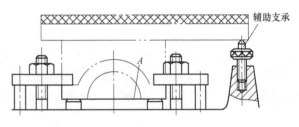

图7-9 辅助支承的应用

紧，最后将辅助支承调高到与工件接触，并将其锁紧。

2. 工件以孔定位

工件以孔为定位基准时，常用的定位元件是各种心轴和定位销。心轴和定位销的种类比较多，所限制的自由度数应具体分析。

（1）定位心轴 定位心轴主要用于车、铣、磨、齿轮加工等机床上加工套筒类和空心盘类工件的定位，它包括圆柱心轴和小锥度心轴。图7-10为两种圆柱刚性心轴的典型结构。如图7-10a所示的心轴为过盈配合心轴，心轴前端有导向部分。过盈心轴限制了 $\widehat{Y}$、$\widehat{Z}$、

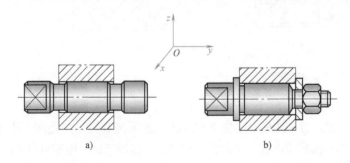

图7-10 圆柱心轴
a）过盈配合心轴 b）间隙配合心轴

$\vec{X}$、$\vec{Z}$ 四个自由度。该心轴定心精度高，并可由过盈量传递切削力矩。如图 7-10b 所示，该定位元件为间隙配合心轴，当间隙较小时，它限制工件的 $\vec{Y}$、$\vec{Z}$、$\widehat{Y}$、$\widehat{Z}$ 四个自由度；当间隙较大时，只限制 $\vec{X}$、$\vec{Z}$ 两个移动自由度，此时工件定位还应和较大的端面配合使用，用来限制 $\vec{X}$、$\vec{Y}$、$\vec{Z}$、$\widehat{X}$、$\widehat{Z}$ 五个自由度。切削力矩靠端部螺旋夹紧产生的夹紧力传递。此种心轴定心精度不高，但装卸工件方便。

当工件既要求定心精度高，又要求装卸方便时，常用小锥度心轴来完成圆柱孔的定位。小锥度心轴一般可限制除沿轴线移动和绕轴线转动以外的其他四个自由度。为了防止工件在心轴上倾斜，所以使用小锥度，通常锥度为 1:5000～1:1000。切削力矩由工件安装过程中产生的过盈量来传递。由于工件孔径的微小变化将导致工件轴向的位置变化很大，所以定位孔的精度必须比较高。

(2) 圆柱销　圆柱销有长、短两种。图 7-11 为常用的定位销。定位销端部均有 15°倒角以便引导工件套入。短定位销一般限制 $\vec{X}$、$\vec{Y}$ 两个移动自由度。长定位销在配合较紧时，限制 $\vec{X}$、$\vec{Y}$ 和 $\widehat{X}$、$\widehat{Y}$ 四个自由度。在大批量生产条件下，由于工件装卸次数频繁，定位销较易磨损而降低定位精度，故常采用图 7-11d 所示的可换式定位销。

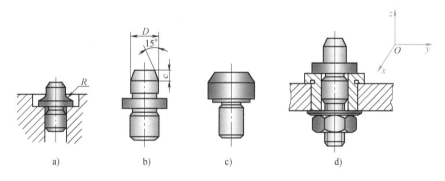

图 7-11　定位销

a) $D > 3 \sim 10\text{mm}$　b) $D > 10 \sim 18\text{mm}$　c) $D > 18\text{mm}$　d) 可换式

(3) 圆锥销　圆孔在圆锥销上定位时，圆孔的端部同圆锥销的斜面相接触，如图 7-12 所示。固定的圆锥销限制 $\vec{X}$、$\vec{Y}$ 和 $\vec{Z}$ 三个自由度。图 7-12a 所示的结构用于精基准，图 7-12b 所示的结构用于粗基准。

3. 工件以外圆柱面定位

工件以外圆为定位基准时，可以在 V 形块、圆定位套、半圆定位套、锥面定位套和支承板上定位。其中，用 V 形块定位最常见。

图 7-13 所示的结构为常用 V 形块的结构形式，其中较长的 V 形块可以限制 $\vec{Y}$、$\vec{Z}$、$\widehat{Y}$ 和 $\widehat{Z}$ 四个自由度；较短的 V 形块只限制 $\vec{Z}$ 和 $\vec{Y}$ 两个自由度。图 7-13a 的形式适于小型零件定位；图 7-13b、c 适于中型以上零件的定位。

V 形块上两斜面间的夹角一般选 60°、90°和 120°，其中 90°应用最多。

4. 工件以一面两孔定位

在实际生产中，往往用前述的单个基准面并不能满足工艺上的要求，所以通常用一组基

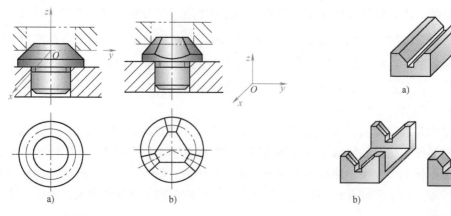

图 7-12　圆锥销

图 7-13　常用 V 形块的结构形式
a) 整体式　b) 间断式　c) 分开式

准来完成工件的定位。箱体类零件的加工中常以一面两孔作为统一的定位基准。所谓一面两孔，是指定位基准采用一个大平面和该平面上与之垂直的两个孔来进行定位。如果该平面上没有合适的孔，常把连接用的螺钉孔的精度提高或专门做出两个工艺孔以备定位用。工件以一面两孔定位所采用的定位元件是"一面两销"，故也称一面两销定位。

　　通过前述分析可知，为了避免采用两短圆销所产生的过定位干涉，可以将一个圆销削边。这样，既可以保证没有过定位，又不增大定位时工件的转角误差。如图 7-14 所示，夹具上的支承面限制 $\vec{Z}$、$\vec{X}$、$\vec{Y}$ 三个自由度，短圆销限制 $\vec{X}$、$\vec{Y}$ 两个自由度，削边销限制 $\widehat{Z}$ 一个自由度，属于完全定位。

　　为保证削边销的强度，一般多采用菱形销结构，故削边销又称菱形销，其结构形式如图 7-15所示，分别用于工件孔直径 $D \leqslant 3\text{mm}$、$3\text{mm} < D \leqslant 50\text{mm}$ 及 $D > 50\text{mm}$ 的定位情况。

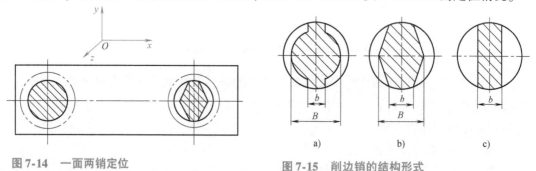

图 7-14　一面两销定位

图 7-15　削边销的结构形式
a) $D \leqslant 3\text{mm}$　b) $3\text{mm} < D \leqslant 50\text{mm}$　c) $D > 50\text{mm}$

　　可以证明，为了保证不发生干涉，削边销的宽度 b 必须满足

$$b = \frac{\Delta_2 D_2}{\delta_{L_D} + \delta_{L_d}} \tag{7-1}$$

式中　Δ_2——削边销工作表面（圆柱部分）与工件孔的最小间隙；

　　　　D_2——孔的最小直径；

　　δ_{L_D}、δ_{L_d}——工件孔心距公差和定位销轴心距公差，一般取 $\delta_{L_d} = \left(\dfrac{1}{5} \sim \dfrac{1}{3}\right)\delta_{L_D}$。

282

设计削边销时，因削边销宽度尺寸已经标准化，故 b 值应按标准选定，然后根据式 (7-1) 计算出 Δ_2。根据 $d_2 = D_2 - \Delta_2$ 确定定位销的最大直径，由轴的公差等级比孔高一级的原则确定公差值，并按入体原则分布公差带。

7.2.3 定位误差的分析与计算

机械加工中，工件的误差通常由三部分组成：第一是工件在夹具中因位置不一致而引起的误差，称为定位误差，以 Δ_D 表示。第二是安装误差和调整误差。所谓安装误差，是指夹具在机床上安装时由于夹具相对于机床的位置不准确而引起的误差，以 Δ_A 表示。而调整误差是指刀具位置调整的不准确或引导刀具的误差而引起的工件误差，以 Δ_T 表示。通常把这两项误差统称为调安误差，以 Δ_{T-A} 表示。第三是加工过程误差，它包括机床运动误差和工艺系统变形、磨损等因素引起的误差，以 Δ_G 表示。只有加工误差不超过给定工序公差 δ_k 时，工件才合格，即

$$\Delta_D + \Delta_{T-A} + \Delta_G \leqslant \delta_k \tag{7-2}$$

式 (7-2) 就是加工误差不等式。在对定位方案合理性进行分析时，可假定上述允许的最大误差各不超过工件工序尺寸公差的 1/3。

1. 定位误差及其组成

当一批工件用夹具来安装，以调整法加工时，它们的工序基准位置在工序尺寸方向上的变动范围有多大，该加工尺寸就会产生多大的误差。这种由于定位所引起的加工尺寸的最大变动范围就是定位误差。

定位误差由两部分组成：一是由于工序基准和定位基准不重合而引起的基准不重合误差，以 Δ_B 表示；二是由于定位基准和定位元件本身的制造不准确而引起的定位基准位移误差，以 Δ_Y 表示。定位误差是这两部分的矢量和。

2. 定位误差分析计算

通过计算定位误差，可以判定定位误差是否在允许的范围内及定位方案是否合理。下面介绍几种典型定位方式的定位误差。

(1) 工件以外圆在 V 形块上定位的定位误差计算 如图 7-16a 所示的铣键槽工序，工件在 V 形块上定位，定位基准为圆柱轴线。如果忽略 V 形块的制造误差，则定位基准在垂直方向上的基准位移误差为

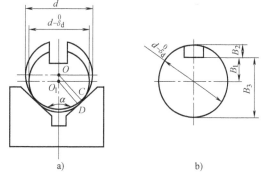

图 7-16 工件在 V 形块上的定位误差分析

$$\Delta_Y = OO_1 = \frac{d}{2\sin\frac{\alpha}{2}} - \frac{d - \delta_d}{2\sin\frac{\alpha}{2}} = \frac{\delta_d}{2\sin\frac{\alpha}{2}} \tag{7-3}$$

对于图 7-16b 中的三种尺寸标注，下面分别计算其定位误差。

当尺寸标注为 B_1 时，工序基准和定位基准重合，故基准不重合误差 $\Delta_B = 0$，所以 B_1 尺寸的定位误差为

$$\Delta_{D(B_1)} = \Delta_Y = \frac{\delta_d}{2\sin\dfrac{\alpha}{2}} \tag{7-4}$$

当尺寸标注为 B_2 时，工序基准为上母线。此时存在基准不重合误差为

$$\Delta_B = \frac{1}{2}\delta_d$$

所以 Δ_D 应为 Δ_B 与 Δ_Y 的矢量和。由于当工件轴径由最大变到最小时，Δ_B 和 Δ_Y 都是向下变化的，所以，它们的矢量和应是相加，即

$$\Delta_{D(B_2)} = \Delta_Y + \Delta_B = \frac{\delta_d}{2\sin\dfrac{\alpha}{2}} + \frac{1}{2}\delta_d = \frac{\delta_d}{2}\left(\frac{1}{\sin\dfrac{\alpha}{2}} + 1\right) \tag{7-5}$$

当尺寸标注为 B_3 时，工序基准为下母线。此时基准不重合误差仍然是 $\dfrac{1}{2}\delta_d$，但当 Δ_Y 向下变化时，Δ_B 是方向朝上的，所以，它们的矢量和应是相减，即

$$\Delta_{D(B_3)} = \Delta_Y - \Delta_B = \frac{\delta_d}{2}\left(\frac{1}{\sin\dfrac{\alpha}{2}} - 1\right) \tag{7-6}$$

通过以上分析可以看出：工件以外圆在 V 形块上定位时，加工尺寸的标注方法不同，所产生的定位误差也不同。所以定位误差一定是针对具体尺寸而言的。在这三种标注中，从下母线标注的定位误差最小，从上母线标注的定位误差最大。

（2）工件以内孔在圆柱心轴上定位的定位误差计算　工件与过盈配合的圆柱心轴定位时，由于无径向间隙，所以无基准位移误差。在这里只分析间隙配合的定位误差。

1）定位时孔与轴固定单边接触。如果定位心轴水平放置，由于工件的自重作用，使工件与心轴一直在上母线处接触。如图 7-17 所示，铣平面工序的定位基准为孔的中心线。已知孔径为 $\phi D_{~0}^{+\delta_D}$、定位心轴轴径为 $\phi d_{-\delta_d}^{~0}$，最小间隙为 $\Delta_{\min} = D - d(D > d)$，则基准位移误差为

$$\Delta_Y = OO_2 - OO_1 = \frac{D_{\max} - d_{\min}}{2} - \frac{D_{\min} - d_{\max}}{2} = \frac{1}{2}(\delta_D + \delta_d) \tag{7-7}$$

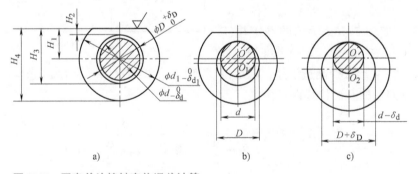

图 7-17　固定单边接触定位误差计算

下面分别计算四种标注方式时的定位误差。

当工序基准与定位基准重合时（见图 7-17a），$\Delta_B = 0$，所以定位误差为

$$\Delta_{D(H_1)} = \Delta_Y = \frac{1}{2}(\delta_D + \delta_d) \tag{7-8}$$

当标注尺寸为 H_2 时，工序基准与定位基准不重合，$\Delta_B = \frac{1}{2}\delta_D$。所以 $\Delta_{D(H_2)}$ 应为 Δ_B 与 Δ_Y 的矢量和。因为在定位基准由一个极端位置 O_1 变到另一个极端位置 O_2 时，Δ_Y 方向是向下的，而与此同时，工序基准（内孔上母线）相对于定位基准（孔心）的变化是向上的，所示 Δ_Y 与 Δ_B 方向相反，即

$$\Delta_{D(H_2)} = \Delta_Y - \Delta_B = \frac{1}{2}\delta_d \tag{7-9}$$

当标注尺寸为 H_3 时，Δ_B 仍为 $\frac{1}{2}\delta_D$，Δ_Y 与 Δ_B 同向，即

$$\Delta_{D(H_3)} = \Delta_Y + \Delta_B = \frac{1}{2}(\delta_D + \delta_d + \delta_D) = \delta_D + \frac{1}{2}\delta_d \tag{7-10}$$

当标注尺寸为 H_4 时，$\Delta_B = \frac{1}{2}\delta_{d_1}$，此时 Δ_Y 与 Δ_B 无关，它们两个可以同时取得最大值，即

$$\Delta_{D(H_4)} = \Delta_Y + \Delta_B = \frac{1}{2}(\delta_D + \delta_d + \delta_{d_1}) \tag{7-11}$$

2）定位孔与轴可以在任意方向上接触。此种情况下，定位基准可以在任意方向上变动，其最大变动量为孔径最大与轴径最小时的间隙，即最大间隙，所以

$$\Delta_Y = D_{max} - d_{min} = \delta_D + \delta_d + \Delta \tag{7-12}$$

其中，δ_D、δ_d、Δ 分别为定位孔、轴的尺寸公差和孔轴配合的最小间隙。而基准不重合误差则根据定位情况的不同而定，由此可计算 Δ_D。

（3）工件在一面两销上定位的定位误差计算　如图 7-18 所示，夹具主定位面水平放置。工件以一面两销定位的基准位移误差包括两类，即图示平面内任意方向移动的基准位移误差 Δ_Y 和转动的基准位移误差 Δ_α（简称转角误差）。

基准位移误差等于圆柱销与孔可能产生的最大间隙，即

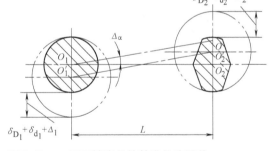

图 7-18　一面两销定位的基准位移误差

$$\Delta_Y = \delta_{D_1} + \delta_{d_1} + \Delta_1 \tag{7-13}$$

由于工件可以在平面内任意转动，所以转角误差为

$$\Delta_\alpha = \pm \arctan \frac{O_1 O_1' + O_2 O_2'}{L} = \pm \arctan \frac{\delta_{D_1} + \delta_{d_1} + \Delta_1 + \delta_{D_2} + \delta_{d_2} + \Delta_2}{2L} \tag{7-14}$$

式中　δ_{D_1}、δ_{D_2}——两工件直径公差；

δ_{d_1}、δ_{d_2}——两定位销直径公差；

Δ_1、Δ_2——圆柱销、孔定位副的最小间隙和削边销（工作面）、孔定位副的最小间隙。

7.3　工件的夹紧

工件的夹紧是指工件定位以后（或同时），还须采用一定的装置把工件压紧、夹牢在定位元件上，使工件在加工过程中，不会由于切削力、重力或惯性力等的作用而发生位置变化，以保证加工质量和生产安全。能完成夹紧功能的这一装置就是夹紧装置。

在考虑夹紧方案时，首先要确定的就是夹紧力的三要素，即夹紧力的方向、作用点和大小，然后再选择适当的传力方式及夹紧机构。

7.3.1　夹紧装置的组成

夹紧装置的种类很多，但其结构均由两部分组成。

1. 动力装置——产生夹紧力

机械加工过程中，要保证工件不离开定位时占据的正确位置，就必须有足够的夹紧力来平衡切削力、惯性力、离心力及重力对工件的影响。夹紧力的来源，一是人力；二是某种动力装置。常用的动力装置有液压装置、气压装置、电磁装置、电动装置、气-液联动装置和真空装置等。

2. 夹紧机构——传递夹紧力

要使动力装置所产生的力或人力正确地作用到工件上，需有适当的传递机构。在工件夹紧过程中起力的传递作用的机构，称为夹紧机构。

夹紧机构在传递力的过程中，能根据需要改变力的大小、方向和作用点。手动夹具的夹紧机构还应具有良好的自锁性能，以保证人力的作用停止后，仍能可靠地夹紧工件。

图 7-19 所示为液压夹紧铣床夹具。其中，液压缸 4、活塞 5、铰链臂 2 和压板 1 等组成了铰链压板夹紧机构。

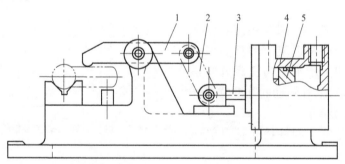

图 7-19　液压夹紧铣床夹具
1—压板　2—铰链臂　3—活塞杆　4—液压缸　5—活塞

夹紧装置工作过程中应满足以下要求：

1）夹紧过程中，不改变工件定位后占据的正确位置。

2）夹紧力的大小适当，一批工件的夹紧力要稳定不变。既要保证工件在整个加工过程中的位置稳定不变，振动小，又要使工件不产生过大的夹紧变形。夹紧力稳定可减小夹紧误差。

3）夹紧可靠，手动夹紧要保证自锁。

4）夹紧装置的复杂程度应与工件的生产纲领相适应。工件生产批量越大，允许设计越复杂、效率越高的夹紧装置。

5）工艺性好，使用性好。其结构应力求简单，便于制造和维修。夹紧装置的操作应当方便、安全、省力。

7.3.2 夹紧力的确定

确定夹紧力的方向、作用点和大小时，要分析工件的结构特点、加工要求、切削力和其他外力作用工件的情况，以及定位元件的结构和布置方式。

1. 夹紧力方向和作用点的确定

（1）夹紧力应朝向主要定位面 对工件只施加一个夹紧力，或施加几个方向相同的夹紧力时，夹紧力的方向应尽可能朝向主要定位面（限制自由度多的面）。

如图7-20a所示，工件被镗的孔与左端面有一定的垂直度要求，因此，工件以孔的左端面与定位元件的 A 面接触，限制三个自由度，以底面与 B 面接触，限制两个自由度；夹紧力朝向主要限位面 A。这样有利于保证孔与左端面的垂直度要求。如果夹紧力改朝 B 面，则由于工件左端面与底面的夹角误差，夹紧时将破坏工件的定位，影响孔与左端面的垂直度要求。

再如图7-20b所示，夹紧力朝向主要定位面——V形块的V形面，使工件的装夹稳定可靠。如果夹紧力改朝 B 面，则由于工件圆柱面与端面的垂直度误差，夹紧时，工件的圆柱面可能离开V形块的V形面。这不仅破坏了定位，影响加工要求，而且加工时工件容易振动。对工件施加几个方向不同的夹紧力时，朝向主要限位面的夹紧力应是主要夹紧力。

287

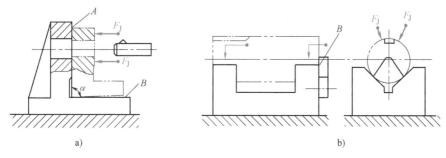

图7-20 夹紧力方向对加工的影响

（2）夹紧力的作用点应落在定位元件的支承范围内 如图7-21a所示，夹紧力的作用点落到了定位元件的支承范围之外，夹紧时将破坏工件的定位，而刚好落在支承处，可保证夹紧可靠。

（3）夹紧力的作用点应落在工件刚性较好的方向和部位 这一原则对刚性差的工件特别重要。夹紧如图7-21b所示薄壁箱体时，夹紧力不应作用在箱体的顶面，而应作用在刚性好的凸边上。箱体没有凸边时，可如图7-21c、d所示，将单点夹紧改为三点夹紧，使着力点落在刚性较好的箱壁上，减小了工件的夹紧变形。

（4）夹紧力的作用点应靠近工件的加工表面 如图7-21e所示，在拨叉上铣槽。由于主要夹紧力的作用点距加工表面较远，故在靠近加工表面的地方设置了辅助支承，增加了夹紧力 Q。这样，不仅提高了工件的装夹刚性，还可减少加工时工件的振动。

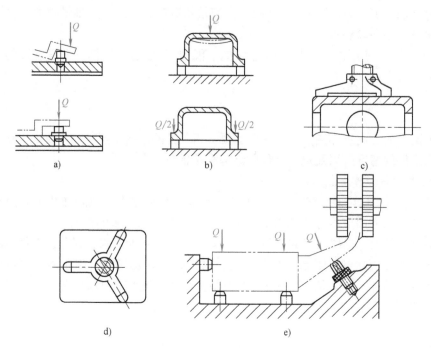

图 7-21 夹紧力作用点的位置的合理选择

2. 夹紧力大小的估算

夹紧力的大小直接关系到工件安装的可靠性、工件和夹具的变形、夹紧动力源的选择等。夹紧力过小会使夹紧不可靠；过大会使夹紧变形增大，因此，必须确定恰当的夹紧力。

由于切削力本身在加工过程中受切削用量、工件材料、刀具及工况等多种因素影响，并且这些影响因素又是变化的，所以夹紧力大小的计算是一个很复杂的问题，一般只做粗略估算。

确定夹紧力时，必须先知道切削力，根据工件的受力平衡算出在最不利的加工情况下，与切削力、重力、惯性力等相平衡的计算夹紧力，再乘以适当的安全系数，便可估算出所需的夹紧力。安全系数一般粗加工取 2.5 ~ 3；精加工取 1.5 ~ 2。

在实际设计中，对要求不很严的情况，可用类比法或经验法将夹紧力直接估算出。对一些关键工序，当采用计算法可能有较大误差时，常常通过工艺实验来确定夹紧力的大小。

7.3.3 夹紧机构

1. 基本夹紧机构

夹紧机构的种类虽然很多，但其结构大都以斜楔夹紧机构、螺旋夹紧机构和偏心夹紧机构为基础。

（1）斜楔夹紧机构 图 7-22 为用斜楔夹紧机构夹紧工件的实例。工件装入后，锤击斜楔大头，夹紧工件；加工完毕后，锤击斜楔小头，松开工件。由于用斜楔直接夹紧工件的夹紧力较小，且操作费时，所以，实际生产中多是将斜楔与其他运动机构联合起来使用。

1）斜楔的夹紧力。图 7-23a 是在外力 F_Q 作用下斜楔的受力情况。建立静平衡方程式为

$$F_1 + F_{RX} = F_Q$$

而 $\qquad F_1 = F_J \tan\varphi_1, \ F_{RX} = F_J \tan(\alpha + \varphi_2)$

所以 $\qquad\qquad F_J = \dfrac{F_Q}{\tan\varphi_1 + \tan(\alpha + \varphi_2)} \qquad\qquad (7\text{-}15)$

式中　F_J——斜楔对工件的夹紧力（N）；

$\qquad \alpha$——斜楔升角（°）；

$\qquad F_Q$——加在斜楔上的作用力（N）；

$\qquad \varphi_1$——斜楔与工件间的摩擦角（°）；

$\qquad \varphi_2$——斜楔与夹具体间的摩擦角（°）。

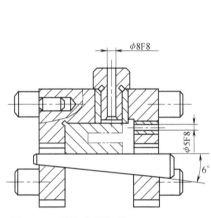

图 7-22　斜楔夹紧机构

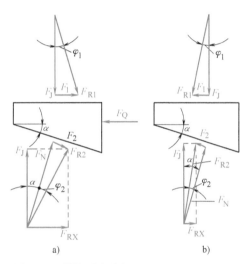

图 7-23　斜楔受力分析

设 $\varphi_1 = \varphi_2 = \varphi$，当 α 很小时（$\alpha \leqslant 10°$），可用下式近似计算

$$F_J = \dfrac{F_Q}{\tan(\alpha + 2\varphi)} \qquad\qquad (7\text{-}16)$$

2）斜楔自锁条件。图 7-23b 是作用力 F_Q 撤去后斜楔的受力情况。从图中可以看出，要自锁，必须满足

$$F_1 > F_{RX}$$

因 $\qquad\qquad F_1 = F_J \tan\varphi_1, \quad F_{RX} = F_J \tan(\alpha - \varphi_2)$

代入上式 $\qquad\qquad F_J \tan\varphi_1 > F_J \tan(\alpha - \varphi_2)$

$$\tan\varphi_1 > \tan(\alpha - \varphi_2)$$

由于角度 φ_1、α、φ_2 都很小，上式可简化为

$$\varphi_1 > (\alpha - \varphi_2)$$

或 $\qquad\qquad\qquad \alpha < \varphi_1 + \varphi_2 \qquad\qquad (7\text{-}17)$

因此，斜楔的自锁条件是：斜楔的升角小于斜楔与工件、斜楔与夹具体之间的摩擦角之和。

为了既夹紧迅速又自锁可靠，可将斜楔前部做成大楔角（30°~40°）用于夹紧前的快速行程，后部分小升角（6°~8°）用来夹紧和自锁。用气压或液压装置驱动的斜楔不需要自锁，可取 $\alpha = 15° \sim 30°$。

斜楔的扩力比（F_J / F_Q）一般不超过 3，楔角越小扩力比越大。

（2）螺旋夹紧机构 螺旋夹紧机构在生产中使用极为普遍。螺旋夹紧机构结构简单、夹紧行程大，特别是它具有增力大、自锁性能好两大特点，其许多元件都已标准化，很适用于手动夹紧。

1）螺旋夹紧力。螺旋夹紧机构可以看成升角为 α 的斜面绕在圆柱体上形成的斜楔，因此，螺钉（或螺母）夹紧力的计算与斜楔相似。图 7-24 是夹紧状态下螺杆的受力情况。图中，F_2 为工件对螺杆的摩擦力，分布在整个接触面上，计算时可视为集中在半径为 r' 的圆周上。r' 称为当量摩擦半径，它与接触形式有关。F_1 为螺孔对螺杆的摩擦力，也分布在整个接触面上，计算时可视为集中在螺纹中径 d_0 处。根据力矩平衡条件，有

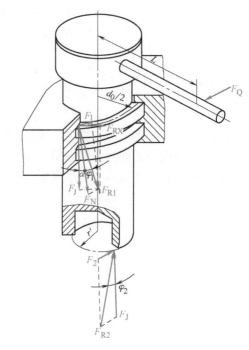

图 7-24 螺旋夹紧受力分析

$$F_Q L = F_2 r' + F_{RX} \frac{d_0}{2}$$

得

$$F_J = \frac{F_Q L}{\frac{d_0}{2}\tan(\alpha + \varphi_1) + r'\tan\varphi_2}$$

(7-18)

式中　F_J——夹紧力（N）；

　　　F_Q——作用力（N）；

　　　L——作用力臂（mm）；

　　　d_0——螺纹中径（mm）；

　　　α——螺纹升角；

　　　φ_1——螺纹处摩擦角；

　　　φ_2——螺纹端部与工件间的摩擦角；

　　　r'——螺纹端部与工件间的当量摩擦半径（mm）。

由于标准螺旋的升角远较摩擦角小，故能保证自锁。

若取 $L = 14d_0$，$\varphi_1 = \varphi_2 = 5°$，则扩力比 $F_J / F_Q = 75$。由此可见，螺旋的扩力比（F_J / F_Q）远比斜楔大得多。

2）螺旋夹紧机构。图 7-25a 所示六角头压紧螺钉，它是螺钉头部直接压紧工件的一种结构。为了保护夹具体不致过快磨损和简化修理工作，常在夹具体中装配一个钢质螺母。图 7-25b 所示在螺钉头部装上摆动压块 3，可防止螺钉转动时损伤工件表面或带动工件转动。图 7-25c 为带肩螺母夹紧机构，螺母和工件之间加球面垫圈 6，可使工件受到均匀的夹紧力并避免螺杆弯曲。

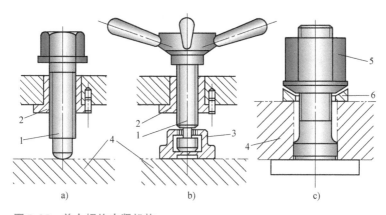

图 7-25　单个螺旋夹紧机构
1—螺钉、螺杆　2—螺母套　3—摆动压块　4—工件　5—球面带肩螺母　6—球面垫圈

在实际生产中，带有快速装卸机构的螺钉-压板机构使操作更为简便，在手动操作时得到普遍应用（见图 7-26）。

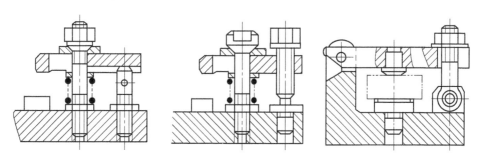

图 7-26　螺钉-压板机构

（3）偏心夹紧机构　用偏心件直接或间接夹紧工件的机构，称为偏心夹紧机构。圆偏心夹紧机构操作方便、夹紧迅速，缺点是夹紧力和夹紧行程均不大，结构不耐振，自锁可靠性差，故一般适用于夹紧行程及切削负荷较小且平稳的场合。

1）圆偏心轮工作原理。图 7-27 是圆偏心轮直接夹紧工件的原理图。图中，O_1 是圆偏心轮的几何中心，R 是它的几何半径。O_2 是偏心轮的回转中心，O_1O_2 是偏心距。

若以 O_2 为圆心，r 为半径画圆（点画线圆），便把偏心轮分成了三个部分。其中，点画线部分是个"基圆盘"，半径 $r = R - e$；另两部分是两个相同的弧形楔。当偏心轮绕回

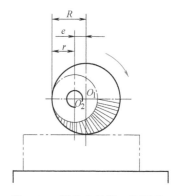

图 7-27　圆偏心轮的工作原理

转中心 O_2 顺时针方向转动时，相当于一个弧形楔逐渐楔入"基圆盘"与工件之间，从而夹紧工件。

① 圆偏心轮的夹紧行程及工作段。如图 7-28a 所示，当圆偏心轮绕回转中心 O_2 转动时，设轮周上任意点 x 的回转角为 θ_x，即工件夹压表面法线与 O_1O_2 连线间的夹角；回转半径为 r_x。用 r_x、θ_x 为坐标轴建立直角坐标系，再将轮周上各点的回转半径一一对应地记入此坐标

291

系中，便得到了圆偏心轮上弧形楔的展开图，如图7-28所示，当圆偏心轮从0°回转到180°时，其夹紧行程为2e；轮周上各点的升角 α_x 是不等的，$\theta_x = 90°$时的升角 α_P 最大（α_{max}）。升角 α_x 为工件夹压表面的法线与回转半径之间的夹角。在$\triangle O_2Mx$ 中

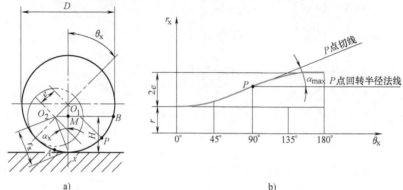

图 7-28　圆偏心轮的回转角 θ_x、升角 α_x 及弧形楔展开图

$$\tan\alpha_x = \frac{O_2M}{Mx}$$

$$O_2M = e\sin\theta_x, \quad Mx = H = \frac{D}{2} - e\cos\theta_x$$

式中　H——夹紧高度。

所以

$$\tan\alpha_x = \frac{e\sin\theta_x}{\dfrac{D}{2} - e\cos\theta_x}$$

当 $\theta_{max} = 90°$时

$$\tan\alpha_{max} = \frac{2e}{D}$$

在工作中，常用的工作段是 $\theta_x = 45° \sim 135°$。

② 圆偏心量 e 的确定。如图7-28所示，设圆偏心的工作段为 AB 的圆弧段，在 A 点的夹紧高度 $H_A = \dfrac{D}{2} - e\cos\theta_A$，在 B 点的夹紧高度 $H_B = \dfrac{D}{2} - e\cos\theta_B$，夹紧行程 $h_{AB} = H_A - H_B = e(\cos\theta_A - \cos\theta_B)$，所以

$$e = \frac{h_{AB}}{\cos\theta_A - \cos\theta_B} \tag{7-19}$$

其中，夹紧行程为

$$h_{AB} = s_1 + s_2 + s_3 + \delta \tag{7-20}$$

式中　s_1——装卸工件所需的间隙，一般取 $s_1 > 0.3\text{mm}$；

　　　s_2——夹紧装置的弹性变形量，一般取 $s_2 = 0.05 \sim 0.15\text{mm}$；

　　　s_3——夹紧行程储备量，一般取 $s_3 = 0.1 \sim 0.3\text{mm}$；

　　　δ——工件夹压表面至定位面的尺寸公差。

③ 圆偏心轮的自锁条件为

$$\alpha_{max} \leqslant \varphi_1 + \varphi_2 \tag{7-21}$$

式中　α_{max}——圆偏心轮的最大升角；

φ_1——圆偏心轮与工件间的摩擦角；

φ_2——圆偏心轮与回转销之间的摩擦角。

为增加自锁的可靠性，忽略 φ_2 的影响，自锁条件简化为

$$\alpha_{\max} \leqslant \varphi_1$$

$$\tan\alpha_{\max} = \frac{2e}{D} \leqslant \tan\varphi_1 = f$$

所以圆偏心轮的自锁条件是

$$\frac{2e}{D} \leqslant f \tag{7-22}$$

当 $f = 0.1$ 时，$\dfrac{D}{e} \geqslant 20$；当 $f = 0.15$ 时，$\dfrac{D}{e} \geqslant 14$。

④ 圆偏心轮的夹紧力为

$$F_J = \frac{F_Q L\cos\alpha_P}{R[\tan\varphi_1 + \tan(\alpha_P + \varphi_2)]} \tag{7-23}$$

由于圆偏心轮上各点的升角不同，因此，各点的夹紧力不相等。处于 P 点时的夹紧力最小，如果此时能满足要求，则偏心轮上其他各点的夹紧力都能满足要求。

圆偏心轮的结构已标准化，设计时，可以根据夹紧行程计算偏心距，根据自锁条件计算 D，然后根据夹具标准确定其他参数。

2）偏心夹紧机构。偏心件一般有圆偏心和曲线偏心两种类型。圆偏心因结构简单、制造容易而得到广泛的应用。图 7-29 所示为常见的几种圆偏心夹紧机构。图 7-29a、b 用的是圆偏心轮；图7-29c用的是偏心轴；图 7-29d 用的是有偏心圆弧的偏心叉。

293

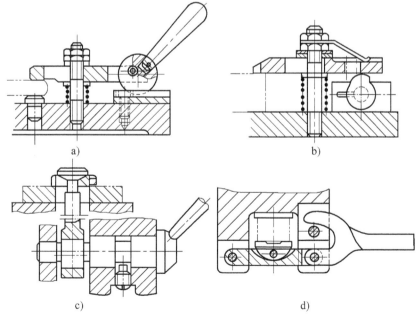

图 7-29　圆偏心夹紧机构

2. 联动夹紧机构

利用一个原始作用力实现单件或多件的多点、多向同时夹紧的机构，称为联动夹紧机

构。由于该机构能有效地提高生产率，因而在自动线和各种高效夹具中得到了广泛的采用。

（1）联动夹紧机构的主要形式及特点

1）单件联动夹紧机构。单件联动夹紧机构大多用于分散的夹紧力作用点或夹紧力方向差别较大的场合。按夹紧力的方向单件联动夹紧有三种方式，分别是单件同向联动夹紧、单件对向联动夹紧和互垂力或斜交力的联动夹紧。

图7-30所示为浮动压头。通过浮动柱2的水平滑动协调浮动压头1、3实现对工件4的夹紧。

图7-31所示为单件对向联动夹紧机构。当液压缸中的活塞杆3向下移动时，通过双臂铰链使浮动压板2转动，最后将工件1夹紧。

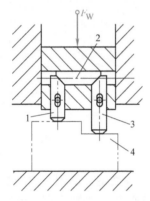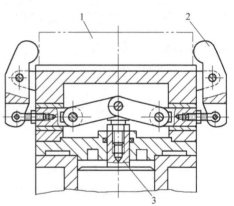

图7-30　单件同向多点联动夹紧机构　　　图7-31　单件对向联动夹紧机构

1、3—浮动压头　2—浮动柱　4—工件　　　1—工件　2—浮动压板　3—活塞杆

图7-32a所示为双向浮动四点联动夹紧机构。由于摇臂2可以转动并与摆动压块1、3铰链连接，因此，当拧紧螺母4时，便可从两个相互垂直的方向上实现四点联动夹紧；图7-32b为通过摆动压块1实现斜交力两点联动夹紧的浮动压头。

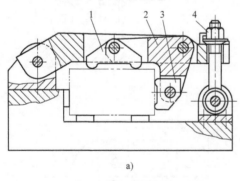

a)　　　　　　　　　　　　　　　　　b)

图7-32　互垂力或斜交力联动夹紧机构

1、3—摆动压块　2—摇臂　4—螺母

2）多件联动夹紧机构。多件联动夹紧机构多用于中、小型工件的加工，按其对工件施力方式的不同，一般分为如下几种形式：

① 平行式多件联动夹紧。为了能均匀地夹紧工件，平行夹紧机构也必须有浮动环节。

图7-33a为浮动压板机构对工件平行夹紧的实例。由于压板2、摆动压块3和球面垫圈

4 可以相对转动，均是浮动件，故旋动螺母 5 即可同时平行夹紧每个工件。图7-33b所示为液性介质联动夹紧机构。密闭腔内的不可压缩液性介质既能传递力，又能起浮动环节的作用。旋紧螺母 5 时，液性介质推动各个柱塞 7，使它们与工件全部接触并夹紧。

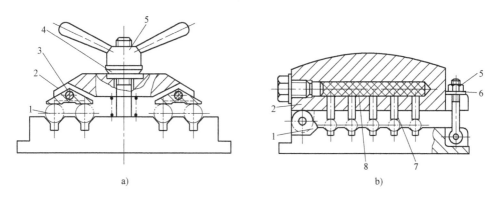

图 7-33　平行式多件联动夹紧机构

1—工件　2—压板　3—摆动压块　4—球面垫圈　5—螺母　6—垫圈　7—柱塞　8—液性介质

②对向式多件联动夹紧。如图 7-34 所示，两对向压板 1、4 利用球面垫圈及间隙构成了浮动环节。当旋动偏心轮 6 时，迫使压板 4 夹紧右边的工件，与此同时拉杆 5 右移使压板 1 将左边的工件夹紧。这类夹紧机构可以减小原始作用力，但相应增大了对机构夹紧行程的要求。

③复合式多件联动夹紧。凡将上述多件联动夹紧方式合理组合构成的机构，均称为复合式多件联动夹紧。图 7-35 所示为平行式和对向式组合的复合式多件联动夹紧的实例。

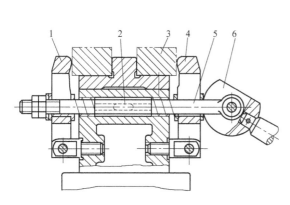

图 7-34　对向式多件联动夹紧机构

1、4—压板　2—键　3—工件　5—拉杆　6—偏心轮

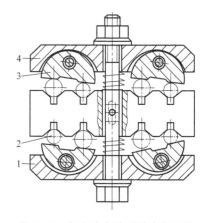

图 7-35　复合式多件联动夹紧机构

1、4—压板　2—工件　3—摆动压块

3）与其他动作联动的夹紧机构。这类联动夹紧主要有定位元件与夹紧元件的联动（见图 7-36），辅助支承与夹紧元件的联动（见图 7-37）等。图 7-36 所示为先定位后夹紧的联动机构。当液压油进入液压缸 8 的左腔时，在活塞杆 9 向右移动过程中，先是后端的螺钉 10 离开拨杆 1 的短头，推杆 3 在弹簧 2 的作用下向上抬起，并以其斜面推动活块 4，使工件靠在 V 形定位块 7 上，然后活塞杆 9 上的斜面通过滚子 11、推杆 12 顶起压板 5 夹紧工件。当液压油进入液压缸 8 的右腔时，活塞杆 9 向左移动，压板 5 在弹簧 6 的作用下松开工件，然后螺钉 10 推动拨杆 1，压下推杆 3。在斜面的作用下，活块 4 松开工件，此时即可取下

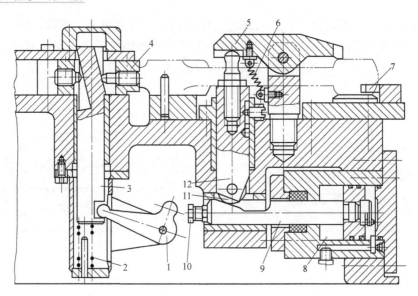

图 7-36　先定位后夹紧的联动机构

1—拨杆　2、6—弹簧　3、12—推杆　4—活块　5—压板　7—定位块

8—液压缸　9—活塞杆　10—螺钉　11—滚子

工件。

图 7-37 所示为夹紧与移动压板的联动机构。工件定位后，扳动手柄，先是由拨销 1 拨动压板上的螺钉 3 使压板 2 进到夹紧位置。继续扳动手柄，拨销与螺钉脱开，而由偏心轮 5 顶起压板夹紧工件。松开时，由拨销 1 拨动螺钉 4，将压板退出，卸下工件。

图 7-38 所示为夹紧与锁紧辅助支承的联动机构。工件定位后，辅助支承 1 在弹簧的作用下与工件接触。旋动螺母 3 推动压板 2，压板 2 在压紧工件的同时，通过锁销 4 将辅助支承 1 锁紧。

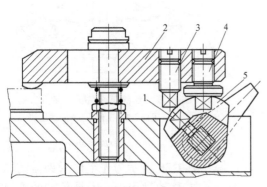

图 7-37　夹紧与移动压板的联动机构

1—拨销　2—压板　3、4—螺钉　5—偏心轮

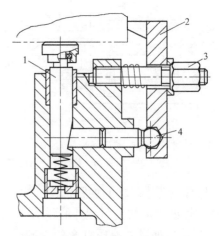

图 7-38　夹紧与锁紧辅助支承的联动机构

1—辅助支承　2—压板　3—螺母　4—锁销

（2）联动夹紧机构的设计要点

1）联动夹紧机构在两个夹紧点之间必须设置必要的浮动环节，并具有足够的浮动量，

动作灵活，符合机械传动原理。常见的浮动结构如图 7-39 所示。其中图 7-39a、b 为两点式，图 7-39c、d 为三点式，图 7-39e、f 为多点式。

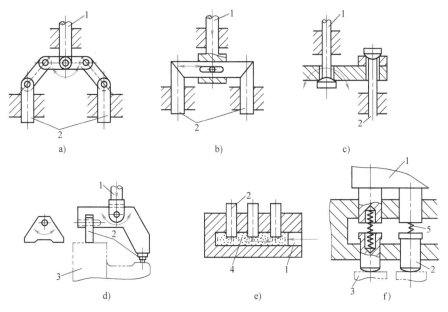

图 7-39　浮动环节的结构类型

1—动力输入　2—输出端　3—工件　4—液性介质　5—弹簧

2）适当限制被夹工件的数量。在平行式多件联动夹紧中，如果工件数量过多，在一定原始力作用条件下，作用在各工件上的力就小，或者为了保证工件有足够的夹紧力，需无限增大原始作用力，从而给夹具的强度、刚度及结构等带来一系列问题。对连续式多件联动夹紧，由于摩擦等因素的影响，各工件上所受的夹紧力不等，距原始作用力越远，则夹紧力越小，故要合理确定同时被夹紧的工件数量。

3）联动夹紧机构的中间传力杠杆应力求增力，以免使驱动力过大，并要避免采用过多的杠杆，力求结构简单紧凑，提高工作效率，保证机构可靠地工作。

4）设置必要的复位环节，保证复位准确，松夹装卸方便。如图 7-40 所示，在两拉杆 4 上装有固定套环 5，松夹时，联动杠杆 6 上移，就可借助固定套环 5 强制拉杆 4 向上，使压板 3 脱离工件，以便装卸。

5）要保证联动夹紧机构的系统刚度。一般情况下，联动夹紧机构所需总夹紧力较大，故在结构形式及尺寸设计时必须予以重视，特别要注意一些递力元件的刚度。

6）正确处理夹紧力方向和工件加工之间的关系，避免工件在定位、夹紧时的逐个积累误差对加工精度的影响。在连续式多件夹紧中，工件在夹紧力方向必须设有限制自由度的要求。

3. 定心夹紧机构

当回转体工件或对称工件的被加工面以导出要素（轴、中心平面等）为工序基准时，为使定位基准与工序基准重合以减少定位误差，常采用定心机构。定心机构通常同时具有定位和夹紧功能。

定心夹紧机构按其定心作用原理有两种类型：一种是依靠传动机构使定心夹紧元件同时

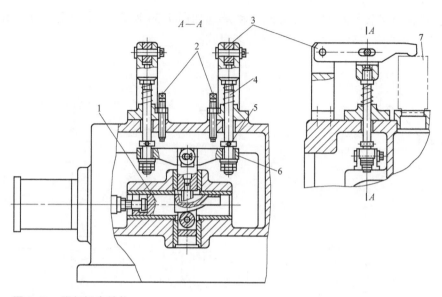

图 7-40 强行松夹结构

1—斜模滑柱机构 2—限位螺钉 3—压板 4—拉杆 5—固定套环 6—联动杠杆 7—工件

做等速移动，从而实现定心夹紧，如螺旋式、杠杆式、楔式机构等；另一种是依靠定心夹紧元件本身做均匀的弹性变形（收缩或膨胀），从而实现定心夹紧，如弹簧筒夹、膜片卡盘、波纹套、液性塑料心轴等。下面介绍常用的几种结构。

（1）螺旋式定心夹紧机构 如图 7-41 所示，旋动有左、右螺纹的双向螺杆 6，使滑座 1、5 上的 V 形块钳口 2、4 做对向等速移动，从而实现对工件的定心夹紧。这种定心夹紧机构的特点是：结构简单、工作行程大、通用性好，但定心精度不高，一般为 $\phi0.05 \sim \phi0.1mm$，主要适用于粗加工或半精加工中需要行程大而定心精度要求不高的工件。

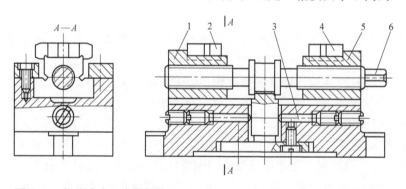

图 7-41 螺旋式定心夹紧机构

1、5—滑座 2、4—V 形块钳口 3—调节杆 6—双向螺杆

（2）杠杆式定心夹紧机构 图 7-42 为车床用的定心卡盘。这种定心机构具有刚度高、动作快、增力比大、工作行程也比较大的特点，但其定心精度较低，常用于工件的粗加工。由于杠杆机构不能自锁，所以常用气压或液压等动力进行夹紧。

（3）楔式定心夹紧机构 图 7-43 所示为机动楔式夹爪自动定心机构。当工件以内孔及左端面在夹具上定位后，气缸通过拉杆 4 使六个夹爪 1 左移，由于本体 2 上斜面的作用，

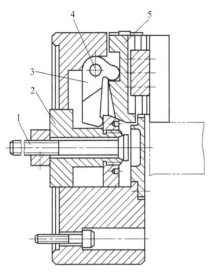

图 7-42　杠杆作用的定心卡盘
1—拉杆　2—滑套　3—钩形杠杆
4—轴销　5—夹爪

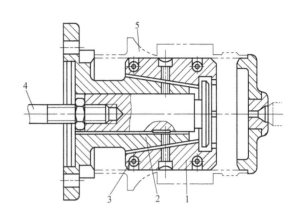

图 7-43　机动楔式夹爪自动定心机构
1—夹爪　2—本体　3—弹簧卡圈　4—拉杆　5—工件

夹爪左移的同时向外胀开，将工件定心夹紧；反之，夹爪右移时，在弹簧卡圈 3 的作用下使夹爪收拢，将工件松开。

　　这种定心夹紧机构的结构紧凑且传动准确，定心精度一般可达 $\phi 0.02 \sim \phi 0.07\text{mm}$，比较适用于工件以内孔作定位基面的半精加工工序。

　　(4) 弹簧筒夹定心夹紧机构　这种定心夹紧机构常用于安装轴套类工件。图 7-44a 为用于装夹工件以外圆柱面为定位基面的弹簧夹头。旋转螺母 4 时，锥套 3 内锥面迫使弹性筒夹 2 上的簧瓣向心收缩，从而将工件定心夹紧。图 7-44b 是用于工件以内孔为定位基面的弹簧心轴。因工件的长径比 L/d 较大，故弹性筒夹 2 的两端各有簧瓣。旋转螺母 4 时，锥套 3 的外锥面向心轴 5 的外锥面靠拢，迫使弹性筒夹 2 的两端簧瓣向外均匀胀开，从而将工件定心夹紧。反向转动螺母，带退锥套，便可卸下工件。

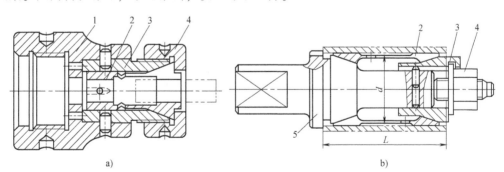

a)　　　　　　　　　　　　　　　　b)

图 7-44　弹簧夹头和弹簧心轴
1—夹具体　2—弹性筒夹　3—锥套　4—螺母　5—心轴

　　弹簧筒夹定心夹紧机构的结构简单、体积小、操作方便迅速，因而应用十分广泛。其定心精度可稳定为 $\phi 0.04 \sim \phi 0.1\text{mm}$，精度高的可达 $\phi 0.01 \sim \phi 0.02\text{mm}$。为保证弹性筒夹正常

299

工作，工件定位基面的尺寸公差应控制在 0.1~0.5mm 范围内，故一般适用于精加工或半精加工场合。

（5）膜片卡盘定心夹紧机构　图7-45 所示工件以大端面和外圆为定位基面，在 10 个等高支柱 6 和膜片 2 的 10 个夹爪上定位。首先逆时针旋动螺钉 4 使楔块 5 下移，并推动滑柱 3 右移，迫使膜片 2 产生弹性变形，10 个夹爪同时张开，以放入工件。顺时针旋动螺钉，使膜片恢复弹性变形，10 个夹爪同时收缩将工件定心夹紧。夹爪上的支承钉 1 可以调节，以适应直径尺寸不同的工件。支承钉每次调整后都要用螺母锁紧，并在所用的机床上对 10 个支承钉的工作面进行加工，以保证基准轴线与机床主轴回转轴线的同轴度。

膜片卡盘定心夹紧机构具有工艺性、通用性好，定心精度高（一般为 $\phi0.005~\phi0.01mm$）、操作方便迅速等特点。但它的夹紧力较小，常用于滚动轴承零件的磨削或车削加工工序。

（6）波纹套定心夹紧机构　这种定心夹紧机构的弹性元件是一个薄壁波纹套。图7-46 所示为用于加工工件外圆及右端面的波纹套定心心轴，其结构简单、装夹方便、使用寿命长，定心精度可达 $\phi0.005~\phi0.01mm$，适用于定位基准孔 $D \geqslant 20mm$，且公差等级不低于 IT8 的工件，在齿轮、套筒类等工件的精加工工序中应用广泛。

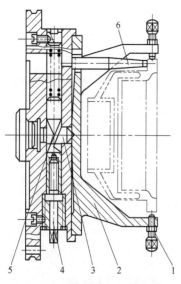

图 7-45　膜片卡盘定心夹紧机构
1—支承钉　2—膜片　3—滑柱
4—螺钉　5—楔块　6—支柱

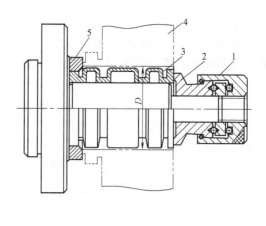

图 7-46　波纹套定心心轴
1—螺母　2—垫圈　3—波纹套　4—工件　5—支承圈

（7）液性塑料定心夹紧机构　图7-47 所示为液性塑料定心夹紧机构的两种结构，其中图7-47a 是工件以内孔为定位基面，图7-47b 是工件以外圆为定位基面，虽然两者的定位基面不同，但其基本结构与工作原理是相同的。起直接夹紧作用的薄壁套筒 2 压配在夹具体 1 上，在所构成的容腔中注满了液性塑料 3 。当将工件装到薄壁套筒 2 上之后，旋进加压螺钉 5，通过滑柱 4 使液性塑料流动并将压力传到各个方向上，薄壁套筒的薄壁部分在压力作用下产生径向均匀的弹性变形，从而将工件定心夹紧。图7-47a 中的限位螺钉 6 用于限制加压螺钉 5 的行程，防止薄壁套筒超负荷而产生塑性变形。

常见的薄壁套筒结构形式要根据定位表面形状，选用内胀式或外胀式，然后确定薄壁套筒长度及类型。

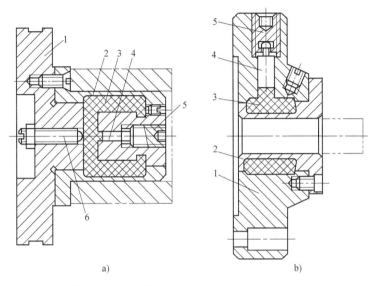

图 7-47   液性塑料定心夹紧机构

1—夹具体   2—薄壁套筒   3—液性塑料   4—滑柱   5—加压螺钉   6—限位螺钉

7.3.4   夹紧动力源装置

夹具的动力源有手动、气压、液压、电动、电磁、弹力、离心力、真空吸力等。随着机械制造工业的迅速发展，现在大多采用气动、液压等夹紧来代替人力夹紧。这类夹紧机构还能进行远距离控制，其夹紧力可保持稳定，机构也不必考虑自锁，夹紧质量也比较高。

设计夹紧机构时，应同时考虑所采用的动力源。动力源的确定很大程度上决定了所采用的夹紧机构，因此，动力源必须与夹紧机构结构特性、技术特性以及经济价值相适应。

1. 手动动力源

选用手动动力源的夹紧系统一定要具有可靠的自锁性能以及较小的原始作用力，故手动动力源多用于螺栓螺母施力机构和偏心施力机构的夹紧系统。设计这种夹紧装置时，应考虑操作者体力和情绪的波动对夹紧力的大小波动的影响，应选用较大的裕度系数。

2. 气压动力源

气压动力源夹紧系统如图 7-48 所示，它包括三个组成部分：

第一部分为气源，包括空气压缩机 2、冷却器 3、储气罐 4 和过滤器 5 等，这一部分一般集中在压缩空气站内。

第二部分为控制部分，包括空气过滤器 6（降低湿度）、调压阀 7（调整与稳定工作压力）、油雾器 9（将油雾化润滑元件）、单向阀 10、配气阀 11（控制气缸进气与排气方向）、调速阀 12（调节压缩空气的流速和流量）等，这些气压元件一般安装在机床附近或机床上。

第三部分为执行部分，如气缸 13 等，它们通常直接装在机床夹具上与夹紧机构相连。

气缸是将压缩空气的工作压力转换为活塞的移动，以此驱动夹紧机构实现对工件夹紧的执行元件。它的种类很多，按活塞的结构可分为活塞式和膜片式两大类，按安装方式可分为

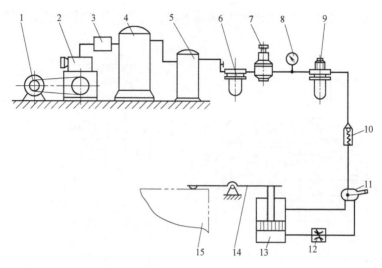

图 7-48 气压夹紧装置传动的组成

1—电动机 2—空气压缩机 3—冷却器 4—储气罐 5—过滤器 6—空气过滤器
7—调压阀 8—压力计 9—油雾器 10—单向阀 11—配气阀
12—调速阀 13—气缸 14—压板 15—工件

固定式、摆动式和回转式等；按工作方式还可分为单向作用和双向作用气缸。

气压动力源的介质是空气，故不会变质和产生污染，且在管道中的压力损失小。但气压较低，一般为 0.4~0.6MPa，当需要较大的夹紧力时，气缸就要很大，致使夹具结构不紧凑。另外，由于空气的压缩性大，所以夹具的刚度和稳定性较差。此外，还有较大的排气噪声。

3. 液压动力源

液压动力源夹紧系统是利用液压油为工作介质来传力的一种装置。它与气压夹紧比较，液压夹紧机构具有压力大、体积小、结构紧凑、夹紧力稳定、吸振能力强、不受外力变化的影响等优点。但结构比较复杂、制造成本较高，因此仅适用于大量生产。液压夹紧的传动系统与普通液压系统类似。在非液压机床上使用液压夹具时，常选用小型液压泵站供油方式。图 7-49a 为一种液压泵站外形图，图 7-49b 为液压夹紧系统原理图。

液压油压力高，传动力大，产生同等夹紧力的前提下，液压缸体积比气压缸小许多倍。油液的不可压缩性使夹紧刚度高，工

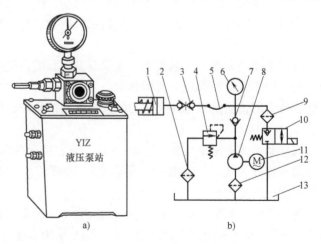

a)   b)

图 7-49 液压泵站

1—微型液压缸 2、9、12—过滤器 3—快换接头 4—溢流阀
5—高压软管 6—压力计 7—单向阀 8—柱塞泵
10—电磁卸荷阀 11—电动机 13—油箱

作平稳、可靠。液压传动噪声小。液压系统的泄漏问题应予关注。

4. 气-液组合动力源

气-液组合动力源夹紧系统综合利用气压和液压装置的优点，在不需增设液压装置的条件下，可在非液压机床上采用气液联动的增压装置，其动力源为压缩空气。

图 7-50 所示为一气-液组合增压台虎钳工作原理图。压缩空气进入气缸的左腔 A，推动增压器活塞 5 右移，增压缸活塞杆 4 随之在增压缸内右移。因活塞杆 4 的作用面积小，使增压缸 C 内的油压得到大大增加 [增压比为 $(D_1/d)^2$]，并使高压油经油路 a 进入工作缸 F 油腔中，使活塞 3 左移，将工件夹紧。反之，压缩空气从气缸右腔 B 进入时，由气压产生的力使台虎钳松开。由于气-液动力装置只利用气源即可获得高压油，因此成本低，维护方便。

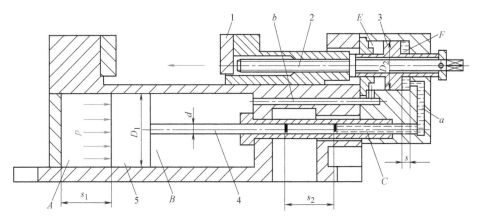

图 7-50　气-液组合增压台虎钳
1—钳口　2—丝杠　3、5—活塞　4—活塞杆

通常，气-液增压装置的油压可达 9.8～19.6MPa，不需要增加机械增力机构就可以产生很大的夹紧力，使夹具结构简化，传动效率提高；气-液增压装置已被制成通用部件，可以以各种方式灵活、方便地与夹具组合使用。

5. 电动、电磁动力源

电动扳手和电磁吸盘都属于硬特性动力源，在流水作业线常采用电动扳手代替手动，不仅提高了生产率，而且克服了手动时施力的波动，并减轻了工人的劳动强度，是获得稳定夹紧力的方法之一。电磁吸盘动力源主要用于要求夹紧力稳定的精加工夹具中。

7.4　典型夹具

7.4.1　铣床夹具

铣床夹具包括用在各种铣床、平面磨床上的夹具，工件安装在夹具上随同机床工作台一起做送进运动，主要用于加工零件上的平面、沟槽、缺口、花键以及成形表面。在铣削加工时，切削力比较大，并且刀齿的工作是不连续切削，易引起冲击和振动，所以夹紧力要求较大，以保证工件的夹紧可靠，因此，铣床夹具要有足够的强度和刚度，夹具本体也应牢固地固定在机床工作台上。

1. 铣床夹具的种类

按铣削的进给方式，可将铣床夹具分为直线进给式、圆周进给式和靠模进给式三种。

直线进给式铣床夹具安装在铣床工作台上，随工作台一起做直线进给运动。圆周进给式铣床夹具一般在有回转工作台的专用铣床上使用，或在通用铣床上增加一个回转工作台。靠模进给式铣床夹具用于加工成形表面，其作用是使主进给运动和由靠模获得的辅助运动合成加工所需要的仿形运动。

2. 铣床夹具的结构特点

图 7-51 所示为轴端铣方头夹具，采用 V 形块定位用螺旋压板夹紧机构夹紧。四把三面刃铣刀同时铣完两侧面后，取下楔块 5 后，将回转座 4 转过 90°，再用楔块 5 将回转座 4 定位并锁紧，即可铣工件的另两个侧面。该夹具在一次安装中完成两个工位的加工。

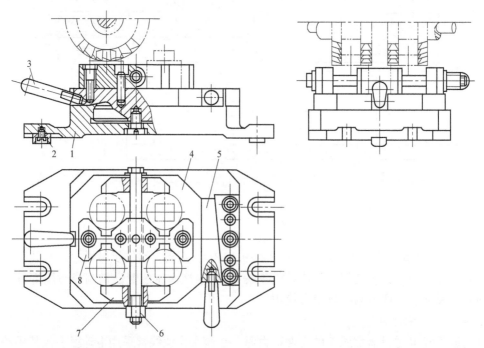

图 7-51 轴端铣方头夹具

1—夹具体 2—定位键 3—手柄 4—回转座 5—楔块 6—螺母 7—压板 8—V 形块

3. 夹具的安装与定位

铣床夹具在工作台上的安装定位可以利用定位键或定向键来实现。

(1) 定位键 安装在夹具底面的纵向槽中，一般使用两个，用开槽圆柱头螺钉固定，通过定位键与铣床工作台上 T 形槽的配合，确定夹具在机床上的正确位置。

如图 7-52 所示，常用的定位键的结构已标准化，对于 A 型键，其极限偏差可选 h6 或 h8；对于 B 型键，尺寸 B_1 留有 0.5mm 的磨削余量，可按 T 形槽实际尺寸配作，从而进一步提高安装精度。

(2) 定向键 定向键的结构如图 7-53 所示。键与夹具体槽的配合取 H7/h6，与 T 形槽配合的尺寸 B_1 也留有 0.5mm 的磨削余量，可按 T 形槽的实际尺寸配作。只要选择不同 B_1

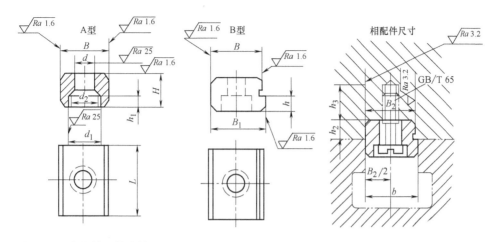

图 7-52　定位键及其连接

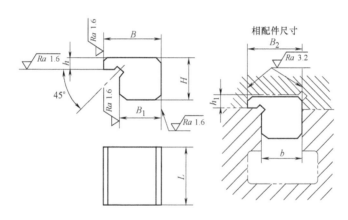

图 7-53　定向键

尺寸的定向键定位，就可以使夹具安装于不同的工作台。

　　为了提高精度，两个定位键（或定向键）间的距离应尽可能大，安装时应使键靠向 T 形槽的同一侧。

　　（3）夹具位置的找正　对于位置精度要求高的夹具，常不设定位键（或定向键），而通过标准样件（见图 7-54a）或夹具上的高精度加工表面（见图 7-54b）来找正的方法安装夹具。位置找正后，利用螺钉或压板将夹具夹紧在工作台上。

　　4. 对刀装置

　　确定加工中刀具与夹具或机床相对位置的过程称为对刀。铣削加工的对刀可以通过对刀装置来实现，也可以通过样件或试切来实现。

　　铣床夹具在工作台上安装好了以后，为了使刀具与工件被加工表面的相对位置

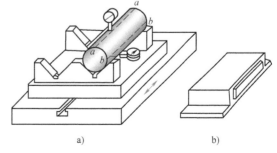

a)　　　　　　　　　　b)

图 7-54　夹具位置的找正

能迅速而正确地对准，在夹具上可以采用对刀装置进行对刀。对刀装置由对刀块和塞尺组成，其结构尺寸已标准化，可以根据工件的具体加工要求进行选择。

图 7-55 所示为对刀示意图。

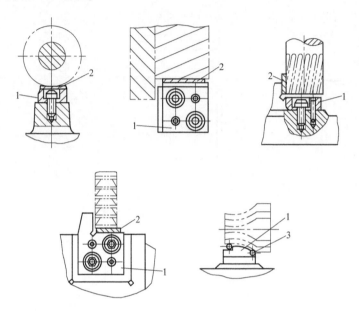

图 7-55　对刀示意图

1—对刀块　2—对刀平塞尺　3—对刀圆柱塞尺

常用的塞尺有平塞尺（见图 7-56a）和圆柱塞尺（见图 7-56b）两种，其厚度常用的为 1mm、3mm、5mm。

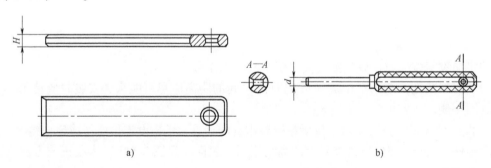

a)　　　　　　　　　　　　　　　　　　　b)

图 7-56　标准对刀塞尺

a）对刀平塞尺　b）对刀圆柱塞尺

采用塞尺是为了不使刀具与对刀块直接接触，以免损坏切削刃或造成对刀块过早磨损。使用时，将塞尺放在刀具与对刀块之间，凭抽动的松紧感觉来判断，以适度为宜。

对刀块工作表面的位置尺寸一般是从定位表面注起，其值应等于工件相应尺寸的平均值再减去塞尺的厚度。其公差常取工件相应尺寸公差的 1/3 ~ 1/5。

当加工精度较高时，用对刀装置已无法保证对刀精度，大多不用对刀装置。在一批工件正式加工前，对安装在夹具上的首件采用试切调整，或按前批生产时留下的样件对刀。

7.4.2 钻床夹具

1. 钻床夹具的主要类型

在钻床上进行孔的钻、扩、铰、锪、攻螺纹加工所用的夹具，称为钻床夹具，简称钻模。钻床夹具用钻套引导刀具进行加工，有利于保证被加工孔对其定位基准和各孔之间的尺寸精度和位置精度，并可显著提高劳动生产率。

钻床夹具的种类繁多，一般分为固定式、回转式、移动式、翻转式、盖板式和滑柱式等几种类型。

(1) 固定式钻模 在使用过程中，夹具和工件在机床上的位置固定不变。常用于在立式钻床上加工较大的单孔或在摇臂钻床上加工平行孔系。

在立式钻床上安装钻模时，一般先将装在主轴上的定尺寸刀具（精度要求高时用心轴）伸入钻套中，以确定钻模的位置，然后将其紧固。这种加工方式的钻孔精度较高。

(2) 回转式钻模 在钻削加工中，回转式钻模使用较多，它用于加工同一圆周上的平行孔系，或分布在圆周上的径向孔。它包括立轴、卧轴和斜轴回转三种基本形式。由于回转台已经标准化，并有专业化工厂进行生产，故在一般情况下可设计专用的工作夹具和标准回转台联合使用，必要时可设计专用的回转式钻模。图 7-57 所示为一套专用回转式钻模，用其加工工件上均布的径向孔。

(3) 移动式钻模 这类钻模不固定在工作台上，通过移动钻模完成对小型工件同一表面上的多个孔的加工。

(4) 翻转式钻模 这类钻模主要用于加工中、小型工件分布在不同表面上的孔。图 7-58 所示的钻模为加工套筒上四个径向孔的翻转式钻模。工件以内孔及端面在定位销 1 上定位，用快换垫圈 2 和螺母 3 夹紧。钻完一组孔后，翻转 60° 钻另一组孔。该夹具的结构比较简单，但每次钻孔都需找正钻套相对钻头的位置，所以辅助时间较长，而且翻转费力。因此，夹具连同工件的总质量不能太大，其加工批量也不宜过大。

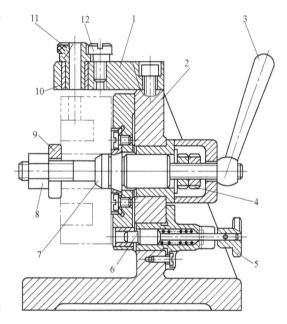

图 7-57 专用回转式钻模

1—钻模板 2—夹具体 3—手柄 4、8—螺母 5—把手
6—定位销 7—圆柱销 9—快换垫圈
10—衬套 11—钻套 12—螺钉

(5) 盖板式钻模 这类钻模没有夹具体，钻模板上除钻套外，一般还装有定位元件和夹紧装置，只要将它覆盖在工件上即可进行加工。

图 7-59 所示为加工车床溜板箱上多个小孔的盖板式钻模。在钻模盖板 1 上不仅装有钻套，还装有定位用的定位销 2、菱形销 3 和支承钉 4（用来完成钻模盖板在工件上的定位）。因钻小孔，钻削力矩小，故未设置夹紧装置。

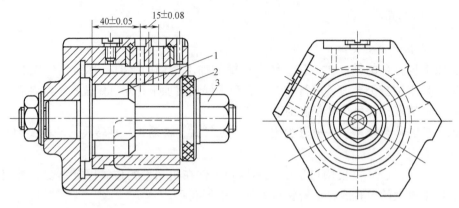

图 7-58　翻转式钻模

1—定位销　2—快换垫圈　3—螺母

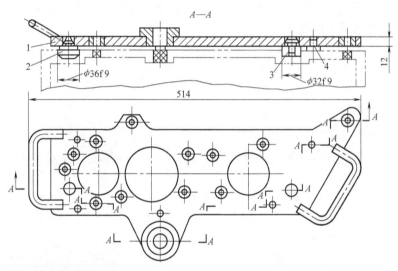

图 7-59　盖板式钻模

1—钻模盖板　2—定位销　3—菱形销　4—支承钉

　　盖板式钻模结构简单，一般多用于加工大型工件上的小孔。因夹具在使用时经常搬动，故盖板式钻模所产生的重力不宜超过 100N。为了减小质量可在盖板上设置加强肋而减小其厚度，设置减轻窗孔或用铸铝件。

　　（6）滑柱式钻模　滑柱式钻模是一种带有升降钻模板的通用可调夹具。图 7-60 所示为手动滑柱式钻模的通用结构，由夹具体 1、三个滑柱 2、钻模板 4 和传动、锁紧机构所组成。使用时，只要根据工件的形状、尺寸和加工要求等具体情况，专门设计制造相应的定位、夹紧装置和钻套等，装在夹具体的平台和钻模板上的适当位置，就可用于加工。转动手柄 6，经过齿轮齿条的传动和左右滑柱的导向，便能顺利地带动钻模板升降，将工件夹紧或松开。

　　钻模板在夹紧工件或升降至一定高度后，必须自锁。锁紧机构的种类很多，但用得最广泛的是圆锥锁紧机构（见图 7-60 中的锁紧原理图）。其工作原理如下：将螺旋齿轮轴 7 的左端制成螺旋齿，与中间滑柱后侧的螺旋齿条相啮合，其螺旋角为 45°。轴的右端制成双向锥体，锥度为 1:5，与夹具体 1 及套环 5 的锥孔配合。钻模板下降接触到工件后继续施力，则

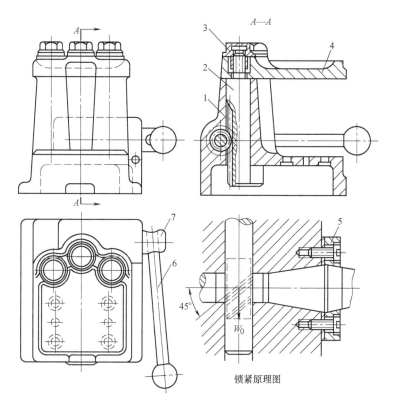

图7-60　手动滑柱式钻模的通用结构

1—夹具体　2—滑柱　3—锁紧螺母　4—钻模板　5—套环　6—手柄　7—螺旋齿轮轴

钻模板通过夹紧元件将工件夹紧，在齿轮轴上产生轴向分力使锥体锁紧在夹具体的锥孔中。由于圆锥角小于两倍摩擦角（锥体与锥孔的摩擦因数 $f = 0.1$，$\varphi = 6°$），故能自锁。当加工完毕，钻模板上升到一定高度时，可以使齿轮轴的另一段锥体楔紧在套环5的锥孔中，将钻模板锁紧。

这种手动滑柱钻模的机械效率较低，夹紧力不大。此外，由于滑柱和导孔为间隙配合（一般为 H7/f7），因此，被加工孔的垂直度和孔的位置尺寸难以达到较高的精度。但是其自锁性能可靠、结构简单、操作迅速，具有通用可调的优点，所以不仅广泛使用于大批量生产，而且也已推广到小批量生产中。它适用于一般中、小件的加工。

2. 钻套的选择和设计

钻套和钻模板是钻床夹具的特殊元件。钻套装配在钻模板上，其作用是确定被加工孔的位置和引导刀具加工。

（1）钻套的类型　按钻套的结构和使用情况，可分为以下四种类型：

1）固定钻套。如图7-61a所示，其配合为 H7/n6 或 H7/r6。固定钻套结构简单，钻孔精度高，适用于单一钻孔工序和小批量生产。

2）可换钻套。如图7-61b所示，当工件为单一钻孔工步的大批量生产时，为便于更换磨损的钻套，选用可换钻套。钻套与衬套之间采用 F7/m6 或 F7/k6 配合，衬套与钻模板之间采用 H7/n6 配合。当钻套磨损后，可卸下螺钉，更换新的钻套。螺钉能防止加工时钻套

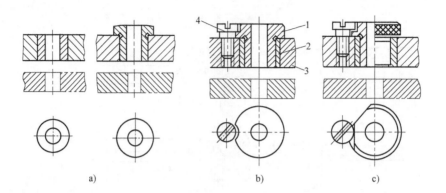

图 7-61　钻套

a) 固定钻套　b) 可换钻套　c) 快换钻套

1—钻套　2—衬套　3—钻模板　4—螺钉

转动和退刀时随刀具拔出。

3) 快换钻套。如图 7-61c 所示，当工件需钻、扩、铰多工步加工时，为能快速更换不同孔径的钻套，应选用快换钻套。快换钻套的有关配合同可换钻套。更换钻套时，将钻套削边转至螺钉处，即可取出钻套。削边的方向应考虑刀具的旋向，以免加工时钻套随刀具自行拔出。

以上三类钻套已标准化，其结构参数、材料、热处理方法等，可查阅有关手册。

4) 特殊钻套。由于工件形状或被加工孔位置的特殊性，需要设计特殊结构的钻套。图 7-62 所示是几种特殊钻套的结构。

图 7-62a 用于小间距钻孔；图 7-62b 用于凹陷处钻孔；图 7-62c 用于斜面上钻孔。

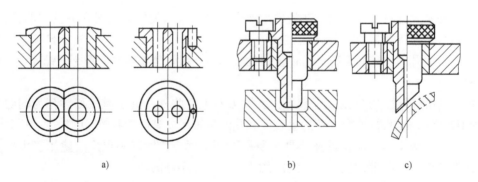

图 7-62　特殊钻套

(2) 钻套的尺寸　设计钻床夹具时，在选定钻套的结构类型之后，需要确定钻套的内孔尺寸、公差及其他有关尺寸。

1) 一般钻套导向孔的公称尺寸取刀具的上极限尺寸，采用基轴制间隙配合。钻孔和扩孔时其公差取 F7；粗铰孔时公差取 G7；精铰孔时公差取 G6。若刀具用圆柱部分导向（如接长的扩孔钻、铰刀等）时，可采用 H7/f7、H7/g6、H6/g5 配合。

2) 钻套的导向高度 H 增大，则导向性能好，刀具刚度高，加工精度高，但钻套与刀具的磨损加剧。如图 7-63 所示，一般取 $H = (1 \sim 2.5)d$（其中，d 为钻套孔径），对于加工精度要求较高的孔，或被加工孔较小其钻头刚度较差时，应取较大值，反之取较小值。

3）排屑空隙指钻套底部与工件表面之间的空间。增大 h 值，排屑方便，但刀具的刚度和孔的加工精度都会降低。钻削易排屑的铸铁时，常取 $h = (0.3 \sim 0.7)d$；钻削较难排屑的钢件时，常取 $h = (0.7 \sim 1.5)d$（见图 7-63）。工件精度要求高时，h 取小值。

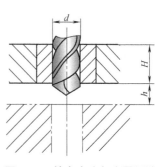

图 7-63　钻套高度与容屑间隙

3. 钻模板的选择和设计

钻模板用于安装钻套。钻模板与夹具体的连接方式有固定式、铰链式、分离式和悬挂式等几种。

（1）固定式钻模板　一般采用两个圆锥销和几个螺钉装配连接，如图 7-57 和图 7-58 所示。这种结构可在装配时调整位置，钻孔导向精度高。对于简单的结构也可以采用整体铸造或焊接结构。

（2）铰链式钻模板　当钻模板妨碍工件装卸或钻孔后需攻螺纹时，可采用如图 7-64 所示的铰链式钻模板。铰链式钻模板的导向精度低于固定式钻模板。

（3）分离式（可卸式）钻模板　这种钻模板是可拆卸的，由于钻模结构所限，工件每装卸一次，钻模板也要装卸一次，导向精度低（见图 7-65）。

（4）悬挂式钻模板　在立式钻床上采用多轴传动头进行平行孔系加工时，所用的钻模板就连接在传动箱上，并随机床主轴往复移动。它与夹具体的相对位置精度由滑柱保证（见图 7-66）。

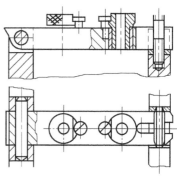

图 7-64　铰链式钻模板

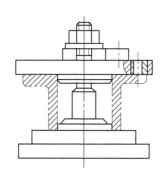

图 7-65　分离式钻模板

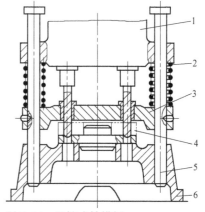

图 7-66　悬挂式钻模板
1—横梁　2—弹簧　3—钻模板
4—工件　5—滑柱　6—夹具体

4. 夹具体

钻模的夹具体没有定位和定向装置，夹具通过夹具体底面安放在钻床工作台上，可直接用钻套找正并用压板压紧（或在夹具体上设置耳座用螺栓压紧）。对于某些结构较大的钻模，要求在相对于钻头送进方向设置支脚。支脚可以直接在夹具体上做出，也可以做成装配式。支脚一般应有4个，以检查夹具安放是否歪斜。支脚的宽度（或直径）应大于机床工作台T形槽的宽度。装配式支脚已经标准化。

7.4.3 车床夹具

1. 车床夹具的主要类型

车床主要用于加工零件的内、外圆柱面、圆锥面、回转成形面、螺纹以及端平面等。上述各种表面都是围绕机床主轴的旋转轴线而形成的，根据这一加工特点和夹具在机床上安装的位置，将车床夹具分为两种基本类型：

（1）安装在车床主轴上的夹具 这类夹具中，除了各种卡盘、顶尖等通用夹具或其他机床附件外，往往根据加工的需要设计各种心轴或其他专用夹具，加工时夹具随机床主轴一起旋转，切削刀具做进给运动。

（2）安装在滑板或床身上的夹具 对于某些形状不规则和尺寸较大的工件，常常把夹具安装在车床滑板上，刀具则安装在车床主轴上做旋转运动，夹具做进给运动。

2. 车床专用夹具的典型结构

（1）心轴类车床夹具 心轴类车床夹具多用于工件以内孔作为定位基准，加工外圆柱面的情况。常见的车床心轴有圆柱心轴、弹簧心轴、顶尖式心轴等。

图7-67所示为几种常见弹簧心轴的结构形式。图7-67a为前推式弹簧心轴，转动螺母1，弹簧筒夹2前移，使工件定心及夹紧。这种结构不能进行轴向定位。图7-67b为带强制

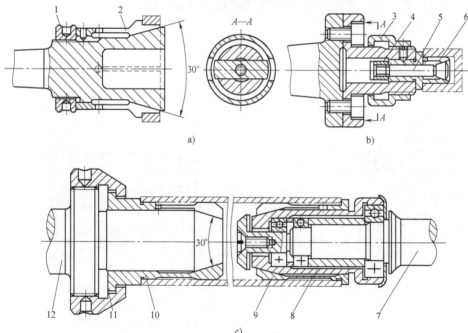

图7-67 弹簧心轴

a）前推式弹簧心轴　b）不动式弹簧心轴　c）分开式弹簧心轴

1、3、11—螺母　2、6、9、10—弹簧筒夹　4—滑条　5—锥形拉杆　7、12—心轴体　8—锥套

退出的不动式弹簧心轴，转动螺母3，推动滑条4后移，使锥形拉杆5移动而将工件定心夹紧；反转螺母，滑条前移而使弹簧筒夹6松开。此外筒夹元件不动，依靠其台阶端面对工件实现轴向定位。该结构形式常用于加工以不通孔作为定位基准的工件。图7-67c为加工长薄壁工件用的分开式弹簧心轴，心轴体12和7分别置于车床主轴和尾座中，用尾座顶尖套顶紧时，锥套8撑开弹簧筒夹9，使工件右端定心夹紧。转动螺母11，使弹簧筒夹10移动，依靠心轴体12的30°圆锥角将工件另一端定心夹紧。

图7-68所示为顶尖式心轴，工件以孔口60°角定位车削外圆表面。当旋转螺母6时，活动顶尖套4左移，从而使工件定心夹紧。顶尖式心轴的结构简单、夹紧可靠、操作方便，适用于加工内、外圆无同轴度要求，或只需加工外圆的套筒类零件。

（2）角铁式车床夹具　角铁式车床夹具的结构特点是具有类似角铁的夹具体。它常用于加工壳体、支座、接头等类零件上的圆柱面及端面。当被加工工件的主要定位基准是平面，被加工面的轴线对主要定位基准面保持一定的位置关系（平行或成一定的角度）时，相应地夹具上的平面定位件设置在与车床主轴轴线相平行或成一定角度的位置上。图7-69所示是镗壳体零件孔的夹具，工件以平面及两孔定位，

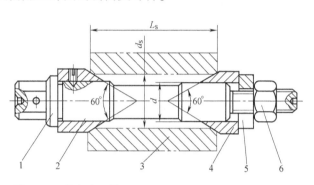

图 7-68　顶尖式心轴
1—心轴　2—固定顶尖套　3—工件
4—活动顶尖套　5—快换垫圈　6—螺母

用两个钩形压板夹紧。夹具上设有供测量工件端面尺寸用的测量基准。

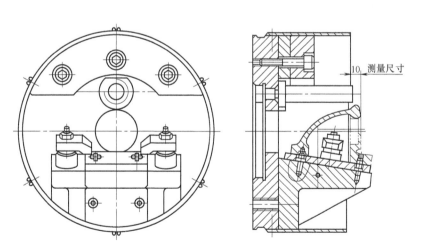

图 7-69　镗壳体零件孔的夹具

（3）花盘式车床夹具　花盘式车床夹具的基本特征是夹具体为一个大圆盘形零件。在花盘式车床夹具上加工的工件一般形状都较复杂，多数情况是工件的定位基准为圆柱面和与其垂直的端面。如图7-70所示，工件以底面和 $2 \times \phi 9mm$ 孔分别在过渡盘1、圆柱销7和削

边销6上定位。拧紧螺母9，由两块螺旋压板8夹紧工件。

车完一个螺孔后，松开三个螺母5，拔出定位销10，将分度盘3回转180°，可对另一孔进行加工。

夹具体2以端口和止口在过渡盘1上对定，并用螺钉紧固。为使夹具回转时平衡，夹具上设置了平衡块11。

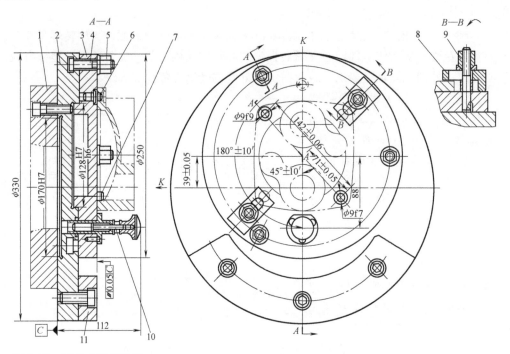

图7-70　花盘式车床夹具

1—过渡盘　2—夹具体　3—分度盘　4—T形螺钉　5、9—螺母
6—削边销　7—圆柱销　8—螺旋压板　10—定位销　11—平衡块

（4）卡盘类车床夹具　用卡盘类车床夹具的零件大都是回转体或对称零件，因而，卡盘类车床夹具的结构基本上是对称的，回转时的不平衡影响较小。如图7-71所示，夹具用于车床上加工汽车前钢板弹簧支架的内孔、凸台和端面。工件以后端面靠在可换卡爪内端面上，由另外四个侧面与四个卡爪接触定心夹紧。当拉杆螺钉由气缸活塞杆带动左拉时，通过连接套6带动压套10左移，推动钢球4、外锥套3，使上下两杠杆2绕固定支点摆动，拨动上下两可换卡爪7同时向中心移动夹住工件，此时外锥套3停止移动，由于压套10继续左移，迫使钢球4沿外锥套斜面向内滑动，压向内锥套5，迫使内锥套左移，从而左右面可换卡爪也向中心移动，四卡爪同时定心并夹紧工件。

3. 车床夹具的设计要点

（1）定位装置的设计特点　在车床上加工回转面时，要求工件被加工面的轴线与车床主轴的旋转轴线重合，夹具上定位装置的结构和布置，必须保证这一点。因此，对于轴套类和盘类工件，要求夹具定位元件工作表面的对称中心线与夹具的回转轴线重合。对于壳体、接头或支座等工件，被加工的回转面轴线与工序基准之间有尺寸联系或相互位置精度要求时，应以夹具轴线为基准确定定位元件工作表面的位置。

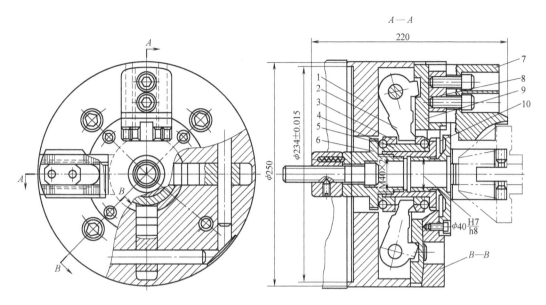

图 7-71　四爪定心夹紧车床夹具

1—夹具体　2—杠杆　3—外锥套　4—钢球　5—内锥套　6—连接套

7—可换卡爪　8—卡爪基座　9—滑块　10—压套

（2）夹紧装置的设计要求　在车削过程中，由于工件和夹具随主轴旋转，除工件受切削转矩的作用外，整个夹具还受到离心力的作用。此外，工件定位基准的位置相对于切削力和重力的方向是变化的。因此，夹紧机构必须产生足够的夹紧力，自锁性能要可靠。

（3）夹具与机床主轴的连接　车床夹具与机床主轴的连接精度对夹具的回转精度有决定性的影响。因此，要求夹具的回转轴线与主轴轴线应具有尽可能高的同轴度。

心轴类车床夹具以莫氏锥柄与机床主轴锥孔配合连接，用螺杆拉紧。有的心轴以中心孔与车床前、后顶尖配合使用，由鸡心夹头或拨盘传递转矩。

根据径向尺寸的大小，其他专用夹具在机床主轴上的安装连接一般有两种方式：

1）对于小型夹具，一般用锥柄安装在车床主轴的锥孔中，并用螺杆拉紧，如图 7-72a 所示。这种连接方式定心精度较高。

2）对于径向尺寸较大的夹具，一般通过过渡盘与车床主轴轴颈连接。过渡盘与主轴配合处的形状取决于主轴前端的结构。

图 7-72b 所示的过渡盘，其上有一个定位圆孔按 H7/h6 或 H7/js6 与主轴轴颈相配合，并用螺纹和主轴连接。专用夹具则以其定位止口按 H7/h6 或 H7/js6 装配在过渡盘的凸缘上，用螺钉紧固。这种连接方式的定心精度受配合间隙的影响。为了提高定心精度，在车床上安装夹具时，可按找正圆校正夹具与机床主轴的同轴度。

对于车床主轴前端为圆锥体并有凸缘的结构，如图 7-72c 所示，过渡盘在其长锥面上配合定心，用活套在主轴上的螺母来锁紧，由键传递转矩。这种安装方式的定心精度较高，但端面要求紧贴，制造上较困难。

图 7-72d 所示是以主轴前端短锥面与过渡盘连接的方式。过渡盘推入主轴后，其端面与主轴端面只允许有 0.05～0.1mm 的间隙，用螺钉均匀拧紧后，即可保证端面与锥面全部接

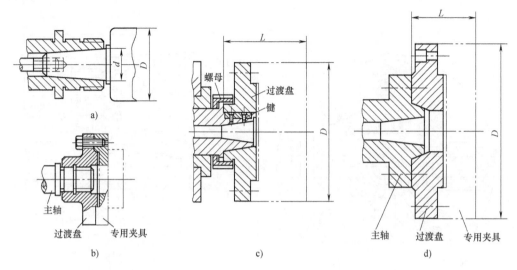

图 7-72　车床夹具与机床主轴的连接

触,以使定心准确、刚度好。

过渡盘常作为车床附件备用,设计夹具时应按过渡盘凸缘确定专用夹具体的止口尺寸。如果没有过渡盘,应设计过渡盘,或将过渡盘与夹具体合成一体。过渡盘的材料通常为铸铁。各种车床主轴前端的结构尺寸,可从《机床夹具设计手册》中查取。

(4) 总体结构设计要求　车床夹具一般是在悬臂的状态下工作,为保证加工的稳定性,夹具的结构应力求紧凑、轻便,悬伸长度要短,使重心尽可能靠近主轴。

由于加工时夹具随同主轴旋转,如果夹具的总体结构不平衡,则在离心力的作用下将造成振动,影响工件的加工精度和表面粗糙度,加剧机床主轴和轴承的磨损。因此,车床夹具除了控制悬伸长度外,结构上还应基本平衡。角铁式车床夹具的定位装置及其他元件总是安装在主轴轴线的一边,不平衡现象最严重,所以在确定其结构时,特别要注意对它进行平衡。平衡的方法有两种:设置配重块或加工减重孔。

在确定配重块的质量或减重孔所去除的质量时,可用隔离法做近似估算。这种估算法就是把工件及夹具上的各个元件隔离成几个部分,互相平衡的各部分可略去不计,对不平衡的部分,则按力矩平衡原理,确定配重块的质量或减重孔应去除的质量。

为了弥补估算法的不准确性,配重块上(或夹具体上)应开有径向槽或环形槽,以便调整。为保证安全,夹具上的各种元件一般不允许突出夹具体圆形轮廓之外。此外,还应注意切屑缠绕和切削液飞溅等问题,必要时应设置防护罩。

7.4.4　现代机床夹具简介

1. 机床夹具发展方向

国际生产研究协会的统计表明,目前中、小批多品种生产的工件品种已占工件种类总数的85%左右。现代生产要求企业所制造的产品品种经常更新换代,以适应市场与竞争的需求。然而,一般企业都仍习惯于大量采用传统的专用夹具,例如,一个具有中等生产能力的工厂,约拥有数千甚至近万套专用夹具。另一方面,在多品种生产的企业中,每隔 3~4 年就要更新50% ~80%的专用夹具，而夹具的实际磨损量仅为10% ~20%。

为了适应现代制造技术的发展，企业对机床夹具提出了更高要求，主要体现在以下方面：

（1）标准化 机床夹具的标准化与通用化是相互联系的两个方面。目前我国已有夹具零件及部件的行业标准（JB/T 8004.1 ~10—1999）以及各类通用夹具、组合夹具标准等。机床夹具的标准化，有利于夹具的商品化生产，有利于缩短生产准备周期，降低生产总成本。

（2）精密化 随着机械产品精度的日益提高，势必相应提高了对夹具的精度要求。精密化夹具的结构类型很多，例如，用于精密分度的多齿盘，其分度精度可达 ±0.1′；用于精密车削的高精度自定心卡盘，其定心精度为5μm。

（3）高效化 高效化夹具主要用来减少工件加工的基本时间和辅助时间，以提高劳动生产率，减轻工人的劳动强度。常见的高效化夹具有自动化夹具、高速化夹具和具有夹紧力装置的夹具等。例如，在铣床上使用电动台虎钳装夹工件，效率可提高5倍左右；在车床上使用高速自定心卡盘，可保证卡爪在试验转速为9000r/min的条件下仍能牢固地夹紧工件，从而使切削速度大幅度提高。目前，除了在生产流水线、自动线配置中使用相应的高效、自动化夹具外，在数控机床上，尤其在加工中心上出现了各种自动装夹工件的夹具以及自动更换夹具的装置，充分发挥了数控机床的效率。

（4）柔性化 机床夹具的柔性化与机床的柔性化相似，它是指机床夹具通过调整、组合等方式，以适应工艺可变因素的能力。工艺的可变因素主要有工序特征、生产批量、工件的形状和尺寸等。具有柔性化特征的新型夹具种类主要有组合夹具、通用可调夹具、成组夹具、模块化夹具、数控夹具等。为适应现代机械工业多品种、中小批量生产的需要，扩大夹具的柔性化程度，改变专用夹具的不可拆结构为可拆结构，发展可调夹具结构，将是当前夹具发展的主要方向。

2. 通用可调夹具

（1）通用可调夹具的特点 通用可调夹具是在通用夹具的基础上发展起来的一种可调夹具，目前尚未商品化，因此在使用上受到一定限制。与通用夹具、成组夹具相比，通用可调夹具有以下优点：

1）通用可调夹具增大了工件的加工范围。

2）适用于不同生产类型工件的加工。

缺点是增加了更换与调整的工作量。

（2）通用可调夹具的典型结构 通用可调夹具常见的结构有通用可调台虎钳、通用可调自定心卡盘、通用可调钻模等。图7-73a所示为采用机械增力机构的通用可调气动台虎钳。夹紧时活塞7左移，使杠杆6做逆时针方向转动，并经活塞杆5、螺杆4、活动钳口3夹紧工件。活动钳口可做小角度摆动，以补偿毛坯面的误差。按照工件的不同形状可更换件1、2。更换件部分为T形槽结构。图7-73b、c所示两种可更换调整件可供设计时参考。

3. 成组夹具

成组夹具是按企业的典型零件族设计的非标可重调夹具。多品种中、小批生产的企业，在数控加工单元和柔性制造系统中广泛地应用成组夹具。

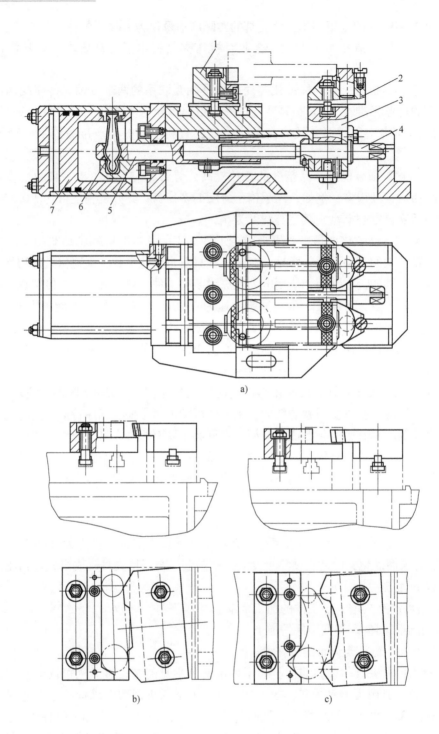

a)

b)　　　　　　　　c)

图 7-73　通用可调气动台虎钳

a) 通用可调气动台虎钳　b)、c) 可更换调整件

1、2—可更换调整件　3—活动钳口　4—螺杆　5—活塞杆　6—杠杆　7—活塞

图 7-74 所示为杠杆类工件组，工件以平面为主要定位基准，其他基准有三种：双孔（见图 7-74a）、一孔一外圆弧面（见图 7-74b）、一外圆面（见图 7-74c）。经分析选择图 7-74a 所示杠杆为综合工件。工件组被加工孔径 D 的尺寸范围为 0～25mm，拟在通用立式钻床上加工，采用手动夹紧。图 7-75 所示为杠杆类工件的成组钻模，分五个调整组：第 1 调整组以定位销 2 和 T 形滑块 1 在 T 形基础板 3 上移位调整；第 2 调整组采用更换式调整，压爪 5 与工件接触时通过锥面锁紧定心，更换压爪可满足多种定位夹紧要求；第 3 调整组采用可移位的削边销 7 限制图 7-74a 所示工件的转动自由度；第 4 调整组用于加工图 7-74c 所示工件；第 5 调整组为导向件调整，更换不同钻套可钻削不同的孔径。操作标准滑柱壳体 9 的手柄 11，带动齿轮使齿条滑柱 10 向下压紧工件。

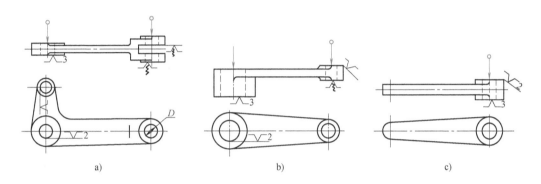

a)　　　　　　　　　　　　b)　　　　　　　　　　　　c)

图 7-74　杠杆类工件组

319

4. 组合夹具

组合夹具是一种标准化、系列化、通用化程度很高的工艺装备。组合夹具由一套预先制造好的不同形状、不同规格、不同尺寸的标准元件及合件组装而成。图 7-76 为盘类零件钻径向分度孔的组合夹具立体图及其分解图。组合夹具一般是为某一工件的某一工序组装的专用夹具。组合夹具适用于各类机床，但以钻模及车床夹具用得最多。

组合夹具把专用夹具的设计、制造、使用、报废的单向过程变为组装、拆散、清洗入库、再组装的循环过程。可用几小时的组装周期代替几个月的设计制造周期，从而缩短了生产周期，节省了工时和材料，降低了生产成本，还可减少夹具库房面积，有利管理。

组合夹具的元件精度高、耐磨，并且实现了完全互换，元件精度一般为 IT6～IT7。用组合夹具加工的工件，位置精度一般可达 IT8～IT9，若精心调整，可以达到 IT7。由于组合夹具有很多优点，又特别适用于新产品试制和多品种小批量生产，所以近年来发展迅速，应用较广。

组合夹具的主要缺点是体积较大、刚度较差、一次投资多、成本高，这使组合夹具的推广应用受到一定限制。

组合夹具有槽系和孔系两种。

（1）槽系组合夹具　组合夹具的元件，按使用性能分为八大类。

1）基础件。它常作为组合夹具的夹具体。如图 7-76 中的基础件 1 为长方形基础板做的夹具体。

2）支承件。它是组合夹具中的骨架元件，数量最多、应用最广。它可作为各元件间的

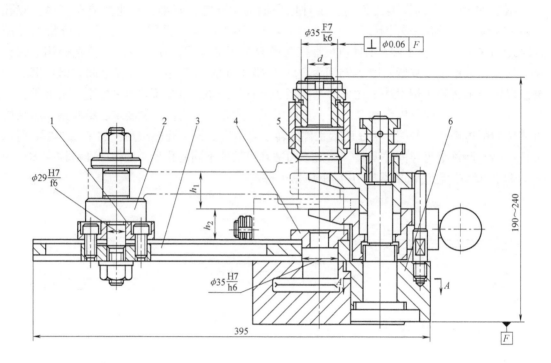

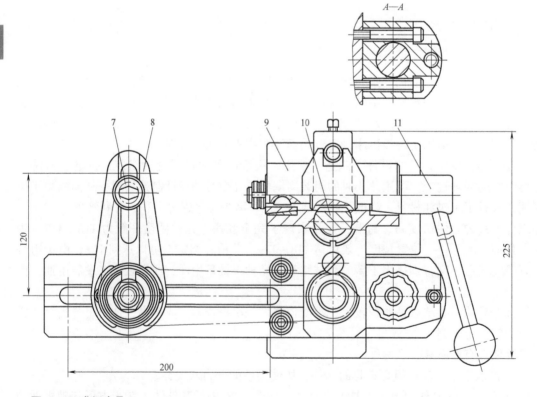

图 7-75 成组夹具

1—T 形滑块　2—定位销　3—T 形基础板　4—定位块　5—压爪　6—基座　7—削边销

8—可调基础板　9—滑柱壳体　10—滑柱　11—手柄

连接件，又可作为大型工件的定位件。图 7-76 中支承件 2 连接钻模板与基础板，保证钻模板的位置和高度。

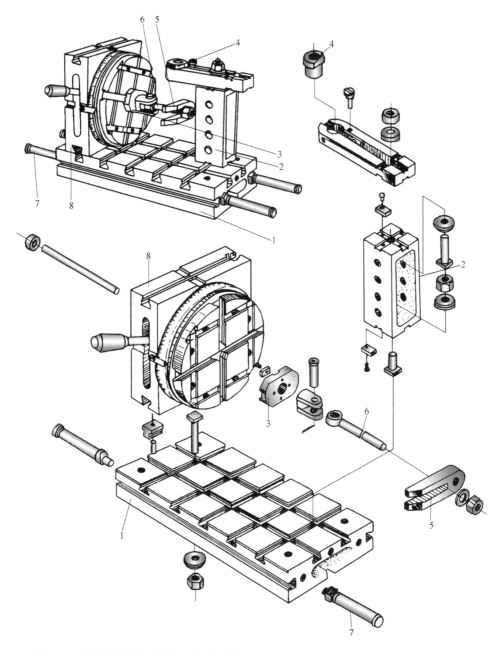

图 7-76　盘类零件钻径向分度孔组合夹具
1—基础件　2—支承件　3—定位件　4—导向件　5—夹紧件　6—紧固件　7—其他件　8—合件

3）定位件。它用于工件的定位及元件之间的定位。如图 7-76 中的定位件 3 为定位盘，用作工件的定位，钻模板与支承件 2 之间的平键、合件 8 与基础板 1 之间的 T 形键，均用作元件之间的定位。

4）导向件。它用于确定刀具与夹具的相对位置，起引导刀具的作用。图 7-76 中的导向件4为快换钻套。

5）夹紧件。它用于压紧工件，也可用作垫板和挡板。图7-76中的夹紧件5为U形压板。

6）紧固件。它用于紧固组合夹具中的各种元件及紧固被加工工件。图7-76中的紧固件6为关节螺栓，用来紧固工件，且各元件之间均用紧固件紧固。

7）其他件。以上六类元件之外的各种辅助元件，如图7-76中的其他件7为手柄。

8）合件。它是由若干零件组合而成，在组装过程中不拆散使用的独立部件。使用合件可以扩大组合夹具的使用范围，加快组装速度，减小夹具体积。图7-76中的合件8为端齿分度盘。

（2）孔系组合夹具　图7-77为孔系组合夹具组装示意图。元件与元件间用两个销钉定位、一个螺钉紧固。定位孔孔径有 $\phi10mm$、$\phi12mm$、$\phi16mm$、$\phi24mm$ 四个规格；相应的孔距为 30mm、40mm、50mm、80mm；孔径公差为 H7，孔距公差为 ±0.01mm。

孔系组合夹具的元件用一面两圆柱销定位，属于可用重复定位。其定位精度高、刚性好、组装可靠、体积小，元件的工艺性好、成本低，可用作数控机床夹具。但组装时元件的位置不能随意调节，常用偏心销钉或部分开槽元件进行弥补。

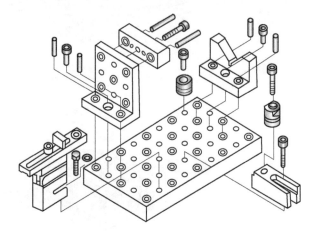

图7-77　孔系组合夹具

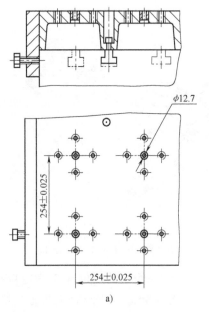

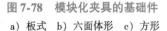

a)

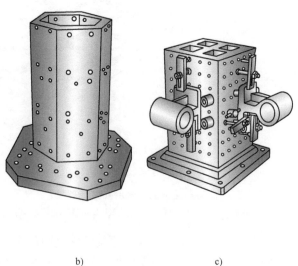

b)　　　　　　　　c)

图7-78　模块化夹具的基础件
a）板式　b）六面体形　c）方形

5. 模块化夹具 (拼装夹具)

模块化夹具 (拼装夹具) 是一种柔性化的夹具, 通常由基础件和其他模块元件组成。

所谓模块化, 是指将同一功能的单元设计成具有不同用途或性能的, 且可以相互交换使用的模块, 以满足加工需要的一种方法。

模块化夹具与组合夹具之间有许多共同点。它们都具有方形、键形和圆形基础件 (见图 7-78)。在基础件表面有坐标孔系。两种夹具的不同点是组合夹具的万能性好, 标准化程度高。而模块化夹具则是非标准的, 一般是根据本企业产品的加工需要而设计的。产品品种不同或加工方式不同的企业, 所使用的模块结构会有较大差别。

图 7-79 所示为用于铣镗床的模块化夹具, 主要由基础板 10 和多面体模块 8、9 组成。多面体模块常用的几何角度为 30°、60°、90° 等, 按照工件的加工要求, 可将其安装成不同的位置。左边的工件 1 由支承 2、6、7 定位, 用压板 3 夹紧。右边的工件为另一工位。

模块化夹具适用于成批生产的企业。使用模块化夹具可大大减少专用夹具的数量, 缩短生产周期, 提高企业的经济效益。模块化夹具的设计依赖于对本企业产品结构和加工工艺的深入分析研究, 如对产品加工工艺进行典型化分析等。在此基础上, 合理确定模块基本单元, 以建立完

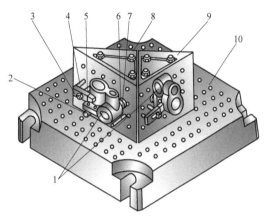

图 7-79 数控镗床的模块化夹具
1—工件 2、6、7—支承 3—压板 4—支承螺栓
5—螺钉 8、9—多面体模块 10—基础板

整的模块功能系统。目前, 模块化夹具只是企业标准。标准模块的基础件有网格孔系四方立柱、T 形槽四方立柱、网格孔系角铁和平台等。在拼装夹具上允许使用专用定位元件。模块化元件应有较高的强度、刚度和耐用性, 常用 20CrMnTi、40Cr 等材料制造。

练习题

1. 应用夹紧力的确定原则, 分析图 7-80 所示夹紧方案, 指出不妥之处并加以改正。

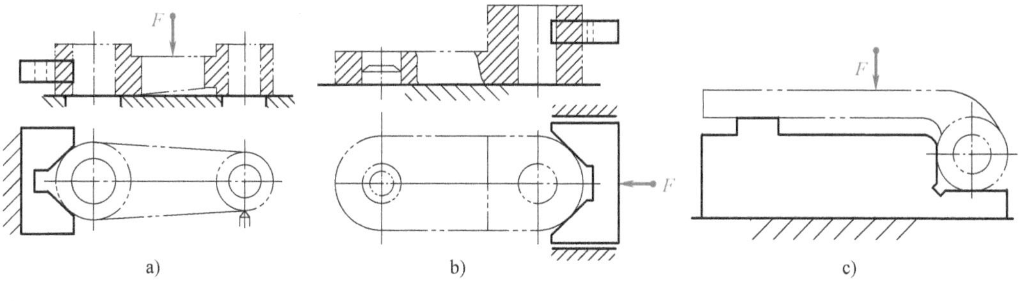

a)   b)   c)

图 7-80 练习题 1 图

2. 根据六点定位原理，分析图 7-81 所示各定位方案中各定位元件所消除的自由度。

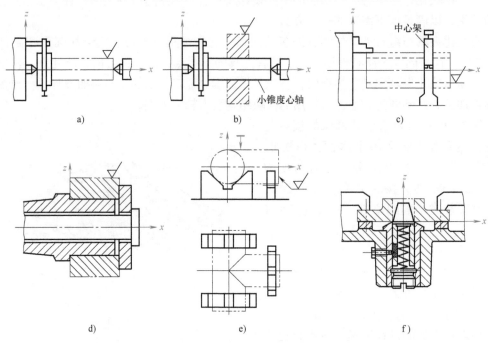

图 7-81　练习题 2 图

3. 根据六点定位原理，分析图 7-82 所示各定位方案中各定位元件所消除的自由度。如果属于过定位或欠定位，请指出可能出现的不良后果，并提出改进方案。

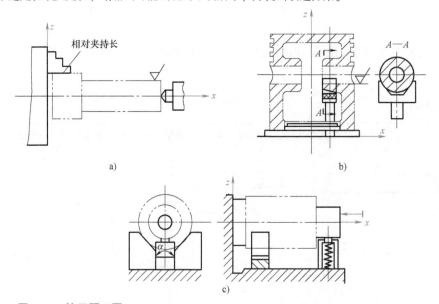

图 7-82　练习题 3 图

4. 工件如图 7-83a 所示，加工两斜面，保证尺寸 *A*，试分析哪个定位方案精度高？有无更好的方案？（V 形块夹角 $\alpha = 90°$，侧面定位引起的歪斜忽略不计。）

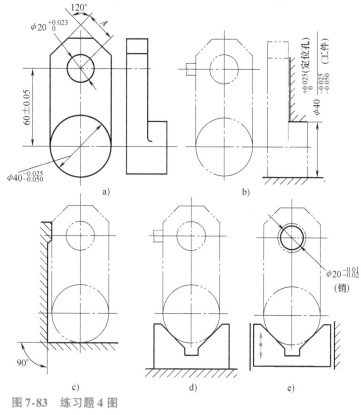

图 7-83　练习题 4 图

5. 在轴上铣一平面，工件定位方案如图 7-84 所示，试求尺寸 *A* 的定位误差。

6. 工件定位如图 7-85 所示，若定位误差控制在工件尺寸公差的 1/3 内，试分析该定位方案能否满足要求？若达不到要求，应如何改进？并绘图表示。

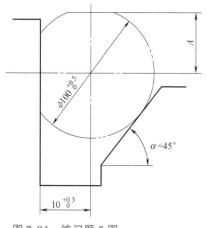

图 7-84　练习题 5 图

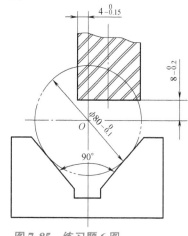

图 7-85　练习题 6 图

325

7. 有一批工件，如图 7-86a 所示。采用钻模钻削工件上 $\phi 5mm$ 和 $\phi 8mm$ 两孔，除保证图样要求外，还要求保证两孔连心线通过 $\phi 60_{-0.1}^{\ 0}mm$ 的轴线，其对称度公差为 0.08mm。现采用图 7-86b、c、d 所示三种定位方案，若定位误差不得大于工序公差的 1/2。试问这三种定位方案是否都可行？（$\alpha = 90°$）

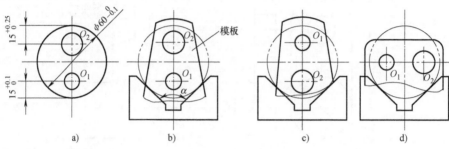

图 7-86　练习题 7 图

第8章

先进制造技术简介

8.1 概述

进入 21 世纪以来，随着制造技术，特别是先进制造技术不断发展，精密与特种加工对制造业的影响日益重要。它们解决了传统加工方法所遇到的问题，有着自己独特的特点，已经成为现代工业不可缺少的重要加工方法和手段。

由于材料科学、高新技术的发展和激烈的市场竞争，发展尖端国防及科学研究的急需，使新产品更新换代日益加快，同时要求产品具有很高的强度质量比和性价比，产品朝着高速度、高精度、高可靠性、耐腐蚀、高温高压、大功率、尺寸大小两极分化的方向发展。为此，各种新材料、新结构、形状复杂的精密机械零件大量涌现，采用的材料越来越难加工，零件形状越来越复杂，加工精度、表面粗糙度及某些特殊要求也越来越高，对机械制造业提出了一系列迫切需要解决的新问题。例如，各种难切削材料的加工；各种结构形状复杂、尺寸或微小或特大、精密零件的加工；薄壁、弹性元件等弱刚度、特殊零件的加工等。对此，采用传统加工方法十分困难，甚至无法加工。在生产的迫切需求下，人们通过各种渠道，借助于多种能量形式，不断研究和探索新的加工方法。精密加工与特种加工等现代的制造方式正是在这种环境和条件下产生和发展起来的。

一方面通过研究高效加工的刀具和刀具材料、自动优化切削参数、提高刀具可靠性和在线刀具监控系统、开发新型切削液、研制新型自动机床等途径，进一步改善切削状态，提高切削加工水平，并解决了一些问题，朝着高速、超高速、超精密等方向发展。另一方面，冲破传统加工方法的束缚，不断地探索、寻求新的加工方法，一种本质上区别于传统加工的特种加工便应运而生，并不断获得发展。随着新颖制造技术的进一步发展，人们就从广义上来定义特种加工，即将电、磁、声、光、化学等能量或其组合施加在工件的被加工部位上，从而实现材料被去除、变形、改变性能或被镀覆等的非传统加工方法统称为特种加工。

特种加工是 20 世纪 40 年代发展起来的，和传统的切削加工的不同体现在：

1）特种加工主要依靠电、化学、光、声、热等能量去除金属材料，而不主要依靠机械能，因此与加工对象的机械性能无关。例如，激光加工、电火花加工、等离子弧加工、电化学加工等，与工件的硬度、强度等机械性能无关，故可加工各种硬、软、脆、热敏、耐腐蚀、高熔点、高强度、特殊性能的金属和非金属材料。

2）工具硬度可低于被加工材料的硬度。很多特种加工属于非接触加工，加工过程中不一定需要工具，有的虽使用工具，但与工件不接触，因此，工件不承受大的作用力，故工具的硬度可低于被加工材料的硬度，而且便于加工刚性极低的元件及弹性元件。

3）加工过程中工具和工件之间不存在显著的机械切削力，因此不存在明显的机械应变或热应变，可获得较小的表面粗糙度值，其热应力、残余应力、冷作硬化等均比较小，尺寸稳定性好。

4）有些特种加工，如超声、电化学、水喷射、磨料流等，加工余量非常细微，因此不仅可加工尺寸微小的孔或狭缝，还能获得高精度和极小的表面粗糙度值。

5）两种或两种以上的不同类型的能量可相互组合形成新的复合加工，其综合加工效果明显，且便于推广使用。

总体说来，特种加工可以加工任何硬度、强度、韧性、脆性的金属或非金属材料，且专长于加工复杂、微细表面和低刚度零件。同时，有些方法还可用于进行超精加工、镜面光整加工和纳米级加工。特种加工对简化加工工艺、变革新产品的设计及零件结构工艺性等产生积极的影响。

8.2 超精密加工技术

8.2.1 超精密加工的特征

通常按照加工精度划分，可将机械加工分为一般加工、精密加工和超精密加工。由于技术的不断发展，划分的界限将随着历史进程而逐渐向前推移，过去的精密加工对于今天来说已经是普通加工了。因此，精密和超精密是相对的，在不同的时期有不同的界定。

超精密加工就是在超精密机床设备上，利用零件与刀具之间产生的具有严格约束的相对运动，对材料进行微细切削，以获得极高形状精度和表面质量的加工过程。就目前的发展水平，一般认为超精密加工的加工精度应高于 $0.1\mu m$、表面粗糙度 Ra 值应小于 $0.025\mu m$，因此，超精密加工又称为亚微米级加工。超精密加工正在向纳米级加工工艺发展。

超精密加工包括超精密切削（车削、铣削）、超精密磨削、超精密研磨和超微细加工。每一种超精密加工方法都应针对不同零件的精度要求而选择，其所获得的尺寸精度、形状精度和表面粗糙度是普通精密加工无法达到的。

超精密切削加工主要是指利用金刚石刀具对工件进行车削或铣削加工，主要用于加工精度要求很高的有色金属材料及其合金，以及光学玻璃、石材和碳素纤维等非金属材料零件，表面粗糙度 Ra 值可达 $0.005\mu m$。

超精密磨削是利用磨具上均匀性好、细粒度的磨粒对零件表面进行摩擦、耕犁及切削的过程。主要用于加工硬度较高的金属以及玻璃、陶瓷等非金属硬脆材料。当前的超精密磨削技术能加工出圆度为 $0.01\mu m$，尺寸精度为 $0.1\mu m$，表面粗糙度 Ra 值为 $0.002\mu m$ 的圆柱形零件。

超精密研磨包括机械研磨、化学机械研磨、浮动研磨、弹性发射加工等。主要用于加工高表面质量与低面型精度的集成电路芯片和各种光学平面等。超精密研磨加工出的球面度达 $0.025\mu m$。利用弹性发射加工技术，加工精度可达 $0.1\mu m$，表面粗糙度 Ra 值可达 $0.5nm$。

超精密研磨的关键条件是几乎无振动的研磨运动、高形状精度的研磨工具、精密的温度控制、洁净的环境以及细小而均匀的研磨剂。

超微细加工是指各种纳米加工技术，主要包括激光、电子束、离子束、光刻蚀等加工手段。它是获得现代超精产品的一种重要途径，主要用于微机械或微型装置的加工制作。

8.2.2　超精密加工的设备

超精密机床是超精密加工的基础。它要求高静刚度、高动刚度、高稳定性的机床结构。为此，广泛采用高精度空气静压轴承支撑主轴系统，其主轴回转精度在 $0.1\mu m$ 以下。导轨是超精密机床的直线性基准，在超精密机床上，广泛采用的是空气静压导轨或液体静压导轨支撑进给系统的结构模式，液体静压导轨与空气静压导轨的直线性非常稳定，可达 $0.02\mu m/100mm$。

超精密机床要实现超微量切削，必须配有微量移动工作台，实现微进给和刀具的微量调整，以保证零件尺寸精度。其微进给驱动系统分辨率在亚微米和纳米级，广泛采用压电陶瓷作为微量进给的驱动元件。微量进给装置有机械式微量进给装置、弹性变形式微量进给装置、热变形式微量进给装置、电致伸缩微量进给装置、磁致伸缩微量进给装置及流体膜变形微量进给装置等。

超精密机床还配有高精度的定位机构，采用双频激光干涉仪，其定位精度在 $0.1\mu m$ 以下。

图 8-1 所示为美国最具代表性的大型金刚石切削机床（Large optical diamond turning machine）。该车床是美国加利福尼亚大学的国家实验室（Lawrence Livermore National Laboratory）和空军 Wright 航空研究所等单位合作，于 1984 年研制成功的。它采用双立柱立式车床结构，六角刀盘驱动，多重光路激光干涉测长进给反馈，分辨率为 7nm，定位误差为 $0.0025\mu m$，能加工直径 1625mm、长 508mm、质量 1360kg 的大型金属反射镜等光学零件，加工件的圆度和平面度误差达到 $0.013\mu m$，表面粗糙度 Ra 值达 $0.0042\mu m$。

8.2.3　超精密切削加工的刀具

在超精密切削加工中，通常进行微量切削，即均匀地切除极薄的金属层，其最小背吃刀量小于零件的加工精度。因此，超精密切削刀具必须具备超微量切削特征。超精密切削中所使用的刀具，一般是天然单晶金刚石刀具，它是目前进行超精密切削加工的主要刀具。超精密切削加工的最小背吃刀量是其加工水平的重要标志，影响最小背吃刀量的主要因素是刀具的锋利程度，影响刀具锋利程度的刀具参数是切削刃的钝圆半径 r_g。目前，国外金刚石刀具刃口钝圆半径已经达到纳米级水平，可以实现背吃刀量为纳米级的连续稳定切削。我国生产的金刚石刀具切削刃钝圆半径可以达到 $0.1\mu m$，可以进行背吃刀量 $0.1\mu m$ 以下的加工。

在超精密切削加工时，为了获得超光滑加工表面，往往不采用主切削刃和副切削刃相交为一点的尖锐刀尖，这样的刀尖很容易崩裂和磨损，而且会在加工表面上留下加工痕迹，使表面粗糙度值增加。由于超精密切削加工的表面粗糙度要求一般为 $0.01\mu m$ 左右，所以刀具通常要制成不产生走刀痕迹的形状，在主切削刃和副切削刃之间具有过渡刃，对加工表面起修光作用，如图 8-2 所示。

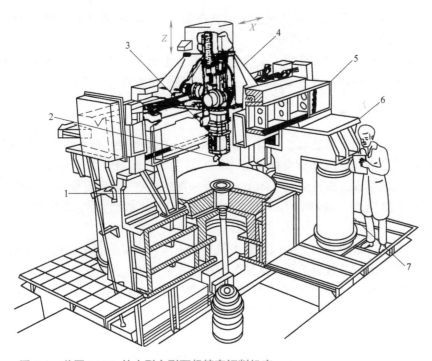

图 8-1 美国 LLNL 的大型金刚石超精密切削机床

1—主轴 2—高速刀具伺服系统 3—刀具轴 4—X轴滑板 5—上部机架 6—主机架 7—气动支架

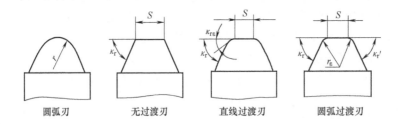

| 圆弧刃 | 无过渡刃 | 直线过渡刃 | 圆弧过渡刃 |

图 8-2 金刚石刀具切削刃形状示意图

　　当参与切削的切削刃与工件轴线平行，且切削刃与工件接触长度大于所选用的进给量时，理论上不会在已加工表面形成残留面积，这时能够获得理想的超光滑加工表面。但直线刃金刚石刀具在使用时也明显存在其不足之处：第一，为使切削刃与工件轴线平行，直线刃金刚石刀具对刀时需要花费较长时间精心调整；第二，直线刃金刚石刀具切削刃与工件接触长度相对较大时，加工时易产生切削振动，从而间接增大已加工表面的表面粗糙度值。鉴于上述情况，在实际超精密切削加工时，通常采用圆弧刃金刚石车刀，在任何条件下刀具切削刃都能以一段圆弧与工件直接接触，具有安装、调整和对刀比较方便的特点。当圆弧刃金刚石刀具刀尖圆弧半径 r_ε 较大，主偏角和副偏角都很小时，在已加工表面形成的理论残留面积非常小，其切削状况与直线刃刀具近似，却同时兼有直线刃金刚石刀具所不具备的优点，如安装、调整和对刀方便等。

　　金刚石车刀的前角 γ_o 一般为 0°，后角 α_o 一般选择 5°~8°，$\kappa_r = 45$°，如图 8-3 所示。

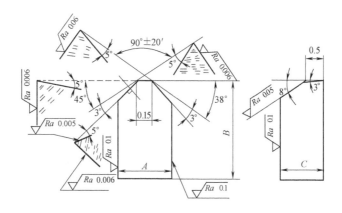

图 8-3 金刚石车刀切削部分示意图

8.2.4 纳米加工技术

1. 纳米技术概述

20 世纪 80 年代诞生的纳米科学技术标志着人类改造自然的能力已延伸到原子、分子水平，标志着人类科学技术已进入一个新的时代——纳米科学技术时代，也标志着人类即将从"毫米文明""微米文明"迈向"纳米文明"时代。纳米科学技术的发展将推动信息、材料、能源、环境、生物、农业、国防等领域的技术创新，将在精密机械工程、材料科学、微电子技术、计算机技术、光学、化工、生物和生命技术以及生态农业等方面产生新的突破。

纳米（Nanometer）技术是在纳米尺度范畴内对原子、分子等进行操纵和加工的技术。其主要内容包括：纳米级精度和表面形貌的测量；纳米级表层物理、化学、力学性能的检测；纳米级精度的加工和纳米级表层的加工——原子和分子的去除、搬迁和重组；纳米材料；纳米级微传感器和控制技术；微型和超微型机械；微型和超微型机电系统和其他综合系统；纳米生物学等。纳米技术是科技发展的一个新兴领域，它不仅仅是将加工和测量精度从微米级提高到纳米级的问题，而是人类对自然的认识和改造方面，从宏观领域进入到物理的微观领域，深入了一个新的层次，即从微米层深入到分子、原子级的纳米层次。在深入到纳米层次时，所面临的绝不是几何上的"相似缩小"的问题，而是一系列新的现象和新的规律。在纳米层次上，也就是原子尺寸级别的层次上，一些宏观的物理量，如弹性模量、密度、温度等已要求重新定义，在工程科学中习以为常的欧几里得几何、牛顿力学、宏观热力学和电磁学都已不能正常描述纳米级的工程现象和规律，而量子效应、物质的波动特性和微观涨落等已是不可忽略的，甚至成为主导的因素。

2. 纳米加工的物理实质

纳米材料的物理、化学性质既不同于微观的原子、分子，也不同于宏观物体，纳米介于宏观世界与微观世界之间。当常态物质被加工到极其微细的纳米尺度时，会出现特异的表面效应、体积效应、量子尺寸效应和宏观隧道效应等，其光学、热学、电学、磁学、力学、化学等性质也就相应地发生十分显著的变化。因此，纳米级加工的物理实质和传统的切削、磨削加工有很大不同，一些传统的切削、磨削方法和规律已不能用在纳米级加工领域。

欲得到 1nm 的加工精度，加工的最小单位必然在亚微米级。由于原子间的距离为 0.1 ~

0.3nm，实际上纳米级加工已达到了加工精度的极限。纳米级加工中试件表面的一个个原子或分子成为直接的加工对象，因此纳米级加工的物理实质就是要切断原子间的结合，实现原子或分子的去除。各种物质是以共价键、金属键、离子键或分子结构的形式结合而成的，要切断原子或分子的结合，就要研究材料原子间结合的能量密度，切断原子间结合所需的能量，必然要求超过该物质的原子间结合能，因此需要的能量密度是很大的。表8-1中是几种材料的原子间结合能量密度。在机械加工中，工具材料的原子间结合能必须大于被加工材料的原子间结合能。

在纳米级加工中需要切断原子间结合，故需要很大的能量密度，为 $10^5 \sim 10^6 \mathrm{J/cm^3}$。传统的切削、磨削加工消耗的能量密度较小，实际上是利用原子、分子或晶体间连接处的缺陷进行加工的。用传统切削、磨削加工方法进行纳米级加工，要切断原子间的结合是相当困难的。因此直接利用光子、电子、离子等基本能子的加工，必然是纳米级加工的主要方向和主要方法。但纳米级加工要求达到极高的精度，使用基本能子进行加工，如何进行有效的控制以达到原子级的去除，是实现原子级加工的关键。近年来纳米级加工有了很大突破，例如，用电子束光刻加工超大规模集成电路时，已实现 $0.1\mu\mathrm{m}$ 线宽的加工；离子刻蚀已实现微米级和纳米级表层材料的去除；扫描隧道显微技术已实现单个原子的去除、搬迁、增添和原子的重组。纳米加工技术现在已成为现实的、有广阔发展前景的全新加工领域。

表8-1　不同材料的原子间结合能量密度

材料	结合能量密度/($\mathrm{J/cm^3}$)	备注	材料	结合能量密度/($\mathrm{J/cm^3}$)	备注
Fe	2.6×10^3	拉伸	SiC	7.5×10^5	拉伸
SiO_2	5×10^2	剪切	B_4C	2.09×10^6	拉伸
Al	3.34×10^2	剪切	CBN	2.26×10^8	拉伸
Al_2O_3	6.2×10^5	拉伸	金刚石	$1.02 \times 10^7 \sim 5.64 \times 10^8$	晶体各向异性

3. 纳米级加工精度

纳米级加工精度包含：纳米级尺寸精度、纳米级几何形状精度及纳米级表面质量。对不同的加工对象，这三方面各有所侧重。

(1) 纳米级尺寸精度

1) 较大尺寸的绝对精度很难达到纳米级。零件材料的稳定性、内应力、本身质量造成的变形等内部因素和环境的温度变化、气压变化、测量误差等都将产生尺寸误差。因此，现在的长度基准不采用标准尺为基准，而采用光速和时间作为长度基准。1m 长的使用基准尺，其精度要达到绝对长度误差 $0.1\mu\mathrm{m}$ 已经非常不易了。

2) 较大尺寸的相对精度或重复精度达到纳米级。这在某些超精密加工中会遇到，例如，某些高精度孔和轴的配合，某些精密机械零件的个别关键尺寸，超大规模集成电路制造过程中要求的重复定位精度等，现在使用激光干涉测量法和 X 射线干涉测量法都可以达到 Å级的测量分辨率和重复精度，可以保证这部分加工精度的要求。

3) 微小尺寸加工达到纳米级精度。这是精密机械、微型机械和超微型机械中遇到的问题，无论是加工或测量都需要继续研究发展。

(2) 纳米级几何形状精度　这在精密加工中经常遇到，例如，精密轴和孔的圆度和圆柱度；精密球（如陀螺球、计量用标准球）的圆度；制造集成电路用的单晶硅基片的平面度；光学、激光、X 射线的透镜和反射镜、要求非常高的平面度或是要求非常严格的曲面形状。因为这些精密零件的几何形状直接影响它的工作性能和工作效果。

（3）纳米级表面质量　表面质量不仅仅指它的表面粗糙度，而且包含其内在的表层的物理状态。例如，制造大规模集成电路的单晶硅基片，不仅要求很高的平面度、很小的表面粗糙度值和无划伤，而且要求无表面变质层或极小的变质层、无表面残留应力、无组织缺陷。高精度反射镜的表面粗糙度、变质层会影响其反射效率。微型机械和超微型机械的零件对其表面质量也有极严格的要求。

4. 纳米加工中的 LIGA 技术

LIGA（德语 Lithographie Galvanoformung und Abformung）技术是 20 世纪 80 年代中期由德国 W. Ehrfeld 教授等人发明的，是使用 X 射线的深度光刻与电铸相结合，实现高深宽比的微细构造的微细加工技术，简称光刻电铸。它是最新发展的深度光刻、电铸成形和注塑成形的复合微细加工技术，被认为是一种三维立体微细加工的最有前景的新加工技术，将对微型机械的发展起到很大的促进作用。

采用 LIGA 技术可以制作各种各样的微器件和微装置，工件材料可以是金属或合金、陶瓷、聚合物和玻璃等，可以制作最大高度为 1000μm，横向尺寸为 0.5μm 以上，高宽比大于 200 的立体微结构，加工精度可达 0.1μm。刻出的图形侧壁陡峭、表面光滑，加工出的微器件和微装置可以大批量复制生产、成本低。

采用 LIGA 技术已研制成功或正在研制的产品有微传感器、微电动机、微执行器、微机械零件、集成光学和微光学元件、真空电子元件、微型医疗器机械和装置、流体技术微元件、纳米技术元件及系统等。LIGA 产品涉及的尖端科技领域和产业部门极为广泛，其技术经济的重要性和市场前景以及社会、经济效益是显而易见的。

目前在 LIGA 工艺中有加入牺牲层的方法，使获得的微型器件中有部分可以脱离母体而能移动或转动，这在制造微型电动机或其他驱动器时很重要。还有人研究控制光刻时的照射深度，即使用部分透光的掩膜，使曝光时同一块光刻胶在不同处曝光深度不同，从而获得的光刻模型可以有不同的高度，用这方法可以得到真正的三维立体微型器件。

5. 原子级加工技术

扫描隧道显微镜（Scanning Tunneling Microscope，简称 STM）发明初期是用于测量试件表面纳米级的形貌，不久又发明了原子力显微镜。在这些显微探针检测技术的使用中发现可以通过显微探针操纵试件表面的单个原子，实现单个原子和分子的搬迁、去除、增添和原子排列重组，实现极限的精加工，原子级的精密加工。

当显微镜的探针对准试件表面某个原子并非常接近时，试件上的该原子受到两方面的力，一面是探针尖端原子对该原子间作用力，另一面是试件其他原子对该原子间结合力。如探针尖端原子和该原子的距离小到某极小距离时，探针针尖可以带动该原子跟随针尖移动而又不脱离试件表面，实现了试件表面的原子搬迁。

在显微镜探针针尖对准试件表面某原子时，再加上电偏压或加脉冲电压，使该原子成为离子而被电场蒸发，达到去除原子形成空位。实验证明，无论正脉冲或负脉冲均可抽出单个的 Si 原子，说明 Si 原子既可以正离子也可以负离子的形式被电场蒸发。在有脉冲电压情况下，也可从针尖上发射原子，达到增添原子填补空位的目标。

近年来原子级加工技术获得了迅速的发展，取得了多项重要成果。例如，美国圣荷塞 IBM 阿尔马登研究所在超真空环境中用 STM 将 Ni 表面吸附的 Xe（氙）原子逐一搬迁，最终以 35 个 Xe 原子排成 IBM 三个字母，每个字母高 5nm，Xe 原子间最短距离约为 1nm（见图8-4a）。这种原子搬迁的方法就是使显微镜探针针尖对准选中的 Xe 原子，使针尖接近 Xe 原子，使原子间作用力达到让 Xe 原子跟随针尖移动到指定位置而不脱离 Ni 的表面。用这种方法可以排列密集的 Xe 原子链。中国科学院化学所的科技人员利用纳米加工技术在石墨表面通过搬迁碳原子而绘制出世界上最小的中国地图（见图 8-4b）。科学家还可以把碳 60 分子每 10 个一组放在铜的表面，组成了世界上最小的算盘（见图 8-4c）。与普通算盘不同的是，算珠不是用细杆穿起来，而是沿铜表面的原子台阶排列的。

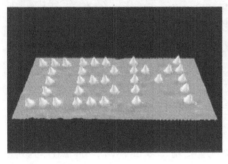　　

a)　　　　　　　　　　　　　　　b)　　　　　　　　　　　　c)

图 8-4　纳米加工示例

8.3　超高速加工技术

8.3.1　超高速加工技术概述

超高速加工技术是指采用超硬材料刀具和磨具，利用高速、高精度、高自动化和高柔性的制造设备，以提高切削速度来达到提高材料切除率、加工精度和加工质量的先进加工技术。其显著标志是使被加工塑性金属材料在切除过程中的剪切滑移速度达到或超过某一阈值，开始趋向最佳切除条件，使得切除被加工材料所消耗的能量、切削力、工件表面温度、刀具和磨具磨损、加工表面质量等明显优于传统切削速度下的指标，而加工效率则大大高于传统切削速度下的加工效率。

由于不同的工件材料、不同的加工方式有着不同的切削速度范围，因而很难就超高速加工的切削速度范围给定一个确切的数值。目前，对于各种不同加工工艺和不同加工材料，超高速加工的切削速度范围分别见表 8-2 和表 8-3。

超高速加工的切削速度不仅是一个技术指标，而且是一个经济指标。也就是说，它不仅仅是一个技术上可实现的切削速度，而且必须是一个可由此获得较大经济效益的高切削速度，没有经济效益的高切削速度是没有工程意义的。目前定位的经济效益指标是：在保证加工精度和加工质量的前提下，将通常切削速度加工的时间减少 90%，同时将加工费用减小 50%，以此衡量高切削速度的合理性。

表 8-2　不同加工工艺的切削速度范围

加工工艺	切削速度范围/(m/min)
车削	700 ~ 7000
铣削	300 ~ 6000
钻削	200 ~ 1100
拉削	30 ~ 75
铰削	20 ~ 500
锯削	50 ~ 500
磨削	5000 ~ 10000

表 8-3　各种材料的切削速度范围

加工材料	切削速度范围/(m/min)
铝合金	2000 ~ 7500
铜合金	900 ~ 5000
钢	600 ~ 3000
铸铁	800 ~ 3000
耐热合金	> 500
钛合金	150 ~ 1000
纤维增强塑料	2000 ~ 9000

8.3.2　超高速加工的原理

超高速加工的理论研究可追溯到 20 世纪 30 年代。1931 年德国切削物理学家萨洛蒙（Carl Salomon）根据著名的"萨洛蒙曲线"（见图 8-5），提出了超高速切削的理论。超高速切削概念示意图如图 8-6 所示。萨洛蒙指出：在常规的切削速度范围内（见图 8-6 中 A 区），切削温度随切削速度的增大而升高。但是，当切削速度增大到某一数值 v_g 之后，切削速度再增加，切削温度反而降低；v_g 值与工件材料的种类有关，对每种工件材料，存在一个速度范围，在这个速度范围内（见图 8-6 中 B 区），由于切削温度太高，任何刀具都无法承受，切削加工不可能进行，这个速度范围被称为"死谷"（dead valley）。由于受当时试验条件的限制，这一理论未能严格区分切削温度和工件温度的界限，但是他的思想给后来的研究者一个非常重要的启示：如能越过这个"死谷"而在超高速区（见图 8-6 中 C 区）进行加工，则有可能用现有刀具进行超高速切削，大幅度减少切削工时，并成功地提高机床的生产率。Salomon 超高速切削理论的最大贡献在于，创造性地预言了超越 Taylor 切削方程式的非切削工作区域的存在，被后人誉为"高速加工之父"。

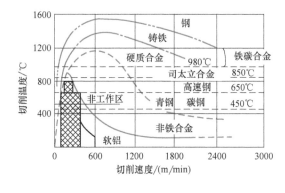

图 8-5　Salomon 提出的切削速度与切削温度曲线　　图 8-6　超高速切削概念示意图

现在大多数研究者认为：在超高速切削铸铁、钢及难加工材料时，即使在很大的切削速度范围内也不存在这样的"死谷"，刀具寿命总是随切削速度的增加而降低；而在硬质合金刀具超高速铣削钢材时，尽管随切削速度的提高，切削温度随之升高，刀具磨损逐渐加剧，刀具寿命 T 继续下降，且 T-v 规律仍遵循 Taylor 方程，但在较高的切削速度段，Taylor 方程

中的 m 值大于较低速度段的 m 值，这意味着在较高速度段刀具寿命 T 随 v 提高而下降的速率减缓。这一结论对于高速切削技术的实际应用有重要意义。

8.3.3 超高速加工技术的优越性

1. 超高速切削加工的优越性

高速切削加工技术与常规切削加工相比，在提高生产率，降低生产成本，减少热变形和切削力以及实现高精度、高质量零件加工等方面具有明显优势。

(1) 加工效率高　高速切削加工比常规切削加工的切削速度高 5 ~ 10 倍，进给速度随切削速度的提高也可相应提高 5 ~ 10 倍，这样，单位时间材料切除率可提高 3 ~ 6 倍，因而零件加工时间通常可缩减到原来的 1/3，从而提高了加工效率和设备利用率，缩短生产周期。

(2) 切削力小　与常规切削加工相比，高速切削加工切削力至少可降低 30%，这对于加工刚度较差的零件（如细长轴、薄壁件）来说，可减少加工变形，提高零件加工精度。同时，采用高速切削，单位功率材料切除率可提高 40% 以上，有利于延长刀具使用寿命，通常刀具寿命可提高约 70%。

(3) 热变形小　高速切削加工过程极为迅速，95% 以上的切削热来不及传给工件，而被切屑迅速带走，零件不会由于温升导致弯翘或膨胀变形。因而，高速切削特别适合于加工容易发生热变形的零件。

(4) 加工精度高、加工质量好　由于高速切削加工的切削力和切削热影响小，使刀具和工件的变形小，保持了尺寸的精确性。另外，由于切屑被飞快地切离工件，切削力和切削热影响小，从而使工件表面的残余应力小，达到较好的表面质量。

(5) 加工过程稳定　高速旋转刀具切削加工时的激振频率高，已远远超出"机床—工件—刀具"系统的固有频率范围，不会造成工艺系统振动，使加工过程平稳，有利于提高加工精度和表面质量。

(6) 良好的技术经济效益　采用高速切削加工将能取得较好的技术经济效益，如缩短加工时间，提高生产率；可加工刚度差的零件；零件加工精度高、表面质量好；提高了刀具寿命和机床利用率；节省了换刀辅助时间和刀具刃磨费用等。

2. 超高速磨削加工的优越性

超高速磨削的试验研究预示，采用磨削速度为 1000m/s（超过被加工材料的塑性变形应力波速度）的超高速磨削会获得非凡的效益。尽管受到现有设备的限制，但是可以明确超高速磨削与以往的磨削技术相比具有如下突出优越性：

(1) 可以大幅度提高磨削效率　在磨削力不变的情况下，200m/s 超高速磨削的金属切除率比 80m/s 磨削提高 150%，而 340m/s 时比 180m/s 时提高 200%。尤其是采用超高速快进给的高效深磨技术，金属切除率极高，工件可由毛坯一次最终加工成形，磨削时间仅为粗加工（车、铣）时间的 5% ~ 20%。

(2) 磨削力小，零件加工精度高　当磨削效率相同时，200m/s 时的磨削力仅为 80m/s 时的 50%。但在相同的单颗磨粒切深条件下，磨削速度对磨削力影响极小。

(3) 可以获得低的表面粗糙度值　其他条件相同时，33m/s、100m/s 和 200m/s 速度下磨削表面粗糙度 Ra 值分别为 2.0μm、1.4μm、1.1μm。对高达 1000m/s 超高速磨削效果的计算机模拟研究表明，当磨削速度由 20m/s 提高至 1000m/s 时，表面粗糙度值将降低至原来的 1/4。另外，在超高速条件下，获得的表面粗糙度受切削刃密度、进给速度及光磨次数的影响较小。

（4）可大幅度延长砂轮寿命，有助于实现磨削加工的自动化　在磨削力不变的条件下，以 200m/s 磨削时砂轮寿命比以 80m/s 磨削时提高 1 倍，而在磨削效率不变的条件下砂轮寿命可提高 7.8 倍。砂轮使用寿命与磨削速度成对数关系增长，使用金刚石砂轮磨削氮化硅陶瓷时，磨削速度由 30m/s 提高至 160m/s，砂轮磨削比由 900 提高至 5100。

（5）可以改善加工表面完整性　超高速磨削可以越过容易产生磨削烧伤的区域，在大磨削用量下磨削时反而不产生磨削烧伤。

8.3.4　超高速切削机床

1. 超高速切削的主轴系统

在超高速运转的条件下，传统的齿轮变速和带传动方式已不能适应要求，代之以宽调速交流变频电动机来实现数控机床主轴的变速，从而使机床主传动的机械结构大为简化，形成一种新型的功能部件——主轴单元。在超高速数控机床中，几乎无一例外地采用了主轴电动机与机床主轴合二为一的结构形式，称之为"电主轴"。这样，电动机的转子就是机床的主轴，机床主轴单元的壳体就是电动机座，从而实现了变频电动机与机床主轴的一体化。由于它取消了从主电动机到机床主轴之间的一切中间传动环节，把主传动链的长度缩短为零。我们称这种新型的驱动与传动方式为"零传动"。这种方式减少了高精密齿轮等关键零件，消除了齿轮的传动误差，同时，简化了机床设计中的一些关键性的工作，如简化了机床外形设计，容易实现高速加工中快速换刀时的主轴定位等。

超高速主轴单元是超高速加工机床最关键的基础部件，包括主轴动力源、主轴、轴承和机架四个主要部分。这四个部分构成一个动力学性能和稳定性良好的系统。现代的电主轴是一种智能型功能部件，可以进行系列化、专业化生产。主轴单元形成独立的单元而成为功能部件以方便地配置到多种加工设备上，而且越来越多地采用电主轴类型。国外高速主轴单元的发展较快，中等规格的加工中心的主轴转速已普遍达到 10000r/min，甚至更高。

超高速磨削主要采用大功率超高速电主轴。高速电主轴惯性转矩小，振动噪声小，高速性能好，可缩短加减速时间，但它有很多技术难点，如如何减小电动机发热以及如何散热等，其制造难度所带来的经济负担也是相当大的。目前的高速磨削试验可实现 500m/s 的线速度，超高速磨头可在 250000r/min 高速下稳定工作。

2. 超高速轴承技术

超高速主轴系统的核心是高速精密轴承。因滚动轴承有很多优点，故目前国外多数高速磨床采用的是滚动轴承，但钢球轴承不可取。为提高其极限转速，主要采取如下措施：①提高制造精度等级，但这样会使轴承价格成倍增长；②合理选择材料，陶瓷球轴承具有质量小、热膨胀系数小、硬度高、耐高温、超高温时尺寸稳定、耐腐蚀、弹性模量比钢高、非磁性等优点；③改进轴承结构，德国 FAG 轴承公司开发了 HS70 和 HS719 系列的新型高速主轴轴承，它将球直径缩小至 70%，增加了球数，从而提高了轴承结构的刚性。

日本东北大学庄司研究室开发的 CNC 超高速平面磨床，使用陶瓷球轴承，主轴转速为 30000r/min。日本东芝机械公司在 ASV40 加工中心上，采用了改进的气浮轴承，在大功率下实现 30000r/min 的主轴转速。日本 Koyoseikok 公司、德国 Kapp 公司曾经成功地在其高速磨床上使用了磁力轴承。磁力轴承的传动功耗小，轴承维护成本低，不需复杂的密封，但轴承本身成本太高，控制系统复杂。德国 Kapp 公司采用的磁悬浮轴承砂轮主轴，转速达到 100000r/min，德国 GMN 公司的磁浮轴承主轴单元的转速最高达 100000r/min 以上。此外，液体动静压混合轴承也已逐渐应用于高效磨床。

3. 超高速切削机床的进给系统

超高速切削进给系统是超高速加工机床的重要组成部分，是评价超高速机床性能的重要指标之一，是维持超高速切削中刀具正常工作的必要条件。超高速切削在提高主轴速度的同时必须提高进给速度，并且要求进给运动能在瞬时达到高速和瞬时准停等，否则，不但无法发挥超高速切削的优势，而且会使刀具处于恶劣的工作条件下，还会因为进给系统的跟踪误差影响加工精度。在复杂曲面的高速切削中，当进给速度增加 1 倍时，加速度增加 4 倍才能保证轮廓的加工精度要求。这就要求超高速切削机床的进给系统不仅要能达到很高的进给速度，还要求进给系统具有大的加速度以及高刚度、快响应、高定位精度等。

上述要求对传统的"旋转伺服电动机 + 滚珠丝杠"构成的直线运动进给方式提出了挑战。在滚珠丝杠传动中，由于电动机轴到工作台之间存在联轴器、丝杠、螺母及其支架、轴承及其支架等一系列中间环节，因而在运动中就不可避免地存在弹性变形、摩擦磨损和反向间隙等，造成进给运动的滞后和其他非线性误差。此外，整个系统的惯性质量较大，势必影响系统对运动指令的快速响应等一系列动态性能。当机床工作台行程较长时，滚珠丝杠的长度必须相应加长，细而长的丝杠不仅难于制造，而且会成为这类进给系统的刚性薄弱环节，在力和热的作用下容易产生变形，使机床很难达到高的加工精度。

为解决上述难题，一种崭新的传动方式应运而生了，这就是由直线电动机驱动的进给系统，它取消了从电动机轴到工作台之间的一切中间传动环节，把机床进给传动链的长度缩短为零，因此这种传动方式被称作"直接驱动"（Dricet-drive），国内也有人称之为"零驱动"。表 8-4 中将滚珠丝杠传动和直线电动机直接驱动的性能进行了对比，直线电动机这种零驱动的优点主要体现在：

1）惯性小，加速度高，可达 $1g \sim 10g$；速度高，可达 $60 \sim 150$m/min，易于高速精定位。

2）无中间传动环节，不存在反向间隙和摩擦磨损等问题，精度高、可靠性好，使用寿命长。

3）刚性好，动态特性好。

4）行程长度不受限制，并且在一个行程全长内可以安装使用多个工作台。

表 8-4　滚珠丝杠传动和直线电动机直接驱动的性能对比

性能参数	滚珠丝杠	直线电动机	性能参数	滚珠丝杠	直线电动机
最高速度/（m/s）	$0.5 \sim 1$	10	静刚度/（N/μm）	$90 \sim 180$	$70 \sim 270$
最高加速度	$(0.5 \sim 1)g$	$(2 \sim 10)g$	动刚度/（N/μm）	$90 \sim 180$	$160 \sim 210$
最大推力/N	> 20000	9000	建立时间/ms	100	$10 \sim 20$
行程长度/m	5	不受限制	可靠性/h	$6000 \sim 10000$	50000
精度	微米级	亚微米级			

8.3.5　超高速切削的刀具技术

切削刀具材料的迅速发展是超高速切削得以实施的工艺基础。超高速切削加工要求刀具材料与被加工材料的化学亲和力要小，并且具有优异的力学性能、热稳定性、抗冲击性和耐磨性。目前适合于超高速切削的刀具主要有涂层刀具、金属陶瓷刀具、陶瓷刀具、立方氮化硼刀具、聚晶金刚石（PCD）刀具等。特别是聚晶金刚石刀具和聚晶立方氮化硼刀具（PCBN）的发展推动了超高速切削走向更广泛的应用领域。

8.4　增材制造技术

增材制造（Additive Manufacturing，简称 AM）技术，是采用材料逐渐累加的方法制造实体零件的技术，相对于传统的材料去除——切削加工技术，是一种"自下而上"的制造方法。增材制造技术是指基于离散/堆积原理，由零件三维数据驱动直接制造零件的科学技术体系。基于不同的分类原则和理解方式，增材制造技术还有快速原型、快速成形、快速制造、3D 打印等多种称谓，其内涵仍在不断深化，外延也不断扩展（见图 8-7），本书所指的"增材制造"包含"快速原型"和"3D 打印"。这种成形制造技术被誉为将带来"第三次工业革命"的新技术。

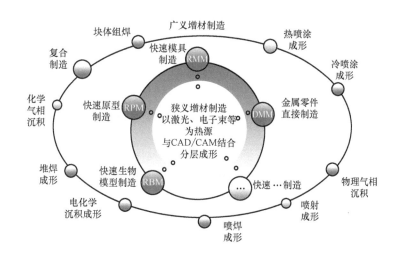

图 8-7　增材制造技术

快速原型（Rapid Prototyping，简称 RP）技术，1988 年诞生于美国，迅速扩展到欧洲和日本，并于 20 世纪 90 年代初期引进我国。它借助计算机、激光、精密传动、数控技术等现代手段，将 CAD 和 CAM 集成于一体，根据在计算机上构造的三维模型，能在很短的时间内直接制造产品样品，无须传统的刀具、夹具、模具。

3D 打印（3D Printing）技术，是一种以数字模型文件为基础，运用粉末状金属或塑料等可黏合材料，通过逐层打印的方式来构造物体的技术。3D 打印工艺之所以称之为打印成型，是因为它以某种喷头作为成型源，其运动方式与喷墨打印机的打印头类似，在台面上做 X-Y 平面运动，所不同的是喷头喷出的不是传统喷墨打印机的墨水，而是黏结剂、熔融材料

339

或光敏材料等。

8.4.1 增材制造技术的特点

增材制造技术的特点如下：

1）高度柔性。成形过程无须专用工、模具，它将十分复杂的三维制造过程简化为二维过程的叠加，使得产品的制造过程几乎与零件的复杂程度无关，可以制造任意复杂形状的三维实体，这是传统方法无法比拟的。

2）成形的快速性。AM 设备类似于一台与计算机和 CAD 系统相连的"三维打印机"，将产品开发人员的设计结果即时输出为实实在在可触摸的原型，产品的单价几乎与批量无关，特别适合于新产品开发和单件小批量生产。

3）全数字化的制造技术。AM 技术基于离散/堆积原理，采用多种直写技术控制单元材料状态，将传统上相互独立的材料制备和材料成形过程合一，建立了从零件成形信息及材料功能信息数字化到物理实现数字化之间的直接映射，实现了从材料和零件的设计思想到物理实现的一体化。

4）无切割、噪声和振动等，有利于环保。

5）应用范围广。AM 技术在制造零件过程中可以改变材料，因此可以生产各种不同材料、颜色、机械性能、热性能组合的零件。

8.4.2 增材制造技术的基本原理

传统的零件加工过程是先制造毛坯，然后经切削加工，从毛坯上去除多余的材料得到零件的形状和尺寸。增材制造技术彻底摆脱了传统的"去除"加工法，而基于"材料逐层堆积"的制造理念，将复杂的三维加工分解为简单的材料二维添加的组合，它能在 CAD 模型的直接驱动下，快速制造任意复杂形状的三维实体，是一种全新的制造技术。其基本过程如下：

1. 构造产品的三维 CAD 模型

增材制造系统只接受计算机构造的三维 CAD 模型，然后才能进行模型分层和材料逐层添加。因此，首先应用三维 CAD 软件根据产品要求设计三维模型；或将已有产品的二维图转成三维模型；或在产品仿制时，用扫面机对已有产品进行扫面，通过数据重构得到三维模型（即反求工程）。

2. 三维模型的近似处理

由于产品上往往有一些不规则的自由曲面，加工前必须对其进行近似处理。最常用的方法是用一系列小三角形平面来逼近自由曲面。每个小三角形用三个顶点坐标和一个法向量来描述。三角形的大小是可以选择的，从而得到不同的曲面近似程度。经过上述近似处理的三维模型文件称为 STL 文件，它由一系列相连的空间三角形组成。目前，大多数 CAD 软件都有转换和输出 STL 格式文件的接口。

3. 三维模型的 Z 向离散化，即分层处理

将 CAD 模型根据有利于零件堆积制造的方位，沿成形高度方向（Z 方向）分成一系列具有一定厚度的薄片，提取截面的轮廓信息。层片之间间隔的大小按精度和生产率要求选定，间隔越小，精度越高，但成形时间越长。层片间隔的范围在 0.05～0.3mm 之间，常用

0.1mm。离散化破坏了零件在 Z 向的连续性，使之在 Z 向产生了台阶效应。但从理论上讲，只要分层厚度适当，就可以满足零件的加工精度要求。

4. 处理层片信息，生成数控代码

根据层片几何信息，生成层片加工数控代码，用以控制成形机的加工运动。

5. 逐层堆积制造

在计算机的控制下，根据生成的数控指令，系统中的成形头（如激光扫描头或喷头）在 X-Y 平面内按截面轮廓进行扫描，固化液态树脂（或切割纸、烧结粉末材料、喷射热熔材料），从而堆积出当前的一个层片，并将当前层与已加工好的零件部分黏合。然后，成形机工作台面下降一个层厚的距离，再堆积新的一层。如此反复进行直到整个零件加工完毕。

6. 后处理

对完成的原型进行处理，如深度固化、去除支撑、修磨、着色等，使之达到要求。

8.4.3　增材制造的软件系统

增材制造的软件系统一般由三部分组成：CAD 造型软件、分层处理软件和成形控制软件。

1) CAD 造型软件的功能是进行零件的三维设计及模型的近似处理。另外，在产品仿制、头像制作、人体器官制作等增材制造技术的应用活动中，应用逆向工程技术，采用扫描设备和逆向工程软件获取物体的三维模型。

目前产品设计尤其是新产品开发中已大面积采用三维 CAD 软件来构造产品的三维模型，三维设计也是增材制造技术的必备前提。目前应用较多的有 Pro/E、UG、Catia、SolidWorks、Solid Edge 等。这些三维 CAD 软件功能强大，为产品设计提供了强有力的支持。

2) 分层处理软件对 CAD 软件输出的近似模型进行检验，确定其合理性并修复错误、做几何变换、选择成形方向，进行分层计算以获取层片信息。

分层处理软件将 CAD 模型以片层方式来描述，这样，无论零件多么复杂，对于每一层来说，都是简单的平面。分层处理软件的功能与水平直接关系到原型的制造精度、成形机的功能、用户的操作等。分层的结果将产生一系列曲线边界表示的实体截面轮廓。分层算法取决于输入几何体的表示格式，根据几何体的输入格式，增材制造中的分层方式分为 STL 分层和直接分层。STL 分层采用小三角平面近似实体表面，从而使得分层算法简单，只需要依次与每个三角形求交即可，因此得到了广泛应用。而在实际应用中，保持从概念设计到最终产品的模型一致将是非常重要的，而 STL 文件降低了模型的精度，而且对于特定用户的大量高次曲面物体，使用 STL 文件会导致文件巨大，分层费时，因此需要抛开 STL 文件，直接由 CAD 模型进行分层。在加工高次曲面时，直接分层明显优于 STL 分层。

3) 成形控制软件的功能是进行加工参数设定、生成数控代码、控制实时加工。成形控制软件根据所选的数控系统将分层处理软件生成的二维层片信息，即轮廓与填充的路径生成 NC 代码，与工艺紧密相连，是一个工艺规划过程。不同规划方法不仅决定了成形过程能否正常而顺利地进行，而且对成形精度和效率影响很大。增材制造扫描路径规划的主要内容包括刀具尺寸补偿和扫描路径选择，其核心算法包括二维轮廓偏置算法和填充网格生成算法，算法的要求是合理性、完善性和鲁棒性，算法的好坏直接影响数据处理效率，生成结果则直接决定成形加工效率。

8.4.4 增材制造技术的典型方法

自从 1988 年世界上第一台增材制造机问世以来，各种不同的增材制造工艺相继出现并逐渐成熟。目前增材制造方法有几十种，其中以 SLA、LOM、SLS、FDM 工艺使用最为广泛和成熟。下面简要介绍几种典型的增材制造工艺的基本原理。

1. 光固化成形工艺（SLA）

光固化成形工艺，也称立体光刻（Stereolithography Apparatus，简称 SLA）。该工艺是基于液态光敏树脂的光聚合原理工作的，这种液态材料在一定波长和功率的紫外光照射下能迅速发生光聚合反应，相对分子质量急剧增大，材料就从液态转变成固态。

图 8-8 所示为 SLA 工艺原理图。液槽 4 中盛满液态光敏树脂，氦-镉激光器或氩离子激光器发出的紫外激光束在偏转镜作用下，能在液体表面进行扫描，扫描的轨迹及光线的有无均按零件的各分层截面信息由计算机控制，光点扫描到的地方液体就固化。成形开始时，工作平台在液面下一个确定的深度，聚焦后的光斑在液面上按计算机的指令逐点扫描，即逐点固化。当一层扫描完成后，未被照射的地方仍是液态树脂。然后工作台下降一个层厚的高度，已成形的层面上又布满一层液态树脂，然后刮刀将黏度较大的树脂液面刮平，进行下一层的扫描加工，新固化的一层牢固地粘在前一层上，如此重复直到整个零件制造完毕，得到一个三维实体原型。

SLA 工艺是目前增材制造技术领域中研究最多、技术上最为成熟的方法。它适合成形小零件，能直接得到塑料产品，且成形精度较高。

2. 叠层实体制造工艺（LOM）

叠层实体制造（Laminated Object Manufacturing，简称 LOM）也称分层实体制造。图8-9所示为 LOM 工艺原理图。采用薄片材料，如纸、塑料薄膜等，片材表面事先涂覆上一层热熔胶。加工时，热黏压机构热压片材，使之与下面已成形的工件部分黏接，然后用 CO_2 激光器按照分层数据，在刚黏接的新层上切割出零件当前层截面的内外轮廓和工件外框，并在

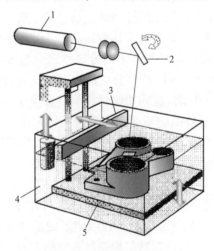

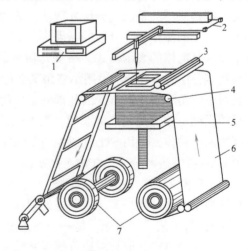

图 8-8 SLA 工艺原理图
1—激光器 2—扫描系统 3—刮刀
4—液槽 5—可升降工作台

图 8-9 LOM 工艺原理图
1—计算机 2—激光切割系统 3—热黏压机构
4—导向辊 5—工作台 6—原材料
7—原材料存储及送进机构

截面轮廓与外框之间多余的区域切割出上下对齐的网格以便在成形之后能剔除废料，它们在成形中可以起到支撑和固定的作用；激光切割完成后，工作台带动已成形的工件下降一个纸厚的高度，与带状片材（料带）分离；原材料存储及送进机构转动收料轴和供料轴，带动料带移动，使新层移到加工区域，工件的层数增加一层，高度增加一个料厚；再在新层上切割截面轮廓。如此反复直至零件的所有截面黏接、切割完，得到分层制造的实体零件。

LOM 工艺只需在片材上切割出零件截面的轮廓，而不用扫描整个截面，因此成形效率高，易于制造大型零件。工件外框与截面轮廓之间的多余材料在加工中起到了支撑作用，所以 LOM 工艺无须加支撑。

3. 选择性激光烧结工艺（SLS）

选择性激光烧结工艺（Selective Laser Sintering，简称 SLS），是利用粉末状材料在激光照射下烧结的原理，在计算机控制下层层堆积成形的。图 8-10 所示为 SLS 工艺原理图。加工时，将材料粉末铺洒在已成形零件的上表面，并刮平；用高强度的 CO_2 激光器在刚铺的新层上以一定的速度和能量密度按分层轮廓信息扫描出零件截面，材料粉末在高强度的激光照射下被烧结在一起，得到零件的截面，并与下面已成形的部分连接，未扫过的地方仍然是松散的粉末；当一层截面烧结完后，铺上新的一层材料粉末，选择地烧结下一层截面，如此反复直到整个零件加工完毕，得到一个三维实体原型。

SLS 工艺的特点是材料适应面广，不仅能制造塑料零件，还能制造陶瓷、蜡等材料的零件，特别是可以制造金属零件，这使 SLS 工艺颇具吸引力。SLS 工艺无须加支撑，因为没有烧结的粉末起到了支撑的作用。

4. 熔融沉积制造工艺（FDM）

熔融沉积制造工艺（Fused Deposition Modeling，简称 FDM），是利用热塑性材料的热熔性、黏接性，在计算机控制下层层堆积成形的。图 8-11 所示为 FDM 工艺原理图，其所使用的材料一般是蜡、ABS 塑料、尼龙等热塑性材料，以丝状供料。材料通过送丝机构被送进带有一个微细喷嘴的喷头，并在喷头内被加热熔化。在计算机的控制下，喷头沿零件分层截面轮廓和填充轨迹运动，同时将熔化的材料挤出。材料挤出喷嘴后迅速凝固并与前一层熔接在一起。一个层片沉积完成后，工作台下降一个层厚的距离，继续熔喷沉积下一层，如此反复直到完成整个零件的加工。

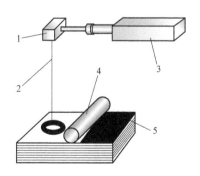

图 8-10　SLS 工艺原理图

1—扫描镜　2—激光束　3—激光器
4—平整滚　5—粉末

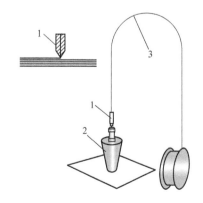

图 8-11　FDM 工艺原理图

1—喷头　2—工件　3—料丝

FDM 工艺不用激光，因此使用、维护简单，成本较低。用蜡成形的零件原型，可以直接用于石蜡铸造；用 ABS 塑料制造的原型因有较高强度而在产品设计、测试与评估等方面得到广泛应用。

5. 三维喷涂黏结工艺（3DP）

三维喷涂黏结工艺（Three Dimensional Printing Gluing，简称 3DP 或 3DPG）的工作过程类似于喷墨打印机。目前使用的材料多为粉末材料（如陶瓷粉末、金属粉末、塑料粉末等），通过喷头喷涂黏结剂（如硅胶）将零件的截面"印刷"在材料粉末上面。用黏结剂黏结的零件强度较低，还需后处理。后处理过程主要是先烧掉黏结剂，然后在高温下渗入金属，使零件致密化以提高强度。

以粉末作为成形材料的 3DP 工艺原理如图 8-12 所示。首先按照设定的层厚进行铺粉，随后根据当前叠层的截面信息，利用喷嘴按指定路径将液态黏结剂喷在预先铺好的粉层特定区域，之后工作台下降一个层厚的距离，继续进行下一叠层的铺粉，逐层黏结后去除多余底料便得到所需形状制件，如图 8-13 和图 8-14 所示。

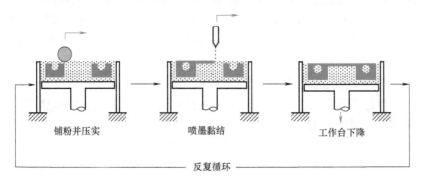

铺粉并压实　　　　喷墨黏结　　　　工作台下降

———————— 反复循环 ————————

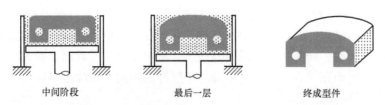

中间阶段　　　　最后一层　　　　终成型件

图 8-12　三维喷涂黏结工艺原理

图 8-13　三维喷涂黏结制造的结构陶瓷制品

图 8-14　三维喷涂黏结制造的注射模具

喷墨式三维打印工艺类似于 FDM 工艺（见图 8-15）。喷墨式三维打印设备的喷头更像喷墨式打印机的打印头。与喷涂黏结工艺显著不同之处是其累积的叠层不是通过铺粉后喷射黏结剂固化形成的，而是从喷射头直接喷射液态的工程塑料瞬间凝固而形成薄层。

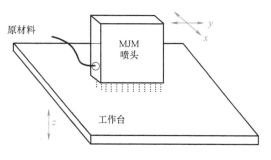

图 8-15　多喷嘴喷墨三维打印原理图

多喷嘴喷射成形为喷墨式三维打印设备的主要成形方式，喷嘴呈线性分布。喷嘴数量越来越多，打印精度（分辨率）越来越高，如 3D Systems 公司的 ProJet6000 型设备的特清晰打印模式（XHD）的打印精度为 0.075mm，层厚为 0.05mm。微熔滴直径的大小决定了其成形的精度或打印分辨率，喷嘴的数量多少决定了成形效率的高低。

8.4.5　增材制造技术的应用与发展趋势

1. 3D 打印技术的应用

近年来，增材制造技术发展迅速，已成为现代模型、模具和零部件制造的有效手段，在航空航天、汽车摩托车、家电、生物医学等领域得到了一定应用，在工程和教学研究等领域也占有独特地位。

（1）机械制造　利用 3D 打印技术已经制造出飞机零件、自行车、步枪、赛车零件等产品。汽车公司会对变速器进行各种极端状况下的测试，其中一些零件（如自动变速器壳体）就是用增材制造方法制造的。

（2）医疗行业　在医学领域，增材制造技术已开始被应用于器官模型的制造、手术分析策划、个性化组织工程支架材料、假体植入物的制造（假牙、股骨头、膝盖等骨关节）以及细胞或组织打印等方面。例如，在骨科、口腔颌面外科等外科疾病中通常需要植入假体代替损坏、切除的组织，以恢复相应的功能以及外观。据报道，美国一位儿科医生成功打印制作出人体心脏实物模型。这项技术同样可应用于牙种植、骨骼移植等人造骨骼实物、血管等器官。与传统的器官移植手术相比，增材制造出的器官的排斥反应几乎没有，也不会给患者带来不良影响。

（3）建筑行业　工程师和设计师们已经接受了用增材制造机打印的建筑模型，这种方法快速、成本低、环保，同时制作精美，完全合乎设计者的要求，同时又能节省大量材料。

（4）教育、时尚、文化创意和数码娱乐　增材制造可应用于模型验证科学假设，用于不同学科实验、教学。在北美的一些中学、普通高校和军事院校，增材制造机已经被用于教学和科研。此外还可应用于珠宝、服饰、鞋类、玩具、创意 DIY 作品的设计和制造，如科幻类电影《阿凡达》运用增材制造技术塑造了部分角色和道具，另外，增材制造的小提琴接近了手工艺的水平。

2. 增材制造的发展趋势

1）提升打印速度和精度，降低设备成本，实现智能化。主要体现在高能束激光开发、低能耗快速连接，以及快速智能三维建模技术的突破。未来增材制造就应当如同现有的普通

345

打印一样普遍、简单。

2）提升增材制造产品的机械特性，如疲劳特性、应力特性、耐磨性、强度、硬度等指标，满足产品的功能需求。

3）突破细胞和组织器官打印瓶颈。即通过提升生物打印材料的丰富性，实现活性组织器官3D制造，克服人体排斥反应，每个人专属的组织器官都能随时打出，提升医疗康复水平。

8.5　生物制造技术

8.5.1　生物制造的基本概念

生物制造（Bio-manufacturing）是直接制造活性/活体材料与器件以及利用生物活性/活体制造新型结构、材料、器件的生物形式制造方法。

生物制造包括利用生物形体和机能进行制造及制造类生物或生物体，按照应用对象和功能可以将生物制造划分为以下两个方面。

（1）生物体制造（生物组织工程）　它是运用现代制造科学和生命科学的原理和方法，通过单个细胞或细胞团簇的直接和间接受控组装，完成具有新陈代谢特征的生命体成形和制造，经培养和训练，完成用以修复或替代人体病损组织和器官。

（2）生物加工成形　它主要是利用生物体（如微生物、细胞）或生物质（如脂质、蛋白质、DNA）的生理机能（如代谢过程、基因复制）或外形特征（如标准几何外形、细胞亚结构）等来进行生物形式的加工。生物加工成形是制造领域传统物理方式和化学方式制造之外的顶层新分支。包含生物去除成形、生物约束成形、生物复制成形、生物生长成形、生物连接成形、生物组装成形、生物缩放成形、生物变形成形，如图8-16所示。其中生物连接成形、生物组装成形、生物复制成形、生物缩放成形可被用于制造表面多级结构，且不同的生物原型模板适用不同的生物成形技术。

8.5.2　生物制造技术的特点

生物制造技术的特点如下：

1）具有特定生物学特性。机械制造的产品只需满足具有一定形状、表面质量和机械性能等特性，而生物制造生产的"生物零件"不仅要有复杂的结构和组成，能够完成"装配"功能，而且要保证它们具有活性，能够完成特定的生理功能，这是生物制造不同于传统机械制造的一个重要标志。

2）生产的个性化、及时化、高度柔性。生物制造的"零件"可能是人体的器官和组织，因此生物制造是一种个性化制造，每个"零件"可能会有相似之处，但是每个零件不仅要满足外形尺寸的个体化，而且组织细胞也是个体化。另外，"生物零件"的需求往往是不确定的，事先无法预知的，而且这种需求又是紧迫的，必须要能在一定的可以容忍的时间内生产出来，因此必须要快速生成，这就要求生物制造系统开发具有高度的柔性。

3）跨尺度功能制造。生物制造可以实现从分子到器官的复合跨尺度成形，且结构、形体复杂，功能多样，超过常规工艺的极限制造能力。

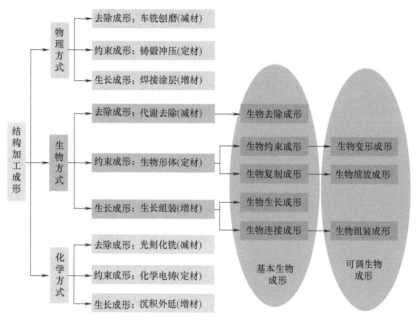

图 8-16 加工成形制造领域示意图

4）工艺复杂性。生物制造作为一门新兴的交叉学科，它融合了众多的相关技术。以生物组织器官制造为例，整个生物制造过程是以 RP 技术为制造框架，以曲面建模和微细结构 CAD 仿生建模为基础，最后利用生物生长及基因调控等生物技术来制造出器官的替代品。而在生物加工成形方面，以生物去除成形为例，涉及微纳米制造、机械设计、微生物培养等诸多技术。

8.5.3 生物制造技术的应用与发展趋势

1. 生物制造技术的应用

生物制造技术是多学科交叉制造方法，目前应用领域主要涉及材料、机械、生物医学、电子等。

（1）生物加工成形在制造机械功能产品方面

1）生物去除成形。利用微生物代谢过程中一些复杂的生物化学反应达到去除多余材料，加工出其他微细加工方法不能加工的微小零件，如利用氧化亚铁硫杆菌刻蚀以铜基片表面制造出微小齿轮。

2）利用生物约束成形方法已实现具有一定强度、标准外形的导电/磁性微粒，被用作制备微器件或者功能贴片，在催化、光学、电磁学、核磁共振以及电磁吸波等领域展现出了巨大的应用潜力。例如，利用古细菌外膜（S-layers）中的蛋白质重组加工制备出颗粒尺寸在 5nm 左右的 CdS 纳米颗粒阵列、金属铂纳米团簇（见图 8-17、图 8-18）；利用猪脑蛋白质重组出 25nm 直径的微管，将之金属化后来制备纳米导线（见图 8-19）。而利用 DNA 自我识别与杂交属性，可以合成金属纳米线和小尺度网络。利用脂质体的自组装功能制备出了金属化脂质微管（见图 8-20），并将其用到火鸟导弹的涂层中。以自组装后的病毒作为模板实现了半导体和磁性纳米线的定向合成，并将其用作锂电池的电极，实现高效、轻便微小锂电池的制造（见图 8-21）。

3）生物组装成形、生物连接成形、生物生长成形已用于构造多样特征阵列表面，并进一步用于构建生物芯片，实现高效检测。如利用硅藻电特性，实现硅藻在基片上的自对准阵列排布（见图8-22）。将趋光性细菌组装成形获得了多级结构无机材料的表面，如图8-23所示。采用生物连接成形方法将光合细菌分子马达通过脂质体连接在基片阵列上，将纳米镍棒连接在分子马达上，并实现了回转，对纳流体驱动、分子级检测意义重大（见图8-24）。利用硅藻自身材料的硅工艺相容性和硅藻的微纳孔系，通过硅藻生长成形制造了微流体缓湿基片，为生物芯片提供了微环境保障。

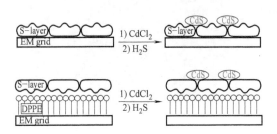

图 8-17 以 S-layer 微网格为模具制备出的 CdS 纳米颗粒阵列及制备原理图

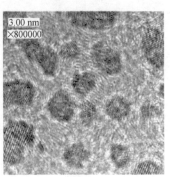

图 8-18 S-layer 蛋白表面铂团簇的高分辨图像

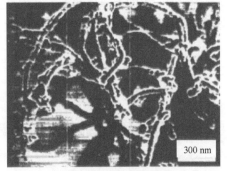

图 8-19 蛋白质金属化后的扫描电镜（SEM）照片

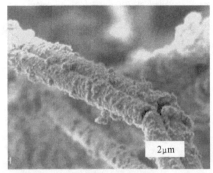

图 8-20 脂质金属化后的扫描电镜（SEM）照片

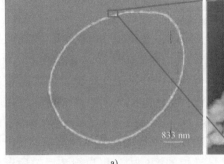

a)

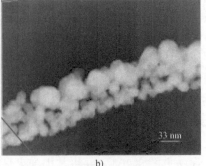

b)

图 8-21 利用黑曲霉菌丝为模板自组装获得的双层纳米颗粒环透射电镜（TEM）照片

a）纳米环 b）局部放大结构图

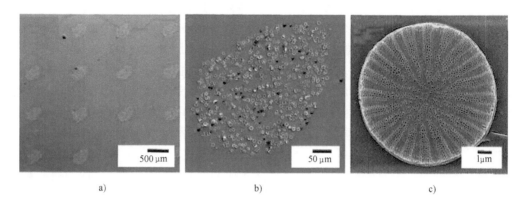

a) b) c)

图 8-22 喷墨修饰后硅藻的自对准阵列排布

a）阵列结构 b）单个阵列点构成 c）单个硅藻

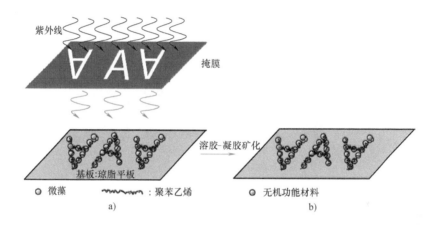

图 8-23 基于生物组装成形技术的趋光性细菌图案化调节

a）制造流程示意图 b）光驱成形实物图

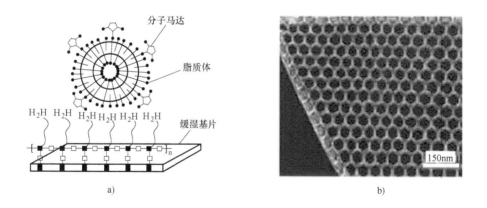

图 8-24 脂质体基分子马达芯片的生物成形

a）工作原理 b）局部硅藻放大照片

（2）生物体制造在体外再造人体器官方面 体外再造具有一定生理生化功能的人体组织器官，达到修复或重建病损组织器官，是人类有史以来便具有的一个梦想，也是生物制造工程的长远目标。最早的人造器官是机械性的，如心室辅助装置（VAD）和全人工心脏（TAH），还有各种无生物活性的高分子材料构建的皮肤和血管等，后来发展到半机械性半生物性，如混合性生物人工肝（BAL）等，发展到今天制造完全类似于天然器官的全生物型人造组织器官。现阶段，结合增材制造技术，已经制造出应用于人体的肝组织、心脏、骨骼等多种器官（见图8-25）。在矫形修复中，应用在颅骨、耳骨盆等个体化仿真要求高的组织和器官的修复，如金属（或非金属）假肢以及它们与活体的界面进一步活性化的应用正在逐渐推广。个性化耳、颌面骨等的再造与修复，整容性的颌面再造、植入体内的颅骨支承支架，网板以及其他修复性医疗器件的设计与制造都从生物制造的发展中受益，并已形成一个以生物制造为核心的技术研究与产品开发方向。

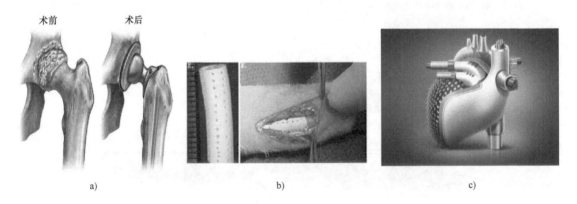

图8-25 生物制造组织器官
a）人工骨 b）人造血管 c）人工心脏

2. 生物制造的发展趋势

1）与微纳米制造、增材制造等技术有机结合，实现高性能传感器和微系统的节能环保制造。

2）复杂人体和器官组织结构仿生模型的构建，非均质体三维计算机模型，个性化组织结构及替代医疗装置的设计与制造工艺、材料及形态的集成。

3）单细胞、多种细胞及细胞团簇的受控三维空间输送、精确定位、排列和组装，减小生物制造工艺对细胞损伤及生物性能的影响。

8.6 特种加工方法

8.6.1 电火花加工

1. 电火花加工的原理

电火花加工又称放电加工、电蚀加工，是在20世纪40年代中期发展起来的。它是在加工过程中，使工具和工件之间不断产生脉冲性的火花放电，靠放电时局部、瞬时产生的高温使金属熔化、汽化而被去除从而达到加工成形的目的。因加工时放电过程中可见到火花，故称之为电火花加工。

电火花加工的原理是基于工具和工件（正、负电极）之间脉冲性火花放电时的电腐蚀现象来蚀除多余的金属，以达到对零件的尺寸、形状及表面质量预定的加工要求。如图8-26所示，工件和工具电极都置于流动工作液中，并分别与脉冲电源的正、负极相接。自动进给调节装置使工具和工件间经常保持一很小的放电间隙。通过脉冲发生器，在当时条件下相对某一间隙最小处或绝缘强度最低处击穿介质，使工件与工具电极间产生脉冲火花放电现象。由于放电时间很短，且发生在放电区的小点上，所以能量高度集中，放电区的电流密度很大，引起金属材料的熔化和汽化，使工件和工具电极表面被腐蚀成一个小凹坑。脉冲放电结束后，经过一个脉冲间隔，使工作液恢复绝缘后，第二个脉冲

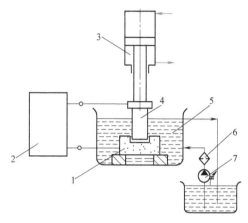

图8-26　电火花加工原理示意图
1—工件　2—脉冲电源　3—自动进给调节装置
4—工具　5—工作液　6—过滤器　7—工作液泵

电压又加到两极上，又会在当时两极间距相对最近或者绝缘强度最弱处击穿放电，再电蚀出一个小凹坑。多次火花放电的结果，使工件和工具电极的表面由无数小凹坑组成，工具电极不断下降，工件表面不断地被蚀去，流动的工作液将腐蚀下来的金属带离工作区，这样工具电极的轮廓形状便可复印在工件上，从而达到电火花加工的目的。

由此可见，电火花加工通常要具备以下的工作条件：

1）工具电极和工件电极之间必须保持一定的间隙，这可由自动进给调节装置调节。间隙可在几微米至几百微米之间，间隙过大极间电压不能击穿两极间介质而不能产生火花放电，间隙过小则会引起拉弧烧伤或短路。一旦发生拉弧烧伤或短路，工具电极必须迅速离开工件，待短路消除后再重新调节到适宜的放电间隙。

2）必须采用脉冲电源。因火花放电必须是瞬时的脉冲放电，放电延续一段时间（通常$10^{-7} \sim 10^{-8}$s）后，需停歇一段时间。

3）必须在有一定绝缘性能的流动的工作液中进行火花放电，这有利于产生脉冲性火花放电，并排除放电间隙中的电蚀物，还可以对电极及工件表面起较好的冷却作用。

2. 电火花加工的特点

（1）主要优点

1）适合于任何难切削材料的加工。由于加工中材料的去除是靠放电时的电热作用实现的，材料的可加工性主要取决于材料的导电性和热学特性（如熔点、沸点、比热容、热导率、电阻率等），而几乎与其硬度、强度等力学性能无关。这样可以突破传统切削加工对刀具的限制，可以实现用软的工具加工硬韧的工件。例如，可以在淬火以后进行加工，因而免除了淬火变形对工件尺寸和形状的影响。甚至可以加工像聚晶金刚石、立方氮化硼一类的超硬材料。目前电极材料多采用纯铜或石墨，因此工具电极较容易加工。

2）可以加工特殊及复杂形状的表面和零件。由于加工中工具电极和工件不直接接触，

没有宏观的机械切削力，因此适合加工低刚度工件和微细加工。由于可以简单地将工具电极的形状复制到工件上，因此特别适用于复杂表面形状工件和低刚度工件的加工，如复杂型腔模具加工等。数控技术的采用使得用简单电极加工复杂形状零件成为可能。

3）脉冲参数可任意调节，加工中只要更换工具电极或采用阶梯形工具电极就可以在同一机床上连续进行粗加工、半精加工和精加工。

（2）局限性

1）主要用于加工金属等导电材料，但在一定条件下也可以加工半导体和非导体材料。

2）一般加工速度较慢，因此通常安排工艺时多采用切削加工来去除大部分余量，然后再进行电火花加工以求提高生产率。但最近已有新的研究成果表明，采用特殊水基不燃性工作液进行电火花加工，其生产率甚至不亚于切削加工。

3）存在电极损耗。电极损耗多集中在尖角或底面，影响成形精度。近年来粗加工时已能将电极相对损耗比降至0.1%以下。

由于电火花加工具有许多传统切削加工所无法比拟的优点，因此，其应用领域日益扩大，目前已广泛应用于机械、航天、航空、电子、电机电器、精密机械、仪器仪表、汽车拖拉机、轻工等行业，以解决难加工材料及复杂形状零件的加工问题。其加工范围已达到小至几微米的小轴、孔、缝，大到几米的超大型模具和零件。

3. 电火花加工的分类及应用

按工具电极和工件相对运动方式和用途的不同，电火花加工大致可分为电火花穿孔成形加工、电火花线切割加工、电火花磨削和镗磨、电火花同步共轭回转加工、电火花高速小孔加工、电火花表面强化与刻字六大类。前五类属于电火花成形、尺寸加工，是用于改变零件形状或尺寸的加工方法；后一类则属于表面加工方法，用于改善或改变零件表面性质。以上各类中以电火花穿孔成形加工和电火花线切割加工应用最为广泛。

上述六类电火花加工工艺方法的主要特点和用途如下：

（1）电火花穿孔成形加工　电极与工件之间只有一个相对的伺服进给运动，电极为成形电极，与被加工表面具有相同的截面形状，主要用于穿孔加工和型腔加工。

（2）电火花线切割加工　电极为沿轴线移动的线电极，工件沿 X、Y 方向做进给运动，主要用于各种通孔、异形通孔的加工。

（3）电火花磨削和镗磨　电极与工件相对旋转，电极与工件有径向和轴向的进给，主要用于加工高精度和小表面粗糙度值的小孔。

（4）电火花同步共轭回转加工　电极与工件都做旋转运动，电极相对工件可做纵、横向进给运动，主要用于加工异形齿轮、螺纹环规、内外回转体等。

（5）电火花高速小孔加工　电极为孔径大于0.3mm的细管，管内冲高压工作液，且电极一边旋转一边做垂直进给运动，主要用于线切割预穿丝孔的加工。

（6）电火花表面强化与刻字　电极在工件表面一边上下振动，一边相对移动，每一次振动都和工件接触一次，主要用于模具刃口、量刃具表面的强化和镀覆以及刻字、打印记等。

4. 电火花加工机床

电火花加工在特种加工中是比较成熟的工艺，在民用、国防生产部门和科学研究中都已经获得广泛应用，相应的机床设备也比较定型。电火花加工工艺及机床设备的类型较多，其中应用最广、数量较多的是电火花穿孔成形加工机床和电火花线切割机床。

电火花穿孔成形加工是利用火花放电腐蚀金属的原理,用工具电极对工件进行腐蚀加工的工艺方法,根据其应用范围,可分为电火花穿孔加工和电火花型腔加工。如图 8-27 所示,穿孔加工常指贯通的等截面或变截面的二维型孔的电火花加工,如各种型孔（圆孔、方孔、多边孔、异形孔）、曲线孔（弯孔、螺旋孔）、小孔、微孔等加工。穿孔加工的尺寸精度主要取决于工具电极的尺寸和放电间隙。因此,工具电极的截面轮廓尺寸要比预定加工的型孔尺寸均匀地缩小一个加工间隙,其尺寸精度要比工件高一级,表面粗糙度应比工件的小。一般电火花加工后尺寸公差等级可达 IT7,表面粗糙度 Ra 值为 $1.25\mu m$。

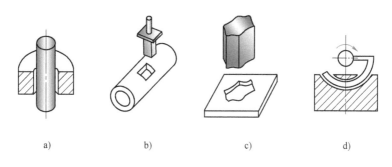

图 8-27　电火花穿孔加工
a) 圆孔　b) 方槽　c) 异形孔　d) 弯孔

如图 8-28 所示,电火花型腔加工一般指三维型腔和型面加工,如挤压模、压铸模、塑料模及胶木模等型腔的加工及整体式叶轮、叶片等曲面零件的加工。加工的型腔多为不通孔加工,且形状复杂,致使工作液难以循环,排出蚀除渣困难,因此加工工艺比穿孔加工困难。为了改善加工条件,有时在工具电极中间开有冲油孔,以便冷却和排出加工产物。

电火花线切割加工用连续移动的金属丝（也称电极丝）代替电火花穿孔加工中的电极,故称为线切割加工。工件与高频脉冲电源的正极相连接,电极丝与脉冲电源的负极相连接,利用电极丝与工件在液体介质中产生的火花切除工件上的金属,工件按预定的轨迹进行运动从而加工出形状复杂的金属零件,就像木工用钢线锯锯木板一样。电火花线切割只能加工以直线为母线的曲面。图 8-29 所示为电火花线切割工作原理图。工作时电极丝沿其轴线运动,电极丝和工件之间注入工作液介质,工件安放在坐标工作台上,随工作台按预定的控制程序沿 X、Y 两个坐标方向运动,从而合成各种曲线轨迹,将工件切割成形。

电火花加工机床一般由脉冲电源、自动进给机构、工作液循环过滤系统及机床本体等部分组成。

（1）脉冲电源　它是指把直流或工频交流电转变成一定频率的单向脉冲电流,提供电火花加工所需要的放电能量。要求工作性能稳定可靠、结构简单、操作和维修方便、能够节省电能。

（2）自动进给调节系统　在电火花加工过程中,工具与工件必须保持一定的间隙。由于工件不断被蚀除,电极也有一定的损耗,间隙将不断扩大。这就要求工具不但要随着工件材料的不断蚀除而进给,形成工件要求的尺寸和形状,而且要不断地调节进给速度,有时甚至要停止进给或回退,以保持恰当的放电间隙。由于放电间隙很小,且位于工作液中无法观察和直接测量，因此必须要有自动进给调节系统来保持恰当的放电间隙。

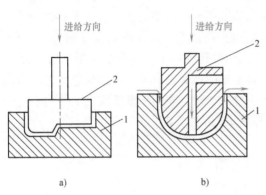

图 8-28　电火花型腔加工
1—工件　2—工作电极

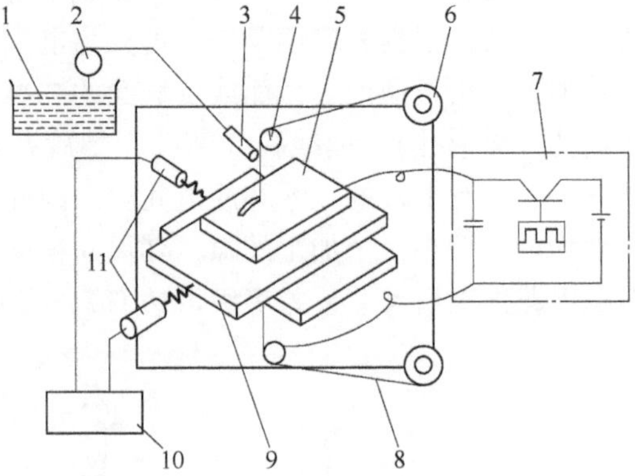

图 8-29　电火花线切割工作原理图
1—工作液　2—泵　3—喷嘴　4—导向器　5—工件
6—丝筒　7—脉冲电源　8—电极丝　9—坐标工作台
10—数控装置　11—步进电动机

（3）工作液循环过滤系统　它包括工作液箱、电动机、泵、过滤装置、工作液槽、油杯、管道、阀门以及测量仪表等。放电间隙中的电蚀产物除了靠自然扩散、定期抬刀以及使工具电极附加振动等排除外，常采用强迫循环的办法加以排除，以免间隙中电蚀产物过多而引起已加工过的侧表面间"二次放电"，影响加工精度，此外也可带走一部分热量。

（4）机床本体　机床本体由床身、立柱、主轴头、工作台及工作液槽等组成。图 8-30 所示是最常见的电火花穿孔成形加工机床的本体示意图。床身和立柱是机床的主要结构件，要有足够的刚度和精度，其精度的高低对加工有直接的影响。主轴头是电火花穿孔成形加工机床中最关键的部件，是自动调节系统中的执行机构，对加工工艺指标的影响极大。对主轴头的要求是结构简单、传动链短、传动间隙小、热变形小、具有足够的精度和刚度，以适应

354

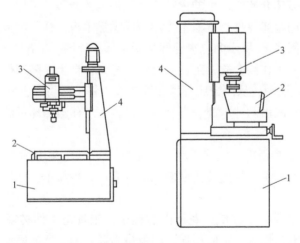

图 8-30　电火花机床本体
1—床身　2—工作液槽　3—主轴头　4—立柱

自动调节系统的惯性小、灵敏度好、能承受一定负载的要求。主轴头主要由伺服进给系统、上下移动导向和水平面内防扭机构、电极装夹及其调节环节等组成。

8.6.2　电化学加工

电化学加工是利用电化学作用对金属进行加工的方法，按其作用可分为三类：一类是利用电化学阳极溶解来进行加工，如电解加工、电解抛光等；第二类是利用电化学阴极镀覆进行加工，如电铸、电镀等；第三类是电化学加工和其他加工方法相结合的电化学复合加工。

电化学加工也是非接触加工，工具电极和工件之间存在着工作液，加工过程无宏观切削力，为无应力加工。

1. 电解加工

（1）电解加工的原理　电解加工是利用金属在电解液中发生电化学阳极溶解的原理进行的。图 8-31 所示为电解加工原理图，工具电极接负极，工件接正极，工件和电极之间保持一定的间隙（0.1～1mm），在间隙中通过具有一定压力（0.49～1.96MPa）和速度（75m/s）的电解液。若工具电极以一定的进给速度（0.4～1.5mm/min）向工件靠近，并在工件和工具电极之间接上直流电压（6～24V），则工件表面和工具电极之间距离最近的地方，通过的电流密度可达 10～70A/cm²，产生阳极溶解，金属变成氢氧化物沉淀而被电解液冲走。随着工具的不断进给，逐渐将工具的形状复印到工件上，使工件得到所需的形状和尺寸。

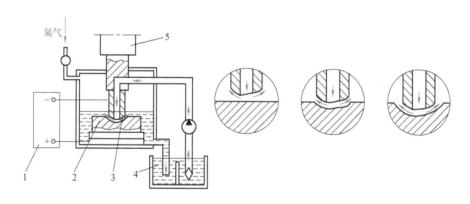

图 8-31　电解加工原理图
1—直流电源　2—工件　3—工具电极　4—电解液　5—进给机构

（2）电解加工的特点

1）电解加工的优点。

① 加工范围广，电解加工与被加工材料的硬度、强度、韧性等无关。电解加工原理虽与切削加工类似，为"减材"加工，从工件表面去除多余的材料，但与之不同的是电解加工是不接触、无切削力、无应力加工，可以用软的工具材料加工硬韧的工件，"以柔克刚"，因此可以加工任何金属材料。常用于加工高温合金、钛合金、不锈钢、淬火钢和硬质合金等难切削材料。

② 能以简单的直线进给运动，一次加工出复杂的型腔、型孔（如锻模、叶片等）。

③ 电解加工的生产率较高，为电火花加工的 5～10 倍，在某些情况下甚至比切削加工的生产率还高，而且加工生产率不直接受加工精度和表面粗糙度的限制。

④ 加工表面质量好，无毛刺和变质层。由于电化学、电解作用是按原子、分子一层层进行的，因此可以控制极薄的去除层，进行微薄层加工，同时可以获得较好的表面质量。表面粗糙度 Ra 值可达 1.25～0.2μm；加工精度约为 ±0.1mm。

⑤ 加工过程中阴极工具在理论上不会损耗，可长期使用。

2）电解加工的主要缺点和局限性。

① 不易达到较高的加工精度和加工稳定性，也难以加工出棱角，一般圆角半径都大于0.2mm。这是由于影响电解加工间隙电场和流场稳定性的参数很多，控制比较困难所致。加工时杂散腐蚀也比较严重。目前，加工小孔和窄缝还比较困难。

② 电解加工附属设备多、投资大、占地面积大，设备的锈蚀也严重，设备需要有足够的刚性和防腐性能，造价较高。

③ 电极工具的设计和修正比较麻烦，因而很难适用于单件生产。

④ 电解产物必须进行妥善处理，否则将污染环境，而且工作液及蒸汽还会对机床、电源甚至厂房造成腐蚀，也需要注意防护。

(3) 电解加工机床　电解加工由于可以利用立体成形的阴极进行加工，从而大大简化了机床的成形运动机构。对于阴极固定式的专用加工机床，只需装夹固定好工件和工具的相互位置，并引入直流电源和电解液即可，它实际上是一套夹具。移动式阴极电解加工机床用得比较多。这时一般工件固定不动，阴极做直线进给移动，只有少数零件如膛线加工，以及要求较高的筒形零件等，才需要旋转进给运动。

机床的形式主要有卧式和立式两类。卧式机床主要用于加工叶片、深孔及其他长筒形零件。立式机床主要用于加工模具、齿轮、型孔、短的花键及其他扁平零件。

电解加工机床目前大多采用机电传动方式，有采用交流电动机经机械变速机构实现机械进给的，它不能无级调速，在加工过程中也不能变速，一般用于产品比较固定的专用电解加工机床。目前大多数采用伺服电动机或直流电动机无级调速的进给系统，而且容易实现自动控制。电解加工中所采用的进给速度都是比较低的，因此都需要有降速用的变速机构。由于降速比较大，故行星减速器、谐波减速器在电解加工机床中被更多地采用。为了保证进给系统的灵敏性，使低速进给时不发生爬行现象，广泛采用滚珠丝杠副传动，用滚动导轨代替滑动导轨。

(4) 电解加工的应用　电解加工是继电火花加工之后发展较快、应用较广泛的一项新工艺。可进行深孔扩孔加工、型孔的加工、型腔的加工、套料加工、叶片加工、电解倒棱去毛刺、电解刻字、电解抛光等。目前在国内外已成功地应用于枪炮、航空发动机、火箭等制造业，在汽车、拖拉机、采矿机械的模具制造中也得到了应用，故在机械制造业中，已成为一种不可缺少的工艺方法。例如，汽车、拖拉机连杆等各种型腔锻模，航空、航天发动机的叶片，汽轮机定子、转子的叶片，炮筒内管的螺旋"膛线"（来复线），齿轮、液压件内孔的电解去毛刺及扩孔、抛光等都常用电解加工。

2. 电解磨削

电解磨削属于电化学机械加工的范畴。电解加工具有较高的生产率，但加工精度不易控制。电解磨削是由电解腐蚀作用和机械磨削作用相结合进行加工的，比电解加工具有较好的加工精度和表面质量，比机械磨削有较高的生产率。与电解磨削相近似的还有电解珩磨和电解研磨。

（1）电解磨削的原理　图 8-32 所示为电解磨削原理图。导电砂轮与直流电源的阴极相接，被加工工件（硬质合金车刀）接阳极，它在一定压力下与导电砂轮相接触。加工区域中送入电解液，在电解和机械磨削的双重作用下，车刀的后刀面很快就被磨光。图 8-33 所示为电解磨削加工过程原理图，电流从工件通过电解液而流向磨轮，形成通路，于是工件（阳极）表面的金属在电流和电解液的作用下发生电解作用（电化学腐蚀），被氧化成为一层极薄的氧化物或氢氧化物薄膜，一般称它为阳极薄膜。但刚形成的阳极薄膜迅速被导电砂轮中的磨料刮除，在阳极工件上又露出新的金属表面并被继续电解。这样，由电解作用和刮除薄膜的磨削作用交替进行，使工件连续地被加工，直至达到一定的尺寸精度和表面粗糙度。

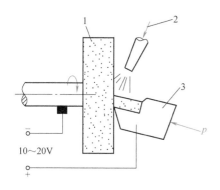

图 8-32　电解磨削原理图
1—导电砂轮　2—电解液　3—工件

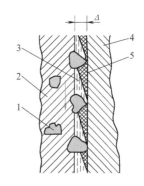

图 8-33　电解磨削加工过程原理图
1—磨粒　2—结合剂　3—电极间隙及电解液　4—工件　5—阳极薄膜

（2）电解磨削的特点　电解磨削过程中，金属主要是靠电化学作用腐蚀下来，砂轮起磨去电解产物阳极钝化膜和整平工件表面的作用。电解磨削与机械磨削比较，具有以下特点：

1）加工范围广，效率高。由于它主要是电解作用，因此只要选择合适的电解液，就可以用来加工任何高硬度与高韧性的金属材料，如磨削硬质合金时，与普通的金刚石砂轮磨削相比较，电解磨削的加工效率要高 3 ~ 5 倍。

2）提高加工精度及表面质量。因为砂轮并不主要磨削金属，磨削力和磨削热都很小，不会产生磨削毛刺、裂纹、烧伤现象，一般表面粗糙度 Ra 值可小于 $0.16\mu m$，而加工精度与机械磨削相近。

3）砂轮的磨损量小。如磨削硬质合金时，用普通机械磨削，碳化硅砂轮的磨损量为磨损掉硬质合金质量的 400% ~ 600%；用电解磨削，砂轮的磨损量只有磨损掉硬质合金质量的 50% ~ 100%。砂轮的磨损量小，有利于提高加工精度。

电解磨削与机械磨削比较，也有不足之处，如加工刀具等刃口不易磨得非常锋利；机床、夹具等要采取防蚀、防锈措施；需要增加吸气、排气装置；需要直流电源，电解液过滤、循环装置等附属设备。

（3）电解磨削的应用　电解磨削由于集中了电解加工和机械磨削的优点，因此在生产中主要用来磨削难加工材料，如电解磨削硬质合金刀具、量具、挤压拉丝模具、轧辊等，不但生产率高，而且加工质量好。对普通磨削很难加工的小孔、深孔、薄壁筒、细长杆等，电解磨削也能显出优越性。另外对复杂型面的零件，利用电解磨削原理进行电化学机械抛光，抛光效果好，操作方便灵活，速度可达 $0.5 \sim 2cm/min$，表面粗糙度 Ra 值为 $0.8 \sim 0.4\mu m$。

8.6.3　超声波加工

1. 超声波加工的原理

超声加工有时也称超声波加工。电火花加工和电化学加工都只能加工金属导电材料，不易加工不导电的非金属材料，然而超声加工不仅能加工合金、淬火钢等脆硬金属材料，而且更适合于加工玻璃、陶瓷、半导体锗和硅片等不导电的非金属脆硬材料，同时还可以用于清洗、焊接和探伤等。

超声波是指频率超过一般人耳的听见上限 20000Hz 的声波，具有频率高、波长短、能量大、能力密度高的特点。在液体或固体中传播时，由于介质密度和振动频率都比空气中传播时高许多倍，因此同一振幅时，液体、固体中的超声波强度、功率、能量密度都要比空气中高出千万倍。

超声波加工是利用工具端面做超声频振动，通过磨料悬浮液加工脆硬材料的一种成形方法。超声波加工原理如图 8-34 所示。加工时，在工具和工件之间加入液体（水或煤油等）和磨料混合的悬浮液，并使工具以很小的力 F 轻轻压在工件上。超声换能器产生 16000Hz 以上的超声频纵向振动，并借助于变幅杆把振幅放大到 $0.05 \sim 0.1mm$，驱动工具端面做超声振动，迫使工作液中悬浮的磨粒以很大的速度和加速度不断地撞击、抛磨被加工表面，把被加工表面的材料粉碎成很细的微粒，从工件上被打击下来。虽然每次打击下来的材料很少，但由于每秒钟打击的次数

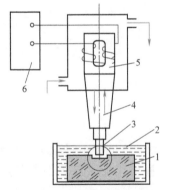

图 8-34　超声波加工原理图
1—工件　2—磨料悬浮液　3—工具　4—变幅杆
5—换能器　6—超声波发生器

多达 16000 次以上，所以仍有一定的加工速度。与此同时，工作液受工具端面超声振动作用而产生的高频、交变的液压正负冲击波和"空化"作用，促使工作液钻入被加工材料的微裂缝处，加剧了机械破坏作用。所谓空化作用，是指当工具端面以很大的加速度离开工件表面时，加工间隙内形成负压和局部真空，在工作液体内形成很多微空腔，当工具端面以很大的加速度接近工件表面时，空泡闭合，引起极强的液压冲击波，可以强化加工过程。此外，正负突变的液压冲击也使悬浮工作液在加工间隙中强迫循环，使变钝了的磨粒及时得到更新。

由此可见，超声波加工是磨粒在超声振动作用下的机械撞击和抛磨作用以及超声空化作用的综合结果，其中磨粒的撞击作用是主要的。既然超声加工是基于局部撞击作用，因此就

不难理解，越是脆硬的材料，受撞击作用遭受的破坏越大，越易超声加工。相反，脆性和硬度不大的韧性材料，由于它的缓冲作用而难以加工。根据这个道理，可以合理选择工具材料，使之既能撞击磨粒，又不致使自身受到很大破坏，如用 45 钢做工具即可满足上述要求。

2. 超声波加工的特点

超声波加工具有如下特点：

1）适合于加工各种硬脆材料，特别是不导电的非金属材料，如玻璃、陶瓷（氧化铝、氮化硅等）、石英、锗、硅、石墨、玛瑙、宝石、金刚石等。对于导电的硬质金属材料（如淬火钢、硬质合金等）也能进行加工，但加工生产率较低。

2）由于工具可用较软的材料做成较复杂的形状，故不需要使工具和工件做比较复杂的相对运动，因此超声加工机床的结构比较简单，操作、维修方便。

3）由于去除加工余量是靠极小的磨料瞬时局部的撞击作用，所以工具对工件加工表面宏观作用力小，热影响小，不会引起变形和烧伤。表面粗糙度 Ra 值可达 $1 \sim 0.1\mu m$ 或更低，加工精度可达 $0.01 \sim 0.02mm$，而且可以加工薄壁、窄缝、低刚度的工件。

3. 超声波加工机床

超声波加工机床一般比较简单，包括支承声学部件的机架和工作台，使工具以一定压力作用在工件上的进给机构，以及床体等部分。如图 8-35 所示，4、5、6 是声学部件，安装在一根能上下移动的导轨上，导轨由上下两组滚动导轮定位，使导轮能灵活精密地上下移动。工具的向下进给及对工件施加压力靠声学部件自重。为了能调节压力大小，在机床后部有可以加减的平衡重锤，也可采用弹簧或者其他办法加压。

4. 超声波加工的应用

（1）型孔、型腔加工　超声波加工的生产率比电火花、电解加工等低，但加工精度和表面质量较好，用于脆硬材料的圆孔、型孔、型腔、微细孔等的加工。

（2）切割加工　目前用普通机床对脆硬材料进行切割加工较困难，通常可用超声加工的方法进行切割，如切割单晶硅片、陶瓷等脆硬材料。

（3）复合加工　在超声加工硬质合金、耐热合金等硬质金属材料时，加工速度较低，工具损耗加大。为了提高生产率，降低工具的损耗，可以把超声波加工和其他加工方法结合起来进行复合加工。例如，采用超声波

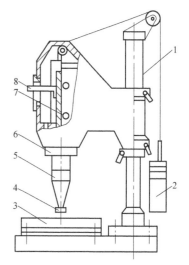

图 8-35　超声波加工机床
1—支架　2—平衡重锤　3—工作台
4—工具　5—振幅扩大棒　6—换能器　7—导轨　8—标尺

加工和电化学或电火花加工相结合，加工喷嘴、喷丝板上的小孔或窄缝，可以大大提高加工速度和加工质量，其方法是在普通电火花加工时引入超声波，使工具电极端面做超声振动。目前的超声波复合加工有超声波电火花复合加工、超声波电解复合加工、超声波抛光及电解超声波复合抛光等。

（4）超声波清洗　超声波清洗主要是基于超声波频振动在液体中产生的交变冲击波和空化作用。目前，超声波清洗被广泛用于对微型轴承、喷油嘴、喷丝板、仪表齿轮、手表整体机芯、印制电路板、集成电路微电子器件等的清洗，可获得很高的净化度。

（5）焊接加工　超声波焊接的原理是利用超声波振动作用，去除工件表面的氧化膜，显露出新的本体表面，在两个被焊接的工件表面分子的高速振动撞击下，摩擦发热并亲和黏接在一起。

8.6.4　激光加工

1. 激光加工的原理

激光技术是20世纪60年代发展起来的一项重大科技成果。1960年美国研制成功世界上第一台可用于加工的激光器，截至今天，激光加工已形成一门重要的新兴学科。由于激光加工不需要加工工具，而且加工速度快、表面变形小，可以在空气中加工各种材料，所以受到人们的重视。目前，激光加工技术已广泛用于机械工业、电子工业、国防和国民生活的许多领域。

激光加工是利用光的能量经过透镜聚焦后在焦点上达到很高的能量密度，然后靠光热效应来加工各种材料。人们利用透镜将太阳光聚焦，使纸张木材燃烧，这说明光本身具有能量，经过聚焦之后，在焦点附近集中，使温度达到300℃以上。但由于太阳光的能量密度不高，再加上太阳光是包含多种不同波长的多色光，聚焦后不在同一平面内，不能聚焦成直径只有几十微米的小光点，这样就不可能在焦点附近获得很大的能量和极高的温度来加工工件。

激光是一种经受激辐射产生的可控单色光，除具有一般光的共性外，还具有高亮度、高方向性、高单色性和高相干性四大综合性能。通过光学系统聚焦后可得到柱状或带状光束，而且光束的粗细可根据加工需要调整。由于激光的发散角小和单色性好，所以可以聚焦到尺寸与光的波长相近的（微米或亚微米）小斑点上，加上它本身强度高，故在焦点处可以达到$10^7 \sim 10^{11} W/cm^2$的功率密度，温度可达到10000℃以上。当激光照射在工件的加工部位时，在这样的温度下，工件材料迅速被熔化甚至汽化。随着激光能量不断被吸收，材料凹坑内的金属蒸汽迅速膨胀，压力突然增大，熔融物爆炸式地高速喷射出来，在工件内部形成方向性很强的冲击波。因此，激光加工是工件在光热效应下产生高温熔融和受冲击波抛出的综合作用过程。

激光加工装置由激光器、电源、光学系统及机械系统四大部分构成。激光器电源根据加工工艺的要求，在电压控制、时间控制、储能电容组及触发器等的作用下，为激光器提供所需要的能量；激光器把电能转变成光能，并产生所需的激光束；光学系统将激光引向聚焦物镜并聚焦在工件上，通过焦点位置调节及其观察显示系统，使激光束准确地聚焦在加工位置；机械系统有床身、坐标工作台及机电控制系统等，以实现激光加工。

激光加工器一般分为固体激

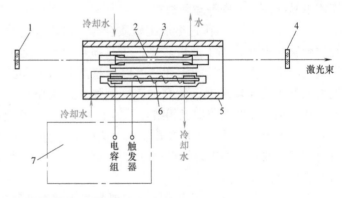

图8-36　固体激光器结构示意图

1—全反射镜　2—工作物质　3—玻璃套管　4—部分反射镜

5—聚光器　6—氙灯　7—激光器电源

光器和二氧化碳气体激光器。图 8-36 所示固体激光器结构示意图，它包括工作物质、光泵、玻璃套管和滤光液、冷却水、聚光器等部分。光泵是供给工作物质光能用的，一般都用氙灯作为光泵；聚光器把氙灯发出的光能聚集在工作物质上；通过滤光液和玻璃套管滤去氙灯发出的紫外线成分，最后通过部分反射镜发出激光束。

2. 激光加工的特点

激光加工具有如下特点：

1）由于它的功率密度高，几乎可以加工任何材料。高硬度材料、耐热合金、陶瓷、石英、金刚石等硬脆材料都能加工。

2）激光光斑大小可以聚焦到微米级，输出功率可以调节，因此可用以精密微细加工。

3）加工所用工具是激光束，是非接触加工，所以没有明显的机械力，没有工具损耗问题。加工速度快、热影响区小，容易实现加工过程自动化。还能通过透明体进行加工，如对真空管内部进行焊接加工等。

4）激光加工是一种热加工，影响因素很多，因此，精微加工时的精度，尤其是重复精度和表面粗糙度不易保证。必须进行反复试验，寻找合理的参数，才能达到一定的加工要求。由于光的反射作用，对于表面光泽或透明材料的加工，必须预先进行色化或打毛处理。

5）加工中容易产生金属气体及火星等飞溅物，要注意通风，操作者应戴防护眼镜。

3. 激光加工的应用

激光加工的应用范围很广泛，除可进行打孔、切割、焊接、材料表面处理、雕刻及微细加工外，还可进行打标以及对电阻和动平衡进行微调等。下面介绍几种常用的激光加工工艺。

(1) 激光打孔　利用激光几乎可以在任何材料上打微型小孔。激光打孔的功率密度一般为 $10^7 \sim 10^8 W/cm^2$。它主要应用于在特殊零件或特殊材料上加工孔，如火箭发动机和柴油机的喷油嘴、化学纤维的喷丝板、钟表上的宝石轴承和聚晶金刚石拉丝模等零件上的微细孔加工。

激光打孔直径可小于 0.01mm，且效率很高，如直径为 0.12 ~ 0.18mm、深度为 0.6 ~ 1.2mm 的宝石轴承孔，若工件自动传送，每分钟可加工数十件。在聚晶金刚石拉丝模坯料的中央加工直径为 0.04mm 的小孔，仅需十几秒钟。

(2) 激光切割　激光切割的原理和激光打孔的原理基本相同，所不同的是工件与激光束有相对移动，在实际生产中一般都是工件移动。激光可用于切割各种各样的材料，既可以切割金属材料，也可以切割非金属材料。还可以透过玻璃切割真空管内的灯丝，这是任何其他加工方法难以实现的。由于对被切割的材料几乎不产生机械冲击和压力，所以特别适合于切割玻璃、陶瓷和半导体等既硬又脆的材料，加上激光斑点小、切缝窄，且便于自动控制，所以更便于对细小部件进行精密切割。

激光切割的功率密度一般为 $10^5 \sim 10^7 W/cm^2$。固体激光输出的脉冲式激光常用于半导体硅片的切割和化学纤维喷丝头异形孔的加工等。而大功率的 CO_2 气体激光器输出的连续激光不但广泛用于切割钢板、钛板、石英和陶瓷，而且用于切割塑料、木材、纸张和布匹等。

(3) 激光焊接　激光焊接与激光打孔的原理稍有不同，焊接时不需要那么高的能量密度使工件材料汽化蚀除，因此，通常可通过减小激光输出功率和照射时间来实现，使工件材料在加工区熔融而黏合在一起。当激光的功率密度为 $10^5 \sim 10^7 W/cm^2$，照射时间约为1/100s

时，可进行激光焊接。激光焊接一般无须焊料和焊剂，只需将工件的加工区域"热熔"在一起即可。激光焊接过程迅速，热影响区小，焊接质量高，既可焊接同种材料，也可焊接异种材料，还可透过玻璃进行焊接。

（4）激光热处理 激光热处理的过程是将激光束扫射零件表面，其红外光能量被工件表面吸收而迅速达到极高的温度，使金属产生相变，随着激光束离开工件表面，工件表面的热量迅速向内部传递而形成极高的冷却速度，使工件表面相变硬化。因此激光热处理实际上是一种表面处理技术。激光热处理常用作对铸铁、中碳钢甚至低碳钢等材料的表面淬火，淬火层深度一般为 0.7~1.1mm，而且淬火层硬度比常规淬火高20%。激光表面淬火变形小，还能解决低碳钢的表面淬火强化问题。激光热处理不仅可用作单一的表面淬火处理，而且可对工件表面进行复合处理，如激光表面合金化和表面激光熔覆工艺等。

（5）激光微调 激光微调就是利用激光照射电阻膜表面，将一部分电阻膜汽化去除，以减小导电膜的截面积来增加阻值，它主要用于调整厚膜及薄膜电路中的电阻、电容，同时可进行多种功能微调。

8.6.5 电子束加工

电子束和离子束加工是近年来得到较大发展的新兴特种加工。它们在精密微细加工方面，尤其是在微电子学领域中得到较多的应用。近期发展起来的亚微米加工和纳米加工等微细加工技术，主要是采用电子束加工和离子束加工。

1. 电子束加工的原理

如图 8-37 所示，电子束加工是在真空条件下，利用聚焦后能量密度极高的电子束，以极高的速度（当加速电压为50V时，电子速度可达 $1.6 \times 10^8 \text{m/s}$）冲击到工件表面的极小面积上，在极短的时间（几分之一微秒）内，其能量的大部分转变为热能，使被冲击部分的工件材料达到几千摄氏度以上的高温，从而引起材料的局部熔化和汽化，而实现加工的目的。这种利用电子束热效应的加工，称为电子束热加工。

电子束加工的另一种方法是利用电子束流的非热效应。功率密度较小的电子束流和电子胶相互作用，电能转化为化学能，产生辐射化学或物理效应，使电子胶的分子链被切断或重新组合而形成分子量的变化以实现电子束曝光。采用这种方法，可以实现材料表面微槽或其他几何形状的刻蚀加工。

2. 电子束加工的特点

电子束加工具有如下特点：

1）由于电子束能够极其微细地聚焦，所以加工面积可以很小，是一种精密微细的加工方法。微型机械中的光刻技术可达到亚微米级宽度。

2）电子束能量密度很高，在极微小束斑上能达到 106~109W/cm²，使照射部分的温度超过材料的熔化和汽化温度，去除材料主要靠瞬时蒸发，是一种非接触式加工。工件不受

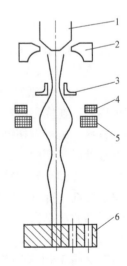

图 8-37 电子束加工原理图
1—阴极 2—集束极 3—阳极
4—聚焦线圈 5—偏转线圈
6—工件

机械力作用，不产生宏观应力和变形。加工材料范围很广，可加工脆性、韧性、导体、非导体及半导体材料。

3）由于电子束加工在真空中进行，因而污染少，加工表面不氧化，特别适用于加工易氧化的金属及合金材料，以及纯度要求极高的半导体材料。

4）由于电子束的能量密度高，而且能量利用率可达 90% 以上，因而加工生产率很高。例如，每秒钟可以在 2.5mm 厚的钢板上钻 50 个直径为 0.4mm 的孔；厚度为 200mm 的钢板，电子束可以以 4mm/s 的速度一次焊透。

5）可以通过磁场或电场对电子束的强度、位置、聚焦等进行直接控制，所以整个加工过程便于实现自动化。特别是在电子束曝光中，从加工位置找准到加工图形的扫描，都可实现自动化。在电子束打孔和切割时，可以通过电气控制加工异形孔，实现曲面弧形切割等。

6）电子束加工需要一套专用设备和真空系统，价格较贵，因而生产应用有一定局限性。

3. 电子束加工设备

电子束加工设备的基本结构如图 8-38 所示，它主要由电子枪、真空系统、控制系统和电源等部分组成。

电子枪是获得电子束的装置，它包括电子发射阴极、控制栅极和加速阳极等。阴极经电流加热发射电子，带负电荷的电子高速飞向带高电位的阳极。在飞向阳极的过程中，经过加速极加速，又通过电磁透镜把电子束聚焦成很小的束斑。

真空系统是为了保证在电子束加工时维持一定的真空度，避免电子与气体分子之间的碰撞，确保电子高速运动。此外，加工时的金属蒸气会影响电子发射，产生不稳定现象。因此，也需要不断地把加工中产生的金属蒸气抽出去。

电子束加工装置的控制系统包括束流聚焦控制、束流位置控制、束流强度控制、工作台位移控制、束流通断时间控制、束流偏转控制以及电磁透镜控制等。电子束加工装置对电源电压的稳定性要求较高，常用稳压设备，这是因为电子束聚焦以及阴极的发射强度与电压波动有密切关系。

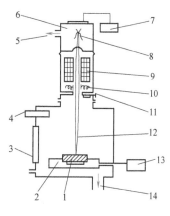

图 8-38　电子束加工设备结构示意图
1—工件　2—工作台　3—真空室门窗
4—观察筒　5、14—抽气　6—电子枪
7—加速电压控制室　8—束流强度控制板
9—束流聚焦控制　10—束流位置控制
11—截止阀　12—电子束　13—驱动电动机

4. 电子束加工的应用

电子束加工技术在国际上日趋成熟，应用范围广，可用于打孔、焊接、切割、蚀刻、热处理和曝光微纳加工等。

(1) 打孔　电子束打孔不仅可以加工各种直的型孔（包括锥孔和斜孔）和型面，而且可以加工弯孔和曲面。利用电子束在磁场中偏转的原理，使电子束在工件内部偏转，即可加工出斜孔。控制电子速度和磁场强度，即可控制曲率半径，加工出弯曲的孔。如果同时改变电子束和工件的相对位置，就可进行切割和开槽。电子束打孔已在航空航天、电子、化纤以及制革等工业生产中得到实际应用。孔径可达微米级，加工效率高，且可在工件运动中进行，通常每秒可加工几十到几万个孔。例如，喷气发动机套上的冷却孔，机翼的吸附屏上的孔，不仅孔的密度可以连续变化，孔数达数百万个，而且有时还可改变孔径，最宜用电子束高速打孔。

（2）焊接　电子束焊接是利用电子束作为热源的一种焊接工艺。当高能量密度的电子束轰击焊件表面时，使焊件接头处的金属熔融，在电子束连续不断地轰击下，形成一个被熔融金属环绕着的毛细管状的熔池，从而实现焊接。由于电子束的束斑尺寸小，能量密度高，焊接速度快，所以电子束焊接的焊缝深而窄，焊件热影响区极小，工件变形小，焊缝的物理性能好，可以在工件精加工后进行焊接。电子束焊接一般不用焊条，焊接过程在真空中进行，因此焊缝化学成分纯净，焊接接头的强度往往高于母材。

电子束可焊接的材料范围很广。它除了适合于焊接普通的碳钢、合金钢、不锈钢外，更有利于焊接高熔点金属（如钽、钼、钨、钛等及其合金）和活泼金属（如锆、钛、铌等），还可焊接异种金属材料、半导体材料以及陶瓷和石英材料等。

电子束焊接已成功地应用到特种材料、异种材料、空间复杂曲线、变截面焊接等方面。例如，运载火箭、航天飞机等主承力构件大型结构的组合焊接，以及飞机梁、框、起落架部件、发动机整体转子、机匣、功率轴等重要结构件和核动力装置压力容器的制造，均常采用高压电子束焊接技术。

（3）热处理　电子束热处理是把电子束作为热源，并适当控制电子束的功率密度，使金属表面加热而不熔化，达到热处理的目的。电子束热处理的加热速度和冷却速度都很高，在相变过程中，奥氏体化时间很短，只有几分之一秒乃至千分之一秒，奥氏体晶粒来不及长大，从而能获得一种超细晶粒组织，可使工件获得用常规热处理不能达到的硬度。用电子束加热金属使之表面熔化后，还可在熔化区内添加其他元素，使金属表面形成一层很薄的新的合金层，从而获得更好的物理力学性能。

与激光热处理相比，电子束的电热转换效率更高。电子束热处理在真空中进行，可以防止材料氧化，而且电子束设备的功率可以做得比激光功率大，所以电子束热处理工艺很有发展前途。

8.6.6　离子束加工

1. 离子束加工的原理

离子束加工是利用离子束对材料进行成形或表面改性的加工方法。在真空条件下，将由离子源产生的离子经过电场加速，获得具有一定速度的离子投射到材料表面，产生溅射效应和注入效应。由于离子带正电荷，其质量比电子大数千、数万倍，所以离子束比电子束具有更大的撞击动能，它是靠微观的机械撞击能量来加工的。

离子束加工的物理基础是离子束射到材料表面时所发生的撞击效应、溅射效应和注入效应。具有一定动能的离子斜射到工件材料（靶材）表面时，可以将表面的原子撞击出来，这就是离子的撞击效应和溅射效应。如果将工件直接作为离子轰击的靶材，工件表面就会受到离子刻蚀。如果将工件放置在靶材附近，靶材原子就会溅射到工件表面而被溅射沉积吸附，使工件表面镀上一层靶材原子的薄膜。如果离子能量足够大并垂直于工件表面撞击时，离子就会钻进工件表面，这就是离子的注入效应。

2. 离子束加工的特点

离子束加工具有如下特点：

1) 加工精度高，易精确控制。离子束可以通过离子光学系统进行聚焦扫描，共聚焦光斑可达 $1\mu m$ 以内，因而可以精确控制尺寸范围。离子束轰击材料是逐层去除原子，所以离子刻蚀可以达到纳米级的加工精度。离子镀膜可以控制在亚微米级精度，离子注入的深度和浓度也可极精确地控制。

2) 污染少。离子束加工在高真空中进行，污染少，特别适合于加工易氧化的金属、合金及半导体材料。

3) 加工应力、变形极小。离子束加工是一种原子级或分子级的微细加工，作为一种微观作用，其宏观压力很小，适合于各类材料的加工，而且加工表面质量高。

3. 离子束加工设备

离子束加工设备与电子束加工设备相似，包括离子源、真空系统、控制系统和电源四个部分。但对于不同的用途，离子束加工设备有所不同。

离子源又称离子枪，用以产生离子束流。其基本工作原理是将待电离气体注入电离室，然后使气态原子与电子发生碰撞而被电离，从而得到等离子体。等离子体是多种离子的集合体，其中有带电粒子和不带电粒子，在宏观上呈电中性。采用一个相对于等离子体为负电位的电极，将离子由等离子体中引出而形成离子束流，而后使其加速射向工件或靶材。对离子源的要求，首先是离子束有较大的有效工作区，以满足实际加工的需要。其次，离子源的中性损失要小。因为中性损失是指通向离子源的中性气体未经电离而损失的那部分流量，它将直接给真空系统增加负担。此外，还要求离子源的放电损失小、结构简单、运行可靠等。

4. 离子束加工的应用

目前，用于改变零件尺寸和表面物理力学性能的离子束加工技术主要有利用离子撞击和溅射效应的离子束刻蚀、离子溅射镀膜和离子镀，以及利用离子注入效应的离子注入。

(1) 刻蚀　离子束刻蚀是通过用离子轰击工件，将工件材料原子从工件表面去除的工艺过程，是一个撞击溅射过程。为了避免入射离子与工件材料发生化学反应，必须用惰性元素的离子。由于离子直径很小（约 $1/10nm$），可以认为离子刻蚀的过程是逐个原子剥离，刻蚀的分辨率可达微米级甚至是亚微米级。但刻蚀速度很低，剥离速度大约每秒一层到几十层原子。因此，离子刻蚀是一种原子尺度的切削加工，又称离子铣削。

离子束刻蚀加工可达到很高的分辨率，适于刻蚀精细图形，实现高精度加工。离子束刻蚀加工小孔的优点是孔壁光滑，邻近区域不产生应力和损伤，而且能加工出任意形状的小孔。因此，离子束刻蚀在高精度加工、表面抛光、图形刻蚀、电镜试样制备、石英晶体振荡器以及各种传感器件的制作等方面应用较为广泛。如陀螺仪空气轴承和动压马达上的沟槽的加工，集成电路、声表面波器件、磁泡器件、光电器件和光集成器件等微电子学器件的亚微米图形加工等。

(2) 镀膜　离子镀膜加工包括溅射镀膜和离子镀两种方式。离子溅射镀膜是基于离子溅射效应的一种镀膜工艺，适用于合金膜和化合物膜等的镀制，目前已得到广泛应用。例如，在高速钢刀具上镀氮化钛（TiN）硬质膜，在齿轮的齿面和轴承上镀制二硫化钼（MoS_2）膜，可以显著提高其寿命。离子溅射还可用以制造薄壁零件，其最大特点是不受材料限制，可以制成陶瓷和多元合金的薄壁零件。

　　离子镀是在真空蒸镀和溅射镀膜的基础上发展起来的一种镀膜技术。离子镀时，工件不仅接受靶材溅射来的原子，还同时接受离子的轰击。这种轰击使界面和膜层的性质发生某些变化，如膜层对基片的附着力、覆盖情况、密度以及内应力等，使镀膜具有附着力强、膜层不易脱落的特点。离子镀的可镀材料相当广泛，可在金属或非金属表面上镀制金属或非金属材料，各种合金、化合物、某些合成材料、半导体材料、高熔点材料均可镀覆。目前，离子镀技术已用于镀制耐磨膜、耐热膜、耐蚀膜、润滑膜和装饰膜等。例如，用离子镀可以得到钨、钼、钽、铌、铍以及氧化铝等的耐热膜，具有优越的耐高温氧化和耐蚀性能，可用作航空涡轮叶片型面、榫头和叶冠等部位的保护层。

　　(3) 离子注入　离子注入是将工件放在离子注入机的真空靶中，在几十至几百千伏的电压下，把所需元素的离子注入工件表面。离子注入工艺比较简单。它不受热力学限制，可以注入任何离子，而且注入量可以精确控制。注入的离子固溶于工件材料中，离子的质量分数可达 10% ~ 40%，注入深度可达 $1\mu m$，甚至更深。由于离子注入本身是一种非平衡技术，它能在材料表面注入互不相溶的杂质而形成一般冶金工艺所无法制得的一些新的合金。不管基体性能如何，它可在不牺牲材料整体性能的前提下，使其表面性能优化，而且不产生任何显著的尺寸变化。但是，离子注入的局限性在于它是一个直线轰击表面的过程，不适合处理复杂的凹入的表面样品。

　　离子注入在半导体方面的应用，目前已很普遍。如将硼、磷等"杂质"离子注入半导体，从而改变导电形式（P 型或 N 型），以制造一些通常用热扩散难以获得的各种特殊要求的半导体器件，成为制作半导体器件和大面积集成电路的重要手段。离子注入表面改性是离子注入加工技术应用的另一个重要领域。离子注入可用以改变金属表面的物理化学性能，可以制得新的合金，从而改善金属表面的耐磨性能、耐腐蚀性能、抗疲劳性能和润滑性能等。

8.6.7　水射流加工

1. 水射流加工的原理

　　20 世纪 70 年代，高压水射流开始应用于工业切割领域，基于其在效率、环保、使用范围等方面的卓越表现，使之在 30 多年来得以迅速发展，成为越来越被普及的加工方式。

　　水射流又称"水刀"，其基本原理是以水为工作介质，通过高压发生设备将高速水射流作用在材料上，通过将水射流动能变成去除材料的机械能，对材料进行清洗、剥层、切割的加工技术。水射流是喷嘴流出形成的不同形状的高速水流束，它的流速取决于喷嘴出口直径前后的压力差。水射流的压力和流量取值范围很广，形式也多种多样，因此它的应用就非常广泛，可用于各种不同的工业表面处理，如船身清洗及汽车涂装设备清洗。如果再在高压水中注入一定比例的磨料，则可以形成磨料浆状射流。由于磨料射流具有硬度高、磨削力强等特性而进一步拓宽了水射流技术的应用范围，在航空、航天、军工（特殊材料的加工）、建筑、冶金、机械、采矿、石油、化工、汽车、市政工程以及医学等领域得到广泛的应用。

2. 水射流加工的特点

　　与其他高能束流加工技术相比，水射流切割技术具有独特的优越性。

　　(1) 切割品质优异　水射流是一种冷加工方式，"水刀"不磨损且半径很小，能加工具有锐边轮廓的小圆弧。加工无热量产生且加工力小，加工表面不会出现热影响区，自然切口处材料的组织结构不发生变化，几乎不存在机械应力与应变，切割缝隙（纯水切口为 0.1 ~

1.1mm，砂水混流切口为 0.8~1.8mm。随着砂刀的直径增大，其切口也就越大）及切割斜边都很小（一般单侧斜边为 0.076~0.102mm），无须二次加工，无裂、无毛边、无浮渣，切割品质优良。

（2）几乎没有材料和厚度的限制　无论是金属类如普通钢板、不锈钢、铜、钛、铝合金等，或是非金属类如石材、陶瓷、玻璃、橡胶、纸张及复合材料，皆可适用。

（3）节约成本　该技术无须二次加工，既可钻孔也可切割，降低了切割时间及制造成本。

（4）清洁环保无污染　在切割过程中不产生弧光、灰尘及有毒气体，操作环境整洁，符合环保要求。

由于压力不能无限制地提高，因此纯水射流的切割应用受到一定的限制。通过对工作介质的改进，已经发展出了磨料射流、气包水射流、间断射流、空化射流、电液脉冲射流等改进方法。其中，磨料流加工已成为水射流加工中的一项重要技术。

3. 水射流加工的应用

磨料流加工是水射流加工的一种发展形式。磨料射流是在水射流中混入磨料颗粒即成为磨料射流。磨料射流的引入大大提高了液体射流的作用效果，使得射流在较低压力下即可进行除锈、切割等作业；或者在同等压力下大大提高作业效率。因此，一般情况下水射流的工业切割均采用磨料射流介质。图 8-39 是磨料射流切割示意图和切割铝板材实例。

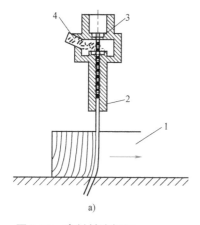
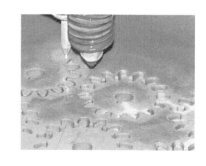

a)　　　　　　　　　　　　　　　　　　b)

图 8-39　磨料射流加工

a) 磨料射流系统示意图　b) 磨料射流切割铝板材

1—工件　2—磨料喷嘴　3—水射流喷嘴　4—磨料

射流切割材料分两个阶段。在切割的第一阶段，磨粒以小角度冲击而产生相对光滑的表面，与这种切割过程有关的材料切割现象称为磨蚀切割作用过程；第二阶段呈现出了带条纹痕迹的不稳定切割，称为变形切割区，这是后续穿透过程，它对在切缝底部的条状痕迹起主要作用，材料的切割是由磨粒以大角度冲击磨蚀造成的。

高压水射流及磨料射流不仅可以用于金属与非金属的切割，还可用于车削、磨削、铣削、钻孔、抛光等。射流或磨料射流可在 4mm 薄板上加工出直径 0.4mm 的小孔；可在金属内钻出几百毫米的长孔；可车削出内外螺纹；可在直径 20mm 的棒材上加工出 0.15mm 的薄片；可对金属或其他脆性材料进行高精度铣削，深度误差可控制在 0.025mm 以内；可对硬质材料进行表面抛光等。

近年来，随着水射流压力的提高，机器人技术的发展等技术进步，其在材料切割领域的应用更为广泛。例如，水射流技术与机器人技术的结合突破了二维切割的局限性，通过控制机器人手臂和手腕就可使水切割头的喷嘴快速沿直线或弧线运行，实现了三维加工。

练习题

1. 就目前技术条件下，精密加工和超精密加工是如何划分的？
2. 超精密加工所涉及的技术范围包含哪些？
3. 超高速切削包含哪些相关技术？
4. 简述超高速磨削的特点及关键技术。
5. 简述原子级加工原理和主要手段。
6. 3D 打印技术及其基本工艺流程是什么？
7. 生物制造技术的含义和发展趋势是什么？
8. 增材制造的主要特点是什么？其与传统加工的区别及优势是什么？
9. 简述电火花加工的原理与应用。
10. 简述特种加工技术的特点及应用领域。

参 考 文 献

[1] 雷源忠. 我国机械工程研究进展与展望 [J]. 机械工程学报，2009，45（5）：1-11.
[2] 韩秋实，王红军. 机械制造技术基础 [M]. 3 版. 北京：机械工业出版社，2009.
[3] 王先逵. 机械制造工艺学 [M]. 3 版. 北京：机械工业出版社，2013.
[4] 黄鹤汀. 机械制造技术 [M]. 北京：机械工业出版社，2000.
[5] 华茂发. 机械制造技术 [M]. 北京：机械工业出版社，2004.
[6] 杨叔子. 机械加工工艺师手册 [M]. 北京：机械工业出版社，2001.
[7] 冯之敬. 制造工程与技术原理 [M]. 北京：清华大学出版社，2004.
[8] 庞怀玉. 机械制造工程学 [M]. 北京：机械工业出版社，1998.
[9] 王先逵. 现代制造技术手册 [M]. 北京：国防工业出版社，2001.
[10] 王先逵. 精密加工技术实用手册 [M]. 北京：机械工业出版社，2001.
[11] 王启平. 机械制造工艺学 [M]. 哈尔滨：哈尔滨工业大学出版社，1995.
[12] 于骏一，等. 机械制造工艺学 [M]. 长春：吉林教育出版社，1986.
[13] 于骏一，等. 机械制造技术基础 [M]. 北京：机械工业出版社，2004.
[14] 刘极峰. 计算机辅助设计与制造 [M]. 北京：高等教育出版社，2004.
[15] 宗志坚. CAD/CAM 技术 [M]. 北京：机械工业出版社，2001.
[16] 江平宇. 网络化计算机辅助设计与制造技术 [M]. 北京：机械工业出版社，2004.
[17] 赵长明，刘万菊. 数控加工工艺及设备 [M]. 北京：高等教育出版社，2003.
[18] 王贤坤，陈淑梅，陈亮. 机械 CAD/CAH 技术应用与开发 [M]. 北京：机械工业出版社，2002.
[19] 张福润. 机械制造技术基础 [M]. 武汉：华中科技大学出版社，1999.
[20] 乐关荣，李振父. 内燃机制造技术 [M]. 北京：机械工业出版社，1993.
[21] 刘得忠，费仁元，Stefan Hesse. 装配自动化 [M]. 北京：机械工业出版社，2003.
[22] 花茂发，唐健. 数控机床加工工艺 [M]. 北京：机械工业出版社，2000.
[23] 王润孝. 先进制造技术导论 [M]. 北京：科学出版社，2004.
[24] 张伯霖. 高速切削技术及其应用 [M]. 北京：机械工业出版社，2002.
[25] 韩凤麟. 粉末锻造与 C-70 钢锻造汽车发动机连杆 [J]. 现代零部件，2005（2）.
[26] 谷净巍，姚卫国. 发动机连杆涨断工艺与装备 [J]. 汽车制造技术，2006（11）.
[27] 李海国. 现代发动机及关键零部件最新制造技术和应用 [J]. 汽车制造技术，2006（10）.
[28] 张庆. 刀具材料的应用和发展 [J]. 热处理，2006（8）.
[29] 宋学全，刘秀英，赵黎娟. 高速钢刀具材料及热处理工艺选择 [J]. 国外金属热处理，2006，26（1）.
[30] 刘战强. 先进刀具设计技术：刀具结构、刀具材料与涂层技术 [J]. 航空制造技术，2006（7）.
[31] 白基成. 特种加工技术 [M]. 哈尔滨：哈尔滨工业大学出版社，2006.
[32] 刘晋春. 特种加工 [M]. 4 版. 北京：机械工业出版社，2007.
[33] 张建华. 精密与特种加工技术 [M]. 北京：机械工业出版社，2006.
[34] 赵万生. 特种加工技术 [M]. 北京：高等教育出版社，2001.
[35] 左敦稳. 现代加工技术 [M]. 北京：北京航空航天大学出版社，2005.
[36] 张立德. 纳米材料 [M]. 北京：化学工业出版社，2000.

［37］ 张志煜. 纳米技术与纳米材料［M］. 北京：国防工业出版社，2000.

［38］ 徐滨士. 纳米表面工程［M］. 北京：化学工业出版社，2004.

［39］ 袁哲俊，王先逵. 精密和超精密加工技术［M］. 北京：机械工业出版社，1999.

［40］ 曹茂盛. 纳米材料导论［M］. 哈尔滨：哈尔滨工业大学出版社，2001.

［41］ 张根保. 自动化制造系统［M］. 北京：机械工业出版社，2004.

［42］ 王广春，赵国群. 快速成型与快速模具制造技术及其应用［M］. 北京：机械工业出版社，2004.

［43］ 卢清萍. 增材制造制造技术［M］. 北京：高等教育出版社，2001.

［44］ 刘光富. 快速成形与快速制模技术［M］. 上海：同济大学出版社，2004.

［45］ 朱林泉，等. 快速成型与快速制造技术［M］. 北京：国防工业出版社，2003.

［46］ 卢秉恒，李涤尘. 增材制造（3D 打印）技术发展［J］. 机械制造与自动化，2013（4）.

［47］ 曹志清，丁玉梅，宋丽莉. 快速原型技术［M］. 北京：化学工业出版社，2005.

［48］ 陈雪芳，孙春华. 逆向工程与快速成型技术应用［M］. 北京：机械工业出版社，2009

［49］ 王晓聪，孙锡红. 快速成形技术研究现状及其应用前景［J］. 精密制造与自动化，2007（3）.

［50］ 徐人平. 快速原型技术与快速设计开发［M］. 北京：化学工业出版社. 2008.

［51］ 颜永年，熊卓，张人佶等. 生物制造工程的原理与方法［J］. 清华大学学报：自然科学版，2005（2）.

［52］ 张德远，蔡军，李翔，等. 仿生制造的生物成形方法［J］. 机械工程学报，2010（5）.

［53］ 连芩，刘亚雄，贺健康，等. 生物制造技术及发展［J］. 中国工程科学，2013（1）.

［54］ 张德远，王瑜，蔡军，等. 基于硅藻微纳结构的生物制造［J］. 科学通报，2012（24）.

［55］ 张德远，蒋永刚，陈华伟，等. 微纳米制造技术及应用［M］. 北京：科学出版社，2015.

［56］ Kirsch R, Mertig M, Pompe W, et al. Three dimensional metallization of microtubules［J］. Thin Solid Films, 1997, 305（1-2）.

［57］ Li Zhi, Chung Sung-Wook, Nam Jwa-Min, et al. Living templates for the hierarchical assembly of gold nanoparticles［J］. Angewandte Chemie, 2003, 115（20）.

［58］ Krebs J J , Rubinstein M, Lubitz P, et al. Magnetic properties of permalloy-coated organic tubules［J］. Journal of Applied Physics, 1991, 70（10）.

［59］ Browning S L, Lodge J, Price R R, et al. Fabrication and radio frequency characterization of high dielectric loss tubule-based composites near percolation［J］. Journal of Applied Physics, 1998, 84（11）.

［60］ Ki Tae Nam, et al. Virus-enabled synthesis and assembly of nanowires for lithium ion battery electrodes［J］. Science, 2006, 312（5775）.

［61］ Knez Mato, Bittner Alexander M, Boes Fabian, et al. Biotemplate synthesis of 3-nm nickel and cobalt nanowires［J］. Nano Letters, 2003, 3（8）.

［62］ Balci S, Alexander M. Bittner, Hahn K. , et al. Copper nanowires within the central channel of tobacco mosaic virus particles［J］. Electrochimica Acta, 2006, 51.

［63］ Alaa A A Aljabali, Sachin N Shah, Richard Evans-Gowing. Chemically-coupled-peptide-promoted virus nanoparticle templated mineralization［J］. Integr. Biol. , 2011, 3（2）.